高等学校规划教材

环境规划与管理

第二版

孟伟庆　主编

胡蓓蓓　莫训强　贺梦璇　副主编

李洪远　审订

化学工业出版社

·北京·

内容简介

《环境规划与管理》（第二版）以生态文明建设引领高质量发展为指引，针对环境类、地理及资源环境等专业本科生的知识结构与特点，系统地阐述了环境管理与规划的基本理论问题、主要内容和技术方法。全书分为两篇。第一篇介绍环境管理的内容，包括环境管理的基本理论和技术方法、我国环境管理的体制和国外经验，并对区域、废弃物、自然资源、企业和风险的环境管理进行了详细论述；第二篇介绍环境规划的主要内容，并且吸收了全新的研究成果，提高教材的可读性和实用性。另外，编者还制作了与本书配套的教学课件，使用本书的高校教师可到化学工业出版社教学资源网（www. cipedu. com. cn）免费下载。

本书内容新颖、图文并茂、资料翔实，可作为高等院校环境科学、环境工程、资源环境、环境生态工程、地理学、管理科学等专业的本科生教学用书，也可供从事环境保护工作的研究人员和政府管理部门工作人员参考。

图书在版编目（CIP）数据

环境规划与管理/孟伟庆主编.—2版.—北京：化学工业出版社，2022.1（2024.7重印）
高等学校规划教材
ISBN 978-7-122-39315-9

Ⅰ.①环… Ⅱ.①孟… Ⅲ.①环境规划-高等学校-教材②环境管理-高等学校-教材 Ⅳ.①X32

中国版本图书馆CIP数据核字（2021）第112650号

责任编辑：满悦芝　　文字编辑：杨振美
责任校对：王素芹　　装帧设计：张　辉

出版发行：化学工业出版社（北京市东城区青年湖南街13号　邮政编码100011）
印　　装：北京七彩京通数码快印有限公司
787mm×1092mm　1/16　印张 $20\frac{1}{2}$　字数499千字　2024年7月北京第2版第4次印刷

购书咨询：010-64518888　　售后服务：010-64518899
网　　址：http://www.cip.com.cn
凡购买本书，如有缺损质量问题，本社销售中心负责调换。

定　　价：79.80元

《环境规划与管理》（第二版）编写人员名单

主　编：孟伟庆

副主编：胡蓓蓓　莫训强　贺梦璇

参　编：刘百桥　周　俊　曹慧博

张　颖　许光耀　张　磊

吴　璇　何　迎　汲奕君

郝　婧　员浩帆　徐文斌

审　定：李洪远

前言

自本书第一版出版以来，已经过去十年时间。近十多年是我国环境管理快速发展的阶段，从2008年组建环境保护部到2018年组建全新的生态环境部和自然资源部，我国环境管理的体制机制等都经历了重大的变化和完善。尊重自然、顺应自然、保护自然，是全面建设社会主义现代化国家的内在要求。党的二十大报告指出：必须牢固树立和践行绿水青山就是金山银山的理念，站在人与自然和谐共生的高度谋划发展。我们要推进美丽中国建设，坚持山水林田湖草沙一体化保护和系统治理，统筹产业结构调整、污染治理、生态保护、应对气候变化，协同推进降碳、减污、扩绿、增长，推进生态优先、节约集约、绿色低碳发展。同时，随着我国政府生态文明建设的推进以及生态优先等理念的普及，政府、社会和学界对环境问题的认识不断深化，对环境规划与管理工作提出了更高的要求。

环境规划与管理是环境科学体系中的重要分支，一些院校把环境规划学和环境管理学分别作为单独的课程开设，也有很多院校将其作为一门课程开设。实际上，环境规划与环境管理无论在科学研究还是在实际应用上都有密切的关系，同时也具有很大差别。规划职能是环境管理的首要职能，环境目标是环境规划与环境管理的共同核心，而环境规划与环境管理具有共同的理论基础。有的教材把环境规划与环境管理融合在一起编写，但这种融合方式无法很好地把二者之间的差异体现出来。

对于日益发展与健全的环境科学学科来说，环境规划与管理课程已成为不可或缺的基础理论与应用课程。随着环境治理技术不断成熟，在一定意义上，环境规划与管理将决定我国环境问题能否得到很好的解决，环境规划与管理的关注重点也将从单纯的环境污染问题转换到区域整体环境质量、资源的可持续利用等宏观环境问题。

本次修订基本保持了第一版的结构，并根据近年来环境规划与管理在理论、技术、方法等领域的进展，对原书相关内容做了修改和补充。《环境规划与管理》（第二版）系统地阐述了环境规划与管理的基本理论问题、主要内容和技术方法，阐述了我国环境管理思想和实践的发展历程，对我国改革后全新的环境管理体制机制进行了比较全面的介绍。以欧美日等国家为例，介绍国外环境管理的实践和经验；并对区域、废弃物、自然资源、企业和风险的环境管理进行了详细论述；结合重要的全球环境问题，阐述国际社会及我国对全球环境问题的管理活动。环境规划是环境管理的重要内容和手段，书中介绍了环境规划的基本原理、一般程序和主要内容，并吸收了全新的研究成果，提高教材的可读性和实用性。

国内已经出版了不少环境规划与管理方面的教材，但有的教材内容较多，不利于学生的理解和记忆。因此，在借鉴相关教材和论文的基础上，同时结合环境管理的发展趋势，本书侧重于为学生提供一本形式简明、内容实用、通俗易懂的教材。考虑环境类专业学生的专业特点，将教材重点放在基本概念、基本原理的介绍上，并结合实践，使学生充分了解环境管理的进展和实际应用。各章节穿插了“知识专栏”，变化的形式既增添了学生的学习兴趣，又充实了教材的内容。

《环境规划与管理》（第二版）由孟伟庆任主编，胡蓓蓓、莫训强、贺梦璇任副主编。南开大学李洪远教授对本书的编写提出了宝贵的意见，并对全书进行了审定，特此表示感谢。

感谢化学工业出版社积极策划并推动了本书的修订工作。本书参考了许多前辈学者的著作、教材、图表资料以及相关领域的科研成果，特向这些作者致以深深的谢意。尽管编者多年来从事环境规划与管理的教学与研究工作，但限于水平和时间，本书在教材结构、内容安排等方面疏漏在所难免，敬请专家、同行和广大读者批评指正。

编者

2023 年 6 月

如何学习本书

环境规划与管理是环境学科的重要分支，和其他分支学科相比，环境规划与管理和经济、社会、管理等密切相关，和我们的生活也息息相关。环境规划与管理的内容通俗易懂，看起来很有趣味，但由于涉及面广，环境管理实际上是难学的。编写本教材的目的，是尽可能用简洁的文字和适当的篇幅介绍和总结环境规划与环境管理的相关内容，力图有利于同学们的记忆和理解。编者多年的教学经验表明，关于本教材，学习的态度决定了最终的学习效果，但学习效果需要在参加考试和参加工作后才能体现。这里向大家介绍学习本课程的方法。

1.仔细阅读，并且思考。由于篇幅原因，本教材编写过程中力求简洁，因此，建议大家在阅读教材时，要慢，要仔细，并且要思考。很可能一段内容总结了很多的知识点，如果是走马观花式的阅读，可能看完就忘记了。当读完一个章节时，尝试自己总结一下，结合每章后的内容小结和思考题，看自己能否清晰地、有逻辑性地回答出来。要避免看起来会了，真正回答的时候又回到了原点。

2.与老师和同学讨论。本教材在编写过程中，吸收了国内外相关教材和研究的很多素材和观点，但人们对环境问题的看法是在不断进步的，教材中的观点不一定是完全严谨的，或者说随着社会经济的发展和环境治理体系的快速变化，需要及时更新很多观点。因此，大家可以带着批判的眼光来学习，多和老师、同学讨论和交流，共同完成一些题目和作业，有利于对知识的掌握和科学思维能力的提高。

3.要重视与现实结合。环境规划与管理是一门与现实结合紧密的学科，除了一些原理性、理论性和总结性的内容外，很多内容是与时俱进的。因此在学习过程中要多收集材料，了解我国和全球其他国家在环境管理方面的状况和进展。通过调研发现，凡是在学习中投入时间、精力多，对环境管理体系跟踪和了解多的同学，在今后的考试和工作中都受益匪浅。

4.要培养整体思维和分析总结能力。单纯从知识点来说，本教材的内容并不很深奥，难点在于将本课程的知识和环境学科的其他知识进行整合，例如环境监测、环境影响评价、环境科学概论等，然后结合现实进行分析。个别同学在讨论过程中有一些想当然的观点，放在现实的执行层面就会面临很多问题。环境规划与管理的目的是明确的，但过程中遇到的政策、法律法规、制度等，实际上和人们的观念、社会背景、治理体系等密切相关，因此，要注意培养整体思维和分析总结能力，仅仅背诵教材中的知识点是不够的。

目录

第1篇　环境管理篇

第2篇 环境规划篇

第1篇
环境管理篇

导　言

环境管理学是专门研究环境管理基本规律的一门科学。环境管理学的形成与发展是和人类社会进行环境管理的实践紧密联系的。环境管理是以实现区域社会可持续发展为目标，依据国家的环境政策、法律法规和标准，运用各种管理手段，调控人们环境行为的活动的总体。其中，主要管理手段包括法律、经济、行政、技术和宣传教育五种手段，人类行为包括自然、经济、社会三种基本行为。本篇系统地阐述了环境管理的基本理论问题、主要内容和技术方法，阐述了我国环境管理思想和实践的发展历程，对我国改革后全新的环境管理体制机制进行了比较全面的介绍；以欧美日等国家为例，介绍国外环境管理的实践和经验；并对区域、废弃物、自然资源、企业和风险的环境管理进行了详细论述；结合重要的全球环境问题，叙述国际社会及我国对全球环境问题的管理活动。

1 绪 论

【学习目的】

通过本章学习，了解环境问题产生的过程及根源，掌握目前的主要环境问题及其实质。掌握环境管理的概念、特点、任务、主体、对象和内容。熟悉环境管理的基本手段。了解环境管理学形成和发展的历史，以及环境管理学与环境科学的关系。

1.1 环境问题及其产生根源

1.1.1 环境问题

1.1.1.1 环境问题的产生

人类自诞生之日起就在利用和改造自然环境。随着人类改造自然界能力的提高，对环境的污染和破坏日益明显，环境不断恶化，于是出现了环境问题。从广义上理解，任何由自然或人类引起的生态平衡破坏，最后直接或间接影响人类生存和发展的一切客观存在的问题都是环境问题（environmental problems）。

环境科学所研究的环境问题主要是指由人类活动引起的环境问题，即人类在利用和改造自然界的过程中引起的环境质量的变化，以及这种变化对人类生产、生活、健康乃至生命的影响，这是从狭义角度理解的环境问题。

人类活动使生态环境恶化有很多实例，典型案例之一就是古巴比伦文明的消逝。两河流域的美索不达米亚曾经是森林茂密、水草肥美的冲积平原，在公元前 3000 年至公元 500 年的历史长河中，这里孕育了世界闻名的古巴比伦文明。那里的人们选择水草丰盛、森林茂密的地方定居。人口的增加导致人类砍伐大量的森林来建造房屋，开垦大量的草地来增加耕地，战争的烧杀抢掠也使周围的自然环境受到严重破坏，使得自然资源枯竭，环境恶化，环境质量不断降低。最后，两河流域的茂密森林不见了，土壤变得十分贫瘠，气候也非常恶劣，昔日优美的风光被茫茫的荒漠取代。古巴比伦曾在人类文明史上写下了光辉的一笔，然而古巴比伦创下的文明如今却消逝在沙漠中，令人惋惜的同时更应该引起人类的反思。

在中国也可以找到同样的事例，曾经辉煌的丝绸之路和楼兰文明，令多少中国人感到骄傲，可如今也只有茫茫荒漠上的残垣断壁向人们诉说着昔日的辉煌。

人类是地球环境演化到一定阶段的产物，而环境是人类赖以生存和发展的基础。因此，人类的生产和消费活动都离不开环境。人类的生产和消费活动对环境造成的影响从人类诞生之日起就存在，也就是说环境问题自古就有，环境问题的发展与人类社会的发展是同步的。

审视人类社会发展的历程，可以将环境问题的产生和发展概括为三个阶段。

第一阶段——从人类诞生到工业革命之前的漫长历史时期。在农业文明以前的整个远古时代，人类过着采集和狩猎的生活。此时人类主要依赖自然环境，生产力水平低下，对自然环境的干预，无论在程度上还是在规模上都微乎其微，因此人类造成的环境问题并不明显，并且很容易被环境的自我调节所抵消。从农业文明时代开始，生产力逐步提高，出现了耕作农业和养殖畜牧业，此时人类利用和改造自然界的能力增强，引起了较为严重的局部环境问题，如大量砍伐树木、过度破坏草原等。但纵观农业文明的历史，环境问题还只是局部的、零散的，还没有上升为影响人类社会生存和发展的问题。

玛雅文明的衰亡

玛雅文明是世界著名的古文明之一，也是拉丁美洲三大古代印第安文明之一。它是美洲印第安人文化的摇篮，对后来的托尔特克文化和阿兹特克文化具有深远的影响。

玛雅文化具有悠久的发展历史，大约从公元前1800年一直延续到公元1524年，可分为前古典期（公元前1800年至公元300年）、古典期（公元300年至900年）和后古典期（公元900年至1524年）三个阶段。其全盛时期约为公元400年至900年。

玛雅社会曾相当繁荣。农民垦植畦田、梯田和沼泽水田，生产的粮食能供养激增的人口。工匠以燧、石、骨角、贝壳制作艺术品，制作棉织品，雕刻石碑铭文，绘制陶器和壁画。商品交易盛行。玛雅的金字塔是平顶，上面修建富丽堂皇的神庙，装饰着美丽的壁画和雕刻，四周有供攀登的阶梯。玛雅人在数学、天文和历法方面有很高的造诣。他们根据手脚帮助计数的经验，创造二十进位法，使用“零”比欧洲人早800年。他们的天文台能准确预测日蚀，知道月亮、金星的运行周期。他们使用太阳历，一年有18个月，每月有20天，剩下最后5天为禁忌日，四年一闰加一天，一年总长为365.2420日，接近现代的科学预测（365.2422日）。玛雅有象形文字，使用800多个表音和表意的符号，组成近3万个词汇，可惜至今未被全部释读。

然而，一个至今未得到确切解释的千古之谜是，曾经有过如此辉煌过去的玛雅文化，在公元10世纪初期突然神秘地衰落了。玛雅文明消失的原因众说纷纭，大多数人相信是地震、飓风的侵袭，加上人口爆炸、粮食不足、农民暴动和异族侵入等原因造成了玛雅文明的衰亡。

第二阶段——从工业革命时期开始到第一次发现“臭氧层空洞”这段时期。这个阶段是城市环境问题突出、环境“公害”事件频发的时期。以蒸汽机的发明为标志的工业革命的到来，极大地提高了生产力，进而带动了人口在城市中的聚集；而城市化（urbanization）的发展又进一步加剧了环境的恶化——交通拥挤，城市供水不足，城市环境卫生状况恶劣，环境污染（environmental pollution）日趋严重等。环境污染是由人类的活动引起的，其定义为：由于人为的因素，使有毒、有害的物质排入了环境，并且使环境的化学组成或物理状态发生了变化，扰乱和破坏了生态系统以及人们正常的生产和生活条件。环境污染具体表现为废气、废水和固体废物等有害物对大气、水、土壤和生物的污染。

在20世纪，人类社会迅猛发展，人类对环境的开发利用也达到了前所未有的强度。这一时期发生了一系列震惊世界的环境“公害”事件。科技就像一把“双刃剑”，在促进经济发展和社会进步的同时，又带来诸多的环境问题，引起环境的恶化。从某个角度讲，科技越发达，带来的环境问题越多，并且治理也会越困难。在环境问题发展的第二个阶段，环境污染的特点是：工业污染转向城市污染和农业污染；点源污染转向面源污染；局部污染转向区域污染甚至全球性污染。环境污染的扩大化带来了第一次全球环境问题的高潮。

第三阶段——始于1984年英国科学家发现南极臭氧层空洞。这个阶段的环境问题主要是全球性的环境问题，包括“酸雨问题”（acid rain）、“全球变暖”（global warming）和“臭氧层破坏”等问题。由于这个阶段的环境问题比起上一阶段更为严重，影响范围更广，更具有代表性，因而构成了第二次全球环境问题的高潮，也成了世界各国政府和全人类关注的焦点。

综上所述，环境问题自古就有，并且随着人类社会的发展而发展，人类越进步，环境问题也就越突出。发展和环境问题是相伴而生的，只要有发展，就不能避免环境问题的产生。环境问题的产生是一个与社会和经济相关的综合问题，要解决环境问题，就要从人类、环境、社会和经济等综合的角度出发，找到一种既能实现发展又能保护好生态环境的途径，协调好发展和环境保护的关系，实现人类社会的可持续发展。

1.1.1.2 当前的环境问题

今天，人类在创造了空前的物质文明和精神文明的同时，也给自己带来了生存的危机。温室效应与全球气候变暖、臭氧层破坏、酸雨、生物多样性减少与生态危机、全球性水资源危机、水土流失与荒漠化、海洋污染以及热带雨林的减少等，都成为制约人类生存与发展的主要因素，也是当前人类社会共同关注的焦点问题。

概括起来，当前的环境问题主要可分为相互关联和影响的四个方面。

（1）人口问题　人口的急剧增长可以认为是当前首要的环境问题。近百年来，世界人口的增长速度达到了人类历史上的最高峰，根据联合国经济和社会事务部的统计数据，截至2020年1月1日，全球的人口数量为77.94亿。

人口的急剧增加对资源及环境要素产生巨大压力。随着人口的增加、生活水平的提高，对土地的占用、对各类资源和能源的需求与消耗量在不断扩大，排放的生活废弃物在不断增多。因此，人口增加的另一后果是环境污染加剧。地球上的资源是有限的，即使是可重复使用的水资源、可再生利用的生物资源，其恢复和再生的速度也是有限的。尤其是土地资源，不仅总面积有限，人类难以改变，而且是不可迁移和不可重叠利用的。如果人口急剧增加，超过地球的环境承载力，将造成非常严重甚至是不可逆转的生态破坏和环境污染问题。

所以，从保护环境和合理、持续利用资源的角度看，根据人类各个阶段的科学技术水平，计划和控制相应的人口数量，是保护环境、实现人类社会可持续发展的主要措施。

（2）资源问题　资源问题是当今世界人类所面临的另一个主要问题。随着全球人口的增长和经济的发展，对资源的需求与日俱增，人类正经受着资源短缺或耗竭的严重挑战。全球资源匮乏和危机主要表现在：土地资源在不断减少和退化，森林资源在不断缩小，淡水资源出现严重不足，某些矿产资源濒临枯竭，等等。

土地资源损失与破坏已成为全球性的问题，主要表现在耕地面积的大量减少、水土流失、土地荒漠化及土壤污染等。据估计，世界耕地的表土流失量约为230亿吨/年。我国土地资源总量丰富但人均占有量较少。以耕地为例，我国一直以占世界不到10%的耕地养活占世界约20%的人口。从1996年到2018年，全国耕地面积由19.51亿亩（1亩=666.67平方米）减至18.37亿亩，我国是世界上耕地资源消耗速度最快的国家之一。而随着人口不断增加，我国人均耕地面积迅速下降。

森林是多样性非常丰富的生态系统，具有维持地球陆地生态平衡、调节气候、固土、固沙、防风、蓄水等功能。全球70%～80%的生物存在于森林之中，森林支持着几百万个物种，为人类提供了广泛的生物资源。然而据有关资料统计，近半个世纪以来，过度砍伐以及酸雨污染等致使森林资源减少了50%左右，其中被誉为“地球之肺”的热带雨林正在以每分钟29公顷，每年1540万公顷的速度消失。温带落叶林比工业革命前已减少了40%左右。

水资源短缺已成为世界大多数国家经济发展的障碍，成为全球普遍关注的问题。当前，世界正面临着水资源短缺和用水量持续增长的双重矛盾。正如联合国早在1977年所发出的警告：“水资源危机将成为继石油危机之后的一项严重的社会危机。”目前，世界上有40多个国家和地区缺水，占全球陆地面积的60%，约有20亿人用水紧张，10多亿人得不到安全的饮用水。根据环境保护部（现生态环境部）2014年3月发布的《中国人群环境暴露行为模式研究报告》，我国有近3亿农村人口喝不上安全饮用水，在城市中生活的约5000万人的饮用水也不达标，解决饮用水水质问题已经到了刻不容缓的地步。

（3）生态破坏　全球性生态破坏主要包括：森林锐减、土地退化、水土流失、荒漠化和生物多样性消失等。

植被是全球或某一地区内所有植物群落的泛称。植被破坏是生态破坏的最典型特征之一。植被的破坏（如森林和草原的破坏）不仅极大地影响一个地区的自然景观，而且可能带来一系列的严重后果，如生态系统恶化、环境质量下降、水土流失、土地沙漠化以及自然灾害加剧，进而可能引起土壤荒漠化，土壤荒漠化又可能加剧水土流失，以致形成生态环境的恶性循环。

水土流失是当今世界一个普遍存在的生态环境问题。据最新估计，全世界现有水土流失面积为2500万公顷，占全球陆地面积的16.8%，每年流失的土壤多达250多亿吨。

土地沙漠化是指非沙漠地区出现的风沙现象、以沙丘起伏为主要标志的沙漠景观的环境退化过程。目前，全球有36亿公顷干旱土地受到沙漠化的直接危害，占全球干旱土地的70%。沙漠化的扩展使可利用的土地面积缩小，土地产出减少，降低了土地养育人口的能力，成为影响全球生态环境的重大问题。

地球上已被描述的生物物种大约有140万种，其中动物大约为100万种，植物为30多万种，微生物有10多万种。而尚未被描述的物种可能比这些要多得多，据估计大约在500万种至5000万种之间。人类的各种非理性活动、破坏行为以及环境污染已经导致了生物多样性的急剧减少甚至物种灭绝，致使人类赖以生存和发展的各类生物资源和生物基因大幅度减少，这是制约人类社会未来持续发展的最重要问题。

全球海岸生态环境特别是滨海湿地、红树林、盐沼和海草床正迅速地被城市、工业以及海产养殖等破坏，加上日益严重的环境污染致使海洋渔业资源和沿海生态环境遭受前所未有的破坏。发展中国家的红树林减少已超过1/3，发达国家滨海湿地大部分已消失。海岸带生态环境的破坏是不可逆转的，将对人类造成长期的影响。

（4）环境污染　环境污染是全球性的重要环境问题。从历年世界环境日的主题和1992年联合国环境与发展大会的文件可以看出，世人心目中最紧迫的区域性和全球性环境问题是：全球气候变暖、臭氧层破坏、酸雨、生物多样性锐减、危险废物越境转移、人口增长速度过快、资源和能源消耗过快、森林迅速减少、海洋污染严重、土地沙漠化严重、水资源缺乏和水污染严重等。根据这些问题的属性，我们可以将其归为如下几大类。一是全球性大气环境问题。其中，全球气候变暖、臭氧层破坏和酸雨三大问题最引人关注。1989 年世界环境日的主题即是“警惕全球气候变暖”。据统计，过去 100 年间，全球地面气温上升了 0.3～0.7℃，而有史以来最暖的 5 年则出现在 20 世纪 80 年代。专家们预测，21 世纪地球气温可能升高 1～5℃。全球气候变暖，或者说“温室效应的加强”，无疑会对生态环境、人类健康、社会和经济等方面产生重大影响。臭氧层破坏和保护臭氧层也是近 20 年才形成的环境热点问题和世界环境保护运动中关注的焦点问题之一，1977 年世界环境日的主题之一就是“关注臭氧层破坏”。据美国宇航局观测的资料，自 1969 年以来，全球除赤道以外，所有地区臭氧层中的臭氧含量减少了 3%～5%，全球臭氧层都已受到损害。酸雨使土壤、湖泊和河流水质酸化，使水生生态恶化，危害农作物和其他植物生长。据统计，我国每年有近 260 万公顷农田遭受酸雨污染，使粮食作物减产 10%左右。仅广东、广西、四川和贵州四省区，因酸雨危害造成每年直接经济损失达 24.5 亿元，间接生态效益损失更大。同时，酸雨还腐蚀建筑材料，严重损害古迹、历史建筑、雕刻、装饰以及其他重要文化设施，由此造成的损失难以估计。

全球十大环境公害事件

1972 年至 1992 年间，世界范围内的重大污染事件屡屡发生，其中著名的有十起，称为“十大事件”。

（1）北美死湖事件　美国东北部和加拿大东南部是西半球工业最发达的地区，每年向大气中排放二氧化硫 2500 多万吨。其中约有 380 万吨由美国飘到加拿大，100 多万吨由加拿大飘到美国。自 20 世纪 70 年代开始，这些地区出现了大面积酸雨区。美国受酸雨影响的水域达 3.6 万平方千米，23 个州的 17059 个湖泊中有 9400 个酸化变质。最强的酸雨降在弗吉尼亚州，pH 为 1.4。纽约州阿迪龙达克山区，1930 年只有 4%的湖泊无鱼，到 1975 年已经近 50%的湖泊无鱼，其中 200 个是死湖，听不见蛙声，死一般寂静。加拿大受酸雨影响的水域达 5.2 万平方千米，5000 多个湖泊明显酸化。多伦多 1979 年平均降水 pH 为 3.5，比番茄汁的酸性还要强，安大略省萨德伯里周围 1500 多个湖泊池塘漂浮着死鱼，湖滨树木枯萎。

（2）卡迪兹号油轮事件　1978 年 3 月 16 日，美国 22 万吨的超级油轮“亚莫克·卡迪兹号”，满载伊朗原油向荷兰鹿特丹驶去，航行至法国布列塔尼海岸触礁沉没，漏出原油 22.4 万吨，污染了 350km 长的海岸带。仅牡蛎就死亡 9000 多吨，海鸟死亡 2 万多吨。海事本身损失 1 亿多美元，污染的损失及治理费用却达 5 亿多美元，而对被污染区域的海洋生态环境造成的损失更是难以估量。

（3）墨西哥湾井喷事件　1979 年 6 月 3 日，墨西哥石油公司在墨西哥湾南坎佩切湾尤卡坦半岛附近海域的伊斯托克 1 号平台钻机打入水下 3625 米深的海底油层时，突然发生严重井喷，平台陷入熊熊火海之中，原油以 4080 吨每天的流量向海面喷射。后来在伊斯托克井 800 米以外海域抢打两眼引油副井，分别于 9 月中、10 月初钻成，减轻了主井压力，喷势才稍减。直到 1980 年 3 月 24 日井喷才完全停止，历时 296 天，流失原油 45.36 万吨，以世界海上最大井喷事故载入史册，这次井喷造成10毫米厚的原油顺潮北流，涌向墨西哥和美国海岸。黑油带长480千米，宽40千米，覆盖1.9万平方千米的海面，使这一带的海洋环境受到严重污染。

(4) 库巴唐“死亡谷”事件　巴西圣保罗以南60千米的库巴唐市，在20世纪80年代以“死亡之谷”闻名于世。该市位于山谷之中，60年代引进炼油、石化、炼铁等外资企业300多家，人口剧增至15万，成为圣保罗的工业卫星城。企业主只顾赚钱，随意排放废气、废水，谷地浓烟弥漫、臭水横流，有20%的人得了呼吸道过敏症，医院挤满了接受吸氧治疗的儿童和老人，2万多贫民窟居民严重受害。1984年2月25日，一条输油管破裂，10万加仑（1加仑=3.785L）油熊熊燃烧，烧死百余人，烧伤400多人。1985年1月26日，一家化肥厂泄漏50吨氨气，造成30人中毒，8000人撤离。市郊60平方千米森林陆续枯死，山岭光秃，遇雨便滑坡，大片贫民窟被摧毁。

(5) 联邦德国森林枯死病事件　联邦德国共有森林740万公顷，到1983年为止有34%染上枯死病，每年枯死的蓄积量超过同年森林生长量的21%，先后有80多万公顷森林被毁。这种枯死病来自酸雨的危害。在巴伐利亚国家公园，由于酸雨的影响，几乎每棵树都得了病，景色全非。黑森州海拔500米以上的枞树相继枯死，全州57%的松树病入膏肓。巴登——符腾堡州的“黑森林”，因枞树、松树绿得发黑而得名，是欧洲著名的度假胜地，也有一半树染上枯死病，树叶黄褐脱落。汉堡也有3/4的树木面临死亡。当时鲁尔工业区的森林里，到处可见秃树、死鸟、死蜂，该区儿童每年有数万人感染特殊的喉炎症。

(6) 印度博帕尔公害事件　1984年12月3日凌晨，震惊世界的印度博帕尔公害事件发生。午夜，坐落在博帕尔市郊的“联合碳化杀虫剂厂”一座存贮45吨异氰酸甲酯的贮槽的保安阀发生毒气泄漏事故。1小时后有毒烟雾袭向这个城市，形成了一个方圆25英里（1英里=1609.344m）的毒雾笼罩区。首先是邻近的两个小镇上，有数百人在睡梦中死亡。随后，火车站里的一些乞丐死亡。毒雾扩散时，居民们有的以为是“瘟疫降临”，有的以为是“原子弹爆炸”，有的以为是“地震发生”，有的以为是“世界末日来临”。一周后，有2500人死于这场污染事故，另有1000多人危在旦夕，3000多人病入膏肓。在这场污染事故中，有15万人因受污染危害而进入医院就诊，事故发生4天后，受害的病人还以每分钟1人的速度增加。这次事故还使20多万人双目失明。博帕尔的这次公害事件是有史以来最严重的由事故性污染造成的惨案。

(7) 切尔诺贝利核泄漏事件　1986年4月27日早晨，苏联乌克兰切尔诺贝利核电站一组反应堆突然发生核泄漏事故，引起一系列严重后果。带有放射性物质的云团随风飘到丹麦、挪威、瑞典和芬兰等国，瑞典东部沿海地区的辐射剂量超过正常情况的100倍。核事故使乌克兰地区10%的小麦受到影响，此外由于水源污染，苏联和其他欧洲国家的畜牧业大受其害。据当时预测，其后十年中这场核灾难还可能导致10万居民因患肺癌和骨癌而死亡。

(8) 莱茵河污染事件　1986年11月1日深夜，瑞士巴富尔市桑多斯化学公司仓库起火，装有1250吨剧毒农药的钢罐爆炸，硫、磷、汞等毒物随着百余吨灭火剂进入下水道，排入莱茵河。翌日，化工厂有毒物质继续流入莱茵河，后来用塑料塞堵下水道。8天后，塞子在水的压力下脱落，几十吨含有汞的物质流入莱茵河，造成又一次污染。11月21日，德国巴登市的苯胺和苏打化学公司冷却系统故障，又使2吨农药流入莱茵河，使河水含毒量超标200倍。这次污染使莱茵河的生态受到了严重破坏。

(9) 雅典“紧急状态事件” 1989年11月2日上午9时，希腊首都雅典市中心大气质量监测站显示，空气中二氧化碳浓度为318mg/m^3，超过国家标准（200mg/m^3）59%，发出了红色危险信号。11时浓度升至604mg/m^3，超过500mg/m^{3}紧急危险线。希腊中央政府当即宣布雅典进入“紧急状态”，禁止所有私人汽车在市中心行驶，限制出租汽车和摩托车行驶，并下令熄灭所有燃料锅炉，主要工厂削减燃料消耗量50%，学校一律停课。中午，二氧化碳浓度增至631mg/m^3，超过历史最高纪录。一氧化碳浓度也突破危险线。许多市民出现头疼、乏力、呕吐、呼吸困难等中毒症状。

(10) 海湾战争油污染事件 据估计，1990年8月2日至1991年2月28日海湾战争期间，先后泄入海湾的石油达150万吨。1991年多国部队对伊拉克空袭后，科威特油田到处起火。1月22日科威特南部的瓦夫腊油田被炸，浓烟蔽日，原油顺着海岸流入波斯湾。随后，伊拉克占领的科威特米纳艾哈麦迪开闸放油入海。科南部的输油管也到处破裂，原油滔滔入海。至2月2日，油膜展宽16km，长90km，逼近巴林，危及沙特。这次海湾战争酿成的油污染事件，在短时间内就使数万只海鸟丧命，并毁灭了波斯湾一带大部分海洋生物。

据世界银行统计，目前全世界每年约有4200亿立方米的污水排入江河湖海，污染了55000亿立方米的淡水，这相当于全球径流总量的14%以上。根据国家统计局数据，我国2017年废水排放总量为699.67亿吨。另外，水质污染还导致发病率上升、水生物死亡。水污染导致的饮用水危机正席卷着全球。

据国家统计局数据，2017年我国二氧化硫排放量为875.40万吨，氮氧化物排放量为1258.83万吨，烟（粉）尘排放量为796.26万吨，排放总量在过去的十年中虽然持续下降，但总量仍然巨大。

1.1.1.3 中国当前的环境问题

作为世界上人口最多的发展中国家，中国面临着与世界其他国家不同的环境问题。从环境与发展的辩证关系来审视，中国当前面临的环境问题包括四个方面。

① 经济发展不平衡导致的环境问题。由于欠发达而使市政设施（如公共卫生设施）不足导致的污染与疾病问题。经济欠发达地区的人们对自然条件的依赖性较强，形成的生态压力往往较大，最终可能导致生态系统退化、人与自然关系恶性循环。

② 发展过程中必然会出现的环境问题。比如使用资源和化石燃料导致CO_2的排放，城市化占用土地等，这属于现有技术条件下发展的必然成本。

③ 发展过程中的各种错误和失误。

④ 发展理念和消费理念。个别人对奢靡生活方式的追求，个别地方对GDP的过度迷恋、对传统发展模式的路径依赖和低端经济大量存在可能导致自然资源滥用，其根源在于发展理念和消费理念上。

由于长期以来发展的不平衡不充分，以上四类环境问题在当代中国并存。

1.1.2 环境问题产生的根源

自从20世纪中叶环境问题恶化以来，人类为了寻求解决途径，一直在探索环境问题的产生原因。最初人类认为环境问题的产生是由工业污染造成的，在很长一段时间里，人们将环境问题归因于生产技术方面的问题，于是发达国家投入了大量的资金和技术力量进行污染治理，但并没有从根本上解决环境问题。

1972年，罗马俱乐部发表了题为《增长的极限》的研究报告，该报告通过对全球经济增长模型的计算分析指出，如果按照目前的经济增长速度，地球将无法支持。该报告第一次将环境问题与经济增长问题联系在一起来寻找环境问题产生的根源，而不是仅仅从生产技术上找原因。1987年，联合国世界环境与发展委员会发表了《我们共同的未来》，进一步将环境问题与社会发展联系起来，并指出环境问题产生的根本原因在于人类发展方式的不可持续性。总体分析，环境问题产生的根源可以总结为：

(1) 人口压力　庞大的人口基数和持续的人口增长造成对物质资料的需求和消耗增多，超出环境的资源供给能力和废物消化能力——产生环境问题。

(2) 资源的不合理利用　资源的利用超出环境资源的再生能力，资源利用过程破坏了环境的调节能力——导致环境问题。

(3) 片面追求经济增长　只关注经济领域的活动，经济活动的目标是产值和利润的增长，认识不到或不承认环境本身所具有的价值，以牺牲环境为代价来换取经济增长——外部性造成环境问题。

联合国环境署发布第六期《全球环境展望》

2019年3月，联合国环境署第六期《全球环境展望》(GEO6) 在第四届联合国环境大会期间发布，呼吁决策者立即采取行动，解决紧迫的环境问题，以实现可持续发展目标以及其他国际商定的环境目标，如《巴黎协定》。联合国环境署于1997年推出了第一期《全球环境展望》(Global Environment Outlook，GEO)。通过汇集由数百名科学家、同行评审员、合作机构及合作伙伴组成的社区，报告以可靠的科学知识为基础，为政府、地方当局、企业和个人提供所需指导信息，确保在2050年之前帮助社会向真正的可持续发展模式转型。

GEO6以先前GEO报告的研究结果为基础，包括六份区域评估（2016年），并概述了当前的环境状况，预测了未来可能的环境趋势并分析了政策的有效性。GEO6对全球空气、生物多样性、海洋与沿海地区、土地与土壤、淡水的现状和问题等均予以了关注。现在，我们来看看它对地球环境状况的诊断。

(1) 空气　污染造成每年数百万人早死。人类活动产生的排放继续改变大气成分，导致空气污染、气候变化、平流层臭氧消耗，并导致人们接触到具有持久性、生物蓄积性和毒性的化学品。空气污染是导致全球疾病负担的主要环境因素，每年造成600万至700万人过早死亡。尽管世界许多地区采取了缓解措施，但全球人为温室气体排放量仍在上升并已经对气候造成影响。

(2) 土壤　土地退化和荒漠化加剧。土地退化问题覆盖全球约29%的土地。虽然毁林速度放缓，但这种现象继续在全球发生。此外，尽管许多国家正在采取措施提高森林覆盖率，但由于主要方式是植树造林和重新造林，其提供的生态系统服务的种类远少于天然森林。

(3) 淡水　大多数区域水质显著恶化。人口增长、城市化、水污染和不可持续的发展都使全球的水资源承受越来越大的压力，而气候变化加剧了这种压力。在大多数区域，自

1990年以来，由于有机和化学污染，如病原体、营养物质、农药、沉积物、重金属、塑料和微塑料废物、持久性有机污染物以及含盐物质，水质开始显著恶化。由于无法取得干净饮用水，每年有140万人死于可预防疾病，例如与饮用水污染和卫生条件恶劣有关的痢疾和寄生虫病等。如果不采取有效的应对措施，到2050年，对抗微生物药物具有耐药性的微生物感染导致的人类疾病可能成为全球传染病致死的重要原因。

(4) 生物多样性 严重的物种灭绝正在发生。目前，42%的陆地无脊椎动物、34%的淡水无脊椎动物和25%的海洋无脊椎动物被认为濒临灭绝。生态系统的完整性和各种功能正在衰退。

(5) 海洋 塑料垃圾进入海洋最深处。海洋和沿海地区面临的主要变化驱动因素是海洋变暖和酸化、海洋污染，以及越来越多地利用海洋、沿海、三角洲及流域地区进行粮食生产、运输、定居、娱乐、资源开采和能源生产。人类活动引起的温室气体释放正在导致海平面上升、海洋温度变化和海洋酸化。珊瑚礁正因这些变化而受到破坏。每年高达800万吨的塑料垃圾流入海洋。海洋垃圾，包括塑料和微塑料，现在存在于所有海洋中，几乎在所有深度都能找到。“人类行为对生物多样性、大气层、海洋、水和土地造成各种影响。程度严重甚至不可逆转的环境退化对人类健康产生了负面影响。大气污染的负面影响最为严重，其次是水、生物多样性、海洋和陆地环境的退化。”

报告指出，几十年来，人口压力以及经济发展被公认为环境变化的主要驱动因素。地球已受到极其严重的破坏，如果不采取紧急且更大力度的行动来保护环境，地球的生态系统和人类的可持续发展事业将日益受到更严重的威胁。

第六期《全球环境展望》展现了目前严峻的环境态势，但同时也揭示了一些积极的变化，例如“在2000—2015年的15年间，有15亿人获得了基本饮用水服务”“创新正以前所未有的速度和规模大踏步前进”“实现地球健康、进而实现可持续发展的路径是存在的”。报告建议各国减少肉类摄取和食物浪费，以降低食品行业的增产压力。目前，全球有33%的食物遭到浪费，且其中有56%发生在发达国家。在城市化问题上，报告指出，通过提升治理效力、完善土地规划和增加绿色基础设施，城市化就能够在减轻环境影响的同时，改善居民的福祉。

在地方、国家和多国层面，正在发生的各种数据和知识革命为我们提高能力以应对环境与治理挑战和加快进展速度提供了机遇。报告强调了大数据的应用，以及公共和私营部门之间的数据收集合作蕴含巨大的潜力，能够极大推动知识的更新换代。

此外，针对整个系统——如能源、食品和废物系统——开展政策干预，相较解决个别问题（如水污染）可能更有效。例如，稳定的气候和清洁的空气是相互关联的；实现《巴黎协定》目标的相关气候减缓行动将耗资约22万亿美元，但减少空气污染带来的综合健康效益可能达到54万亿美元。报告强调，世界拥有向更可持续发展道路迈进所需的科学、技术和资金，但公众、企业和政治领导人尚未在这些领域投入足够的关注和支持，他们仍在坚持一些过时的生产和发展模式。

资料来源：联合国环境规划署。

人类以自己为中心，按照自己的意志改造自然，忽略了环境资源的价值存在，无限制地从环境中掠取资源，向环境排放废物，最终导致了严重的环境危机，这是环境问题产生和不能从根本上得到解决的根源。

1.1.3 环境问题的实质

环境问题的实质长期以来一直是环境科学界探讨和研究的重点问题之一。许多学者从各自的研究角度阐述了自己的观点。有人认为环境问题的实质是技术问题，有人认为环境问题的实质是经济问题、资源利用问题以及社会问题，等等。所有这些观点都是从不同的角度出发来研究环境问题的，代表了一定阶段人们对环境问题的认识水平。

第一种观点是从环境问题产生的直接原因出发得出的结论。该观点认为环境问题是人类科学技术落后的产物，继而把环境问题作为一类新出现的技术问题去研究和解决。

第二种观点是从环境与人类经济活动的相互关系出发得出的结论，比第一种观点的认识水平有了深化和提高。该观点认为环境问题不仅产生于技术领域，在技术领域之外也存在着大量的环境问题，环境问题属于经济领域的范畴，是人类各种经济活动的产物，因而把环境问题作为经济问题去研究和解决。

第三种观点是从资源学角度出发得出的结论。此种观点认为人类环境问题的产生，不论在发达国家还是发展中国家，都是由于对资源价值认识不足，缺少经济发展规划，盲目或不合理开发资源，低效利用资源而造成的，因而主张把环境问题看成是资源开发、利用问题进行研究和解决。

第四种观点是从社会学角度出发得出的结论。该观点认为环境问题不仅是一个技术和经济问题，更是一个社会问题，认为人的行为不仅是经济行为，还包括社会行为和自然行为，环境问题不仅存在于经济领域，而且存在于广泛的社会领域，因此，环境问题的实质是社会问题。

以上这些观点都是从产生的原因来认识环境问题的。但由于分析的角度不同，不能真正全面阐述环境问题的本质。究竟如何认识今天人类所面对的环境问题，它的实质究竟是什么？这不仅是一个认识论问题，更是一个涉及如何确立人类环境战略的重大问题。

从环境问题产生的过程来看，环境问题是随着人类社会的发展而出现的，在不同的人类发展时期，环境问题的表现是不同的：

① 在原始文明和农业文明时期，由于人类社会的物质生产力水平很低，对自然的干预和影响也很小，从自然界获取的资源和向自然界排放的废弃物都没有超过自然环境的资源供给和废弃物消纳能力，这一时期没有出现明显的大范围的环境问题。

② 人类社会进入工业文明以后，以传统的家庭作坊为特征的小规模手工业迅速发展成为社会化大生产，这一阶段，人类创造的物质财富总量远远地超过了历史上所创造的财富的总和。同样，人类从自然界中索取的资源总量以及向环境中排放的废弃物总量也都远远超过了历史上的总和。然而，由于人们对环境问题缺乏足够认识，人们把环境问题看作工业生产的必然产物，是生产附属问题。基于这样的一种思想认识，在长达近两个世纪的时间里，人类对环境问题的出现采取了熟视无睹、任其发展的态度，在较早步入工业化的国家里产生了许多局地环境公害。

③ 到20世纪中叶，人类的环境污染问题由局地公害发展成了全球性公害。50年代相继发生了震惊世界的“八大环境公害”事件，从70年代起又相继出现了全球十大环境公害事件。这些环境问题的出现严重阻碍了各个国家和地区的社会、经济发展，迫使人们重新认识环境问题，人们意识到环境问题不再是生产附属问题，而是一个发展问题。不可持续的发展模式（包括不可持续的消费模式）是各种环境问题产生的根本原因。

④ 进入 20 世纪 80 年代中期以后，世界环境形势更加严峻。严重的环境污染造成了全球性的水资源短缺，加快了森林毁灭、全球气候变暖和臭氧层破坏的速度。严重的生态破坏造成生物多样性的急剧减少，加快了水土流失和荒漠化的速度，世界范围的洪涝灾害频繁发生。所有这些使人类进一步认识到：环境问题不再是一个发展问题，而是一个安全问题。严重的环境污染和生态破坏以及资源的短缺最终会影响到人类自身的生存。

由此可见，环境问题的实质不仅是技术问题，更是发展问题、生存问题。对环境问题的认识就是对人类生存问题的认识，解决环境问题就是解决人类自身的生存问题，这是人类对环境问题的最高思考。

只有站在生存的高度来认识我们今天所面对的环境问题，转变人类对环境和资源价值的认识，转变经济和社会发展方式，提高资源和能源利用效率，制定更为有效的环境战略和对策，切实处理好环境与发展的关系，促进人与自然的和谐相处，才能从根本上解决环境问题。

1.2 环境管理的基本问题

1.2.1 环境管理的概念

环境管理是一个广泛使用的术语，涉及的领域非常广泛，而一个科学术语或学科需要有清晰的定义和学科边界。给环境管理下一个简单清晰的定义并不容易，环境管理并不是大家认为的“环境＋管理”这么简单。实际上，应该从系统角度审视环境管理。为了便于学习和理解，这里先对相关的几个术语做简单的解释。“环境”和“管理”这两个词在许多地方都可以找到，但它们的含义和解释可能有很大的不同，了解其中的差异对于理解环境管理政策和行动很重要。

不妨从“环境”和“管理”两个方面分别来解析环境管理。环境具有四种角色或功能：一是资源提供；二是纳污；三是舒适性，以及教育和文化价值；四是生命支持服务。其中，生命支持服务是环境最重要的功能，甚至无法包含在人类的经济体系之中，环境管理或许也只能针对前三类功能或角色。管理就是一个组织为了高效率地实现某个目标，通过计划、组织、领导、控制等活动，将资源整合运用起来。管理最重要的应该是目标、组织和规则。因此，环境管理就是首先确定环境目标，然后高效率、低成本或低代价地去实现这一目标。

环境管理是以实现区域社会可持续发展为目标，依据国家的环境政策、法律法规和标准，运用各种管理手段，调控人们环境行为的活动的总体。其中，主要管理手段包括法律、经济、行政、技术和宣传教育五种手段，人类行为包括自然、经济、社会三种基本行为。

(1) 环境管理的目的　环境问题产生并且日益严重的根源在于人类自然观和发展观的错误，进而导致人类社会行为的失当。因此，人类必须改变自身一系列的基本思想观念，必须从宏观到微观对人类自身的行为进行管理，减少对自然的索取，恢复环境的结构和功能，保证人类与环境能够可持续地协同发展。这就是环境管理的根本目的——维持环境秩序和安全。

（2）环境管理的重点　环境管理是针对次生环境问题而言的一种管理活动，主要解决由人类活动所造成的各类环境问题。

（3）环境管理的核心　环境管理的核心是对人以及人的环境行为的管理。人是环境行为包括环境污染行为的实施主体，是产生各种环境问题的根源，只有解决人的问题，从人的基本环境行为入手开展环境管理，环境问题才能得到有效解决。

（4）环境管理的本质　环境管理是一个不断发展的过程，其本质是在环境中协调人与环境的关系。例如，关于气候变化的辩论和全球协议签订面临的困难都表明，环境管理并不是一个简单的科学问题，环境不断变化的性质意味着环境管理的理念和做法是由价值体系支撑的，这些价值体系通过各种基于环境的社会结构，包括科学、经济、政策而不断变化、相对竞争和谈判。其结果是，一个地区或国家的环境管理将不同于另一个地区或国家。同样，昨天的环境管理方法也不同于今天。

1.2.2　环境管理的特点

不同于一般的行政管理，环境管理具有区域性、系统性、社会性和环境决策的非程序化等特点。

（1）环境管理的区域性　环境管理的一个显著特点是其区域性，即环境问题是以一定的区域范围为特征的。这就决定了环境管理的地域性。这是因为，无论从全球来看，还是从一个国家的范围来看，经济社会的发展程度不同、资源利用配置不同、产业结构和消费结构的差异等都会导致具体的环境问题的不同。而环境管理的目的就是要管理人的各种行为，协调人与环境的关系，解决环境问题。因此，环境问题的不同必然使得环境管理在方法和模式上具有很大的区域差异性。

具体到中国，由于国土面积大，区域环境情况差异也很大，因此针对具体环境问题的环境管理就需要考虑区域发展的特点，不能采用统一的环境管理模式，更不能完全照搬发达国家和地区的管理经验。开展环境管理工作，要从不同区域的实际情况出发，采用不同的环境管理方法和措施。

（2）环境管理的系统性　环境管理系统性是由环境管理对象的复杂性决定的。环境管理所面对的对象是自然环境和人类社会构成的复杂巨系统，该系统成分多样、结构复杂，并表现出多种多样的功能，且随着时间的变化表现出动态性的特点。将环境理解为一个复杂系统，环境管理就是为确保系统的正常运行而实施的干预措施和过程。目前在环境管理中用到的一些方法，例如环境管理体系、环境影响评价、驱动力-压力-状态-影响-响应（DPSIR）模型、生命周期分析、足迹分析（如碳足迹、水足迹）、可持续性评估等，都是将环境看作一个系统，从整体或者全链条角度来分析问题。

由于系统的复杂性和综合性，对从事环境管理的人员的要求就会大大提高。高度复杂的环境状况不容易理解或管理，这在一定程度上是因为知识和理解、科学、政治过程和决策都是在社会、地理、文化、经济和时间综合影响下发生的。特别是在决策模式中，科学往往与管理联系在一起，科学为决策提供数据，通常被描述为基于证据的政策。但是，政策制定者可以选择使用的科学并不总是清晰的。因此，科学与政策的关系并不总是简单明了的，也不总是影响政策或行动。从有关气候变化的辩论和全球协议谈判就可以看出科学直接影响行动和环境管理的困难所在。

（3）环境管理的社会性　环境管理的核心是通过对人的行为的管理，最终实现人与环境的和谐共存。所以，环境保护是全社会的责任与义务，涉及每个人的切身利益，开展环境管理除了专业力量和专门机构外，还需要社会公众的广泛参与。由于环境问题的出现是由社会生产观念和消费观念造成的，因此，必须通过改变全社会的发展观念，发挥社会支持和参与管理的强大动力，才能从根本上提高和巩固环境管理的水平和效果。

1.2.3 环境管理的任务

如前文所述，环境问题在不同的空间和时间尺度有不同的表现形式，其产生的根源在逻辑上可以总结为：需求（社会经济发展和人口压力）→开采资源→排放污染物→环境问题（生态破坏）。也就是说，随着人口的增长和社会经济的发展，人类开采利用自然资源的强度和范围不断增大，实际上所有的环境问题（不包括原生环境问题）都是由人类开发自然资源造成的。所以，按照这个思维分析，只有人类不开发利用自然资源，或者说将开发利用自然资源的强度和造成的环境影响保持在环境容量允许的范围内，才能解决环境问题。完全停止自然资源的开发利用显然是不现实的，那就需要从减少对自然资源开发利用的总量，同时提高资源利用效率的角度出发，减少对环境的影响。但随着人类社会经济的不断发展、全球城市化进程的推进以及生活水平的提高，人类对环境资源的开发利用强度越来越大。在这样一个矛盾的思维悖论中，实际上是人类自然观和发展观产生错误，进而导致人类环境行为的失当。

基于这样的思考，环境管理的基本任务为：提高人类的环境意识，调整人类的环境行为，控制“环境-社会系统”中的物质流动，进而实现人类与自然环境的和谐，满足人类可持续发展的环境需求。

（1）提高环境意识　环境意识（environmental awareness）是一个哲学的概念，是人们对环境和环境保护的一个认识水平和认识程度，又是人们为保护环境而不断调整自身经济活动和社会行为，协调人与环境、人与自然互相关系的实践活动的自觉性。也就是说，环境意识包括两个方面的含义：其一是人们对环境的认识水平，即环境价值观念，包含心理、感受、感知、思维和情感等因素；其二是人们保护环境行为的自觉程度。这两者相辅相成，缺一不可。

环境意识作为一种思想和观念，古已有之，但环境意识的概念却产生于20世纪60年代，它是人类对人与环境关系中诸多问题的全面、深刻的思考与反映，是人类的觉醒。环境意识帮助人们了解环境的脆弱性及环境保护的重要性。环境意识的提高可以促进公众能够更加主动、合理地利用环境，以发展人类高品质的生活，同时了解人类无法与其他生物分离而完全独立，人类与环境的其他成分是互相关联的。

环境意识的提高可以实现在个人层面、社区层面和企业层面上改变人们的环境行为。我们对这样一些术语很熟悉，例如“环境友好”“生态友好”“自然友好”“绿色生活”等。个人和社区层面的环境行为改善会使人们倡导绿色生活方式，企业层面的环境行为则会生产环境友好产品和提供环境友好服务。即使开始是被动的，但随着环境意识的提高，人们会主动改变环境行为，环境意识的提高和环境观念的改变将最终带动人类文明的改变。

（2）调整环境行为　相对于环境意识的提高，环境行为的调整是较低层次的，在当前阶段往往是被动的，但却是更具体、更直接的调整，效果能够立刻得到体现。

人类的社会行为可以分为政府行为、企业行为和公众行为三大类。政府行为是国家层面的管理行为，诸如制定政策、法律、法令、发展规划并组织实施等；企业行为是指各种市场主体包括企业和生产者个人进行的商品生产和交换的行为；公众行为则是指公众在日常生活中诸如消费、居家休闲、旅游等方面的行为。这三种行为相互制约，也相互促进，它们的转变都会对环境产生不同程度的影响。

人类的这三种社会行为相辅相成，它们对环境的影响分别具有不同的特点。其中，政府行为起着主导作用，因为政府可以通过法令、规章等在一定程度上约束和引导企业行为和公众行为。另外，在这三种行为中，政府的决策和规划行为，特别是涉及资源开发利用或经济发展规划的行为，往往会对环境产生深刻而长远的影响，万一决策失误，其负面影响一般很难或无法纠正。市场的主体一般是企业，而企业的生产经营行为一直是环境污染和生态破坏的直接制造者。不仅在过去，而且在将来很长的一段时期内，它们都将是环境管理的重点。公众行为对环境的影响在过去并不是很明显，但随着人口的增长尤其是消费水平的提高，公众行为对环境的影响在环境问题中所占的比重将会越来越大。如从全球来看，生活垃圾产生量占整个固体废物产生量的70%，大大超过了工业固废的产生量。由于消费方式的原因，大量产品并未得到循环利用，这不仅加剧了固体废物对环境的污染，而且对资源的持续利用也是一种损害。因此，在政府的环境行为中，应把引导、扶持、培育废弃物再利用作为一个新的产业部门来发展；同时还应该通过各种行政、法律和宣传手段来影响消费方式的改变，进而“倒逼”生产方式的转变。

（3）控制“环境-社会系统”中的物质流动　人的行为从另外一个角度还可以分为两大类：一类是人与人之间的行为，另一类是人类与自然环境之间的行为。确切地说，是人类社会作用于个体人的行为，以及人类社会作用于自然环境的行为。个体人与个体人之间的行为不一定体现在物质流动上，如人与人之间的关心、友爱行为，人们所进行的诗歌、音乐等精神文化的创造与交流等。但人类社会作用于个体和自然环境的行为则大多会体现在对应的物质流，以及基于物质流的能量流和信息流上。人与人之间的相互作用可以是物质的，也可以是情感的，在很多情况下，人与人之间的情感交流可能会更重要，这是由人的天性决定的。但人与自然环境之间的相互作用则大多与物质流动有联系。因此，环境管理在管理人的行为的同时，一定还要着眼于这些行为在物质流动过程中的反映。

在理论上，物质流是一个比较抽象的概念，不容易把握。而在现实生活中，物质流则是一个再明显不过的事实。比如塑料袋，环境管理的对象涉及塑料袋的丢弃行为、分拣行为、收集行为、运输行为、处理处置行为，而所有这些行为都是以实物（塑料袋）的流动作为物质基础的，实际上，对这些行为的管理，就是对塑料袋物质流的管理。对行为的管理与对作为行为载体和实质内容的物质流的管理是密不可分的。

从物质流角度看，工业文明的一大特点是人类的行为越来越多地使物质退出了它在“环境-社会系统”中固有的循环，成为污染物。换句话说，就是以破坏物质循环为代价和手段来创造物质财富。而环境管理学就是要探寻一条既能尊重和不破坏大自然固有的这种物质循环，又能创造物质财富的新的发展道路，这条道路是一种超越了工业文明的新的文明形态。

由以上分析可见，环境管理的三项任务是相互补充、构成一体的。完成环境管理三项任务的目的，就是使物质在人类社会中的流动，人类社会行为的机制、组织形式以及个人的日常生活等各种活动，符合人与自然和谐发展的要求，进而以规章制度、法律法规、社会体制和环境意识观念的形式体现和固化下来，从而创建一种新的生产方式、消费方式与社会组织方式，最终形成一种新的、人与自然和谐的人类社会生存方式。

1.2.4 环境管理的主体和对象

环境管理的主体是指“谁来管理”和“管理谁”的问题。其广义的理解是指环境管理活动中的参与者或相关方，而不一定是狭义的所谓“管理者”。

环境管理的对象是指“管理什么”的问题，如前所述，环境管理是人类社会管理人类社会作用于环境的行为，环境管理本身也是一种人类的社会行为。人类社会行为的主体可分为政府、企业和公众，因此他们都是环境管理中的管理者，而管理对象则是政府行为、企业行为和公众行为。

既然环境管理的主体和对象都是人类自身的行为，那么环境管理的内容也就是人类的不同类型的行为。这里需要说明的是，环境管理学是关于环境管理的学科，其研究对象是社会-经济-环境复合生态系统，而环境管理是将环境管理学的理论应用于实际，是一种行为。由于环境管理学的应用特点，以及环境管理学是由环境科学与管理科学相互交叉产生的综合学科，这里主要论述环境管理的相关内容。

在实际的管理活动中，需要对人类社会的行为和行为主体进行分类。目前，一般将人类社会的行为主体分为政府、企业和公众三大类，在环境管理中，政府、企业和公众都是环境管理的主体，它们同时管理自身和另外两类主体中的参与者或相关方的行为。

（1）政府　政府是社会公共事务的管理主体，包括中央和地方各级行政机关。政府依法对整个社会进行公共管理，环境管理是政府公共管理中的一个分支。在三大行为主体中，政府是整个社会行为的领导者和组织者，同时还是各国政府间冲突、协调的处理者和发言人。政府能否妥善处理政府、企业和公众的利益关系，促进保护环境的行动，对环境管理起着决定性的作用。所以，政府是环境管理中的主导性力量。

政府作为环境管理主体的具体工作包括制定适当的环境发展战略，设置必要的专门环境保护机构，制定环境管理的法律法规和标准，制定具体的环境目标、环境规划、环境政策制度，提供公共环境信息和服务，开展环境教育等。此外，在全球性环境问题管理方面，政府作为环境管理主体的管理内容包括代表国家参与国际社会的环境管理行为，如国际间环境合作、全球环境条约协议的签署和执行等。

政府行为对环境所产生的影响具有极强的特殊性，它涉及面广，影响深远又不易察觉，既有直接的一面，也有间接的一面，既可以有重大的正面影响，又可能有巨大的难以估计的负面影响。

政府对环境产生的影响主要包括：

① 作为投资者为社会提供公共消费品和服务，如控制军队、警察等国家机器，提供供水、供电、铁路、邮政、教育、文化等公共事业服务；

② 作为投资者为社会提供一般的商品和服务，以国有企业的形式控制国家经济命脉；

③ 掌握国有资产和自然资源的所有权及相应的经营和管理权；

④ 对国民经济实行宏观调控和对市场进行政策干预。

要防止和减轻政府行为造成和引发环境问题，主要应考虑以下三个方面。①政府决策的科学化：要建立科学的决策方法和决策程序，中国提出的科学发展观是一个很好的开端；②政府决策的民主化：公众（包括各种非政府组织或社会团体）能否通过各种途径对政府的决策和操作进行有效的监督具有最根本和决定性的意义；③政府施政的法制化：我国提出建立国家治理体系，推进国家治理能力现代化，这就要求政府施政要遵循法制化轨道，减少由个别领导导致的随意性和非专业性，对政府履职不力的行为采取法律手段和行政手段，追究政府相关领导成员的责任。

（2）企业　企业是从事生产、流通、服务等经济活动，以生产或服务满足社会需要，实行自主经营、独立核算、依法设立的一种营利性的经济组织。企业主要指独立的营利性组织，并可进一步分为公司和非公司企业，后者如合伙制企业、个人独资企业等。

企业是各种产品的主要生产和供应者，是各种自然资源的主要消耗者，同时也是社会物质财富积累的主要贡献者。因此，企业作为环境管理的主体，其行为对一个区域、一个国家乃至全人类的环境保护和管理有着重大影响。

企业对自身的环境管理的内容包括企业制定自身的环境目标和规划、开展清洁生产和循环经济、通过和执行ISO 14000环境管理体系标准、实行绿色营销等。另外，企业作为人类社会产业活动的主体，其环境管理行为对政府和公众的环境行为有很大影响。只有企业能够设计和生产出绿色产品，公众才能使用；只有大量的企业不断开发绿色环保的先进技术和经营方式，才能推动政府在完善环保法律、严格环保标准等方面加强环境管理，从而推动整个社会的进步。从这个意义上讲，企业环境管理既能与政府、公众的环境管理行为互动，又发挥着重要的和实质性的推动作用。

企业行为对资源环境问题有非常重要的影响，主要表现在：①企业是资源、能源的主要消耗者；②企业特别是工业企业是污染物的主要产生者、排放者，也是主要的治理者；③企业是经济活动的主体，因此也是环境保护工作的具体承担者，绝大多数的环境保护行动都需要企业的参与才能落实。

要防止或减轻企业行为造成和引发环境问题，主要应考虑以下几个方面。①从企业调控自身行为的角度，应加强企业环境管理和环境经营。②从政府对企业行为进行管理和调控的角度，宏观上政府应加强对企业环境保护工作的引导和监督，严格执行环境法律法规，制定恰当的环境标准，实行各种有利于提高企业环境保护积极性的政策，创造有利于企业环境保护的法治环境，加强对有优异环境表现的企业的嘉奖，与企业携手共创环境友好型社会。③从公众对企业行为的管理和调控角度，可以站在消费者的立场，通过购买和消费绿色产品和服务引导企业生产方式转变；公众作为个体或通过社会团体对企业破坏环境的行为进行监督；公众个体作为政府的公务员或企业的员工，通过自身的工作促进企业保护环境。

（3）公众和非政府组织　公众包括个人与各种社会群体。公众是环境管理的推动者和直接受益者。公众作为环境管理的主体作用并不是以一个整体的形式出现在环境事务中，而主要是以散布在社会各行各业、各种岗位上的公众个体以及以某个具体目标组织起来的社会群体的行为来体现的。在一些情况下，一些在环境保护领域做出突出成绩的公众个体，通过自己的行为可以起到监督企业行为和政府行为的作用，达到促进企业和政府环境管理的效果。但在更多的情况下，公众通过自愿组建各种社会团体和非政府组织参与环境管理工作。参与，是公众作为环境管理主体的主要“管理”形式。公众环境管理的机构可以是非政府组织（如各种民间环保组织）、非营利性机构（如环境教育、科研部门），其具体内容很多，根据这些组织和机构的目的确定。

作为环境管理对象的公众和社会组织，要解决公众行为可能造成和引发的环境问题，主要应考虑以下几个方面。①从公众调控自身行为的角度：公众应提高环境意识，购买和消费绿色产品和服务，养成保护环境的习惯，如垃圾分类、废物利用等，积极参与有利于环境保护的活动，如担任环保志愿者、参加环保社团等社会组织的活动。②从政府对公众行为调控的角度：一是应当加强对公众环境意识的教育和培养；二是通过制定法律、法规规范公众的生活和消费行为，使之有利于环境保护；三是规范和引导公众和非政府组织（Non-Governmental Organization，NGO）的环境保护工作。③从企业对公众行为调控的角度：一是提供绿色的时尚环保产品引导公众的消费潮流，尽可能满足公众对绿色消费的需求；二是对企业员工不利于环境保护的行为进行约束和控制；三是与非政府组织合作从而影响和引导公众行为。

1.2.5 环境管理的内容

环境管理的内容比较广泛，按照不同的分类方法，有不同的分类结果。

1.2.5.1 按环境管理的规模划分

（1）宏观环境管理　宏观环境管理一般指从总体、宏观及规划上对发展与环境的关系进行调控，研究解决环境问题，主要内容包括：对经济与环境协调发展的协调度进行分析评价；促进经济与环境协调发展的协调因子分析；环境经济综合决策，建立综合决策的技术支持系统；制定与可持续发展相适应的环境管理战略；研究制定对发展与环境进行宏观调控的政策、法规等。

（2）微观环境管理　微观环境管理指以特定地区或工业企业环境等为对象，研究运用各种手段控制污染或破坏的具体方法、措施或方案。其主要内容有：①运用法律手段和经济手段防止新污染的产生，控制污染型工业在工业系统中的比重（改善地区或工业区的工业结构）；②运用环境法律制度激励和促进经济管理工作者和企业领导人积极采取减少排污和防治污染的措施；③研究在市场经济条件下将环境代价计入成本等的具体措施，促进企业合理利用资源、减少排污，减少经济再生产过程对环境的损害；④选择对环境损害最小的技术、设备及生产工艺，降低或消除对环境的污染和破坏等。

1.2.5.2 按管理领域划分

所谓管理领域，是指环境管理行动要落实到的地方，是指在自然环境中的什么地方、人类活动中的什么方面落实管理行动。

环境管理行动落实在水、气、土、声、辐射、生态等自然环境要素上，即为要素环境管理，其管理内容为环境要素的环境质量、环境承载力，及水体、大气、土壤、噪声、辐射等污染物的排放。

环境管理行动落实在人类社会的产业活动中，如工业、农业、服务业，即为产业环境管理，其管理内容为在这些产业活动中向环境排放污染物的行为，如管理工厂企业排放废水废气废渣、农田化肥农药污染，以及开展清洁生产、ISO 14000 标准认证等。

环境管理行动落实在一定的区域范围内，如城市、农村、流域、开发区等，即为区域环境管理，其管理内容为该区域范围内人类作用于该区域环境的行为，如城市建设，农田污染、流域水污染控制，开发区环境规划等。

环境管理行动落实在环境管理的主体上，可以分为政府环境管理、企业环境管理、公众环境管理。

1.2.5.3 按环境物质流划分

环境管理也可以根据“环境-社会系统”中的物质流划分，分为自然资源环境管理、企业环境管理、废弃物环境管理和区域环境管理四大领域，如图 1-1 所示。其中，区域环境是

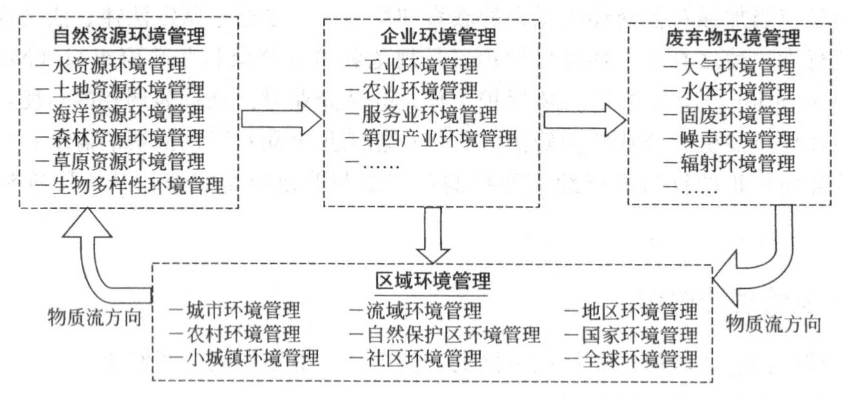

图 1-1　按环境物质流过程划分的四个环境管理领域

各种环境物质流的交流、汇通、融合、转换的场所，因此区域环境管理可以看作是前三类环境管理在某一个特定区域，如城市、农村、流域上的综合或集成，从而构成环境管理的核心。

（1）自然资源环境管理　自然资源的开发利用是人类社会生存发展的物质基础，也是人类社会与自然环境之间物质流动的起点。因此，自然资源的保护与管理，或称自然资源开发利用过程中的环境管理，成为环境管理的起点和首要环节，其实质是管理自然资源开发和利用过程中的各种社会行为，以达到不破坏人与自然和谐的目的。其主要内容包括水资源、土地资源、森林资源、草地资源、海洋资源、生物多样性资源的管理等。

（2）企业环境管理　从物质流的方向溯源，废弃物是在企业生产过程和产品消费过程中产生的。因此，要控制废弃物，就必须对企业活动进行环境管理。企业活动包括对开采出来的自然资源进行提炼、加工、转化，生产人类所需要的生活和生产资源、创造物质财富的一系列过程，是人类经济社会发展的重要方面。同时，不恰当的产业活动也是破坏生态、污染环境的主要原因。因此，企业环境管理的目的是创建一个资源节约和环境友好的生产过程。其内容包括政府通过法律、行政、标准等手段对企业进行监督管理，企业作为环境管理的主体对自身的活动进行管理，以及公众和非政府组织对企业的环境行为进行监督。

（3）废弃物环境管理　废弃物，或称为环境废弃物，是指人类从自然环境中开采自然资源，并对其进行加工、转化、流通、消费后产生并排放到自然环境中的有害的物质或因子。废弃物环境管理的目的和任务就是运用各种环境管理政策和技术方法，尽可能地减少废弃物向自然环境中的排放，或者使排放的废弃物能与自然环境的容纳能力（环境容量和环境承载力）相协调，达到保证环境质量的目的。废弃物环境管理不仅注重废弃物本身的管理，还要从区域的角度出发，关注废弃物排放到环境之后产生的环境影响，并根据环境质量状况对废弃物的排放提出要求。

（4）区域环境管理　区域是地球表层相对独立的面积单元，是个相对的地域概念。人类社会的所有活动，都必然落实到区域中，而自然环境本身也具有非常明显的区域特征。从物质流的角度，区域环境是各种环境物质流的交流、汇通、融合、转换的场所，因此，对于自然资源环境管理、产业环境管理、废弃物环境管理，无论其基本理论和方法，还是管理的目标、政策和行动，都必须落实到一定的区域中才能发挥作用，都必须关注人类行为对区域环境所造成的影响和所受到的制约。因此，区域环境管理可以看作是前三类环境管理在某一个特定区域，如城市、农村、流域上的综合或集成。区域环境管理是环境管理学的核心内容，是环境管理工作的重点和中心。广义的区域环境管理还包括以国家边界为地域范围的国家环境管理和以地球表层为空间范围的全球环境管理。

1.2.6 环境管理的主要手段

1.2.6.1 法律手段

法律手段是政府环境管理中最基本的手段。依法管理环境是强制控制并消除污染，保障资源合理利用并维护生态平衡的重要措施。法律手段是以国家法律条文为基础的强制性手段，具有严肃性、权威性和规范性等特点，其执行主要靠立法和执法两方面。我国现行的环境法律体系主要由宪法、环境保护基本法、环境与资源保护单行法、国务院行政法规、地方性法规、部门规章及地方政府规章等组成。法律手段直接作用于活动者，具有较大的确定性，是其他手段有效应用的前提，没有法律手段作保障，其他手段无法有效实施。但法律手段的强制性、公平性导致其无法兼顾经济可行性，缺乏激励作用。法律手段多应用于已经发生、无法挽回的环境损害，是一种事后补救措施。

我国自 1979 年制定《中华人民共和国环境保护法（试行）》(以下简称《环境保护法（试行）》)到现在，全国人大常委会通过的环境资源法律已经超过 30 部，环保法制框架已经形成。但根据清华大学吕忠梅教授 2014—2017 年的调研，结论显示法官很少以环境法律为依据裁判案件，即便采用环境法律制度，主要也是在对污染事实的认定部分。这说明我国的环境法律法规还存在一些问题，致使环境管理的宏观调控能力受到削弱。主要表现在：

(1) 对环境法律的定位认识不够　经过多年的研究，许多国家的经济学家和政治家一致认为，虽然可以把产生环境问题的原因归结为市场失灵、政策失误、科学不确定性以及贸易影响等，但起决定性作用的是制度安排上缺乏对环境与自然资源价值的全面认识以及权属界定不清晰。换言之，当使用自然资源的决策人物忽视或低估环境污染和生态破坏给社会带来的代价时，就会出现环境问题。这意味着环境问题产生的决定性因素是制度安排缺失，核心是环境资源权属界定不清。

(2) 环境法律产生的路径偏差　环境法兴起于西方发达国家，中国环境法产生于 20 世纪 70 年代。但西方国家环境法和中国环境法产生的路径不同，环境法与传统法律之间的关系也有差异。在西方国家，基本上是先有成熟的法治体系后有环境法。环境问题尤其是大规模环境污染暴发之初，大多作为一种纠纷进入法院，法官们力图在侵权法范围内解决；但想尽办法也无法圆满解决，因此导致了环境社会运动，催生专门环境立法，此时的环境立法大多具有危机应对性质，创造了很多原来的法律没有也不可能有的制度。这些法律经过几十年的发展，也在逐步完善。专门环境立法出现后，环境法与传统法律的关系开始受到关注，许多国家对民法、刑法进行了修改，以体现环境保护的要求。在这些国家，司法机制通过诉讼程序、个案正义来协调环境法与传统法律的关系有非常大的作用。中国环境法的产生似乎走了一条与西方国家相反的道路。以环境法与民法为例，我国于 1979 年颁布《环境保护法（试行）》，《中华人民共和国民法通则》直到 1986 年才有。到 2015 年启动《中华人民共和国民法典》编纂时，我国不仅有 30 多部环境资源方面的法律，而且多部法律已经过三次修订。中国先有环境立法后有民事立法，而环境立法采取“管理法”模式，给司法提供的依据很少。西方国家通过司法机制、诉讼程序协调环境法与传统法律关系的情形在中国很长时间内没有发生。比较可以看出，西方国家环境法是沿着“司法救济失灵—专门环境立法—修订民法”的路径产生的，中国环境法则相反，采取的是“专门环境立法—制定民法—司法救济”的路径。这表明：虽然西方国家和中国的环境法所要调整的社会关系是相同的，但国情不同、治理机制不同、法律授权方式不同、立法顺序不同，效果也存在差异。

（3）重立法，轻执法　目前国内的环境法学研究成果立法思维偏重，存在以立法为研究导向、满足于构建自洽的理论体系的现象。存在的逻辑思维是：“中国的环境问题很严重→已经出台了政策文件→外国有相关法律→中国必须立法”。但“法律的生命在于实施”，我国目前各项经济管理工作正在逐步向法治方面转移，但由于历史和现实方面的原因，个别领导干部法治观念淡薄，不是按法律办事，而是凭个人意志行事，行政干预多。另外，现有环境法规范主要是授权相关行政部门环境执法，基层环境执法人员困扰很多，大而化之的理论不能为基层执法者“解渴”。针对很多环境案件的裁判，现有的环境法律法规难以满足法官的需求，环境法解释理论或者环境法解释方法有待完善。

1.2.6.2　经济手段

经济手段是指利用价值规律，运用价格、税收、补贴、押金、补偿费等货币或金融手段，通过采取限制性或鼓励性的措施，促进社会经济活动的主体主动采取有利于保护环境的措施。经济手段利用市场机制，直接作用于企业成本与效益，具有灵活性和多样性等特点，能够对企业环境行为产生激励和约束的双重作用。经济手段主要包括：

① 环境价格政策：环境价格政策指为解决资源配置不合理问题，建立的环境资源产品定价机制、收费机制等；

② 环境财税政策：环境财税政策指根据一定时期政治、经济、社会发展任务而制定的财政工作指导原则，通过税收优惠、转移支付、政府绿色采购等来影响和调节总需求；

③ 绿色金融政策：绿色金融政策指明确金融业要坚持可持续发展原则，引导资金流向节约资源技术开发和生态环境保护产业以及促进绿色消费理念的形成，避免注重短期利益的过度投机行为；

④ 绿色贸易政策：绿色贸易政策指在贸易中预防和制止威胁人民生存环境以及损害人民身体健康的贸易活动，从而实现可持续发展的贸易形式；

⑤ 排污权有偿使用和交易机制：排污权有偿使用和交易机制指排污单位与生态环境部门或排污单位之间，对排污指标进行有偿购买与出售的机制；

⑥ 生态补偿机制：生态补偿机制指根据生态系统服务价值、生态保护成本、发展机会成本，综合运用行政和经济手段，调整生态环境保护和经济社会建设中各方利益关系的一种制度；

⑦ 环境信用制度：环境信用制度指生态环境部门根据企业环境行为信息，按照规定的指标、方法和程序，对企业进行环境信用评价，确定企业的信用等级，并向全社会公开，供公众监督和有关部门、金融等机构应用的环境管理手段；

⑧ 环境污染责任保险：环境污染责任保险指以企业发生污染事故对第三者造成的损害依法应承担的赔偿责任为目标的保险；

⑨ 环境损害赔偿：环境损害赔偿指企业因其环境污染或生态破坏行为引发区域环境质量下降或生态功能退化等重大不利改变而必须进行经济赔偿的制度。

随着政府职能从管理型向服务型的转变，政府更好地利用“经济杠杆”。如果只涉及市场作用，可以只采取经济手段，但实际上，多种手段配合才能更好地发挥作用。以我国绿色金融的发展为例，七部委发布的《关于构建绿色金融体系的指导意见》提出，绿色信贷、环境投融资、排污权交易的具体运作就应交给市场这只“看不见的手”，而政府这只“看得见的手”要做的是提供鼓励政策和平台搭建、构建规范化体系、加强监督以维护公平运作。换言之，就是政府自主削弱经济职能，不再直接参与管理市场，而是充分发挥引导、规范与监督的作用。

从长期来看，随着我国市场经济体制的完善，经济手段应该成为环境管理的主要手段。目前阶段，在环境管理中经济手段的运用还不够，主要体现在：

（1）经济手段应用单一　现阶段，在环保投资层面，我国正走向投资主体多元化的发展道路。然而，相较于发达国家，我国管理环境所应用的经济手段尚存在手段单一、应用面窄、深度不够等问题。简而言之，我国较常见的经济手段是征收税费，而其他经济手段受多种因素的限制，应用频次较低。调查发现，在我国排污单位治理设施的运行费用要远远高于国家的税费标准，违法成本过低，导致一些排污单位宁愿受罚，也不愿意加强污染治理。因此，应促进经济手段多样化，对环境和资源要实行符合价值规律的管理办法，要根据市场经济特点健全税收体系、加强信贷优惠等，以促进环保产业、绿色产品生产和材料的发展。

（2）环保投资渠道不畅　关于环保投资，我国早已明确规定了相应的投资渠道。但部分环保投资渠道明显滞后于经济改革，相应的配套实施细则有所欠缺。同时，投资渠道的管理工作尚存在较为薄弱的问题。

（3）环境税费使用率不高　在征收完环境税费后，相应税费并未足额使用到环境管理中。探析环境税费的使用过程，尚存在环境税费使用效益不高的问题。由于存在资金分散问题，难以对重点污染源进行有效的治理。政府应采取针对性举措，以保证环境税费得到充分利用。

1.2.6.3 行政手段

行政手段是指国家和地方政府，根据法律、法规赋予的权力，以命令、指示、规定等形式直接作用于管理对象，对生态环境保护实施管理的一种手段，具有权威性、强制性和规范性等特点。地方政府在生态环境保护方面的行政权主要包括以下几个方面：

① 行政立法权：行政立法权指按照立法权限，省级人民政府和具有立法权的设区的市人民政府可以制定生态环境保护地方性法规。

② 行政命令权：行政命令权指行政机关依照法律、法规规定，以命令、指示、规定、制度等形式，对行政相对人提出明确要求，比如责令停产、停业等。

③ 行政处理权：行政处理权指行政机关实施行政管理，对涉及特定行政相对人的权利、义务等事项做出处理的权力。

④ 行政监督权：行政监督权指行政机关为保证行政管理目标的实现，对其管辖范围内被管理对象遵守及执行相关法律、法规，履行义务情况进行监督和检查的权力，包括专门监督主体以及业务主管部门或职能部门所行使的监督检查权。

⑤ 行政强制权：行政强制权指行政机关在行政管理过程中，对不依法履行义务的被管理对象采取法定强制措施，以促使其履行法定义务的权力，包括强制划拨、强制拆除、强制检查以及执行处罚等。

⑥ 行政处罚权：行政处罚权指行政机关在行政管理过程中，为了维护公共利益和社会秩序，保护社会公众的合法权益，对其所管辖范围内被管理对象违反有关法律规范的行为，依法给予处罚等法律制裁的权力。

⑦ 行政指导权：行政指导权指主要以引导、奖励、建议、示范等形式，引导市场主体

实施或不实施某种行为，属于柔性类型的行政行为，具有引导性、建议性等特点。

行政手段能够配合和协调其他管理手段的应用，具有针对性强、执行迅速有力的特点，同时具有事先控制性。但行政手段难以对不同企业、行业间的具体差异进行全面考虑，这间接影响到管理效率和效果。

政府过去在环境管理事务中倾向于直接管制，直接管制中又倾向于处罚机制，这就容易造成激励与处罚的机制失衡，同时也造成了企业经济负担加重，使其缺乏履行环保责任的自觉性和主动性。随着我国行政管理体制的改革，政府职能从管理型向服务型的转变，政府与企业的关系得到了重新审视。政府由原有的管理者形象向服务者形象过渡，其中的服务对象也包括企业，这种服务意识在简化环境审批手续、增加经济激励政策上均有体现。但这并不意味着政府的执法力度减弱，而是政府在更好地利用“经济杠杆”，有的放矢，有助于企业形成“主动承担环保责任会受益，逃避环保责任成本高”的意识。

1.2.6.4　技术手段

科学技术手段，一是要求环境管理部门更新科学的管理技术，二是要求排污企业建设先进的治理设施，采取先进治理技术，预防和解决环境污染问题，最终做到预防和控制环境污染。科技手段是确定环境保护物质基础的重要工具。科技手段的进步，不仅能增强环境保护的能力，推进环保进程，还能节约环保成本，提高环境监测水平，合理地分配环境资源。发展科技手段，应积极通过各种标准、法规和政策促进环境保护涉及的科学技术的发展，将环保科技作为首推发展的重要技术之一；注重发展建设项目全过程的污染控制技术，利用高新技术成果提高生态保护、污染防治和资源综合利用水平。

运用技术手段，实现环境管理的科学化，包括制定环境质量标准，组织开展环境影响评价，编写环境质量报告书，总结推广防治污染的先进经验、环境科技信息、环境科研成果，开展国际间环境科学的交流合作，制定环境技术政策，等等。许多环境政策、法律、法规的制定、实施都涉及很多科学技术问题，所以环境问题解决在很大程度上取决于科学技术。没有先进的科学技术，不仅发现不了环境问题，而且即使发现了，环境污染和破坏也难以控制。

技术手段的主要特征为定量性和规范性。定量性是为了更好地进行环境管理，将环保所涉及的污染物排放定量化的技术手段特点。规范性是指必须严格遵循技术规程和技术要求进行操作和应用的特性。现实的科学技术和管理科学是环境管理技术的主要手段。法律法规、环境政策的制定和实施包含了各方面的管理科学问题，而环保新材料、新生产技术的研发应用则属于现实科学技术的范畴。环境管理，不仅需要政府决策和市场因素的影响，也同样需要科学技术的支持。运用好技术手段，更好地让环境管理科学化，是环境管理发展进步不可缺少的条件之一。

1.2.6.5　宣传教育手段

宣传教育手段指通过基础的、专业的环境宣传和教育提高环保人员的专业技能水平和公民的生态环境保护意识，实现全社会广泛参与生态环境保护的目的，这是环境管理的一项战略性措施。环境宣传既是环境科学知识普及，又是一种思想动员。通过广播、电视、电影及各种文化形式，深入宣传政府为了保护环境制定的各项方针政策，提高整个社会对环保的认识，激发公民保护环境的热情和积极性，把保护环境、热爱大自然、保护大自然变成自觉行动，形成强大的社会舆论，制止浪费资源、破坏环境的行为。

环境问题的解决很大程度上要靠社会公众的整体觉悟。要在环保和生态建设方面取得长久的发展，社会公众的环保意识和整体素质的提升是关键。因此，教育手段在环境管理中占有重要地位。同时，教育作为公益事业，其影响的广泛性和延续持久性是其他手段无法比拟的，可以让社会以少量投入获得较大的效果。教育的影响深入人心，面对的是整个社会，形成的生态文明社会风气可以持续地影响整个时代的发展方向，引导公民自觉保护环境，推动环保工作整体前进。

但是，教育手段是一种软手段，执行的强制力不足是其软肋。所以，只有在规范的行政手段和健全的法律手段的背景下，结合经济手段，才能更好地发挥教育手段的功能。要把环境教育纳入国家教育体系，加强基础教育和社会教育，从幼儿园、中小学抓起，搞好成人教育和专业教育。

1.3 环境管理学的形成和学科定位

1.3.1 环境管理学的形成和发展

环境管理学是专门研究环境管理基本规律的一门科学。环境管理学的形成与发展和人类社会环境管理的实践紧密联系。而人类社会的环境管理思想、方法和实践的演变历程是同人们对环境问题的认识过程联系在一起的。从这个角度分析，环境管理和环境管理学的发展大致经历了三个阶段。

（1）把环境问题作为一个技术问题，以治理污染为主要管理手段的阶段　这一阶段大致从20世纪50年代末，即人类社会开始意识到环境问题的产生开始到70年代末左右。

人们最初直接感受到的环境问题主要是“公害”问题，即局部的污染问题，如河流污染、城市空气污染等。这时，人们认为“公害”问题是一个通过发展科学技术就可以得到解决的单纯技术问题。因此，这个时期的环境管理原则是“谁污染、谁治理”，实质上只是环境治理，环境管理成了治理污染的代名词。这主要表现在以下几个方面：

① 在政府管理上，政府环境管理机构的设置就体现了单纯治理污染的这样一种认识。如中国一开始成立的环保机构就叫作“三废治理办公室”。在这一时期，各国政府每年从国民收入中抽出大量的资金来进行污染治理，如美国的污染防治费在这一时期就曾经占到GNP（gross national product，国民生产总值）的2%。

② 在法律上，颁布了一系列防治污染的法令条例，著名的如美国的《清洁空气法》、中国的《中华人民共和国大气污染防治法》等。可以说，目前的环境保护法律主要是在这一时期创立的。这些法律的基本特点都是针对某一单项环境要素或某一类污染及其治理问题。

③ 在技术上，致力于研究和开发治理各种污染的工艺、技术和设备，用于建设污水处理厂、垃圾焚烧炉、废弃物填埋场等。

④ 在科学研究上，各个学科分别从不同的角度研究污染物在自然环境中的迁移扩散规律，研究污染物对人体健康的影响，研究污染物的降解途径等，从而形成了早期环境科学的基本形态，如环境地学、环境生物学、环境物理学、环境医学、环境工程学等。

这一时期的工作对于减轻污染、缓解环境与人类之间的尖锐矛盾起了很大的作用，也取得了不少成果。著名的案例如英国的泰晤士河一度被污染成生物无法生存的水体，在经过政府的大力治理后重新变清。但总体说来，这一时期的工作因为没有从杜绝产生环境问题的根源入手，因而并没能从根本上解决环境问题，只是花费大量的人力、物力和财力去治理已产生的污染问题。但与此同时新污染源又不断地出现，治理污染成了国家财政的一个巨大负担，就连美国这样有着雄厚经济实力的国家都不堪重负。

(2) 把环境问题作为一个经济问题，以经济刺激为主要管理手段的阶段　这一时期大致从20世纪70年代末到90年代初。

随着时间的推移，其他环境问题诸如生态破坏、资源枯竭等也都陆续凸现出来，加之使用末端治理污染的技术手段并没有取得预期的效果，于是，人们开始反思环境问题产生的根源，认识到酿成各种环境问题的原因在于经济活动中环境成本被外部化。因此，人们开始把保护环境的希望寄托在对生产活动过程的管理上。这一时期环境管理思想和原则就变为“外部性成本内在化”，即设法将环境成本内在化到产品的成本中去。具体说来就是通过对自然环境和自然资源赋予价值，使环境污染和破坏的成本在一定程度上由经济开发建设行为负担。这一时期最重要的进步就是认识到自然环境和自然资源的价值，因而对自然资源进行价值核算，用收费、税收、补贴等经济手段以及法律的、行政的手段进行环境管理成为这一阶段的主要研究内容和管理办法，并被认为是最有希望解决环境问题的途径。

在这一时期，环境评价、环境经济学、环境法学等得到蓬勃的发展。但大量实践表明，经济活动为其现行的运行准则所制约，因而很难或不可能在其原有的运行机制中给环境保护提供应有的空间和地位，对目前的经济运行机制进行小修小补是不可能从根本上解决环境问题的。

(3) 把环境问题作为一个社会发展问题，以协调经济发展与环境保护关系为主要管理手段的阶段　1987年，世界环境与发展委员会（WCED）出版了《我们共同的未来》，1992年联合国环境与发展大会在巴西里约热内卢召开并通过了《里约宣言》，这标志着人类对环境问题的认识提高到一个新的境界。人们终于认识到环境问题是人类社会在传统自然观和发展观等人类基本观念支配下的发展行为造成的必然结果。在这些根本发展观念和发展模式没有得到纠正的情况下，一切管理手段都是软弱的、无济于事的。迄今为止，无论是《增长的极限》，还是《没有极限的增长》，人类仍旧没有把人与自然和谐、社会经济系统与自然生态系统的和谐放在人类社会发展的前提基础和根本的地位上。

多年来解决环境问题的实践与思考终于使人们觉悟：要真正解决环境问题，首先必须改变人类的发展观。发展不能局限于经济发展，不能把社会经济发展与环境保护割裂开来，更不应将其对立起来。发展应是社会、经济、人口、资源和环境的协调发展和人的全面发展。这就是“可持续发展”的发展观，也就是说，只有改变目前的发展观及由之所产生的科技观、伦理道德观和价值观、消费观等，才能找到从根本上解决环境问题的途径与方法。因此，环境管理的思想和原则也正在做出相应的改变。

在环境问题的压力面前，人们从观念到行为对自身的各方面进行全面的反思，并在实际操作层次上进行探索。这说明，人类已经进步到有意识地探索与自然和谐共处的道路的阶段。因此在新文明、新发展观、新发展模式、新的思想理论观念的形成过程中，环境管理作为人类对自身与自然相互沟通的管理手段，必将发挥更大的作用。

1.3.2 环境管理学与环境科学的关系

1.3.2.1 环境科学的学科体系

环境科学是20世纪70年代兴起的一门新科学，目前正处于蓬勃发展的阶段，它以环境学为核心，包括环境自然科学（环境科学）、环境工程科学（环境工程）、环境管理科学、环境社会科学、环境人文科学等主要分支学科。其中环境学是环境科学的核心，着重于对环境科学基本理论和方法论的研究；环境自然科学主要研究人类社会活动与自然环境相互作用和影响的基本关系、规律及改善途径；环境工程科学着重从工程技术角度研究预防、控制和治理环境污染和生态破坏；环境管理科学着重通过管理手段调整人类社会的经济、社会、生活等行为和活动以达到预防环境问题的目标；环境社会科学着重从经济、社会等角度研究产生环境问题的经济社会原因及其解决途径；环境人文科学着重研究涉及环境问题及其解决过程中的哲学、历史、文化等人文问题。

就目前环境科学的发展而言，这些分支学科的发展是不平衡的。其中，环境自然科学、环境工程科学发展得比较成熟，环境管理科学也有了一定的雏形，但环境社会科学和环境人文科学基本上还处于前科学阶段，没有形成基本的科学规范和体系。另外，作为环境科学核心的环境学（或称为理论环境学），目前也在形成之中。环境科学的一种学科分类体系如图1-2所示。

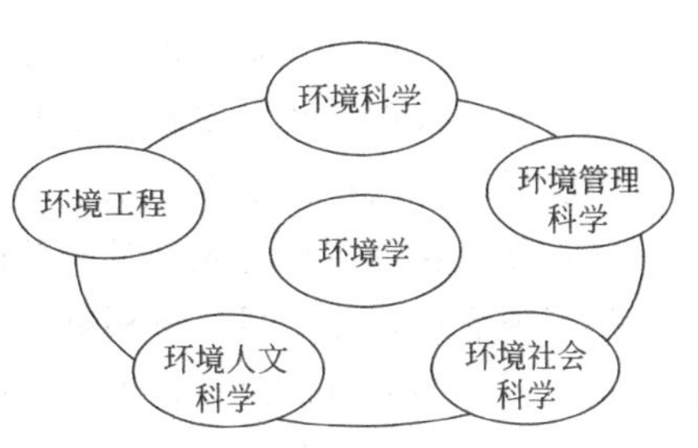

图1-2 环境科学的学科体系

1.3.2.2 环境管理学在环境科学体系中的地位

环境管理学是环境科学与管理科学相互交叉的综合性学科，是管理学在环境保护领域中的延伸与应用。因此，管理学中的一般管理理论、管理原则、管理思想与方法同样适用于环境管理学。同时，作为环境科学的一个重要分支，环境管理学是环境科学理论、环境科学思想与方法的综合体现，是环境科学体系中其他学科理论与知识的综合运用。所以，环境管理学在环境科学体系中具有重要和特殊的地位。

要了解环境管理学在环境科学体系中的地位，应从作为学科的环境管理学和作为工作领域的环境管理学两个角度来认识。

（1）作为学科的环境管理学　环境管理学是环境科学体系中的一门重要学科。它由理论基础、专业基础、技术基础三部分内容组成。

环境管理学的理论基础由管理社会学理论、管理心理学理论和系统理论组成。其中，管理社会学理论的核心是社会-经济控制论和行政管理学，管理心理学理论的核心是行为科学理论，系统理论的核心是大系统协调理论。

环境管理学的专业基础由环境管理、环境法学、环境规划、生态环境保护、环境经济学和环境监理组成。

环境管理学的技术基础由环境评价和环境预测技术、环境决策技术、环境工程技术、环境监测技术和环境信息管理技术组成。

作为学科的环境管理学，由环境科学和管理科学及相关学科构筑而成，是这些学科基本理论与原则的综合运用与体现，是一种反映环境保护规律的综合知识体系，其在环境科学体系中的地位与层次是其他学科所不能替代的。

(2) 作为工作领域的环境管理学　从客观实际出发，作为工作领域的环境管理学，面对和解决的环境问题包括了环境科学的全部实践内容。具体涉及诸领域的环境管理（如资源环境管理、人事管理、资金管理、技术管理、信息管理、计划管理等），诸要素的环境管理（如水环境管理、大气环境管理、声环境管理、固体废物环境管理、海洋环境管理等），专项环境管理（如城市环境管理、乡镇环境管理、农业环境管理、生态环境管理、流域环境管理、海洋环境管理等），行业或部门环境管理（如冶金行业、电镀行业、电力行业、印染行业、酿造行业、造纸行业、服务行业环境管理等）。

总之，环境管理学是建立在环境科学和管理科学共同基础之上的，是环境科学和管理科学相互交叉的边缘性和综合性学科。

1.3.3　环境管理与环境规划的关系

环境管理与环境规划已被国内外30多年的实践证明是生态环境保护工作行之有效的主要途径。环境管理与环境规划有紧密的关系，但二者又存在各自独立的内容和体系。环境管理与环境规划的关系包括以下三个方面：

(1) 环境管理与环境规划具有共同的核心——环境目标　环境管理是关于特定环境目标实现的管理活动，环境目标可根据环境质量保护和改善的需要采用多种表达形式。而环境规划的核心也是环境目标决策，涉及目标的辨识和目标实现手段的选择。因此，实现共同的环境目标是环境管理与环境规划具备的共同工作基础。

当然，从时空特征出发，环境规划是对未来的环境保护工作进行前瞻性部署，而环境管理更关心当前环境问题的解决，并通过各种管理手段为实现环境目标而努力。

(2) 环境管理的首要职能——规划职能　从现代管理的职能来看，无论是三职能说（规划、组织和控制）、五职能说（规划、组织、指挥、协调和控制），还是七职能说（规划、组织、用人、指导、协调、报告和预算），均将规划职能作为管理的首要职能。

在环境管理中，环境预测、决策和规划这三个概念，既相互联系又相互区别：环境预测是环境决策的依据，环境规划是环境决策的具体安排，它产生于环境决策之后；预测是规划的前期准备工作，是使规划建立在科学分析基础上的前提。因此，从环境管理职能来看，环境规划是环境预测与环境决策的产物，是环境管理的重要内容和主要手段，是环境管理部门的一项重要职能。

(3) 环境管理与环境规划具有共同的理论基础　从学科领域来看，环境规划属于规划学的分支，环境管理属于管理学的分支，在内容和方法学上存在一定差异。但是，从理论基础分析，现代管理学、生态学、环境经济学、环境法学、系统工程学、环境伦理学、可持续发展理论等又是二者共同的基础，二者同属自然科学与社会科学交叉渗透的跨学科领域。

本章内容小结

[1]　环境是人类赖以生存的基础，环境问题是随着经济和社会的发展而出现的。人类不可持续的发展方式导致了环境问题的严重化。要从人类、环境、社会和经济等综合的角度出发，找到一种既能实现发展又能保护好生态环境的途径，协调好发展和环境保护的关系，实现人类社会的可持续发展。

[2] 当前的环境问题可以总结为人口问题、资源问题、生态破坏和环境污染四个方面。
[3] 环境问题产生的根本原因在于人类发展方式的不可持续性。其根源可以总结为人口压力、资源的不合理利用和片面追求经济增长三个方面。
[4] 环境问题的实质，不仅是技术问题，更是发展问题、生存问题。对环境问题的认识就是对人类生存问题的认识，解决环境问题就是解决人类自身的生存问题，只有站在生存的高度来认识环境问题，转变对环境和资源价值的认识，转变经济和社会发展方式，提高资源和能源利用效率，制定更为有效的环境战略和对策，切实处理好环境与发展的关系，促进人与自然的和谐相处，才能从根本上解决环境问题。
[5] 环境管理是以实现区域社会可持续发展为目标，依据国家的环境政策、法律法规和标准，运用各种管理手段，调控人们的环境行为的总体。
[6] 环境管理是针对次生环境问题而言的一种管理活动，主要解决由人类活动造成的各类环境问题。
[7] 环境管理的核心是对人的行为的管理。
[8] 环境管理具有区域性、系统性、社会性和环境决策的非程序化等特点。
[9] 环境管理的基本任务为：提高人类的环境意识，调整人类的环境行为，控制“环境-社会系统”中的物质流动。
[10] 在环境管理中，政府、企业和公众都是环境管理的主体，它们同时管理自身和另外两类主体中的参与者或相关方的行为。
[11] 环境管理的内容可以按照环境管理的规模、管理领域和环境物质流等不同分类方法进行划分。
[12] 环境管理的基本手段包括法律手段、经济手段、行政手段、技术手段和宣传教育手段。
[13] 环境管理的发展大致经历了三个阶段：①把环境问题作为一个技术问题，以治理污染为主要管理手段的阶段；②把环境问题作为一个经济问题，以经济刺激为主要管理手段的阶段；③把环境问题作为一个社会发展问题，以协调经济发展与环境保护关系为主要管理手段的阶段。

思考题

[1] 当前的环境问题主要包括哪些方面？这些环境问题产生的根源是什么？
[2] 谈谈你对环境问题的认识。
[3] 什么是环境管理？环境管理具有哪些特点？
[4] 环境管理的主体包括哪些部分？如何理解各自所起的作用？
[5] 环境管理包括哪些手段？这些手段之间有什么关系？
[6] 环境管理学的产生背景和形成过程。
[7] 谈谈你对环境管理学的认识。

2 中国的环境管理

【学习目的】

通过本章学习，了解中国环境管理的发展历程、机构设置与职能，了解中国环境的相关政策、法律法规和制度概况。熟悉中国的环境管理制度。重点掌握环境影响评价与“三同时”制度、环境保护税制度。思考目前我国环境管理制度的优势和不足。

2.1 中国环境管理的发展历程

我国的生态环境保护正式开始于1972年，迄今为止已将近半个世纪。其间，大概每10年左右，我国生态环境保护管理体制就有一次大的提升和跨越，如管理机构从最初的临时性机构——国务院环境保护领导小组及其办公室，逐步发展成今天的生态环境部。从整个生态环境保护事业发展来看，这实质上是逐步适应改革开放和经济社会不断发展变化的进程；也是伴随新的生态环境问题不断涌现的局面，我国生态环境保护管理体系及治理模式不断进行改革而产生的结果。

2.1.1 第一阶段（1972—1988年）

在这一阶段，我国的环境管理机构实现了从国务院环境保护领导小组到独立的国家环境保护局（国务院直属局）的“第一次跃升”，标志着我国生态环境保护在国家宏观管理体制中占据了一席之地。

20世纪70年代左右，不少地方开始出现环境污染。1972年6月，我国政府派出代表团参加在瑞典举行的联合国人类环境会议。1973年8月，国务院召开第一次全国环境保护会议，审议通过了“全面规划、合理布局、综合利用、化害为利、依靠群众、大家动手、保护环境、造福人民”的环境保护工作32字方针和我国第一个环境保护文件《关于保护和改善环境的若干规定》。至此，我国生态环境保护事业正式起步。1974年10月，国务院环境保护领导小组正式成立。

1978年12月，党的十一届三中全会召开，做出了改革开放的伟大决定，中心议题是将党的工作重心转移到经济建设上来。此后，从农村的家庭联产承包责任制开始，我国加速推进改革开放，极大地促进了生产力解放。1980年8月，我国设立了深圳特区，1984年又设立了首批14个沿海开放城市，沿海地区开始全面对外开放，大量接受日本、韩国、港台地区的劳动密集型产业的转移，各级政府、各部门、乡村集体、社会团体都以招商引资、办企业搞经营为重点，不少地方“村村点火、户户冒烟”，成为当时经济社会发展的真实写照。与之相对应，我国的生态环境保护工作也是从改革开放开始走上正轨。

经济发展和产业转移也带来了日益严峻的环境问题，引起了国家的关注。1979年，《环境保护法（试行）》的制定，首开我国生态环境保护法律制度的先河。随即，环境保护相关专项立法起步。1982年8月，全国人大常委会审议通过了《中华人民共和国海洋环境保护法》(以下简称《海洋环境保护法》)；紧接着，1984年5月和1987年9月，分别通过了《中华人民共和国水污染防治法》(以下简称《水污染防治法》)和《中华人民共和国大气污染防治法》(以下简称《大气污染防治法》)。同时，我国开始加强环境管理工作及机构建设。1982年5月，第五届全国人大常委会第二十三次会议决定，将国家建委、国家城建总局、国家建工总局、国家测绘局、国务院环境保护领导小组办公室合并，组建城乡建设环境保护部，部内设环境保护局。1983年年底召开第二次全国环境保护会议，时任国务院副总理李鹏在会议上宣布保护环境是我国必须长期坚持的一项基本国策。1984年5月成立国务院环境保护委员会，由时任副总理李鹏兼任委员会主任，办事机构设在城乡建设环境保护部（由环境保护局代行）。1984年12月，城乡建设环境保护部环境保护局改为国家环境保护局，仍隶属于城乡建设环境保护部领导，是部属局，同时也是国务院环境保护委员会的办事机构。

1988年城乡建设环境保护部撤销，改为建设部。国家环境保护局成为国务院直属机构(副部级)，明确为国务院综合管理环境保护的职能部门，人财物全部独立运行。同年，党中央国务院在国家环保局率先开展公务员改革试点，根据环保工作需要设置职位，并从全国公开招考一大批环保干部。这次改革为国家环境保护的专业化管理奠定了基础。

2.1.2　第二阶段（1989—1998年）

在这一阶段，我国的生态环境保护压力继续加大，开展“33211”和“一控双达标”环境治理工程，1998年国家环境保护局升格为国家环境保护总局，这是“第二次跃升”。

1992年邓小平同志发表南方谈话，推动我国经济发展和改革开放掀起新一轮热潮。以浦东新区建设为龙头，长三角地区迅猛发展，城市建设和工业园区蓬勃增长，全国各地挂牌建设的经济开发区、工业开发区最多时近万个，但同时也带来严重的耕地占用、生态破坏和环境污染问题。当时的民谣是“五十年代淘米洗菜、六十年代浇地灌溉、七十年代水质变坏、八十年代鱼虾绝代、九十年代难刷马桶盖”，淮河等流域的严重环境污染引起了全社会的关注。同时，生态破坏、水土流失、荒漠化问题也日益突出，北京地区沙尘暴愈演愈烈，黄河断流、长江洪水等特大生态灾害频发。

为了解决这些问题，全国人大常委会加快了生态环境保护立法进程。1989年12月，《中华人民共和国环境保护法》(以下简称《环境保护法》）经修改正式出台，20世纪90年代又修改了《大气污染防治法》和《水污染防治法》，制定出台了《中华人民共和国固体废物污染环境防治法》(以下简称《固体废物污染环境防治法》)、《中华人民共和国环境噪声污染防治法》(以下简称《环境噪声污染防治法》)等，初步形成了我国生态环境保护的法律体系。同时，国家启动了“33211”重大污染治理工程，这是我国历史上首个大规模污染治理行动。其中，“33”是三河（淮河、海河、辽河)、三湖（滇池、太湖、巢湖)；“2”是两控区，即二氧化硫污染控制区和酸雨控制区；“11”是一市（北京市）、一海（渤海）。“33211”工程首先从治理淮河污染开始，根据国务院部署，1997年12月31日零点之前要实现淮河流域所有重点工业企业废水基本达标排放，否则将对这些企业实施关停并转。1995年，时任副总理邹家华、国务委员宋健代表国务院听取环保工作汇报，明确要求，到2000年，全国污染物排放总量冻结在1995年水平，环境功能区达标，工业污染源实现达标排放，这就是所谓“一控双达标”。这一时期，污染物排放总量控制的基本做法是严格控制新上项目新增污染，所有新上项目增加的排放量，必须由同一地区其他污染源等比例削减来消化。与此同时，全国开始实施退耕还林等六大生态建设重点工程。

这一阶段另一个重大事件是1992年在巴西召开联合国环境与发展大会，会议提出了可持续发展的理念，并通过了《21世纪议程》。中国作为发展中国家参加了大会，并于1994年组织编制了《中国21世纪议程——中国21世纪人口、环境与发展白皮书》，制定了自己的可持续发展目标。1998年，国家将原副部级的国家环境保护局提升为正部级的国家环境保护总局，原国务院环境保护委员会的职能、分散在电力工业部等各工业行业主管部门的污染防治职能并入国家环境保护总局。

2.1.3　第三阶段（1999—2008年）

这一阶段的主要特征是遏制主要污染物排放总量快速增长势头，实施总量控制，推进发展循环经济和“两型”社会建设，组建环境保护部，这是“第三次跃升”。

2001年12月我国加入世界贸易组织（WTO），随后社会经济迅猛增长，能源、钢铁、化工等重化工业比重不断提高，产能产量跃居世界前列，资源能源消耗快速增长，主要污染物排放总量也大幅增加，国家“十五”计划的主要目标中，二氧化硫排放总量控制目标不降反升，警醒了我国政府实施更大力度的节能减排和总量控制。“十一五”期间，我国把主要污染物排放总量和单位GDP能源消耗下降比例作为约束性指标，纳入国家“十一五”规划纲要，并分解到各省（自治区、直辖市）。

“十一五”期间，全国环境基础设施、电厂脱硫设施建设规模超过了新中国成立以来到“十一五”之前的总和。这中间，两项政策发挥了核心作用：一是严格的节能减排约束性指标考核，带动了地方环境治理重大工程的建设；二是以脱硫电价为代表的环境经济政策，推动了电力行业的脱硫工程建设，迄今为止中国建成了全球最大规模的清洁煤电系统。

在生态环境保护立法和执法方面也取得新的进展。为进一步改善生态环境，再次修订了《大气污染防治法》《水污染防治法》《固体废物污染环境防治法》《海洋环境保护法》，制定了《中华人民共和国放射性污染防治法》《中华人民共和国环境影响评价法》《中华人民共和国清洁生产促进法》《中华人民共和国循环经济促进法》等。在环境管理机构方面，为了解决环保执法难、地方行政干预的问题，2006年国家环境保护总局设立了东北、华北、西北、西南、华东、华南六大督查中心，作为其派出机构。2008年7月，国家环境保护总局升格为环境保护部（正部级），并成为国务院组成部门。

2.1.4　第四阶段（2009年至今）

在这一阶段，我国将生态文明建设纳入“五位一体”总体布局，坚持以改善生态环境质量为中心，推动绿色发展，坚决向污染宣战，组建生态环境部，这是“第四次跃升”。

2009年以来，我国的生态环境保护工作进入新阶段，国家将生态文明建设纳入“五位一体”总体布局，把坚持人与自然和谐共生作为新时代坚持和发展的基本方略之一，把绿色发展作为一大新发展理念，坚决向污染宣战，出台实施了大气、水、土壤“三个十条”，出台了《生态文明体制改革总体方案》，建立了中央环保督察等一系列重大制度。根据生态文明建设的新要求，对《环境保护法》《大气污染防治法》《水污染防治法》《固体废物污染环境防治法》《海洋环境保护法》等一系列法律进行了重大修改。特别是2014年修订的《环境保护法》，被称为“长出牙齿”的法律，大大提高了立法质量和法律威慑力。随着2018年全国人大通过《中华人民共和国土壤污染防治法》（以下简称《土壤污染防治法》），我国基本形成了较为完整的生态环境保护法律体系。我国开始成为世界生态文明建设的引领者。

在这一阶段，随着社会转型和生态文明建设的推进，对生态环境保护管理体制的需求也发生了显著变化：一是特定发展阶段下形成的体制安排及其治理理念，要从“增长优先”转向“保护优先”，这意味着资源和生态环境保护相关主管部门必须发挥更加重要的作用；二是生态环境保护职能需要从以往分散的资源环境要素管理逐步走向保护生态系统的完整性、原真性与生态环境综合管理；三是从所有者和监管者职责不清、“运动员”和“裁判员”集于一身，向执行与监管相互分离和制衡的方向转变；四是从中央地方事权不清、财权匹配不合理，向责权清晰、事权财权配置不断优化转变，建立相对独立的监测评估和监管体制。

2018年3月，第十三届全国人民代表大会第一次会议通过了国务院机构改革方案，组建生态环境部，整合了相关要素部门污染防治职能，增加了应对气候变化、海洋环境保护等职能，统一生态与城乡污染排放监管职责。这次机构改革，取得了如下成果：一是按照大部制改革的思路，基本上实现了污染防治、生态保护、核与辐射防护三大领域统一监管的大部制安排，为解决制度碎片化问题奠定了良好的体制基础，这也是本次改革最大的亮点和特征。二是分离了自然资源所有者的建设及管理职责和监管者的监督及执法职责，在一定程度上实现了制度设计对执行与监管的分离要求。三是生态环境保护的统一性、权威性大大增强，统一行使生态和城乡各类污染排放监管与行政执法职责，切实履行监管责任。当然，充分发挥生态环境管理体制改革效能仍有一系列问题需要解决，但生态环境保护事业及生态环境管理体制改革已经站在了新的历史方位和起点，面向全面建成小康社会、建设美丽中国的目标，大步前进。

我国环境管理发展历程及主要特点见表2-1。

表2-1　我国环境管理发展历程及主要特点

时间段	核心战略	管理重点	主要管控手段
第一阶段（1972—1988年）	优先发展经济，谁污染、谁治理	点源管控、末端治理	“三同时”制度、限期治理制度、排污收费制度、排污许可证制度
第二阶段（1989—1998年）	可持续发展战略	点源管控、全过程监管	排污交易制度、总量管控制度、环境影响评价制度、环境标志
第三阶段（1999—2008年）	科学发展观	总量管控、区域协调	战略/规划环评、清洁生产、绿色GDP
第四阶段（2009年至今）	生态文明建设	环境质量改善、区域协调、生态	生态损害赔偿、环境保护税、“三线一单”环境管控

2.1.5 我国环境管理的变化特征

在40多年的发展历程中，我国环境管理体系实现了从单一到完备、从定性到定量、从抽象到具体的转变，具有明显的阶段性特征。

（1）从末端治理走向源头防控　20世纪七八十年代，我国针对污染源通常采取事后监督罚款的办法，由于罚款金额低等原因，一些企业宁愿承受罚单也不愿治理污染。1980年《关于基建项目、技措项目要严格执行"三同时"的通知》的发布标志着我国环境管理向事前控制转变。2003年《中华人民共和国环境影响评价法》颁布施行，从此工程项目在立项、选址时就能评估出对环境的影响，进而控制新污染源的出现，优化环境工程和项目。但以上环境政策都局限于某一流程或某一领域，工业生产的全过程中仍缺乏系统、整体的环境管控理论。2003年《中华人民共和国清洁生产促进法》的颁布施行宣告我国环境管理进入全过程控制的新时期。

（2）从点源治理到区域流域联防联控　我国最初实行的"谁污染、谁治理"着力于点源控制与浓度控制。"九五"期间，全国普遍加强污染治理，开始展开大规模的环境基础设施建设。1996—2005年，我国实施《中国跨世纪绿色工程规划》，重点是"三河"、"三湖"、"两区"（二氧化硫污染控制区和酸雨控制区）、"一市"（北京）和"一海"（渤海），以及三峡库区及其上游、南水北调工程地区等。在这些重点流域和区域，多渠道争取资金［如世界银行、亚洲开发银行、日本国际协力银行、欧洲一些国家的政府贷款、BOT（建设-运营-转让模式）以及国内资金等］，采取综合性措施，加大治理力度。实施总量管控制度、排污收费制度和"以气代煤、以电代煤"的能源政策，推动企业达标排放和加快城市环境基础设施的建设，努力使重点地区的环境恶化状况有所改善。

（3）从局地性、单要素到区域性、多要素综合管理　党的十八大后环境管控在目标设定上有一个重大转变，即从过去总量控制的减排目标转变为以改善环境质量为核心，实现生态环境质量总体改善，这是对环保工作从量变到质变的要求。一方面，随着公众对环境关心水平的不断提高，让环境治理成效与公众真切感受更加贴近已经成为新阶段社会建设和环境治理的共同目标。另一方面，近年来，区域复合型大气污染、流域性水环境污染和累积性环境风险突出，加上城市与农村、生产与生活、不同产业之间的污染交叉，共同决定了过去使用单个或主要污染物指标进行监测、控制的方式已经不能满足当前环境治理的要求，我国环境污染治理与控制已经从局地性、单要素控制向跨区域、跨部门和多介质控制转变。跨区域、跨部门、多介质的协同管理已经成为新时代环境管理的必然要求。

2.1.6　未来的改革目标

虽然经过数次的改革和提升，我国的生态环境管理体制逐步科学化、系统化，但并没有一步到位，完全理顺管理机制。因此，今后还需要进一步围绕转变职能、提高效能、强化机制创新和能力建设，全面深化改革。

① 加快推进职能转变，明确职责，完善面向治理体系和治理能力现代化的生态环境保护管理体制。进一步理顺政府部门间的职责关系，重点在于生态保护监管、气候变化应对、自然保护地体系监管、区域流域机构建设、中央地方事权财力匹配等方面的完善和优化。

② 加快推进部门内相关职能的整合转变。以不断改善生态环境质量为目标，进一步明确各项制度的内涵和相互关系，突出核心制度定位。建立防治常规污染与应对气候变化的协同机制，重视转隶后地方应对气候变化工作的职责巩固和能力提高。加快构建以国家公园为主体的自然保护地体系，推进国家公园体制改革。

③ 强化机制建设和创新，实现生态文明建设职能的有机统一，增强体制运行效能。生

态环境大部制可以解决环境内部各要素的协调问题，但在处理生态环境与自然资源管理、经济发展之间的关系方面还需要进一步理顺机制。建议适时成立中央生态文明建设指导委员会，制定中国绿色转型的战略及其路线图、时间表和优先次序。

④ 加快构建现代生态环境治理体系。逐步形成政府、企业、社会、公众相互配合、相互监督的“协同治理”格局，使政府的自然资源保护统一管理和生态环境保护的独立监管真正发挥效能。进一步健全生态环境保护的市场体系，激发企业活力。进一步完善社会组织与动员公众参与生态环境保护的管理和监督的机制。

⑤ 全面加强自然资源和生态环境部门的能力建设。不断完善自然资源和生态环境部门的调查、监测、统计、考核体系，特别是要加强对地方政府部门的指导及其能力提高，以完成日益繁重的管理任务。

2.2 中国的环境管理机构

2.2.1 中国环境管理机构的变迁

我国现行的环境管理体制是统一监督与分级、分部门监督管理相结合的体制。这是由我国环境问题的严重性、综合性以及行政管理的高效率要求决定的，同时也是近半个世纪以来，我国环境管理机构随着我国社会经济的发展和环境管理目标任务的不断变化而逐步完善的过程（表 2-2）。

表 2-2 中国环境管理机构改革发展轨迹

时间	机构设置	角色和定位
1971 年之前	没有专门的环保机构；由各部委协调环境保护问题	由于认识问题，当时并没有认识到环境保护的意义
1971 年 5 月	国家计委成立“三废”利用领导小组，这是中央政府成立的第一个环保机构	我国的环境保护开始纳入管理体系
1974 年 10 月	国务院环境保护领导小组成立，下设办公室	主要职责是：负责制定环境保护的方针、政策和规定，审定全国环境保护规划，组织协调和督促检查各地区、各部门的环境保护工作
1982 年 5 月	成立城乡建设环境保护部，国务院环境保护领导小组撤销，其下设办公室并入该部后改称环境保护局，作为全国环境保护的主管机构	将国家建委、国家城建总局、国家建工总局、国家测绘局、国务院环境保护领导小组办公室合并，组建城乡建设环境保护部，部内设环境保护局。实践中，与各部门和地方的工作协调十分困难
1984 年 12 月	城乡建设环境保护部下属的环境保护局改称国家环境保护局，同时也是 1984 年 5 月国务院成立的国务院环境保护委员会的办事机构	主要任务是负责全国环境保护的规划、协调、监督和指导工作
1988 年 7 月	将环保工作从城乡建设环境保护部分离出来，成立独立的国家环境保护局（副部级，国务院直属机构）	明确为国务院综合管理环境保护的职能部门，作为国务院直属机构，这是一次质变的调整
1998 年 6 月	撤销国务院环境保护委员会，国家环境保护局升格为国家环境保护总局（正部级，国务院直属机构）	完成了一次历史性的转变。其职能定位为执法监督，职能领域包括污染防治、生态保护、核安全监管

续表

时间	机构设置	角色和定位
2008年7月	国家环境保护总局升格为环境保护部(正部级,国务院组成部门)	成为国务院组成部门,再一次升格,表明环境保护部的职能变为统筹协调、宏观调控、监督执法和公共服务——参与国家的宏观决策成为核心职能
2018年3月	重新组建生态环境部(将环境保护部的职责,国家发展和改革委员会的应对气候变化和减排职责,国土资源部的监督防止地下水污染职责,水利部的编制水功能区划、排污口设置管理、流域水环境保护职责,农业部的监督指导农业面源污染治理职责,国家海洋局的海洋环境保护职责,国务院南水北调工程建设委员会办公室的南水北调工程项目区环境保护职责整合)	为整合分散的生态环境保护职责组建生态环境部,作为国务院组成部门,将原来环境保护部重点关注环境保护的职能变为生态保护与环境保护并重,全面匹配我国建设生态文明的需要,表明中国的生态环境保护管理工作更加系统化、科学化

在环境管理机构变迁的过程中，我国召开了数次全国环境保护会议，从历次会议可以看出伴随着机构变迁，我国环境保护工作目标、重心以及管理理念发生的转变（表2-3）。

表2-3　我国召开的历次全国环境保护会议概况

名称	时间	成果
第一次全国环境保护会议	1973年8月5日—20日	确定了环境保护的32字工作方针,即“全面规划、合理布局、综合利用、化害为利、依靠群众、大家动手、保护环境、造福人民”。这次会议的重要意义有4个方面:第一,在这次会议上,首次承认社会主义制度的中国也存在着比较严重的环境问题,需要认真治理。第二,这次会议是新中国开创环境保护事业的第一个里程碑,标志着环境保护在中国开始列入各级政府的职能范围。第三,会议期间制定的环境保护方针、政策和措施,为开创中国的环境保护事业指明了方向,抓住了重点,确定了目标和任务。第四,会议之后,从中央到地方及其有关部门,都相继建立了环境保护机构,并着手对一些污染严重的工业企业、城市和江河进行初步治理,中国的环境保护工作开始起步
第二次全国环境保护会议	1983年12月31日—1984年1月7日	主要的成果及意义有5个方面:第一,总结了中国环保事业的经验教训,从战略上对环境保护工作在社会主义现代化建设中的重要位置做出了重大决策。将环境保护确立为基本国策,极大地增强了全民的环境意识,并把环境意识升华为国策意识。第二,制定了中国环境保护的总方针、总政策,即“经济建设、城乡建设、环境建设,同步规划、同步实施、同步发展,实现经济效益、社会效益和环境效益相统一”。这一方针政策的确立,奠定了一条符合中国国情的环境保护道路的基础。第三,要把强化环境管理作为环境保护工作的中心环节,长期坚持抓住不放。第四,推出了以合理开发利用自然资源为核心的生态保护策略,防治对土地、森林、草原、水、海洋以及生物资源等自然资源的破坏,保护生态平衡。第五,建立与健全环境保护的法律体系,加强环境保护的科学研究,把环境保护建立在法制轨道和科技进步的基础上
第三次全国环境保护会议	1989年4月28日—5月1日	提出要加强制度建设,深化环境监管,向环境污染宣战,促进经济与环境协调发展。会议通过了两份重要文件和两个指导性的工作目标。两份文件是《1989—1992年环境保护目标和任务》和《全国2000年环境保护规划纲要》。会议形成了“三大环境政策”,即环境管理要坚持预防为主、谁污染谁治理、强化环境管理三项政策。此外,会议认真总结了实施建设项目环境影响评价、“三同时”、排污收费三项环境管理制度的成功经验,同时提出了五项新的制度和措施,形成了我国环境管理的“八项制度”

续表

名称	时间	成果
第四次全国环境保护会议	1996 年 7 月 15 日—17 日	提出了保护环境的实质就是保护生产力，要坚持污染防治和生态保护并举，全面推进环保工作。会议提出，自然资源和生态保护要坚持开发利用与保护增殖并举，依法保护和合理开发土地、淡水、森林、草原、矿产和海洋资源，坚持不懈地开展造林绿化，加强水土保持工程建设；搞好防风治沙试验示范区、“三化”草地的治理和重点牧区建设。要大力建设农业系统各类保护区，积极防治农药和化肥污染，加快自然保护区建设和湿地保护，到“九五”末期，全国自然保护区面积力争达到国土面积的 10%；加强生物多样性保护，做好珍稀濒危物种的保护和管理。积极开展生态示范区建设，搞好退化生态区域的恢复
第五次全国环境保护会议	2002 年 1 月 8 日	提出了环境保护是政府的一项重要职能，要按照社会主义市场经济的要求，动员全社会的力量做好这项工作。时任国务院总理朱镕基指出，“十五”期间，环境保护既是经济结构调整的重要方面，又是扩大内需的投资重点之一。要明确重点任务，加大工作力度，有效控制污染物排放总量，大力推进重点地区的环境综合整治。凡是新建和技改项目，都要坚持环境影响评价制度，不折不扣地执行国务院关于建设项目必须实行环境保护污染治理设施与主体工程“三同时”的规定。要注意保护好城市和农村的饮用水源。要切实搞好生态环境保护和建设，特别是加强以京津风沙源和水源为重点的治理和保护，建设环京津生态圈。要抓住当前有利时机，进一步扩大退耕还林规模，推进休牧还草，加快宜林荒山荒地造林步伐
第六次全国环境保护大会	2006 年 4 月 17 日—18 日	时任国务院总理温家宝强调，做好新形势下的环保工作，要加快实现三个转变：一是从重经济增长轻环境保护转变为保护环境与经济增长并重，在保护环境中求发展。二是从环境保护滞后于经济发展转变为环境保护和经济发展同步，努力做到不欠新账，多还旧账，改变先污染后治理、边治理边破坏的状况。三是从主要用行政办法保护环境转变为综合运用法律、经济、技术和必要的行政办法解决环境问题，自觉遵循经济规律和自然规律，提高环境保护工作水平
第七次全国环境保护大会	2011 年 12 月 20 日—21 日	会议强调坚持在发展中保护、在保护中发展，积极探索环境保护新道路，切实解决影响科学发展和损害群众健康的突出环境问题，全面开创环境保护工作新局面。关键是要做到四个结合：一是把优化产业结构与推进节能减排结合起来，从源头上减少污染；二是把企业增效与节约环保结合起来，大规模实施企业节能减排技术改造，同时提高新建企业环境准入门槛；三是把扩大内需与发展节能环保产业结合起来，大力发展节能环保技术装备、专业管理、工程设计、施工运营等产业，拓展新的经济增长空间；四是把生产力空间布局与生态环保要求结合起来，实行差别化的产业政策，切实防止污染转移
全国生态环境保护大会	2018 年 5 月 18 日—19 日	把经济社会发展同生态文明建设统筹起来，充分利用改革开放 40 年来积累的坚实物质基础，加大力度推进生态文明建设、解决生态环境问题，坚决打好污染防治攻坚战，推动我国生态文明建设迈上新台阶。 新时代推进生态文明建设，必须坚持好以下原则。一是坚持人与自然和谐共生，坚持节约优先、保护优先、自然恢复为主的方针，像保护眼睛一样保护生态环境，像对待生命一样对待生态环境，让自然生态美景永驻人间，还自然以宁静、和谐、美丽。二是绿水青山就是金山银山，贯彻创新、协调、绿色、开放、共享的发展理念，加快形成节约资源和保护环境的空间格局、产业结构、生产方式、生活方式，给自然生态留下休养生息的时间和空间。三是良好生态环境是最普惠的民生福祉，坚持生态惠民、生态利民、生态为民，重点解决损害群众健康的突出环境问题，不断满足人民日益增长的优美生态环境需要。四是山水林田湖草是生命共同体，要统筹兼顾、整体施策、多措并举，全方位、全地域、全过程开展生态文明建设。五是用最严格制度最严密法治保护生态环境，加快制度创新，强化制度执行，让制度成为刚性的约束和不可触碰的高压线。六是共谋全球生态文明建设，深度参与全球环境治理，形成世界环境保护和可持续发展的解决方案，引导应对气候变化国际合作

2.2.2　中国环境管理机构的设置与职能

2.2.2.1　全国人大环境与资源保护委员会

全国人民代表大会设有环境与资源保护委员会，负责组织起草和审议环境与资源保护方面的法律草案并提出审议报告，监督环境与资源保护方面法律的执行，提出同环境与资源保护问题有关的议案，开展与各国议会之间在环境与资源保护领域的交往。

2.2.2.2　中华人民共和国生态环境部

中华人民共和国生态环境部是国务院生态环境行政主管部门，对全国生态环境保护工作实施统一监督管理，是国务院的直属机构，正部级单位。

中华人民共和国生态环境部的内部机构设置有办公厅、中央生态环境保护督察办公室、综合司、法规与标准司、行政体制与人事司、科技与财务司、自然生态保护司、水生态环境司、海洋生态环境司、大气环境司、应对气候变化司、土壤生态环境司、固体废物与化学品司、核设施安全监管司、核电安全监管司、辐射源安全监管司、环境影响评价与排放管理司、生态环境监测司、生态环境执法局、国际合作司、宣传教育司、机关党委、离退休干部办公室。

面对严重的大气污染问题、水污染和土壤污染问题，环境保护部的污染物排放总量控制司和污染防治司出现内部职责和业务关系交叉，按原有的新、老污染源划分进行排放达标综合管理的手段不能适应环境管理的需要。为此，环境保护部制定了内部机构调整实施方案，2015年2月，中编办批复环境保护部不再保留污染防治司、污染物排放总量控制司，设置水环境管理司、大气环境管理司、土壤环境管理司三个“要素司”。环境保护部三个“要素司”的成立和污染防治司、总量控制司两个司的取消并不是简单的合并重构，背后体现了当前中国环境治理思路的重大转变，即从总量控制向环境质量改善转型。

中华人民共和国生态环境部的直属单位有环境应急与事故调查中心、机关服务中心、中国环境科学研究院、中国环境监测总站、中日友好环境保护中心（环境发展中心）、环境与经济政策研究中心、中国环境报社、中国环境出版集团有限公司、核与辐射安全中心、对外合作与交流中心、南京环境科学研究所、华南环境科学研究所、环境规划院、环境工程评估中心、卫星环境应用中心、固体废物与化学品管理技术中心、信息中心、国家应对气候变化战略研究和国际合作中心、国家海洋环境监测中心、土壤与农业农村生态环境监管技术中心、宣传教育中心、北京会议与培训基地、全国环境保护职工疗养院、国环北戴河环境技术交流中心。

中华人民共和国生态环境部的派出机构包括：华北、华东、华南、西北、西南、东北共六个督察局，承担所辖区域内的生态环境保护督察工作；华北、华东、华南、西南、东北、西北共六个核与辐射安全监督站；长江流域生态环境监督管理局、黄河流域生态环境监督管理局、淮河流域生态环境监督管理局、海河流域北海海域生态环境监督管理局、珠江流域南海海域生态环境监督管理局、松辽流域生态环境监督管理局和太湖流域东海海域生态环境监督管理局，作为生态环境部设在七大流域的派出机构。

自20世纪90年代以来，中国部分城市在完善城市环境管理体制方面做出了一些有益探索，国家监察、地方监管、单位自查的环境管理体制得到强化。其中，区域、流域环境保护派出机构的设置是对原有环境执法监督方式的创新和突破，有效弥补了日常监管不力和专项检查时效性差的不足，能够在完善环境保护管理体制、深化环境执法监督管理改革中发挥重要作用。

长期以来，我国环境管理体制有比较强的地方性和分散性，人员由地方任命，财政也来源于地方。这一体制在实践中容易导致地方保护主义，对地方政府及其有关部门的监督责任难以落实，也不利于统筹解决跨区域、跨流域的环境问题。作为生态环境部外派的区域督察机构，督察局被认为是打破环境问题地方保护主义、加强中央与地方环保监察体制“链条”的有力环节。各区域督察局是生态环境部直属事业单位，为执法监督的派出机构，受生态环境部委托，承担各区域生态环保督察工作，由中央生态环境保护监察办公室负责联系与指导。

中华人民共和国生态环境部的主要职责包括：

① 负责建立健全生态环境基本制度。会同有关部门拟订国家生态环境政策、规划并组织实施，起草法律法规草案，制定部门规章。会同有关部门编制并监督实施重点区域、流域、海域、饮用水水源地生态环境规划和水功能区划，组织拟订生态环境标准，制定生态环境基准和技术规范。

② 负责重大生态环境问题的统筹协调和监督管理。牵头协调重特大环境污染事故和生态破坏事件的调查处理，指导协调地方政府对重特大突发生态环境事件的应急、预警工作，牵头指导实施生态环境损害赔偿制度，协调解决有关跨区域环境污染纠纷，统筹协调国家重点区域、流域、海域生态环境保护工作。

③ 负责监督管理国家减排目标的落实。组织制定陆地和海洋各类污染物排放总量控制、排污许可证制度并监督实施，确定大气、水、海洋等纳污能力，提出实施总量控制的污染物名称和控制指标，监督检查各地污染物减排任务完成情况，实施生态环境保护目标责任制。

④ 负责提出生态环境领域固定资产投资规模和方向、国家财政性资金安排的意见，按国务院规定权限审批、核准国家规划内和年度计划规模内固定资产投资项目，配合有关部门做好组织实施和监督工作。参与指导推动循环经济和生态环保产业发展。

⑤ 负责环境污染防治的监督管理。制定大气、水、海洋、土壤、噪声、光、恶臭、固体废物、化学品、机动车等的污染防治管理制度并监督实施。会同有关部门监督管理饮用水水源地生态环境保护工作，组织指导城乡生态环境综合整治工作，监督指导农业面源污染治理工作。监督指导区域大气环境保护工作，组织实施区域大气污染联防联控协作机制。

⑥ 指导协调和监督生态保护修复工作。组织编制生态保护规划，监督对生态环境有影响的自然资源开发利用活动、重要生态环境建设和生态破坏恢复工作。组织制定各类自然保护地生态环境监管制度并监督执法。监督野生动植物保护、湿地生态环境保护、荒漠化防治等工作。指导协调和监督农村生态环境保护，监督生物技术环境安全，牵头生物物种（含遗传资源）工作，组织协调生物多样性保护工作，参与生态保护补偿工作。

⑦ 负责核与辐射安全的监督管理。拟订有关政策、规划、标准，牵头负责核安全工作协调机制有关工作，参与核事故应急处理，负责辐射环境事故应急处理工作。监督管理核设

施和放射源安全，监督管理核设施、核技术应用、电磁辐射、伴有放射性矿产资源开发利用中的污染防治。对核材料管制和民用核安全设备设计、制造、安装及无损检验活动实施监督管理。

⑧ 负责生态环境准入的监督管理。受国务院委托对重大经济和技术政策、发展规划以及重大经济开发计划进行环境影响评价。按国家规定审批或审查重大开发建设区域、规划、项目环境影响评价文件。拟订并组织实施生态环境准入清单。

⑨ 负责生态环境监测工作。制定生态环境监测制度和规范、拟订相关标准并监督实施。会同有关部门统一规划生态环境质量监测站点设置，组织实施生态环境质量监测、污染源监督性监测、温室气体减排监测、应急监测。组织对生态环境质量状况进行调查评价、预警预测，组织建设和管理国家生态环境监测网和全国生态环境信息网。建立和实行生态环境质量公告制度，统一发布国家生态环境综合性报告和重大生态环境信息。

⑩ 负责应对气候变化工作。组织拟订应对气候变化及温室气体减排重大战略、规划和政策。与有关部门共同牵头组织参加气候变化国际谈判。负责国家履行联合国气候变化框架公约相关工作。

⑪ 组织开展中央生态环境保护督察。建立健全生态环境保护督察制度，组织协调中央生态环境保护督察工作，根据授权对各地区各有关部门贯彻落实中央生态环境保护决策部署情况进行督察问责。指导地方开展生态环境保护督察工作。

⑫ 统一负责生态环境监督执法。组织开展全国生态环境保护执法检查活动。查处重大生态环境违法问题。指导全国生态环境保护综合执法队伍建设和业务工作。

⑬ 组织指导和协调生态环境宣传教育工作，制定并组织实施生态环境保护宣传教育纲要，推动社会组织和公众参与生态环境保护。开展生态环境科技工作，组织生态环境重大科学研究和技术工程示范，推动生态环境技术管理体系建设。

⑭ 开展生态环境国际合作交流，研究提出国际生态环境合作中有关问题的建议，组织协调有关生态环境国际条约的履约工作，参与处理涉外生态环境事务，参与全球陆地和海洋生态环境治理相关工作。

⑮ 完成党中央、国务院交办的其他任务。

2.2.2.3　国务院其他与环境保护相关的部门机构

国务院所属的综合部门、资源管理部门和工业部门中也设立环境保护机构，负责相应的环境与资源保护工作，相关的部门主要有国家发展和改革委员会（资源节约和环境保护司）、自然资源部（国土空间生态修复司、耕地保护监督司、海域海岛管理司）、科学技术部（社会发展科技司资源与环境处）、水利部（水资源管理司、河湖管理司、水土保持司）、国家林业和草原局（生态保护修复司、森林资源管理司、草原管理司、湿地管理司、荒漠化防治司、野生动植物保护司、自然保护地管理司）、交通运输部（综合规划司）等。

2.2.2.4　中国环境与发展国际合作委员会

中国环境与发展国际合作委员会（简称国合会，China Council for International Cooperation on Environment and Development）成立于1992年，是经中国政府批准的非营利、国际性高层政策咨询机构。国合会的主要职责是针对中国环境与发展领域重大而紧迫的关键问题提出政策建议并进行政策示范和项目示范。国合会委员包括中国国务院各有关部委的部长或副部长，国内外环境与发展领域的知名专家、教授以及其他国家的部长和国际组织的领导。

机构特色有以下几个方面。①直通车：历任国合会主席均由中国国家领导人担任，国家领导人每年出席国合会重大活动，当面听取政策建议；同时国合会政策建议以书面形式提交中国国务院和有关政府部门供决策参考。这种独特的“直通车”机制，确保了国合会政策建议直达中国政府高层领导和各级决策者。②国际性：国合会委员和参与政策研究工作的专家学者来自中外政府部门、国际组织、工商企业、研究机构以及社会组织，针对中国和世界环境与发展问题共同研究探讨，并在合作中互通有无，互学互鉴。中外思想的碰撞与交融，不仅给中国带来可持续发展先进理念和经验，也使中国绿色发展实践成果惠及世界。③综合性：国合会在关注领域和研究形式上均体现了综合性、跨领域特点，立足推动环境与经济、社会的协调发展，引进、借鉴国际先进理念、政策、技术和最佳实践，形成多视角、多层面对话交流机制，提出宏观性和综合性政策建议。

国合会以课题组的形式进行研究和提供咨询。课题组的研究方向与任务根据国合会的工作目标而定，成立或撤销课题组需经过评估与协调，由主席团做出决定；课题组设中外方共同组长各 1 名，由主席团批准。课题组有完整的研究任务、目标、计划与进度表，阶段（年度）成果应及时提交国合会的年会。在完成年度研究计划的同时，鼓励各课题组围绕当年国合会的研究主题提供咨询建议。研究工作时间原则上不超过 18 个月，加上组建与报告的出版传播时间原则上不超过 2 年，完成预定研究任务的课题组将自行结束。

国合会每年召开一次全体会议（年会），会议由国合会主席团主持。国合会中外委员、核心专家以及课题组组长届时参会。每次国合会年会都设立一个主题。根据会议主题邀请 2～3 名国内外著名人士作主旨发言，并进行一般性辩论。邀请中国有关部门和省、自治区、直辖市的代表作特邀发言，介绍中国实施可持续发展战略的情况。邀请国合会各捐款国的代表和对国合会感兴趣的使馆、国际机构的代表作为观察员参加年会。

2.2.2.5 地方环境管理机构

在地方层次上，一些省、市人民代表大会也相应设立了环境与资源保护机构。省、市、县人民政府也设立了生态环境行政主管部门，对本辖区的生态环境保护工作实施统一监督管理。各级地方政府的综合部门、资源管理部门和工业部门也设立了环境保护机构，负责相应地方的环境与资源保护工作。

2.2.3 中国环境管理体制的改革

2.2.3.1 中国现行环境管理体制的不足

近年来，我国环境管理体制改革稳步推进，但考量改革的成效却不难发现，环境管理水平和环境质量并没有成比例提升，现行环境管理体制在日益复杂的环境问题面前依然表现得“力不从心”，甚至在某种程度上陷入了“越改革越污染，越治理越污染”的怪圈。究其缘由，改革的内、外环境和时空因素等方面仍存在诸多难点，从而共同影响着体制改革的成效。

（1）纵向上核心职能不明　环境问题不仅具有全局性，同时还有区域性、流域性等特点，为适应这些特点，我国现行环境管理体制选择了中央和地方分级管理的模式。在中央层面，建立国家环境保护主管部门，负责对全国环境工作统一领导、全局管理，以确保环境管理工作的整体性；在地方上，按行政级别在各级政府内部建立各级环境管理部门，负责对本辖区环境工作实施监督管理，同时向上级环保部门负责。地方环境管理工作的双重领导体制，使地方环境管理部门既从属于上级环境保护部门，也依附于同级地方政府。由于地方环境管理部门的人事和财权掌握在同级政府手中，其管理行为更多地受地方政府对环保工作的态度影响，而上级环保部门作为专业指导和监督部门，却缺乏更有效的约束和监督手段。为减少和制止地方政府对基层环保工作的干预，上级环保部门包括环保部在内不得不花费较多精力协调、督导、查处和参与地方环保具体管理事项和案件办理工作。这种“上下一般粗”的管理模式，造成环保部门工作重心偏移，影响了其核心职能的发挥。

(2) 地方政府参与不足　虽然《环境保护法》明确规定，地方各级人民政府对本辖区环境质量负责，但由于地方政府特别是行政“一把手”作为环境管理第一责任人的身份不明，环境管理工作依然被视为环保部门的工作职责，地方政府参与环境管理工作的积极性天然不足。此外，我国经济发展正处于提质增效的换挡期，个别地方领导依然保有环境保护影响经济发展的观念，在推动环境管理体制改革中“雷声大雨点小”。地方政府参与和支持不足，将影响环境管理大部制改革的进展和效果。对此，中央全面深化改革领导小组第十四次会议强调，生态环境保护能否落到实处，关键在领导干部。

(3) 外部力量参与不足　经济社会发展催生了环保企业等新的市场主体，环境问题的持续扩大促进了环保社会组织大量出现，作为环境问题直接关系人，这些力量在参与资源利用和环保工作中，不可避免地会影响环境管理体制改革，这也是国外环境多元治理模式形成的社会基础。但由于社会力量发育不足等原因，很少将社会力量纳入体制本身范畴。在推进国家治理体系和治理能力现代化的现阶段，如何在环境管理政府主导的前提下引入市场调节和社会民主监督，成为大部制改革亟待解决的问题。

2.2.3.2　环境管理体制的大部制改革

长期以来，在我国生态环境保护领域，体制机制方面存在两个很突出的问题：第一是职责交叉重复，多头治理；第二是监管者和所有者没有很好地区分开来，既是运动员又是裁判员。

大部制是一种新型的环境管理体制，它是用相对比较少的政府组成部门来覆盖尽可能多的政府职能的一种管理体制，要求实现行政权三分（行政权三分是指对行政的决策权、执行权和监督权三分，对行政权是否三分、能否三分、如何三分，学界讨论比较激烈，未形成统一的能够有说服力的争论结果）。其特点是扩大或者是整合一个部门所管理业务的范围，把多种内容有紧密联系的事务交由一个部门管辖，最大限度地避免政府部门职责交叉、多头管理。

环境管理大部制改革是针对我国环境保护横向上综合协调能力不强的问题。自20世纪90年代始，我国政府大力倡导结构化、专业化的公共管理机制，在此背景下，农业资源等多个部门先后被吸收到环境管理工作中，并最终形成多部门共同参与的工作格局。目前，我国环境管理职能被分割为三大块：污染防治职能分散在环务监督、渔政、公安、交通等部门，资源保护职能分散在矿产、林业、农业、水利等部门，调控管理职能分散在环保、发改委、财政、工信、国土等部门。这种条块状的管理体制强化了特定领域环境问题的管理，但却人为分割了本应由环境管理部门统一行使的职权，且与统一的环境生态系统存在结构性矛盾，使监管责任难以落实。

环境管理大部制改革希望把原来分散在发展与改革部门、水利部门、农业部门等部门的核安全管理、水资源保护、土壤资源保护等环境管理职能，按照整体生态保护的紧密联系程度及职能整合的逐步推进需要，最大限度地交由环境主管部门管理。我国《生态文明体制改革总体方案》提出，建立和完善严格监管所有污染物排放的环境保护管理制度，将分散在各部门的环境保护职责调整到一个部门，逐步实行城乡环境保护工作由一个部门进行统一监管和行政执法的体制。

2018年3月17日，十三届全国人大一次会议审议通过《国务院机构改革方案》，明确把环境保护部的全部职责和其他六部委涉及环境治污领域的职责全部进行了整合，组建生态环境部，不再保留环境保护部。组建生态环境部，能把原来分散的污染防治和生态保护职责统一起来，实现地上和地下、岸上和水里、陆地和海洋、城市和农村、一氧化碳和二氧化碳，即大气污染防治和气候变化应对“五个打通”，为打好污染防治攻坚战、加强生态环境保护创造了更好的条件。将分散的职责统一之后，生态环境治理的效果可得到更充分显现。一方面，污染治理效率大大提高，污染治理成本也随之降低；另一方面，扯皮推诿的现象大大减少，污染治理灰色空间也可明显消除，生态环境保护工作将更有效、更有力。

2.2.3.3 环境管理的垂直管理制度改革

垂直管理是我国政府管理中的特色，目前一些政府职能部门，如海关、工商、税务、交通的中央或者省级以下机关多数实行垂直管理。垂直管理和分级管理（属地化管理）是相对而言的。采用属地化管理机制的政府职能部门通常实行地方政府和上级同类型部门的双重领导，上级主管部门负责管理业务“事权”，地方政府负责管理“人、财、物”。实行垂直管理，就意味着脱离地方政府管理序列，不受地方政府监督管理，直接由省级或者中央主管部门统筹管理“人、财、物、事”，垂直管理具有管控能力强、问题处理灵活高效的特征。当前我国开展的省以下环境管理机构监测监察执法垂直管理改革，目的就是建立条块结合、各司其职、权责明确、保障有力、权威高效的管理机制，确保环境执法的独立性、权威性和有效性。

2.2.3.4 自然资源资产离任审计

所谓自然资源资产审计，是国家审计机关及其授权机构，依照国家相关法律法规、审计准则、会计理论、专业规程、技术标准等，对政府和企事业单位等行为主体的资源环境相关活动及其效果、社会经济活动的资源环境效果等，进行审查、监督、评价及追溯的活动。领导干部自然资源资产离任审计，是自然资源资产审计的一种特定形式：一是将审计对象明确限定为“领导干部”，这是抓住了自然资源资产的责任主体。自然资源资产审计的主要责任在各级党委政府，关键在各级党委政府主要领导。二是将审计时间明确限定为“离任”。这是由自然资源资产变化的长期性、累积性特点所决定的，也与干部离任审计的总体要求是一致的。

对领导干部进行自然资源资产离任审计，是对领导干部经济责任审计的拓展和延伸，为落实领导干部政绩考核和生态责任考核提供重要参考依据，有利于领导干部更好地履行自然资源资产决策和管理职责。

2.3　中国环境管理的主要政策

我国环境管理的全部历史，也就是推行环境政策的历史。所谓政策，就是指国家或地区为实现一定历史时期的路线和任务而规定的行动准则。我国的环境管理基本政策可以归纳为："保护优先"政策，"预防为主"政策，"综合治理"政策，"公众参与"政策和"损害担责"政策等。

2.3.1　"保护优先"政策

"保护优先"政策是指按照环境保护基本国策的要求和环境保护与经济社会持续发展相协调的要求，在处理经济社会发展与生态和环境保护的关系时，把生态和环境保护放在较优先的位置予以考虑和对待。这一政策有利于保障公众健康，推进生态文明建设，促进经济社会可持续发展。

2014年修订的《环境保护法》中有关生态保护红线、环境健康、生态安全、保护环境基本国策以及环境保护目标责任制和考核评价制度等的规定，都是以保护优先原则为前提和基础的。

2.3.2　"预防为主"政策

"预防为主"政策是指国家在环境保护工作中采取各种预防措施，防止环境问题的产生和恶化，或者把环境污染和破坏控制在能够维持生态平衡，保护人体健康和社会物质财富及保障经济、社会持续发展的限度之内，并对已造成的环境污染和破坏进行积极治理的原则。

环境影响评价制度、"三同时"制度、排污许可证制度、环境保护税制度、清洁生产制度和循环经济制度等都体现了"预防为主"政策的要求。各环境保护单行法中也有相关内容的规定。

2.3.3　"综合治理"政策

"综合治理"政策是指法律规定一切单位和个人都有保护环境的义务，并通过行政的、市场和自治的等各项机制和手段，积极有效地治理环境问题。它是协商民主和公共治理理念在环境保护中的体现。

"综合治理"政策在我国生态环境保护中主要表现在以下三个方面：①治理主体的多元性。2014年修订的《环境保护法》体现了国家、企业和个人生态环境保护公共治理的新理念和新机制。②治理途径的多样性。特别注重运用市场手段和经济政策，强调行政、市场与公众参与的结合。③治理机制的综合性。生态环境公共治理涉及生态环境事务中的立法、执法、司法、监督等各个环节，是一种从"预案参与"到"过程参与"、从"末端参与"到"行为参与"的全覆盖的合作治理。生态环境保护要全社会全方位齐抓共管、相互配合，实现治理的系统化。

2.3.4 “公众参与”政策

“公众参与”政策，亦称依靠群众保护环境原则、环境民主原则，是指生态环境的保护与自然资源的开发利用必须依靠公众的广泛参与，通过各种法定的形式和途径确立公众参与环境管理与保护的资格，鼓励公众积极参与生态环境保护事业，保护公众对污染环境和破坏生态的行为依法进行监督的权利。“公众参与”政策赋予公众生态环境知情权、参与权和监督权。

2014 年修订的《环境保护法》在总则中明确规定了“公众参与”原则，并对“信息公开和公众参与”做了专章规定。

2.3.5 “损害担责”政策

“损害担责”政策是指任何对环境和生态造成损害的单位和个人，都必须依法承担相应的法律后果。这项政策最充分地体现了环境保护所必须遵循的生态环境公平正义法则，用以消除生态环境成本外部化和所谓的外部不经济性，寻求利益与责任相一致的实质公平。

污染者缴税、利用者补偿、开发者保护、破坏者恢复等都体现了“损害担责”政策的要求。

2.4 中国环境管理的法律法规

我国目前已经形成以《中华人民共和国宪法》(以下简称《宪法》)为基础，以《环境保护法》和生态环境保护单行法为主体，各种行政法律法规及环境标准互相配合、协调统一的生态环境保护法律体系。

2.4.1 《宪法》中有生态环境保护的规范

《宪法》明确规定保护生态环境和防治污染是国家的根本政策，是国家机关、社会团体、企业事业单位的职责和每个公民的义务。

我国《宪法》第二十六条第一款规定：“国家保护和改善生活环境和生态环境，防治污染和其他公害。”这一规定是国家对于生态环境保护的总政策，说明了生态环境保护是国家的一项基本职责。第二款规定：“国家组织和鼓励植树造林，保护林木。”第九条第一款规定：“矿藏、水流、森林、山岭、草原、荒地、滩涂等自然资源，都属于国家所有，即全民所有；由法律规定属于集体所有的森林和山岭、草原、荒地、滩涂除外。”第二款还规定：“国家保障自然资源的合理利用，保护珍贵的动物和植物。禁止任何组织或者个人用任何手段侵占或者破坏自然资源。”第十条第一、二款规定“城市的土地属于国家所有。农村和城市郊区的土地，除由法律规定属于国家所有的以外，属于集体所有”，第五款规定“一切使用土地的组织和个人必须合理地利用土地”。这强调了对自然资源的合理利用和严格保护。第二十二条第二款规定：“国家保护名胜古迹、珍贵文物和其他重要历史文化遗产。”在基本权利方面，我国宪法并未直接规定环境权条款。第五十一条规定："中华人民共和国公民在行使自由和权利的时候，不得损害国家的、社会的、集体的利益和其他公民的合法的自由和权利。"我国《宪法》的上述各项规定，为我国生态环境保护立法提供了指导原则和立法依据。

2.4.2　其他部门法中的生态环境保护规范

《中华人民共和国刑法》(以下简称《刑法》)第二编中"第六章妨害社会管理秩序罪"专设"第六节破坏环境资源保护罪"，共规定九种罪行："污染环境罪""非法处置进口的固体废物罪；擅自进口固体废物罪；走私固体废物罪""非法捕捞水产品罪""非法猎捕、杀害珍贵、濒危野生动物罪；非法收购、运输、出售珍贵、濒危野生动物及其制品罪""非法占用农用地罪""非法采矿罪；破坏性采矿罪""非法采伐、毁坏国家重点保护植物罪；非法收购、运输、加工、出售国家重点保护植物、国家重点保护植物制品罪""盗伐林木罪；滥伐林木罪；非法收购、运输盗伐、滥伐的林木罪""破坏环境资源保护罪"。

2020年5月28日第十三届全国人民代表大会第三次会议通过《中华人民共和国民法典》(以下简称《民法典》)，"第二编物权"之"第二分编所有权"的"第五章国家所有权和集体所有权、私人所有权"中有如下规定。第二百四十七条：矿藏、水流、海域属于国家所有。第二百四十八条：无居民海岛属于国家所有，国务院代表国家行使无居民海岛所有权。第二百四十九条：城市的土地，属于国家所有。法律规定属于国家所有的农村和城市郊区的土地，属于国家所有。第二百五十条：森林、山岭、草原、荒地、滩涂等自然资源，属于国家所有，但是法律规定属于集体所有的除外。第二百五十一条：法律规定属于国家所有的野生动植物资源，属于国家所有。《民法典》"第七编侵权责任"专设"第七章环境污染和生态破坏责任"，有如下规定。第一千二百二十九条：因污染环境、破坏生态造成他人损害的，侵权人应当承担侵权责任。第一千二百三十条：因污染环境、破坏生态发生纠纷，行为人应当就法律规定的不承担责任或者减轻责任的情形及其行为与损害之间不存在因果关系承担举证责任。第一千二百三十一条：两个以上侵权人污染环境、破坏生态的，承担责任的大小，根据污染物的种类、浓度、排放量，破坏生态的方式、范围、程度，以及行为对损害后果所起的作用等因素确定。第一千二百三十二条：侵权人违反法律规定故意污染环境、破坏生态造成严重后果的，被侵权人有权请求相应的惩罚性赔偿。第一千二百三十三条：因第三人的过错污染环境、破坏生态的，被侵权人可以向侵权人请求赔偿，也可以向第三人请求赔偿。侵权人赔偿后，有权向第三人追偿。第一千二百三十四条：违反国家规定造成生态环境损害，生态环境能够修复的，国家规定的机关或者法律规定的组织有权请求侵权人在合理期限内承担修复责任。侵权人在期限内未修复的，国家规定的机关或者法律规定的组织可以自行或者委托他人进行修复，所需费用由侵权人负担。第一千二百三十五条规定，违反国家规定造成生态环境损害的，国家规定的机关或者法律规定的组织有权请求侵权人赔偿下列损失和费用：生态环境受到损害至修复完成期间服务功能丧失导致的损失；生态环境功能永久性损害造成的损失；生态环境损害调查、鉴定评估等费用；清除污染、修复生态环境费用；防止损害的发生和扩大所支出的合理费用。

其他诸如《中华人民共和国农业法》《中华人民共和国城市规划法》《中华人民共和国文物保护法》等也规定了生态环境保护的内容。

2.4.3 综合性生态环境保护基本法

我国的综合性生态环境保护基本法是《环境保护法》，其立法目的是为保护和改善环境，防治污染和其他公害，保障公众健康，推进生态文明建设，促进经济社会可持续发展。《环境保护法》对生态环境保护的方针、政策、原则、制度和措施等所作的基本规定，具有原则性和综合性特征。其效力仅次于《宪法》和国家基本法中的生态环境保护规范，是制定自然资源保护和污染防治单行法，生态环境保护法规、规章的基本依据。

2.4.4 生态环境保护单行法

生态环境保护单行法是指针对环境污染的防治和环境要素的保护而由国家立法机关制定的单项法律。它们是以综合性生态环境保护基本法的存在为前提而出现的一种生态环境立法现象。单行法的特点是具有控制对象的针对性和专一性。大体上，我国生态环境保护单行法包括两大类。

第一类是以环境污染防治和公害控制为目的的法律，例如《中华人民共和国大气污染防治法》《中华人民共和国水污染防治法》《中华人民共和国固体废物污染环境防治法》《中华人民共和国土壤污染防治法》《中华人民共和国环境噪声污染防治法》等。

第二类是以管理自然资源和保护生态为目的的法律，它们又根据目的的不同而分为两种：一种是以保护自然（生态）环境要素或者防止生物多样性破坏为目的而制定的法律，例如有关自然保护、野生动植物保护、水土保持、基因控制等的法律。另一种是以合理开发、利用自然资源为目的的法律，这类法律的主要目的不是针对环境要素的保护，而是规范人类对自然资源的开发、利用行为，以减少不合理的开发利用造成的环境污染或自然资源破坏，使自然资源能够通过法律的控制从而得以永续利用，并且也间接地保护了环境。例如《中华人民共和国森林法》《中华人民共和国土地管理法》《中华人民共和国水法》《中华人民共和国草原法》《中华人民共和国节约能源法》《中华人民共和国矿产资源法》等。由于这些法律同时也规定了保护与合理利用的条款，因此它们也属于环境法律体系中的一个组成部分。

理论上，环境与资源保护单行法的地位和效力次于综合性环境保护基本法，但由于它们是专门针对环境与资源的单项要素制定的特别法，所以按照“特别法优先”的法律适用原则，它们应当优先适用。

2.4.5 生态环境行政主管部门制定的生态环境保护行政法规和行政规章

生态环境行政主管部门以及其他有关行政机关也有权制定生态环境保护的行政法规和行政规章。例如根据2017年7月16日发布的《国务院关于修改〈建设项目环境保护管理条例〉的决定》对《建设项目环境保护管理条例》进行了修订。2018年4月28日生态环境部发布部令第1号《关于修改〈建设项目环境影响评价分类管理名录〉部分内容的决定》。

2.4.6 立法和司法机关的适用生态环境保护法律规范的解释

自20世纪80年代以来，我国全国人大常委会以及有关的专门委员会分别就生态环境法律的适用问题做出了多方面的解释。国家立法机关的解释属于立法解释，其效力应当等同于法律。

国家司法机关也有权依照法定程序分别就法律的具体适用做出司法解释。例如：2014年12月8日由最高人民法院审判委员会第1631次会议通过《最高人民法院关于审理环境民事公益诉讼案件适用法律若干问题的解释》，自2015年1月7日起施行。2016年11月7日由最高人民法院审判委员会第1698次会议、2016年12月8日由最高人民检察院第十二届检察委员会第58次会议通过《最高人民法院、最高人民检察院关于办理环境污染刑事案件适用法律若干问题的解释》，自2017年1月1日起施行。

2.4.7　地方性生态环境保护法规、规章中的生态环境保护规范

全国各地依据《宪法》和国家生态环境保护法律法规，结合本地区的具体情况，制定颁布了地方性生态环境法规，弥补了国家生态环境保护法律法规的不足，对保护和改善地方生态环境起着积极的作用。

按照地方生态环境立法在制定机关和效力上的不同，可以将其分为地方性生态环境法规（地方人大及其常委会制定颁布）和地方部门生态环境保护规章（地方政府制定颁布）。如：《天津市大气污染防治条例》（2015年1月30日天津市第十六届人民代表大会第三次会议通过，2017年12月和2018年9月进行了两次修订）；2018年10月24日天津市发布《天津市人民政府办公厅关于印发〈天津市2018—2019年秋冬季大气污染综合治理攻坚行动方案〉的通知》，公布了《天津市2018—2019年秋冬季大气污染综合治理攻坚行动方案》。在民族区域自治地方，还可以直接根据宪法和地方组织法的规定，制定环境与资源保护自治条例或单行条例。在与国家环境法律法规的关系方面，总的来说地方性环境法规或规章是一种从属关系。然而，当某项行为同时可以适用国家和地方有关环境法律法规时，依照法理应当优先适用地方法。

2.4.8　我国参加的国际法中的生态环境保护规范

我国参加的国际法中的生态环境保护规范包括我国参加并已对我国生效的一般性国际条约中的生态环境保护规范和专门性国际生态环境保护条约中的生态环境保护规范。一般性国际条约如《联合国海洋法公约》中关于海洋环境保护的规范；专门性国际生态环境保护条约如《控制危险废物越境转移及其处置巴塞尔公约》、《保护臭氧层维也纳公约》及其《议定书》、《联合国气候变化框架公约》和《生物多样性公约》等。除我国声明保留的条款之外，其效力优于国内法，任何单位和公民都必须严格遵守。

2.4.9　环境标准中的生态环境保护规范

环境标准具有法律效力，同时也是进行环境规划、环境管理、环境评价和城市建设的依据。我国的环境标准主要有环境质量标准、污染物排放标准（或污染控制标准）、环境基础标准、环境监测方法标准、环境标准样品标准、环保仪器设备标准等六类。

2.5　中国环境管理的制度

中国环境管理的主要制度是指为实现生态环境保护的目的和任务，根据环境管理的基本政策而制定的具有普遍意义和起主要管理作用的法律规范和法律程序。

2.5.1 环境影响评价与“三同时”制度

2.5.1.1 环境影响评价制度

环境影响评价，亦称环境质量预断评价、环境质量评估。《中华人民共和国环境影响评价法》(以下简称《环境影响评价法》)第二条规定：“本法所称环境影响评价，是指对规划和建设项目实施后可能造成的环境影响进行分析、预测和评估，提出预防或者减轻不良环境影响的对策和措施，进行跟踪监测的方法与制度。”环境影响评价制度则是有关环境影响评价的范围、内容、程序、法律后果等事项的法律规则系统。

环境影响评价制度的意义：①是贯彻“预防为主”方针，实现经济效益、社会效益和环境效益相统一的重要手段。实践证明，单纯的末端治理是不可能从根本上扭转环境质量下降局面的。②可以为确定某一地区的发展方向和规模提供科学依据。通过环境影响评价，可弄清该地区的环境现状，以及开发建设活动对环境可能产生影响的范围和程度。③是加强建设项目环境管理的重要内容。将环境管理纳入建设项目管理的轨道，从而有效地防止新污染源的产生。

我国环境影响评价有规划环评和建设项目环评两种。①规划环评，即关于规划的环境影响评价。规划环评对象包括综合性规划和专项规划两类。《环境影响评价法》第七条和第八条明确规定，“国务院有关部门、设区的市级以上地方人民政府及其有关部门，对其组织编制的土地利用的有关规划，区域、流域、海域的建设、开发利用规划，应当在规划编制过程中组织进行环境影响评价，编写该规划有关环境影响的篇章或者说明”，“国务院有关部门、设区的市级以上地方人民政府及其有关部门，对其组织编制的工业、农业、畜牧业、林业、能源、水利、交通、城市建设、旅游、自然资源开发的有关专项规划，应当在该专项规划草案上报审批前，组织进行环境影响评价，并向审批该专项规划的机关提出环境影响报告书”。②建设项目环评。一切对环境有影响的工业、交通、水利、农林、商业、卫生、文教、科研、旅游、市政等基本建设项目、技术改造项目、区域开发建设项目及引进的建设项目，都必须编制环境影响报告书或填报环境影响报告表。此外，《环境保护法》第十四条规定“国务院有关部门和省、自治区、直辖市人民政府组织制定经济、技术政策，应当充分考虑对环境的影响，听取有关方面和专家的意见”，表明我国的政策性环境影响评价进入起步阶段。

规划环境影响评价的内容：①综合性规划有关环境影响的篇章或说明，应当对规划实施后可能造成的环境影响做出分析、预测和评估，提出预防或者减轻不良环境影响的对策和措施，作为规划草案的组成部分一并报送规划审批机关。②专项规划的环境影响报告书应当包括实施该规划对环境可能造成影响的分析、预测和评估，预防或者减轻不良环境影响的对策和措施，环境影响评价的结论。

2.5.1.2 “三同时”制度

“三同时”制度是指一切可能对环境有影响的建设项目，其环境保护设施必须与主体工程同时设计、同时施工、同时投产使用的制度。《环境保护法》第四十一条规定：“建设项目中防治污染的设施，应当与主体工程同时设计、同时施工、同时投产使用。防治污染的设施应当符合经批准的环境影响评价文件的要求，不得擅自拆除或者闲置。”《建设项目环境保护管理条例》第十五条规定：“建设项目需要配套建设的环境保护设施，必须与主体工程同时设计、同时施工、同时投产使用。”

"三同时"制度的意义：是加强建设项目环境管理的重要手段；是项目实施阶段的环境管理；是防止产生新的环境污染和生态破坏的主要保证；是防止环境质量继续恶化的一种有效措施。

"三同时"制度适用于以下开发建设项目：新建、扩建、改建项目；技术改造项目；一切可能对环境造成污染和破坏的工程建设项目；确有经济效益的综合利用项目。

2.5.2　环境行政许可制度

环境行政许可制度是指行政主管部门对从事可能造成生态环境不良影响活动的开发、建设或经营者提出的申请，经依法审查，通过颁发许可证、执照等形式，赋予或者确认该申请方从事该种活动的法律资格或法律权利的一系列法律制度。

环境行政许可制度可以分为三大类：第一类为防止环境污染的行政许可，如排污许可证，海洋倾废许可证，核设施建造、运行许可证，化学危险物品生产、经营许可证，危险废物经营、转移许可证，放射性药品生产、经营、使用许可证等；第二类为防止生态破坏的行政许可，如林木采伐许可证、捕捞许可证、采矿许可证、取水许可证、特许猎捕证、驯养繁殖许可证等；第三类为针对整体生态环境保护的行政许可，如建设用地许可证等。

环境行政许可内容分类：由生态环境行政主管部门实施的环境行政许可项目共计 22 项，内容上分为五类：第一类为环境影响评价许可，第二类为环保设施许可，第三类为污染物许可，第四类为放射性物质许可，第五类为自然保护区许可。

环境行政许可的实施程序：①申请与受理；②审查与决定；③听证，参见《环境保护行政许可听证暂行办法》；④监督检查与处理。

2.5.3　环境标准制度

环境标准是国家为了保护公众健康、防治环境污染、保证生态安全、合理利用能源和自然资源，依据环境法律和政策制定的，用以规定有关环境的活动和结果的准则。环境标准广义上包括专业和行业组织制定的自治性环境管理标准。

环境标准分类：依据职权范围可分为国家环境标准和地方环境标准；依据内容可分为环境质量标准、污染物排放标准、环境基础标准、环境监测方法标准、环境标准样品标准、环保仪器设备标准；依据是否具有强制性可分为强制性环境标准和推荐性环境标准；依据法域适用空间的不同，主要分为国内环境标准和国际环境标准。

ISO 14000 环境管理标准：ISO 14000 是国际标准化组织（International Organization for Standardization，简称 ISO）为了满足各种类型的组织建立环境管理体系的需要而制定的，旨在规范各国企业和社会团体等所有类型的组织的环境行为，从而达到减少环境污染、节约资源的目的，并消除贸易壁垒，促进世界贸易发展的国际统一的环境管理标准。ISO 14000 系列标准是一体化的国际标准，它包括环境管理体系、环境审核、环境绩效评价、环境标志、产品生命周期评估等。

2.5.4　清洁生产与循环经济制度

2.5.4.1　清洁生产制度

《环境保护法》第四十条规定："国家促进清洁生产和资源循环利用。"《中华人民共和国清洁生产促进法》第二条规定："本法所称清洁生产，是指不断采取改进设计、使用清洁的能源和原料、采用先进的工艺技术与设备、改善管理、综合利用等措施，从源头削减污染，提高资源利用效率，减少或者避免生产、服务和产品使用过程中污染物的产生和排放，以减轻或者消除对人类健康和环境的危害。"

清洁生产的主要内容：①自然资源的合理利用。包括最大限度地节约能源和原材料，利用可再生能源或者清洁能源，利用无毒害原料，减少使用稀有原材料，循环利用物料等措施。②经济效益最大化。通过节约资源、降低损耗、提高效能和产品质量，达到降低生产成本、提升企业竞争力的目的。③环境危害最小化。通过最大限度地避免和减少使用有毒害物料，采用无废、少废技术，减少生产过程中的危险因素，注重废物回收和循环利用，采用可循环可降解材料完成产品生产和包装，改善产品功能等一系列环保措施，实现对人类健康和环境的危害最小化和"工业绿化"的目的。

国家鼓励和促进清洁生产。国务院和县级以上地方人民政府，应当将清洁生产促进工作纳入国民经济和社会发展规划、年度计划以及环境保护、资源利用、产业发展、区域开发等规划。国家鼓励开展有关清洁生产的科学研究、技术开发和国际合作，组织宣传、普及清洁生产知识，推广清洁生产技术。国家鼓励社会团体和公众参与清洁生产的宣传、教育、推广、实施及监督。

2.5.4.2 循环经济制度

《中华人民共和国循环经济促进法》第二条规定："本法所称循环经济，是指在生产、流通和消费等过程中进行的减量化、再利用、资源化活动的总称。本法所称减量化，是指在生产、流通和消费等过程中减少资源消耗和废物产生。本法所称再利用，是指将废物直接作为产品或者经修复、翻新、再制造后继续作为产品使用，或者将废物的全部或者部分作为其他产品的部件予以使用。本法所称资源化，是指将废物直接作为原料进行利用或者对废物进行再生利用。"

循环经济有三大经济活动的行为准则，又称 3R 原则，分别是减量化原则（Reduce）、再利用原则（Reuse）、再循环原则（Recycle）。①减量化：减少生产源头的资源投入，要求以尽可能少的原料与能源达到既定的生产或消费目的，减少废物产生。②再利用：延长产品或服务的使用时间，多次或多种方式使用物品。③再循环：废物再次变为资源为人使用，推广废物回收利用和废物综合利用。

2.5.4.3 循环经济与清洁生产的关系

循环经济与清洁生产既相互联系又相互区别。

联系：清洁生产是循环经济的基石，循环经济是清洁生产的扩展。在理念上，它们有共同的时代背景和理论基础；在实践中，它们有相通的实施途径，应相互结合。清洁生产的实现途径可以归纳为两大类，即源削减和再循环，包括减少资源和能源的消耗，重复使用原料、中间产品和产品，对物料和产品进行再循环，尽可能利用可再生资源，采用对环境无害的替代技术等，循环经济的 3R 原则就源于此。

区别：两者最大的区别是实施层次上有所不同。在企业这个层次，实施清洁生产其实是小范围内的循环经济，或者可以说清洁生产就是狭义的循环经济。清洁生产可以应用于一个产品、一台装置或者一条生产线，在工业园区、行业或一个城市同样可以实施清洁生产。而循环经济的实施则需要更大的范围和区域。例如日本将建设实施循环经济称为建设"循环型社会”。不论是哪个单独的部门都难以担当循环经济的筹划和组织工作，因为推行循环经济覆盖的范围较大，链接部门较广，涉及因素较多，见效周期较长。

2.5.5　环境保护税制度

环境保护税是国家通过税收，把环境污染和生态破坏的社会成本内化到生产成本和市场价格中去，再通过市场机制来分配环境资源的一种经济手段。

为了保护和改善环境、减少污染物排放、推进生态文明建设，制定了《中华人民共和国环境保护税法》（以下简称《环境保护税法》）。《环境保护税法》第二条规定：“在中华人民共和国领域和中华人民共和国管辖的其他海域，直接向环境排放应税污染物的企业事业单位和其他生产经营者为环境保护税的纳税人。”

根据现行排污收费项目，设置环境保护税的税目。从大的分类讲，包括大气污染物、水污染物、固体废物和噪声四类。具体讲，不是对这四类中所有的污染物都征税，而是只对《环境保护税法》所附《环境保护税税目税额表》和《应税污染物和当量值表》中规定的污染物征税。不是对纳税人排放的每一种大气污染物、水污染物都征税，而只是对每一排放口的污染当量数前三项大气污染物，前五项第一类水污染物（主要是重金属）、前三项其他类水污染物征税。同时规定，各省根据本地区污染物减排的特殊需要，可以增加应税污染物项目数。

根据现行排污费计费办法，设置环境保护税的计税依据。比如，对大气污染物、水污染物，沿用了现行的污染物当量值表，并按照现行的方法即以排放量折合的污染当量数作为计税依据。固体废物按照固体废物排放量确定；噪声按照超过国家规定标准的分贝数确定。以现行排污费收费标准为基础，设置环境保护税的税额标准。

2.5.6　环境事故报告制度

环境事故报告制度，又称环境污染与破坏事故报告及处理制度，或环境污染事故和环境紧急情况的报告及处理制度，是指发生事故或者其他突然事件，使环境受到或者可能受到严重污染或破坏时，事故或事件的当事人必须立即采取措施处理，及时向可能受到环境污染与破坏危害的公众通报，并向当地生态环境主管部门和有关部门报告，接受调查处理的法律制度。

环境事故报告制度意义：可以使政府和生态环境主管部门及时掌握环境污染与破坏事故的情况，查明原因、确定危害程度，便于采用有效措施，防止事故的蔓延和扩大；可以使受到环境污染和破坏威胁的公众提前采取防范措施，避免或减少损失，最大限度地降低事故的危害程度。

组织指挥体系：①国家层面组织指挥机构。生态环境部负责重特大突发环境事件应对的指导协调和环境应急的日常监督管理工作。根据突发环境事件的发展态势及影响，生态环境部或省级人民政府可报请国务院批准，或根据国务院领导同志指示，成立国务院工作组，负责指导、协调、督促有关地区和部门开展突发环境事件应对工作。必要时，成立国家环境应急指挥部，由国务院领导同志担任总指挥，统一领导、组织和指挥应急处置工作；国务院办公厅履行信息汇总和综合协调职责，发挥运转枢纽作用。②地方层面组织指挥机构。县级以上地方人民政府负责本行政区域内的突发环境事件应对工作，明确相应组织指挥机构。跨行政区域的突发环境事件应对工作，由各有关行政区域人民政府共同负责，或由有关行政区域共同的上一级地方人民政府负责。对需要国家层面协调处置的跨省级行政区域突发环境事件，由有关省级人民政府向国务院提出请求，或由有关省级生态环境主管部门向生态环境部提出请求。地方有关部门按照职责分工，密切配合，共同做好突发环境事件应对工作。

按照突发环境事件严重性和紧急程度，突发环境事件分为特别重大突发环境事件（Ⅰ级）、重大突发环境事件（Ⅱ级）、较大突发环境事件（Ⅲ级）和一般突发环境事件（Ⅳ级）四级。根据突发环境事件的严重程度和发展态势，将应急响应设定为Ⅰ级、Ⅱ级、Ⅲ级和Ⅳ级四个等级。初判发生特别重大、重大突发环境事件，分别启动Ⅰ级、Ⅱ级应急响应，由事发地省级人民政府负责应对工作；初判发生较大突发环境事件，启动Ⅲ级应急响应，由事发地设区的市级人民政府负责应对工作；初判发生一般突发环境事件，启动Ⅳ级应急响应，由事发地县级人民政府负责应对工作。突发环境事件发生在易造成重大影响的地区或重要时段时，可适当提高响应级别。应急响应启动后，可视事件损失情况及其发展趋势调整响应级别，避免响应不足或响应过度。

2.5.7 源头和特定区域保护制度

2.5.7.1 源头和特定区域保护制度的概念

源头和特定区域保护制度是指国家通过环境资源承载能力监测预警、生态保护红线等机制，对生态环境源头和特定区域实行最严格保护的法律制度。生态环境源头和特定区域是指重点生态功能区、生态环境敏感脆弱区和禁止开发区等区域，国家对这些区域划定生态保护红线，实行严格保护。生态环境源头和特定区域是国家生态环境安全的基础，同时也往往是生态环境较为脆弱的区域，必须通过法律予以最严格的保护。党的十八届三中全会通过的《中共中央关于全面深化改革若干重大问题的决定》中提出："建设生态文明，必须建立系统完整的生态文明制度体系，实行最严格的源头保护制度、损害赔偿制度、责任追究制度，完善环境治理和生态修复制度，用制度保护生态环境。"《环境保护法》通过设立环境资源承载能力监测预警机制（第十八条）、生态保护红线（第二十九条）、跨行政区域联合防治对源头实行严格保护（第二十条）等执行源头和特定区域保护制度。

2.5.7.2 目标识别

（1）重点生态功能区　指生态系统十分重要，关系全国或区域生态安全，需要在国土空间开发中限制进行大规模高强度工业化城镇化开发，以保持并提高生态产品供给能力的区域，主要类型包括水源涵养区、水土保持区、防风固沙区和生物多样性维护区。

（2）生态环境敏感脆弱区　指生态系统稳定性差，容易受到外界活动影响而产生生态退化且难以自我修复的区域。

（3）禁止开发区　指依法设立的各级各类自然文化资源保护区域，以及其他禁止进行工业化城镇化开发、需要特殊保护的重点生态功能区。

2.5.7.3 环境资源承载能力监测预警机制

环境资源承载力是指在一定的时期和一定的区域范围内，在维持区域资源结构符合持续发展需要、区域环境功能仍具有维持其稳态效应能力的条件下，区域环境资源系统所能承受人类各种社会经济活动的能力。环境资源承载力是一个包含了环境、资源要素的综合承载力概念。其中，承载体、承载对象和承载率是环境资源承载力研究的三个基本要素。环境资源承载力的提出和资源承载力、环境承载力有着密切的内在联系。

环境资源承载能力监测预警机制是指建立在对环境资源状况进行调查和评价基础上的预先发布警告的制度，旨在通过及时提供警示的机构、制度、网络、举措等构成的预警系统，为实现环境资源信息的超前反馈，为及时布置、预防环境资源风险奠定基础。《环境保护法》第十八条规定："省级以上人民政府应当组织有关部门或者委托专业机构，对环境状况进行调查、评价，建立环境资源承载能力监测预警机制。"建立监测预警机制有利于实时掌握当前的环境资源承受能力，制定符合当前环境资源形势的决策部署和相关政策，找准承载力的制约因素和薄弱环节进行补充强化，避免过度开发突破环境资源承载力的底线，一旦自然环境失去自我恢复的能力，将产生不可逆的后果。

2.5.7.4 生态保护红线

生态保护红线是指在生态空间范围内具有特殊重要生态功能、必须强制性严格保护的区域，是保障和维护国家生态安全的底线和生命线，通常包括具有重要水源涵养、生物多样性维护、水土保持、防风固沙、海岸生态稳定等功能的生态功能重要区域，以及水土流失、土地沙化、石漠化、盐渍化等生态环境敏感脆弱区域。

生态保护红线划定原则：①科学性原则。以构建国家生态安全格局为目标，采取定量评估与定性判定相结合的方法划定生态保护红线。在环境资源承载能力和国土空间开发适宜性评价的基础上，按生态系统服务功能重要性、生态环境敏感性识别生态保护红线范围，并落实到国土空间，确保生态保护红线布局合理、落地准确、边界清晰。②整体性原则。统筹考虑自然生态整体性和系统性，结合山脉、河流、地貌单元、植被等自然边界以及生态廊道的连通性，合理划定生态保护红线，应划尽划，避免生境破碎化，加强跨区域间生态保护红线的有序衔接。③协调性原则。建立协调有序的生态保护红线划定工作机制，强化部门联动，上下结合，充分与主体功能区规划、生态功能区划、水功能区划及土地利用现状、城乡发展布局、国家应对气候变化规划等相衔接，与永久基本农田保护红线和城镇开发边界相协调，与经济社会发展需求和当前监管能力相适应，统筹划定生态保护红线。④动态性原则。根据构建国家和区域生态安全格局，提升生态保护能力和生态系统完整性的需要，生态保护红线布局应不断优化和完善，面积只增不减。

生态保护红线管控要求：①功能不降低。生态保护红线内的自然生态系统结构保持相对稳定，退化生态系统功能不断改善，质量不断提升。②面积不减少。生态保护红线边界保持相对固定，生态保护红线面积只能增加，不能减少。③性质不改变。严格实施生态保护红线国土空间用途管制，严禁随意改变用地性质。

本章内容小结

[1] 我国的生态环境保护正式始于1972年，至今大致可以分为四个阶段：第一阶段（1972—1988年），实现了从国务院环境保护领导小组到独立的国家环境保护局（国务院直属局）的"第一次跃升"，标志着我国生态环境保护在国家宏观管理体制中占据了一席之地；第二阶段（1989—1998年），开展"33211"和"一控双达标"环境治理工程，1998年国家环境保护局升格为国家环境保护总局；第三阶段（1999—2008年），主要特征是遏制主要污染物排放总量快速增长势头，实施总量控制，组建环境保护部；第四阶段（2009—2018年），生态文明建设被纳入总体布局，组建生态环

境部。

［2］ 中国环境管理的未来改革目标：①加快推进职能转变、明确职责，完善面向治理体系和治理能力现代化的生态环境保护管理体制；②加快推进部门内相关职能的整合转变；③强化机制建设和创新，实现生态文明建设职能的有机统一，增强体制运行效能；④加快构建现代生态环境治理体系；⑤全面加强自然资源和生态环境部门的能力建设。

［3］ 我国的环境管理基本政策可以归纳为五大政策：①“保护优先”政策；②“预防为主”政策；③“综合治理”政策；④“公众参与”政策；⑤“损害担责”政策。

［4］ 中国环境管理的法律法规由《宪法》、其他部门法中的生态环境保护规范、综合性生态环境保护基本法、生态环境保护单行法、生态环境保护行政法规和行政规章、立法和司法机关的适用生态环境保护法律规范的解释、地方性生态环境保护法规和规章以及我国参加的国际法中的生态环境保护规范和环境标准等组成。

［5］ 中国的环境管理制度主要包括环境影响评价与“三同时”制度、环境行政许可制度、环境标准制度、清洁生产与循环经济制度、环境保护税制度、环境事故报告制度以及源头和特定区域保护制度等。

思考题

［1］ 简述中国环境保护管理的发展历程。

［2］ 生态环境部的改革背景是什么？

［3］ 生态环境部整合了哪些部门的职责？

［4］ 中国的环境管理机构有哪些？各自的职能是什么？

［5］ 中国目前的环境管理政策有哪些？

［6］ 中国环境污染防治方面的法律有哪些？

［7］ 查询相关资料，了解《生物多样性公约》的产生背景和主要内容。

［8］ 中国现行环境管理制度有哪些？

［9］ 现行环境管理制度有哪些需要完善的地方？如何改进？

3 环境管理的技术方法

【学习目的】

通过本章学习，熟悉环境监测、环境标准体系、环境统计和环境评价的主要内容以及在环境管理中所起的作用。了解实验、问卷调查、案例研究、实地研究等实证研究方法的主要内容。了解环境信息系统的主要内容以及在环境管理中的重要作用。

3.1 环境管理技术方法的基础保证

环境管理不同于其他人类社会内部管理活动，其主要作用对象是人类对自然环境的一系列行为，以及作为这些行为物质载体和实质内容的物质流。因此，环境管理需要依赖自然科学、工程科学，特别是自然和环境工程科学的研究成果作为其知识和技术基础。

目前来看，环境监测、环境统计和环境标准等对于环境管理学技术方法的应用十分重要，它们或为环境管理提供第一手的现场监测数据，或提供大量的社会经济统计数据，或提供环境管理的基本参照体系和标准，或是环境管理制度是否得到贯彻执行的检查办法，因而成为环境管理技术方法的基础和保证。

3.1.1 环境监测

环境监测是环境管理工作的一个重要组成部分，它是指通过对影响环境质量的各种因素的代表值进行监督检测，从而确定环境质量以及环境变化趋势。环境监测通过对影响人类生存以及使环境发生变化的各种物质含量与排放量的监测，观察环境质量发生的变化，以此明确环境质量的水平，从而为环境管理工作提供有力的数据支持和技术支持。环境监测是由专业的环境监测机构根据相关要求与规定对影响环境质量的各种环境要素进行技术检测与监督的过程。环境监测的环节主要包括背景调查、制定方案、优化布点、现场采样、实验分析、数据整理、综合分析等。

3.1.1.1 环境监测在环境管理中的意义

环境监测在环境管理中的意义主要是为环境管理提供重要依据。环境监测是环境管理工作开展的基础，通过对环境进行监测，从而得到环境质量相关数据，对环境管理规划、决策、排污收费等提供信息服务与技术支持，政府及其相关部门以此作为依据开展环境监督管理工作。通过环境监测在环境管理工作中的有效应用，可以有效地处理由环境污染造成的事故以及环境污染纠纷。利用环境监测及时掌握环境质量变化规律，及时进行环境污染源的清查，及时了解企业排污状况，揭示环境质量产生问题的本质，从而提高环境管理的工作效率，有效地开展环境管理工作。同时，环境监测还可为国家有关污染排放法律法规的制定以及相关工作等提供有效支持，推动环境治理等工作的开展。

3.1.1.2　环境监测的目的和任务

通过分析长时期积累的大量环境监测数据，可以判断该地区的环境质量现状是否符合国家的规定，预测环境质量的变化趋势，进而可以找出该地区的主要环境问题，甚至主要原因。在此基础上才有可能提出相应的治理方案、控制方案、预防方案以及法规和标准等一整套的环境管理办法，做出正确的环境决策。

另外，通过环境监测还可以不断发现新的和潜在的环境问题，掌握污染物的迁移、转化规律，为环境科学研究提供启示和可靠的数据。随着工农业的发展，环境问题不断出现，使环境监测内涵有所扩大。除对现有污染物的监测外，还应有生物的、生态的以及其他监测。

作为环境管理的一项经常性的、制度化的工作，环境监测大致可以分为对污染源的监测和对环境质量（包括生态环境状况）的监测两个方面。通过对污染源的监测，可以检查、督促各企事业单位遵守国家规定的污染物排放标准。通过对环境质量的监测，可以掌握环境污染和生态破坏的变化情况，为选择防治措施、实施目标管理提供可靠的环境数据；为制定环境法律法规、标准及污染防治对策提供科学依据。

3.1.1.3　环境监测的特点

基于监测对象、手段、时间和空间的多变性，污染组分的复杂性等，环境监测的特点可归纳为：

（1）综合性　包括监测手段、监测对象以及监测数据处理的综合。监测手段包括化学、物理、生物、物理化学、生物化学及生物物理等一切可以表征环境质量的方法；监测对象包括空气、水体（江、河、湖、海及地下水）、土壤、固体废物、生物等客体，只有对这些客体进行综合分析，才能确切描述环境质量状况；对监测数据进行统计处理、综合分析时，需涉及该地区的自然和社会各方面情况，因此，必须综合考虑才能正确阐明数据的内涵。

（2）时序性　由于环境监测对象大多成分复杂、干扰因素多、变化大，参与环境监测工作的技术人员多、仪器设备多、试剂药品多，因此数据必须具有连续性。只有坚持长期测定，才能从大量数据中揭示其变化规律，预测其变化趋势，数据越多，预测的准确度就越高。

（3）系统性　要完成环境监测工作，获得可靠的资料，必须系统地把握住其一系列关键的基本环节，如布点和采样、分析测试、数据整理和处理、监测质量保证等。环境监测类似生产过程，必须解决工艺定型化、分析方法标准化、监测技术规范化等各个环节的问题。

（4）追踪性　环境监测包括监测目的的确定、监测计划的制订、采样、样品运送和保存、实验室测定、数据整理等过程，是一个复杂而又相互联系的系统，任何一步的差错都将影响最终数据的质量。特别是区域性的大型监测，由于参加人员众多、实验室和仪器的不同，必然会存在技术和管理水平差异。为使监测结果具有一定的准确性，并使数据具有可比性、代表性和完整性，需有一个量值追踪体系予以监督。为此，需要建立环境监测的质量保证体系。

3.1.1.4　环境监测的分类

目前，环境监测通常分为常规监测和特殊目的监测两大类。常规监测是指对已知污染因素的现状和变化趋势进行的监测，包括环境要素监测和污染源监测。而特殊目的监测包括研究性监测、污染事故监测和仲裁监测等。环境监测分类及内容见表3-1。

表3-1　环境监测的分类及内容

分类		内容
常规监测	环境要素监测	针对大气、水体、土壤等各种环境要素，分别从物理、化学、生物学角度对其污染现状进行定时、定点监测
	污染源监测	对各类污染源的排污情况从物理、化学、生物学角度进行定时监测
特殊目的监测	研究性监测	根据研究的需要确立需监测的污染物与监测方法，然后再确定监测点位与监测时间进行监测。目的是探求污染物的迁移、转化规律，为开展环境科学研究提供科学依据
	污染事故监测	是在发生污染事故以后在现场进行的监测。目的是确定污染的因子、程度和范围，从而确定产生污染事故的原因及其所造成的损失
	仲裁监测	是为解决在执行环境保护法规过程中出现的，在污染物排放及监测技术等方面发生的矛盾和争端时进行的监测，它通过所得的监测数据为公正的仲裁提供基本依据

3.1.1.5　环境监测的程序与方法

（1）环境监测的程序　环境监测的程序因监测目的不同而有所差异，但其基本程序是一致的。

① 现场调查与资料收集。环境污染随时间、空间变化，受气象、季节、地形地貌等因素的影响。应根据监测区域的特点，进行周密的现场调查和资料收集工作。主要调查收集区域内各种污染源及其排放情况与自然和社会环境特征。自然和社会环境特征包括：地理位置、地形地貌、气象气候、土壤利用情况以及社会经济发展状况。

② 确定监测项目。监测项目应根据国家规定的环境质量标准、本地区内主要污染源及其主要排放物的特点来选择。同时还要测定一些气象及水文测量项目。

③ 监测点布设及采样时间和方法确定。采样点布设合理是获取有代表性样品的前提，所以应予以充分重视。

（2）环境监测的方法　根据环境监测的目的和对象的不同，按照一定的环境标准选择适宜的环境监测方法。

从技术角度来看，环境监测方法可以分为化学分析法（总量分析法和容量分析法）、仪器分析法（光谱法、色谱分析法、电化学分析法、放射分析法和流动注射分析法）、生物技术法。

从先进程度来看，环境监测方法可以分为人工监测和自动连续监测。

地理信息系统（GIS）、遥感技术（RS）和全球定位系统（GPS）3S技术在环境监测中的应用，将大大提高环境监测管理现代化和业务化的水平，将为环境监测管理动态化、宏观化提供新的技术支持，有助于提高环境监测信息直接为政府和公众服务的能力。

3.1.1.6　环境监测的质量保证

为了提供准确可靠的环境数据，满足环境管理的需要，环境监测的结果必须有可靠的质量保证，其目的是为了使监测数据达到以下五个方面的要求：

① 准确性，即测量数据的平均值与真实值的接近程度；

② 精确性，即测量数据的离散程度；

③ 完整性，即测量数据与预期的或计划要求的符合程度；

④ 可比性，即不同地区、不同时期所得的测量数据与处理结果要有可比性；

⑤ 代表性，即要求监测结果能表示所测要素在一定时间和空间范围内的情况。

环境监测质量保证的内容有三个方面。一是采样的质量控制，主要是：审查采样点的布设和采样时间、时段选择；审查样品数的总量是否满足统计分析的要求；审查采样仪器和分析仪器是否合乎标准和经过校准，仪器运转是否正常。二是样品运送和贮存中的质量控制，主要是审查样品的包装情况、运输条件和运输时间是否符合规定的技术要求，防止样品在运输和保存过程中发生变化。三是数据处理的质量控制，数据处理应遵循误差理论的要求、数字修约的规定、结果的正确表达方式，并应用数理统计和计算机技术进行科学的统计、检验与管理。

3.1.2 环境标准体系

环境标准是国家环境保护法律体系的重要组成部分，也是环境管理的工具之一。

3.1.2.1 环境标准概述

(1) 环境标准的定义　环境标准是有关保护环境、控制环境污染与破坏的各种具有法律效力的标准的总称。环境标准的定义有很多，亚洲开发银行环境办公室对环境标准所下的定义是：环境标准是为维持环境资源的价值，对某种物质或参数设置的最低（或最高）含量。

在我国，环境标准除了各种指数和基准之外，还包括与环境监测、评价以及制定标准和规范有关的基础和方法的统一规定。《生态环境标准管理办法》中给出了生态环境标准的定义：生态环境标准，是指由国务院生态环境主管部门和省级人民政府依法制定的生态环境保护工作中需要统一的各项技术要求。

(2) 环境标准的作用　一般认为，环境标准是为了防止环境污染、维护生态平衡、保护人群健康，对环境保护工作中需要统一的各项技术规范和技术要求所做的规定，其主要作用主要表现在：

① 环境标准既是环境保护和有关工作的目标，又是环境保护的手段。它是制定环境保护规定和计划的重要依据。保护人民群众的身体健康，促进生态良性循环和保护社会财物不受损害，都需要有一个明确的目标，环境目标就是根据环境质量标准提出的。

② 环境标准是判断环境质量和衡量环保工作优劣的准绳。评价一个地区环境质量的优劣，评价一个企业对环境的影响，只有与环境标准相比较才能有意义。

③ 环境标准是环境执法的尺度。环境标准是用具体数字来体现环境质量和污染物排放应控制的界限。违背这些界限，污染了环境，即违背了环境保护法。环境执法与实施环境标准是紧密联系的，如果没有各类标准，环境法律将难以具体依循。据统计，世界上制定环境标准的 87 个国家中，有一半以上的国家标准是法制性标准。

④ 环境标准是科学管理环境的技术基础。环境的科学管理，包括环境方法、环境政策、环境规划、环境评价和环境监测等方面。环境标准和它们的关系是：环境标准是立法、执法的尺度；是环境政策、环境规划所确定的环境质量目标的体现；是环境影响评价的依据；是监测、检查环境质量和污染源排放污染物是否符合要求的标尺。

(3) 环境标准的分类　根据 2021 年 2 月 1 日起施行的《生态环境标准管理办法》，我国的生态环境标准分为六大类：

① 生态环境质量标准。为保护生态环境，保障公众健康，增进民生福祉，促进经济社会可持续发展，限制环境中有害物质和因素，制定生态环境质量标准。生态环境质量标准包括大气环境质量标准、水环境质量标准、海洋环境质量标准、声环境质量标准、核与辐射安全基本标准。制定生态环境质量标准，应当反映生态环境质量特征，以生态环境基准研究成果为依据，与经济社会发展和公众生态环境质量需求相适应，科学合理确定生态环境保护目标。生态环境质量标准是开展生态环境质量目标管理的技术依据，由生态环境主管部门统一组织实施。实施大气、水、海洋、声环境质量标准，应当按照标准规定的生态环境功能类型划分功能区，明确适用的控制项目指标和控制要求，并采取措施达到生态环境质量标准的要求。实施核与辐射安全基本标准，应当确保核与辐射的公众暴露风险可控。

② 生态环境风险管控标准。为保护生态环境，保障公众健康，推进生态环境风险筛查与分类管理，维护生态环境安全，控制生态环境中的有害物质和因素，制定生态环境风险管控标准。生态环境风险管控标准包括土壤污染风险管控标准以及法律法规规定的其他环境风险管控标准。制定生态环境风险管控标准，应当根据环境污染状况、公众健康风险、生态环境风险、环境背景值和生态环境基准研究成果等因素，区分不同保护对象和用途功能，科学合理确定风险管控要求。生态环境风险管控标准是开展生态环境风险管理的技术依据。

③ 污染物排放标准。为改善生态环境质量，控制排入环境中的污染物或者其他有害因素，根据生态环境质量标准和经济、技术条件，制定污染物排放标准。国家污染物排放标准是对全国范围内污染物排放控制的基本要求。地方污染物排放标准是地方为进一步改善生态环境质量和优化经济社会发展，对本行政区域提出的国家污染物排放标准补充规定或者更加严格的规定。污染物排放标准包括大气污染物排放标准、水污染物排放标准、固体废物污染控制标准、环境噪声排放控制标准和放射性污染防治标准等。水和大气污染物排放标准，根据适用对象分为行业型、综合型、通用型、流域（海域）或者区域型污染物排放标准。污染物排放标准规定的污染物排放方式、排放限值等是判定污染物排放是否超标的技术依据。排放污染物或者其他有害因素，应当符合污染物排放标准规定的各项控制要求。

④ 生态环境监测标准。为监测生态环境质量和污染物排放情况，开展达标评定和风险筛查与管控，规范布点采样、分析测试、监测仪器、卫星遥感影像质量、量值传递、质量控制、数据处理等监测技术要求，制定生态环境监测标准。生态环境监测标准包括生态环境监测技术规范、生态环境监测分析方法标准、生态环境监测仪器及系统技术要求、生态环境标准样品等。制定生态环境监测标准应当配套支持生态环境质量标准、生态环境风险管控标准、污染物排放标准的制定和实施，以及优先控制化学品环境管理、国际履约等生态环境管理及监督执法需求，采用稳定可靠且经过验证的方法，在保证标准的科学性、合理性、普遍适用性的前提下提高便捷性，易于推广使用。

生态环境监测技术规范应当包括监测方案制定、布点采样、监测项目与分析方法、数据分析与报告、监测质量保证与质量控制等内容。生态环境监测分析方法标准应当包括试剂材料、仪器与设备、样品、测定操作步骤、结果表示等内容。生态环境监测仪器及系统技术要求应当包括测定范围、性能要求、检验方法、操作说明及校验等内容。

⑤ 生态环境基础标准。为统一规范生态环境标准的制订技术工作和生态环境管理工作中具有通用指导意义的技术要求，制定生态环境基础标准，包括生态环境标准制订技术导则，生态环境通用术语、图形符号、编码和代号（代码）及其相应的编制规则等。制定生态

环境标准制订技术导则，应当明确标准的定位、基本原则、技术路线、技术方法和要求，以及对标准文本及编制说明等材料的内容和格式要求。制定生态环境通用术语、图形符号、编码和代号（代码）编制规则等，应当借鉴国际标准和国内标准的相关规定，做到准确、通用、可辨识，力求简洁易懂。制定生态环境标准，应当符合相应类别生态环境标准制订技术导则的要求，采用生态环境基础标准规定的通用术语、图形符号、编码和代号（代码）编制规则等，做到标准内容衔接、体系协调、格式规范。

⑥ 生态环境管理技术规范。为规范各类生态环境保护管理工作的技术要求，制定生态环境管理技术规范，包括大气、水、海洋、土壤、固体废物、化学品、核与辐射安全、声与振动、自然生态、应对气候变化等领域的管理技术指南、导则、规程、规范等。制定生态环境管理技术规范应当有明确的生态环境管理需求，内容科学合理，针对性和可操作性强，有利于规范生态环境管理工作。生态环境管理技术规范为推荐性标准，在相关领域环境管理中实施。

随着经济技术的发展和进步，生态环境保护工作不断深化的需要，出现了越来越多的环境标准，如各种行业排放标准，各种分析、测定方法标准和技术导则，其他还有部级标准，如国家卫健委颁发的各种卫生标准和检验方法标准。在区域规划和环境评价过程中，某些项目没有相应标准的情况下，允许使用推荐的标准。环境标准要随着对环境问题危害程度的认识和国家经济技术水平的提高而不断更新和完善。

（4）环境标准的等级　环境标准分为国家环境标准和地方环境标准两级。我国的地方标准是指省、自治区、直辖市级的标准。

国家标准具有全国范围的共性，或针对普遍的和具有深远影响的重要事物，因此具有战略性的意义。而地方标准和行业标准带有区域性和行业特殊性，是对国家标准的补充和具体化。

环境标准由各级生态环境部门和有关的资源保护部门负责监督实施。生态环境部设有法规与标准司，负责环境标准的制定、解释、监督和管理。

3.1.2.2 环境标准的制定

（1）制定环境标准的原则

① 保障人体健康是制定环境质量标准的首要原则。因此在制定标准时首先需研究多种污染物浓度对人体、生物、建筑等的影响，制定出环境基准。

② 制定环境标准，要综合考虑社会、经济、环境三方面效益的统一。具体说来就是既要考虑治理污染的投入，又要考虑治理污染可能减少的经济损失，还要考虑环境的承载能力和社会的承受力。

③ 制定环境标准，要综合考虑各种类型的资源管理，各地的区域经济发展规划和环境规划的要求和目标，贯彻高功能区用高标准保护、低功能区用低标准保护的原则。

④ 制定环境标准，要与国内其他标准和规定相协调，还要与国际上的有关协定和规定相协调。

⑤ 制定环境标准，既要保持相对的稳定性，又要在实践中不断总结经验，根据社会经济的发展和科学水平的提高，即时进行合理修订。

⑥ 制定环境标准，要便于实施和监督管理。

（2）制定环境标准的原理　一般包括环境质量标准的制定原理和污染物排放标准的制定原理。

① 环境质量标准的制定原理。环境质量标准是从多学科、多基准出发，为研究社会的、经济的、技术的和生态的多种效应与环境污染物剂量的综合关系而制定的技术法规。

制定环境质量标准的科学依据是环境质量基础。基准值是纯科学数据，它反映的是单一学科所表达的效应与污染物剂量之间的关系。环境标准中的最低类别大多与这些基准值有关。将各种基准值综合以后，还需与国内的环境质量现状、污染物负荷情况、社会的经济和技术力量对环境的改善能力、区域功能类别和环境资源价值等加以权衡协调，这样才能将环境质量标准置于合理可行的水平上。

② 污染物排放标准的制定原理。污染物排放标准是指可排入环境的某种物质的数量或含量，在这个数量范围内排放不会使环境参数超出已确定的环境质量标准范围。

污染物排放标准的设置情况可用图 3-1 加以说明。图中横坐标代表处理效果，用去污率（%）表示，纵坐标代表成本。在点①以前，成本增加不多，而去污率增加很快；在点①以后成本增加很多，而去污率增加不大。这反映了污染处理成本与效果关系的一般特征，所以拐点①具有巨大经济价值。

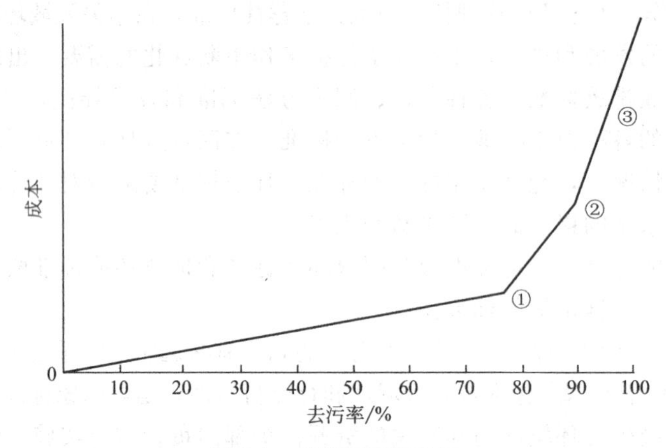

图 3-1　排放标准的设置

目前较发达的工业国家都采用“最佳使用技术”（BPT）和“最佳可行技术”（BAT）的方法制定排放标准，其排放标准的制定以经济上使用的污染物综合治理技术为依据，其中 BAT 要求较高，BPT 处于图 3-1 中点②的位置，BAT 处于点③的位置。可见，排放标准可以随着经济技术条件的变化而变化。

（3）制定环境标准的基础　主要包括以下内容：

① 与生态环境和人类健康有关的各种学科基准值；

② 环境质量的目前状况、污染物的背景值和长期的环境规划目标；

③ 当前国内外各种污染物处理技术水平；

④ 国家的财力水平和社会承受能力，污染物处理成本和污染造成的资源经济损失等；

⑤ 国际上有关环境的协定和规定，其他国家的基准/标准值，国内其他部门的环境标准（如卫生标准、劳保规定）。

3.1.2.3　环境标准的实施

环境标准的实施主要是针对强制性标准的执行情况而开展的监督、检查和处理。它包括环境质量标准的实施、污染物排放标准的实施、国家环境监测方法标准的实施等。强制性环境标准是必须执行的，任何单位和个人不得更改。省、自治区、直辖市和地、县各级生态环境行政主管部门负责对本行政区域内环境标准的实施进行监督、检查。凡是生产、销售、运输、使用和进口不符合强制性环境标准产品的，或者违反环境标准造成不良后果甚至重大事故者，按照法律有关规定依法处理。县级以上地方政府生态环境行政主管部门是环境标准的实施主体，各级环境监测站和有关的环境监测机构负责对环境标准的具体实施。对地方污染控制标准的执行有异议时，由地方生态环境行政主管部门进行协调，并由国家生态环境行政主管部门协调裁决。

3.1.2.4 环境标准的应用

环境标准在环境管理工作中有众多应用。首先它是表述环境管理目标和衡量环境管理效果的重要标志之一。例如，在进行环境现状评价和环境影响评价时，都需要一个衡量好坏、大小的尺度，从而做出能否允许、是否接受的判断，此时环境标准承担了尺度的角色。又如，在制定环境规划时，首要的任务就是进行功能分区，并明确各功能区的环境目标，然后才能做出下一步的各种规划安排，而各功能区的环境目标也只有通过环境标准来表示。再如，在制定排污量或排放浓度的分配方案时，也必须在明确环境目标的前提下才能进行。另外在制定各种环境保护法规和管理办法时，也必须以环境标准为准则，才能分清环境事故的责任人与责任大小，从而做出正确的裁判或评判。总之，环境标准是环境管理工作的一个重要工具，是环境管理的基础。

3.1.3 环境统计

3.1.3.1 环境统计的概念和特点

环境统计是用数字表现的人类活动引起的环境变化及其对人类的影响，其内容包括为了取得环境统计资料而进行的设计、调查、整理和统计分析等各项工作。环境统计是社会经济统计中一个重要组成部分，也是环境保护中的一项十分重要的基础工作。在环境管理中提出科学的对策，做出正确的决策，进行有效的环境监督和检查，必须掌握准确、丰富、最新的环境统计信息。

环境统计资料是环境统计工作的结果，包括两个方面的内容：一是统计数字资料，反映了经济社会现象，人对自然环境的利用、改造，污染的规模、水平、发展速度和比例关系；二是统计分析报告，反映了经济社会发展与环境保护的相互关系及其发展变化的规律。

环境统计除了具有与经济社会统计同样的社会性、广泛性、数量性等特点外，还具有如下一些特点：

① 综合性强。环境统计的对象是人类生存与发展的空间和物质条件，涉及人口、卫生、工农业生产、基本建设、文物保护、城市发展、居民生活等许多社会部门和领域，是一项综合性极强的统计工作。

② 技术性强。环境统计的许多内容涉及自然科学、社会科学和工程科学的多个学科领域，许多基础资料来源于环境监测数据，必须借助物理的、化学的、生物学的测试手段才能获得。

此外，环境统计是一门新兴的边缘学科，许多理论、方法、手段、标准、口径等问题还有待于进一步探索和完善，环境统计的管理体系也需要不断健全。

3.1.3.2 环境统计的内容

如上所述，环境统计的内容涉及多个行业和学科，是一项庞大复杂的系统工作。联合国统计司 1977 年就提出，环境统计的范围包括土地、自然资源、能源、人类居住区和环境污染五个方面，但对各国的环境统计没有提出统一的指导意见。

在中国，环境统计的范围大致包括：

① 土地环境统计。反映土地及其构成的实际数量、利用程度和保护情况。

② 自然资源统计。反映生物、森林、草原、水、矿产资源、文物古迹、自然保护区、风景游览区的现有量、利用程度和保护情况。

③ 能源统计。反映能源的开发利用情况。

④ 人类居住区环境统计。反映人类健康、营养状况、劳动条件、居住条件、娱乐文化条件及公共设施等情况。

⑤ 环境污染统计。反映大气、水域和土壤等环境污染状况，以及污染源排放和治理等情况。

⑥ 环境保护机构自身建设统计。反映环保队伍人员变化和专业人员构成情况，以及装备、建设情况等。

《2018中国生态环境状况公报》的环境统计内容和指标体系见表3-2。

表3-2　《2018中国生态环境状况公报》的环境统计内容和指标体系

项　目	内容
空气质量	$PM_{2.5}$、PM_{10}、SO_2、NO_2、O_3、CO、空气质量指数（AQI）、酸雨、秸秆焚烧
淡水（地表水、地下水、流域、湖泊、内陆渔业水域、重点工程水体、集中式生活饮用水水源）	①依据《地表水环境质量标准》（GB 3838—2002）表1中除水温、总氮、粪大肠菌群外的21项指标标准限值，分别评价各项指标水质类别，按照单因子方法取水质类别最高者作为断面水质类别；②湖泊富营养化水平和主要污染物
海洋（管辖海域、近岸海域、重要河口海湾、入海河流、直排海污染源、海洋渔业水域）	水质指标：污水量、化学需氧量、石油类、氨氮、总氮、总磷、六价铬、铅、汞、镉、活性磷酸盐、无机氮
土地	土地资源及耕地（面积）、农业面源（灌溉、化肥、农药）、水土流失（面积）、荒漠化和沙化（面积）
自然生态	①生态环境质量：依据《生态环境状况评价技术规范》（HJ 192—2015）评价；②生物多样性：生态系统、物种、遗传资源；③外来入侵物种；④受威胁物种；⑤自然保护区
声环境	区域声环境、道路交通声环境、城市功能区声环境
辐射	电离辐射、电磁辐射
气候变化与自然灾害	气候变化（气温、降水、碳强度、海平面）、自然灾害（气象灾害、地震灾害、地质灾害、海洋灾害、森林灾害、草原灾害）
基础设施与能源	基础设施（交通、污水、垃圾）、能源（消费量）

3.1.3.3　环境统计的调查方法

① 定期普查。我国于2007年进行了第一次全国污染源普查工作，于2017年进行了第二次全国污染源普查。

② 抽样调查。对重点工业企业污染源实行抽样调查，对重点污染源实行年度统计报表的调查方法。

③ 科学估算。对重点企业及社会生活污染物排放进行科学估算。

④ 专项调查。对环境保护工作中有重大意义的项目进行专项调查，如乡镇企业污染调查、畜禽业专项调查、环境保护产业专项调查等。

3.1.3.4　环境统计的应用

环境统计按照环境管理的要求确定其指标体系，通过观察、调查、搜集相关资料和数据，经过科学、系统地整理、核算和分析，以环境统计资料的形式表现环境问题的数量关系，对环境污染状况、污染治理成果和生态环境建设等情况进行定量化的数字语言表述和评价，为科学进行环境管理提供重要的数据基础和保证。

在环境统计资料的基础上，根据需要，运用恰当的统计分析方法和指标，将丰富的环境统计资料和具体的案例结合起来，揭示出这些数据资料中包含的环境变化与经济发展的内在联系和规律，是环境统计分析的一项重要任务。

通过环境统计分析，可以了解工业生产过程中三废污染排放水平及其影响，了解环境污染治理水平和效益，掌握环境保护税征收及使用情况、环境质量现状和环境变化趋势等。环境统计分析的结果，在环境统计分析报告中以数字、曲线和图表等多种形式，向政府、企业和公众提供丰富的环境信息。

3.1.4 环境评价

环境评价是环境管理工作的一个重要组成部分，是做好环境管理工作的基础。从环境保护和环境建设角度对一切可能引起环境质量变异的人类社会行为进行评价，可以为人类社会调整自身的行为、实现可持续发展提供行动依据和技术保障。

3.1.4.1 环境评价的概念和类型

环境评价（environmental assessment）一般是指对一切可能引起环境质量变异的人类社会行为（包括政策、法规、规划、经济建设在内的一切活动）产生的环境影响，从保护环境和建设环境的角度进行定性和定量的评定。从广义上讲，环境评价是对环境系统的结构、状态、质量、功能的现状进行分析，对可能发生的变化进行预测，对其与社会、经济发展活动的协调性进行定性或定量的评定等。

由于环境评价的领域广泛，目前还没有一个公认的完整统一的类型划分方案。研究者可以从不同角度出发，对环境评价进行不同的类型划分。图 3-2 给出了目前比较常见的几种基本分类方法。

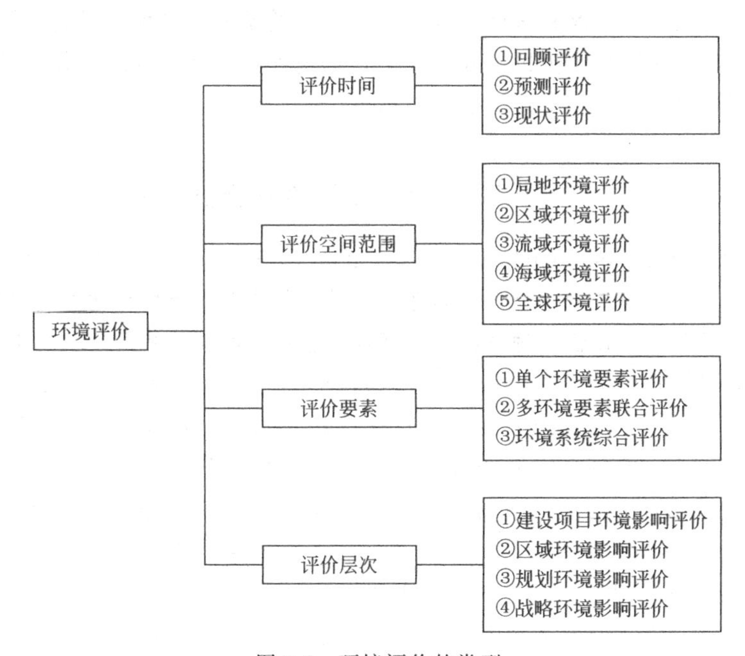

图 3-2 环境评价的类型

(1) 按评价时间划分　回顾评价是根据历史资料对研究区域过去一定时间的环境质量进行评价；现状评价是根据近期环境资料，一般是1～3年的监测资料，对研究区域环境质量的现状进行评价；预测评价是根据环境影响预测和评定的结果对研究区域环境质量变异进行预测评价。

(2) 按评价空间范围划分　在环境影响空间范围比较小的局部地段开展的环境评价称为局地环境评价。对环境影响空间范围比较大的整个区域的环境质量现状及变异进行的评价称为区域环境评价，多指区域开发活动环境影响评价。针对整个流域的环境质量现状及变异进行的环境评价称为流域环境评价。对海域环境质量状况开展的环境评价通常称为海域环境评价。全球环境评价是针对人类活动造成的全球环境问题（如温室效应、臭氧层空洞、酸雨、生物多样性锐减、人口问题等）开展的环境评价。

(3) 按评价要素划分　针对不同环境要素，如大气、地表水、地下水、土壤等分别开展的环境评价称为单个环境要素评价。土壤和农作物联合评价，地表水、地下水、土壤水联合评价等均属多环境要素联合评价。环境系统综合评价是指环境系统中各种环境要素的全面评价。

(4) 按评价层次划分　对建设项目可能造成的环境影响进行分析、预测和评估属于建设项目环境影响评价的主要内容。区域开发活动环境影响评价（区域环境影响评价）是对开发区内进行的一系列开发活动可能产生的环境影响进行的综合评价。规划环境影响评价是指国务院有关部门、设区的市级以上地方人民政府及其有关部门，对其组织编制的土地利用的有关规划，区域、流域、海域的建设、开发利用规划，在规划编制过程中组织进行的环境影响评价。战略环境影响评价是指一个国家或地区在法规、政策、计划、规划等发展战略制定和实施阶段所开展的环境影响评价。

随着环境评价工作的广泛开展，以及环境评价理论的进一步完善、充实和提高，今后还会有许多新的类型出现。我国现行的环境影响评价实践，主要包括三个类型的环境影响评价：规划环评、建设项目环评和区域开发环评。不同类型的环境评价具有不同的目的，其内容和侧重点、所起的作用和地位也不同。总之，环境评价是环境管理工作的基础和重要组成部分之一，为环境管理工作提供科学的决策依据。

环境质量评价与环境影响评价

环境质量评价（environmental quality evaluation）——按照一定的评价标准和评价方法对一定区域范围内的环境质量进行识别和评定。虽然传统意义上的环境质量评价可以分为回顾评价、现状评价及预断评价三种类型，但环境质量评价的重点是对环境质量现状的评价和探讨改善与提高环境质量的方法及途径。环境评价通常被狭义地称为环境质量评价。

环境影响评价（environmental impact assessment，简称EIA）——环境质量评价类型划分中的环境质量预断评价传统上又被称为环境影响评价。随着环境影响评价在全世界范围内越来越受到重视和近几十年来的迅速发展，环境影响评价已逐步形成了相对独立的、比较完整的理论和方法体系，尤其是一些国家已经将环境影响评价制度发展成为环境管理的一项重要法律制度。环境影响评价是指对拟议中的建设项目，区域开发计划、规划和国家政策实施后可能对环境产生的影响进行识别、预测和评估，并对各种替代方案进行比较，提出各种减缓措施，从而把对环境的不利影响减少到最低程度的评价活动。

3.1.4.2 环境评价的方法和选择原则

环境评价方法服务于环境评价的目的，其主要作用是：对环境质量现状及其价值进行描述和判断；分析人类活动与环境质量变异之间的关系，判断和描述未来环境质量变异及其价值改变；对人类的各种活动方案进行比较和选择，为人类活动决策提供信息服务。

（1）环境评价的方法 环境评价方法的类型划分有多种方案。根据时间属性，可以分为环境质量现状评价法、环境影响评价法；根据确定性大小，可以分为确定性评价法和不确定性评价法；根据评价内容，可以分为综合评价法和专项评价法。每种分类方案包括了多种具体的评价方法。图3-3列举了部分常见的评价方法。

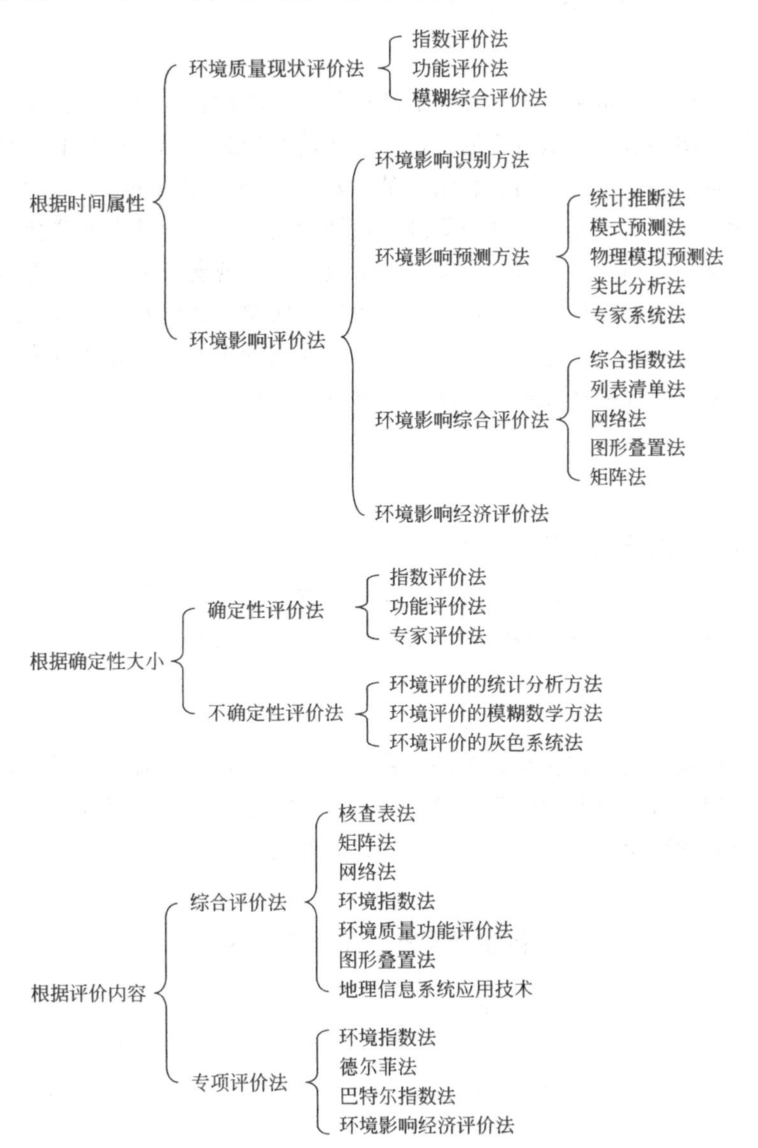

图3-3 环境评价方法常见类型划分方案

（2）选择评价方法的原则 评价方法是完成一定环境评价任务的工具，选择任何一种方法都必须与评价人员的专业知识和工作经验密切结合起来，才能取得合理的结果。选择评价方法的原则主要有以下几点：

① 根据环境评价目的和要求选择具体的环境评价方法；
② 尽量选用已成功应用过的评价方法，结合具体应用进行必要的修改和补充；
③ 对完成评价任务来说应是实用的和满足经济性要求的；
④ 所获结果应是客观的，具有可重复性；
⑤ 应符合国家公布的评价技术规范、标准。

3.2 环境管理的实证方法

环境管理的目标之一是调整人类社会的环境行为，因此首先要了解和认识这些环境行为的规律，以及如何调整这些环境行为的规律，即环境管理的规律。传统上，对这些规律的研究多是采用一些定性的、思辨性的、总结性的方法，而缺少定量的、科学实验的实证方法。无论是管理科学整体，还是专门的环境管理，最缺少的就是科学的实证精神、实证方法及大量的实证研究，这是当前环境管理学发展亟待解决的一个薄弱环节。环境管理学所有的基础知识、理论和方法都需要而且只能由第一手的观察、实验、案例及研究者的经验来提供。因此，包括实验、问卷调查、实地研究、案例研究等在内的实证研究方法就成为环境管理学获取知识的可靠来源，是保持严谨性和科学性的基础和保证。

3.2.1 实验方法

3.2.1.1 实验方法对于管理科学的重要性

实验是近代自然科学发展的方法学基础，现代管理科学也是在实验的基础上发展起来的。下面的阅读材料给出了管理科学创立时期的三个经典实验，它们对于管理能够成为一门科学发挥了重要作用。

类似的著名管理科学实验还有很多，涉及范围也很广，在生产管理、组织管理、人才选拔、教育理论、激励理论、评价理论等许多管理科学理论背后都有一系列的实验或实证研究作为支撑。这些理论有一个共同的发展轨迹，就是“实验—假设—实验—再假设”，如此推进，逐步形成成熟的理论体系。可以说，管理科学使管理从经验走向科学。

科学管理的三个经典实验

（1）泰勒的铁锹试验和金属切割实验　泰勒号称“科学管理之父”，是学徒出身，后任总工程师，在企业管理领域从事科学实验达20多年，使企业的生产效率大幅上升。

泰勒在伯利恒钢铁公司做过有名的铁锹试验。当时公司的铲运工人拿着自家的铁锹上班。这些铁锹各式各样，大小不等。堆料场中的物料有铁矿石、煤粉、焦炭等。每个工人的日工作量为16t。泰勒经过观察发现，由于物料的密度不一样，一铁锹的负载大不一样。如果是铁矿石，一铁锹有38磅（17.24kg）；如果是煤粉，一铁锹只有1.59kg。那么，一铁锹到底负载多大才合适呢？经过试验，最后确定一铁锹9.53kg对于工人是最合适的。根据实验结果，泰勒针对不同的物料，设计不同形状和规格的铁锹。此后工人上班时都不自带铁锹，而是根据物料情况从公司领取特制的标准铁锹，此后工作效率大大提高。堆料场的工人从400～600名降为140名，平均每人每天的操作量提高到59t，工人的日工资从1.15美元提高到1.88美元。泰勒还做了著名的金属切割实验。为了使金属切割生产效率提高，在1880—1900年做了一系列实验，专门配备310台不同的机器，把36万千克钢铁切成碎屑，记录了50000次实验数据，最后总结出影响工作效率的12项因素，以及各因素间的数量关系，并设计出一把专用快速计算尺，在此基础上制定工艺规范和劳动定额，用一套科学的方法训练工人，结果新工人比十年以上老工人的生产效率还高2～9倍。这项实验耗资20万美元，但企业获得了“比为实验所支付的要多得多的收入”。

泰勒认为，与其在缺乏科学数据或单凭经验的情况下，长期低效率地工作，还不如花一些时间做实验，在高效率下取得更大的利润。泰勒通过总结26年实验、试验的成果，出版了《科学管理原理》一书，成为管理科学的经典名著。

(2) 梅奥的霍桑实验　管理科学发展历史上另一个有里程碑意义的霍桑实验导致“人际关系学”的产生。以梅奥为首的哈佛大学研究组，在霍桑工厂做了历时8年的实验研究，并进行了2000多次职工访谈，进行“物质激励”与“精神激励”对比实验，发现工人并非是“经济人”，而是“社会人”。生产效率的提高不完全取决于物质条件，主要取决于工人的“士气”。工人在人际交往中形成的融洽关系和相互影响，形成一种“非正式组织”的约束力，对生产效率有重大影响，企业管理人员必须有了解和诊断、激励人际关系的技能。在霍桑实验的基础上，梅奥在1933年发表了《工业文明的人类问题》一书，成为人际关系学的奠基之作。

(3) 勒温实验　通常人们喜欢用“我讲你听”的方式来传授知识、贯彻领导意图或打通思想。从形式上看，这样做效率高，但从实际效果看却并非如此。勒温曾做过一个著名的实验：要说服美国妇女用动物内脏做菜，用哪种方法更有效。他把妇女分成两组。A组采用讲演方式，请营养学、烹饪学专家讲课，要求她们回去试做食用。B组采用讨论加实习方式，让大家一起议论内脏的营养价值、烹饪方法，以及可能遇到的问题，最后由营养专家指导每人亲自烹饪。两组实验的结果是，A组中有3%的人回家采用了，而B组有32%的人采用了。实验说明，“被动参与”和“主动参与”的效果大不一样，“满堂灌”式的教学需要改革，单纯由领导布置任务的方式效果也不一定好，单纯听报告对思想的说服力有限。管理科学根据一系列实验和试验，提出了让职工“主动参与”（决策方案的讨论和实施）的理论，并将其应用于企业管理，取得了很好的效果。

3.2.1.2 环境管理实验的主要步骤

环境管理实验可分为两种类型。一种是实验室实验，是在人为建造的特定环境下进行的；另一种是现场实验，是在日常工作环境下进行的。这两种类型的实验大体上都包括三个步骤，即实验设计、实验实施和实验结果分析。

(1) 实验设计　由于环境管理问题涉及的因素非常多且一般比较复杂，环境管理实验设计必须十分缜密，其主要内容应包括：

第一，提出实验问题，明确实验目的，选择实验对象，给出实验假设。由于实验问题是来源于环境管理工作实践和研究的管理问题，因此其目的应是揭示出某一个或一类环境问题背后的环境行为规律和环境管理规律，其对象需要根据实验目的和问题来选取，且必须具有代表性和适当数量。

第二，相关实验因素的控制。管理实验的影响因素主要来自实验者、实验环境和实验对象三个方面。管理实验设计要充分考虑这三个方面的影响因素，提出相应的控制和解决办法。

第三，预备实验。其目的是为正式实验提供必要的实验参数、实验过程的指导。在预备实验中通常需要确定实验对象数目、指标的有效性、自变量的操作方法、无关变量的控制方法、实验指导语、实验过程的演练。

(2) 实验实施　做实验是一个比较复杂的过程，要严格按照实验设计的程序和要求进行，特别是要注意做好实验因素的控制。

(3) 实验结果分析　对实验结果进行系统的比较和分析，确认实验的效果是否或者在多大程度上证实了研究假设，并对实验提出相应的改进措施，另外还要消除实验中的随机误差和系统误差。

3.2.1.3 实验方法的注意事项

环境管理学实验的对象主要是人与人的环境行为，与以物为对象的传统自然科学实验有一定区别。如在实验者和被实验者之间，会出现人与人之间相互影响的情况；实验往往是在“纯化”了的环境中进行的，应把实验结果和更广泛的社会调查结果联系起来考虑；涉及的人员多，周期长，成本高；实验可能涉及一些伦理问题，因此要遵循自愿受试、为受试者保密等原则。

3.2.2 问卷调查方法

问卷调查方法是通过设计、发放、回收问卷，获取某些社会群体对某种社会行为、社会状况的反应的方法。研究者可以通过对这些问卷的统计分析来认识社会现象及其规律。

3.2.2.1 问卷调查的基本特征

问卷调查方法有三个基本特征：

① 问卷调查要求从调查总体中抽取一定规模的随机样本。

② 对调查问卷的收集有一套系统的、特定的程序要求。

③ 通过调查问卷所得到的是数量巨大的定量化资料，需要运用各种统计分析方法才能得到研究结论。

这三个重要特征使问卷调查方法不仅成为众多社会科学领域中广泛使用的、强有力的实证方法，也成为当前国际上通用的管理科学规范的研究方法之一。

3.2.2.2 调查问卷的设计

(1) 问卷的结构　问卷是问卷调查方法中用来收集资料的主要工具，它在形式上是一份精心设计的问题表格，用于测量人们的行为、态度和社会特征。一般而言，调查问卷的主要内容如表3-3所示。

(2) 问卷设计的原则

① 要围绕研究的问题和被调查对象进行问卷设计，问题综述不能过多，内容不能过于复杂，要尽量考虑为被调查者提供方便，减少困难和麻烦。

表 3-3 调查问卷的主要内容

项目	主要内容
封面信	即一封致被调查者的短信,其作用是向被调查者介绍问卷调查的目的、调查单位或调查者的身份、调查的大概内容、调查对象的选取方法和对结果的保密措施等
指导语	即用来指导被调查者填写问卷的各种解释和说明
问题及答案	按问题形式可分为两类:一是只提问题不给答案,由被调查者填写回答的开放式问题;二是既提问题又给答案,要求被调查者进行选择的封闭式问题
编码及其他	即对每个问题及答案赋予一个代码,以方便计算机处理

② 分析和排除被调查者可能出现的主观障碍和客观障碍。主观障碍指被调查者在心理和思想上对问卷产生的不良反应，如问题过多、过难，涉及隐私等引起的反感。客观障碍指被调查者自身能力、条件方面的限制，如阅读能力、文字表达能力方面的限制等。

③ 明确与问卷设计相关的各种因素。应了解调查目的、调查内容、样本特征等因素对问卷设计的影响，并采取相关的应对措施。

(3) 问卷设计的步骤　问卷设计的步骤主要有四步（图 3-4），其中探索性工作即问卷设计前的初步调查和分析工作是设计问卷的基础，另外在试用阶段，应对问卷初稿进行试调查或送交专家和管理人员审核，发现存在的问题并加以修改。

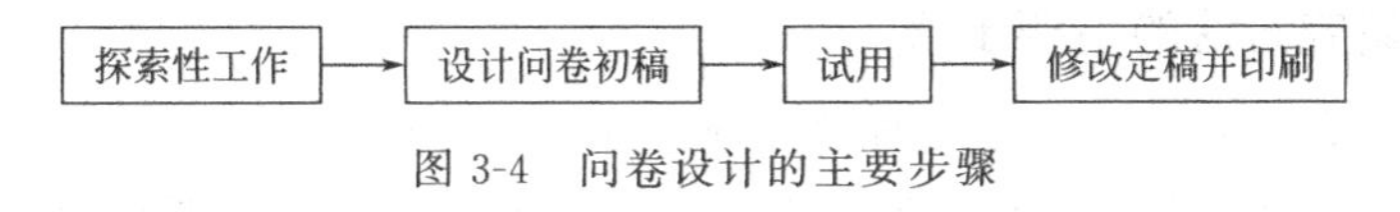

图 3-4　问卷设计的主要步骤

(4) 题型及答案设计

① 问题可以采用填空式、判断式、选择式、矩阵式、表格式等形式设计。

② 答案设计要与问题设计协调一致，并注意答案应具有穷尽性和互斥性。穷尽性是指答案包括了所有可能的情况；互斥性是指答案之间不能交叉重叠或相互包含。

(5) 问题的语言及提问方式　问题措辞的基本原则是简短、明确、通俗、易懂。具体要求包括：问题描述语言尽量简单，陈述尽量简短，避免双重或多重含义，不能带有倾向性，不要有否定形式提问，不要问被调查者不知道的问题，不要直接询问感性问题等。

(6) 问题的数量及顺序　一份问卷中的问题数量不宜太多，问卷不宜太长，通常以被调查者在 20 分钟以内完成为宜。在问题排序上，被调查者容易回答、感兴趣和熟悉的问题在前，客观性的问题在前，关于态度、意见、看法的主观性问题在后。

3.2.2.3 问卷调查的实施

由于问卷调查以一定规模的调查样本为前提，因此，整个问卷调查的过程和工作需要很好的组织和实施。一般而言，问卷调查的组织和实施包括调查员的挑选、调查员的训练、联系被调查对象、对调查进行质量监控等方面。

3.2.2.4 调查结果的数据处理和分析

一般而言，通过问卷调查会得到大量的包括研究对象的行为、活动、态度等方面信息的数据资料。数据处理和分析的任务就是对这些大量的数据进行后期的整理和分析，以总结和发现包含在这些数据中的结论和规律。

数据处理是将原始观测数据转换成清晰、规范的数字和代码，供后续定量分析使用，其主要工作是编码、分类，将数据输入计算机系统。数据分析是利用计算机统计软件，从问卷调查得到的数据中发现变量的特征、变化规律及变量之间关联的分析过程。数据分析常采用各种统计学分析方法和软件进行。

3.2.3　实地研究方法

实地研究方法是一种深入到研究对象的生活背景中，以参与观察和无结构访谈的方式收集资料，并通过这些资料的定性定量分析来理解和解释现象的研究方法。所谓“参与观察”，指研究者必须深入到研究对象所处的真实社会生活之中，通过看、听、问、想，甚至体验、感受、领悟等进行观察。

实地研究方法的基本特征是“实地”，即深入研究对象的社会生活环境，在其中生活相当长一段时间，并用观察、询问、感受和领悟的方式来理解研究现象。这种方法保证了研究者可以对自然状态下的研究对象进行直接观察，从而获取许多第一手的数据、资料、形象、感觉等信息供定量分析和直觉判断，因此能发现许多其他方式难以发现的问题。

实地研究的主要方式是观察和访谈。根据研究者所处的位置或角色，观察可分为局外观察和局内观察。访谈可分为正式访谈和非正式访谈。前者指的是研究者事先有计划、有准备、有安排、有预约的访谈，如正式的采访、座谈会和参观等；后者是研究者在实地参与研究对象生活的过程中，无事先准备的、随生活环境和事件自然进行的各种旁听和闲谈。

3.2.3.1　实地研究方法的主要步骤

从实际程序上看，实地研究方法通常可分为五个主要阶段：

(1) 选择实地　在客观条件许可时，应尽量选择既与研究问题或现象密切相关，又容易进入、容易观察的实地。

(2) 获准进入　进行实地研究，需要能够进入或融入当地社会生活环境。一般有三种途径：一是正式的、合法的身份以及单位的介绍信，或上级领导的推荐信等；二是某些“关键人物”或“中间人”的帮助；三是通过自身努力进入被研究对象的生活世界。

(3) 取得信任和建立友善关系　获准进入当地社会后，尽快获取当地人的信任，尽快与他们建立友善关系，这对于研究者非常重要。

(4) 记录　包括观察记录和访谈记录两个方面。观察记录通常是先看在眼里，然后再记录在本子上，一般必须在当天晚上进行回忆和记录。访谈记录可分为两种。对于正式的、事先约好的访谈，应尽可能完整记录，但不宜干扰访谈过程，如果得到允许可以使用录音设备，记录效果会更好；对于非正式的、偶然的、闲聊式的、非常随便的访谈，则可采用与观察记录相同的方法。

(5) 资料分析和总结　根据实地研究记录的分析和研究者的切身体会和领悟，判别和发现实地研究中的重要现象、事实及背后的规律，得到研究结论。

3.2.3.2　实地研究方法的特点

与其他实证方法相比，实地研究既是一个资料收集和调查的过程，同时也是一个思考和形成理论的过程，这是一个非常明显的特点。

实地研究方法的优点主要有：①适合在真实的自然和社会条件下观察和研究人们的态度和行为。②研究的成果详细、真实、说服力强，研究者常常可以举出大量生动、具体、详细的事件说明研究结论。③方式比较灵活，弹性较大，相比实验和问卷调查，操作程序不十分严格，在过程中可进行灵活的调整。④适合研究现象发展变化的过程及其特征。

实地研究方法的缺点主要有：①资料的概括性较差，以定性资料为主，一般缺少定量的分析，所得结论难以推广到更大范围。②可信度较低，研究者所处地位、能力、主观判断的差别，加上实地研究很难重复进行，导致研究结论难以检验。③实地研究不可避免会对被研究者施加影响。④所需要的时间长、精力多，各项花费大。⑤可能涉及一些社会伦理道德问题。

3.2.4 案例研究方法

案例研究就是通过对一个或多个案例进行调查、研究、分析、概括、总结而发现新知识的过程。案例研究方法是通过对相对小的样本进行深度调查，归纳、总结现象背后的意义和基本规律，它是与实验方法、问卷调查方法相并列的一种管理科学研究方法。

案例研究一般包括建立研究框架、选择案例、搜集数据、分析数据、撰写报告与检验结果等步骤。

（1）建立研究框架　案例研究首先需要建立一个指导性的框架，一般包括案例研究的目的和要回答的问题、已有的理论或假设、案例的范围三个部分。

（2）选择案例　案例研究可以使用一个案例，也可以包含多个案例。案例的性质和数量必须满足研究的要求。一般而言，被选择的案例应该与研究主题具有较强的相关性。案例数量可以不遵从统计意义上的样本数量规则。对大多数研究而言，4 至 10 个案例是比较合适的；当少于 4 个案例而情况又比较复杂时，就很难得出有意义的结论或理论；当案例数量超过 10 个时，数据资料就会变得很多，案例之间的横向比较存在困难。

（3）搜集数据　案例研究的数据收集方法与实验方法、问卷调查方法、实地研究方法中的相关数据收集方法相同，观察、访谈、问卷、文本分析等方法都可以用于案例研究中的数据收集。

（4）分析数据　案例研究的数据分析方法也与实验方法、问卷调查方法、实地研究方法中的相关数据分析方法相同。

（5）撰写报告与检验结果　案例研究的成果一般是研究报告。正式的案例研究报告一般比较长，非正式的案例报告则可根据不同读者的阅读需求进行缩减和特殊编辑。案例研究报告中一般还需要提供必要的原始数据、图表、附录，用以说明案例研究的科学性和可信度，以方便他人对案例研究过程和结论进行检验。

3.3 环境信息系统

3.3.1 环境信息及其特点

3.3.1.1 环境信息的概念

环境信息是在环境管理的研究和工作中应用的，经收集、处理而以特定形式存在的环境知识。它们可以是数字、图像、声音，也可以是文字、影像以及其他表达形式。环境信息是环境系统受人类活动作用后的信息反馈，是人类认知环境状况的来源。因此，环境信息是环境管理工作的主要依据之一。

3.3.1.2 环境信息的特点

环境信息除了具备一般信息的基本属性，如事实性、等级性、传输性、扩散性、共享性等特点外，还具有以下特点：

(1) 时空性 环境信息是对一定时期环境状况和环境管理的反映。针对某一国家或地区而言，其环境状况是不断变化的，因而环境信息具有鲜明的时间特征。不同地区由于自然条件和社会经济发展水平各异，也使环境信息具有明显的空间特征。

(2) 综合性 环境信息是对整体环境状况和环境管理的反映。环境状况是通过多种环境要素反映的，而环境管理包括政府、企业和公众多个主体的多种活动及相互作用，这就要求环境信息必须具有综合性。

(3) 连续性 一般而言，环境状况的改变是一个由量变到质变的过程，环境管理也与社会经济整体发展的步调相一致，因此环境信息也会体现出一定的连续性。

(4) 随机性 环境信息的产生与生成都受到自然因素、社会因素、经济因素及特定的环境条件和人类行为的影响，因而具有明显的随机性。

3.3.2 环境信息系统分类

信息从产生到应用构成一个系统，这个系统称为信息系统。环境信息从产生到应用于环境管理工作所构成的系统，称为环境信息系统。

环境信息系统是从事环境信息处理工作的部门，是由工作人员、设备和环境原始信息等组成的系统，其中设备包括计算机和网络设备、计算机及网络技术、GIS技术、各种模型库和数据库等软硬件。环境信息系统可以分为环境管理信息系统和环境决策支持系统两大类。

3.3.2.1 环境管理信息系统的概念

环境管理信息系统（environmental management information systems，EMIS），是一个以系统论为指导思想，通过人-机（计算机等）结合收集环境信息，利用模型对环境信息进行转换和加工，并根据系统的输出进行环境评价、预测和控制，最后再通过计算机等先进技术实现环境管理的计算机模拟系统。

环境管理信息系统的基本功能有：环境信息的收集和录用，环境信息的存储和加工处理，以报表、图形等形式输出信息，为政府决策者、企事业单位和公众提供数据参考。

3.3.2.2 环境决策支持系统的概念

环境决策支持系统（environmental decision support systems，EDSS）是从系统观点出发，利用现代计算机存储量大、运算速度快等特点，应用决策理论方法，对定结构化、未定结构化或不定结构化问题进行描述、组织，进而协助人们完成管理决策的支持技术。它是环境信息系统的高级形式，在环境管理信息系统的基础上，使决策者能通过人机对话，直接应用计算机处理环境管理工作中的未定结构化的决策问题。

环境决策支持系统的主要功能有：收集、整理、储存并及时提供本系统中与本决策有关的各种数据；灵活运用模型与方法对环境信息进行加工、处理、分析、综合、预测、评价，以便提供所需的各种环境信息；友好的人-机界面和图形输出功能，不仅能提供所需环境信息，而且能提供一定的推理判断能力；良好的环境信息传输功能；快速的信息加工速度及响应时间；具有定性分析和定量研究相结合的特定的问题处理方式。

3.4 环境规划

环境规划是指为在一定的时期、一定的范围内整治和保护环境，达到预定的环境目标所做的总的布置和规定，是对不同地域和不同可见尺度的环境保护的未来行动进行规范化的系统筹划，是实现预期环境目标的一种综合性手段。主要包括六块内容：环境调查与评价、环境预测、环境规划目标、环境功能区划、环境规划方案的设计和选择以及实施规划的支持与保证。

制定和实施环境规划是环境管理的重要内容和手段。在环境管理中，环境规划是环境决策的具体安排，它产生于环境决策之后；环境预测是环境规划的前期准备工作，是使环境规划建立在科学分析基础上的前提。环境规划是环境预测与环境决策的产物，是环境管理的重要内容和主要手段。环境规划的详细内容见本书第 2 篇。

本章内容小结

[1] 环境监测是环境管理工作的一个重要组成部分，它是指通过对影响环境质量的各种因素的代表值进行监督检测，从而确定环境质量以及环境变化趋势。

[2] 基于监测对象、手段、时间和空间的多变性，污染组分的复杂性等，环境监测的特点可归纳为综合性、时序性、系统性、追踪性。

[3] 环境监测通常分为常规监测和特殊目的监测两大类。常规监测是指对已知污染因素的现状和变化趋势进行的监测，包括环境要素监测和污染源监测。而特殊目的监测包括研究性监测、污染事故监测和仲裁监测等。

[4] 环境监测的程序因监测目的不同而有所差异，但其基本程序是一致的，主要包括：①现场调查与资料收集；②确定监测项目；③监测点布设及采样时间和方法确定。

[5] 生态环境标准，是指由国务院生态环境主管部门和省级人民政府依法制定的生态环境保护工作中需要统一的各项技术要求。包括六大类：生态环境质量标准、生态环境风险管控标准、污染物排放标准、生态环境监测标准、生态环境基础标准、生态环境管理技术规范。

[6] 环境统计是用数字表现的人类活动引起的环境变化及其对人类的影响、其内容包括为了取得环境统计资料而进行的设计、调查、整理和统计分析等各项工作。

[7] 环境统计的调查方法包括定期普查、抽样调查、科学估算、专项调查。

[8] 环境评价是指对一切可能引起环境质量变异的人类社会行为（包括政策、法规、规划、经济建设在内的一切活动）产生的环境影响，从保护环境和建设环境的角度进行定性和定量的评定。

[9] 环境管理的实证方法包括实验、问卷调查、实地研究、案例研究等，是环境管理学获取知识的可靠来源，是保持严谨性和科学性的基础和保证。

[10] 环境管理实验方法的主要步骤包括实验设计、实验实施和实验结果分析。

[11] 环境信息系统是从事环境信息处理工作的部门，是由工作人员、设备和环境原始信息等组成的系统，其中设备包括计算机和网络设备、计算机及网络技术、GIS 技术、各种模型库和数据库等软硬件。环境信息系统可以分为环境管理信息系统和环境决策支

持系统两大类。

思考题

[1]　环境管理技术方法的基础保证包括哪些内容，其相互关系是什么？
[2]　环境统计的指标体系具体包括哪些内容？
[3]　如何加强环境监测管理？
[4]　环境管理的实证方法包括哪些？
[5]　案例研究方法需要重点关注和注意的是什么？
[6]　环境信息系统在环境管理中的作用。

4 区域环境管理

【学习目的】

通过本章学习，了解城市、农村、流域和区域开发面临的主要环境问题及其产生的原因，熟悉针对这些区域环境问题需要采取的环境管理途径和方法。

区域是个相对的地域概念。区域面积必须有一定的大小，同时还必须有相对独立的区域自然环境。相对于全球而言，一个国家或一个地区就是一个区域。相对于国家而言，省和市、流域和湖泊等也都是区域的单位。由于城市、农村等区域与我们的日常生活密切相关，区域环境就成了大多数人了解、认识和探究环境问题的起点，因而也成为环境管理工作的起点。同时，由于区域环境是各种环境物质流汇通、融合、转换的场所，针对废弃物环境管理、企业环境管理、自然资源环境管理的目标、政策和行动，必须关注对区域环境所造成的影响和所受到的制约，并受到区域环境管理的强烈影响。

本章着重介绍城市、农村、流域等三种典型区域的环境管理，并探讨区域开发行为的环境管理。以地球表层为空间范围的全球环境管理，将在本书的第10章中介绍。

4.1 城市环境管理

城市是人类社会政治、经济、文化、科学教育的中心，城市经济的快速发展、人口的急剧膨胀和资源的大量消耗，导致部分城市的自然生态系统破坏严重，引起了各种环境问题。城市环境管理对于维持城市环境质量和生态基础具有很重要的意义和价值。

4.1.1 城市环境的特征

城市是人类利用和改造自然环境而创造出来的高度人工化的地域，是人类经济活动集中、非农业人口高度聚居的地方。城市是一个复杂的巨系统，它包括自然生态系统、社会经济系统与地球物理系统，这些系统相互联系、相互制约，共同组成庞大的城市环境系统。城市环境主要有以下特征：

① 城市是以人为核心的社会-经济-环境复合生态系统，人在城市环境系统中起决定性作

用，人类活动导致城市区域原有的自然生态系统的结构和功能发生了根本性的改变。

② 城市环境系统中的自然生态系统内部的生产者有机体与消费者有机体相比数量明显不足，分解者有机体严重缺乏，因此大量的能量和物质需要依赖外部输入。

4.1.2 城市的主要环境问题

城市是人口高度聚集和活动的区域。在1800年，全球仅有2%的人口居住在城市中，到2018年这个比例达到了55%，到2050年，全球城市化率有望达到68%。产业革命促进了工业发展，带动了商业、科技等的发展，使世界上的城市如雨后春笋般相继兴建并迅速发展起来。当今世界上千万人口规模的城市已并不鲜见，尤其出现了很多特大城市。根据联合国2018年发布的城市人口数据，全球城市中人口最多的城市为日本的东京，人口达到3800万。人口数量超过2000万的其他城市有德里（印度）、上海（中国）、圣保罗（巴西）、孟买（印度）、墨西哥城（墨西哥）、北京（中国）和大阪（日本）。城市化的进程标志着人类社会的进步和现代文明。

城市作为一种特殊的人类活动区域，在推动经济发展和社会进步的同时，也不断引发一系列的环境问题。特别是城市向现代化迈进的历程中，无论外国的还是国内的许多城市，都普遍遇到了"城市环境综合征"的问题，诸如人口膨胀、交通拥挤、住房紧张、能源短缺、供水不足、环境恶化、污染严重等。这不仅给城市建设带来巨大压力，而且已经成为严重的社会问题。反过来，环境问题也成了城市经济发展的制约因素，并且会对城市经济造成严重损失。例如，据美国85个城市的调查，单是每年由大气污染侵蚀城市建筑物、住宅而造成的损失就高达6亿美元。据估算，北京市每年仅由地下水受到污染和硬度增加而使得锅炉耗煤量增加所造成的经济损失就超过5000万元。可见，城市的发展与城市环境密切相关。从理论上讲，城市是人类同自然环境相互作用最为强烈的地方，城市环境是人类利用、改造自然环境的产物。城市环境受自然因素与社会因素的双重作用，有着自身的发展规律。可以说，城市是一个复杂的、多种因素制约的、具有多功能的有机综合体，只有实现城市经济、社会、环境的协调发展，才能发挥其政治、经济、科技、文化等中心作用，并得以健康和持续发展。

以我国为例，我国在2019年末的总人口已达14亿，城镇化率达到60%。目前我国共有建制城市661个，城市面积占全国土地总面积的6%，国内生产总值的65.5%、第二产业增加值的64%和第三产业增加值的86%都来自城市。

中国城市化水平的高速发展同样给城市环境系统带来了巨大的压力，这是城市环境质量恶化的重要原因。

4.1.2.1 城市大气环境污染

根据生态环境部发布的《2018中国生态环境状况公报》，我国城市空气质量总体较2017年有所好转，部分城市污染依然严重，全国338个地级及以上城市中，仅有121个城市环境空气质量达标，占全部城市数的35.8%。2018年，酸雨区面积约53万平方千米，占国土面积的5.5%，比2017年下降0.9个百分点；其中，较重酸雨区面积占国土面积的0.6%。酸雨污染主要分布在长江以南—云贵高原以东地区，主要包括浙江、上海的大部分地区、福建北部、江西中部、湖南中东部、广东中部和重庆南部。在471个监测降水的城市（区、县）中，酸雨频率平均为10.5%，比2017年下降0.3个百分点。出现酸雨的城市比例为

37.6%，比2017年上升1.5个百分点。

以$PM_{2.5}$为首要污染物的天数占总超标天数的44.1%，以O_3为首要污染物的占43.5%，以PM_{10}为首要污染物的占11.6%，以NO_2为首要污染物的占1.1%，以SO_2和CO为首要污染物的不足0.1%。按照环境空气质量综合指数评价，环境空气质量相对较差的20个城市依次是临汾、石家庄、邢台、唐山、邯郸、安阳、太原、保定、咸阳、晋城、焦作、西安、新乡、阳泉、运城、晋中、淄博、郑州、莱芜和渭南，空气质量相对较好的20个城市（从第1名到第20名）依次是海口、黄山、舟山、拉萨、丽水、深圳、厦门、福州、惠州、台州、珠海、贵阳、中山、雅安、大连、昆明、温州、衢州、咸宁和南宁。

整体上，我国的城市大气污染具有明显的空间分异特征：①北方地区以SO_2和颗粒物污染为主；②酸雨主要分布在南方地区；③新兴城市和小城市大气污染日益严重。

造成当前污染的主要原因是能源结构和工业布局不合理、机动车尾气排放量大量增加以及扬尘等。

4.1.2.2 城市水环境污染

城市作为经济和生活的中心，污水排放量大，我国城市污水的处理水平普遍有待提高，城市水环境面临的形势严峻，流经城市的河段近90%受到污染。城市水体主要污染因子为化学需氧量、总磷和总氮。根据统计资料，2016—2019年，废水中化学需氧量排放量逐年下降，由2016年的658.1万吨下降为2019年的567.1万吨，下降13.8%。从2000年开始，我国城市污水处理能力快速提高，从2002年的6155万立方米每日提高到2018年的18759万立方米每日，污水处理率从39.97%增长到94.12%，县城污水处理能力也从2002年的310万立方米每日提高到2018年的3324万立方米每日，污水处理率从11.02%增长到87.65%。2018年末，全国城市和县城分别有污水处理厂2065座、1513座，年污水处理总量分别为519亿立方米、84亿立方米。

总体上看，近20年来，我国的城市污水处理能力得到了很大的提升，但由于人口基数大以及城镇化快速推进，整体情况仍然很严峻，我国城市水环境保护还面临较大压力。

4.1.2.3 城市固体废物

城市固体废物主要是工业固体废物和生活垃圾。2019年，196个大、中城市一般工业固体废物产生量达13.8亿吨，综合利用量8.5亿吨，处置量3.1亿吨，倾倒废弃量4.2万吨。2019年，196个大、中城市生活垃圾产生量23560.2万吨，处理量23487.2万吨，处理率达99.7%。从生活垃圾的产生量来看，我国餐厨垃圾占城市生活垃圾比重较大，在45%左右。此外，由于我国目前垃圾分类尚不完善，生活垃圾含水量一般都在50%以上，因此垃圾填埋场产生的渗滤液一般占垃圾填埋量的35%～50%（质量分数）。

随着我国城镇化的快速推进，城市人口不断增长和经济的发展，工业固体废物和生活垃圾的绝对数量还将继续增加，固体废物的处理和堆放将大量占用城市空间，固体废物的二次污染会给城市水体和空气质量带来严重污染，许多大城市的垃圾围城现象已经出现。目前，我国城市固体废物处理中存在的主要问题包括：①处理设施严重不足；②处理设施技术水平还有待提高；③处理和堆放过程中占用土地和二次污染问题比较突出；④生活垃圾分类和分选率低，对垃圾的有效处理和利用造成困难。

4.1.3 城市环境问题的环境效应

环境效应（environmental effect）指人类活动或自然力作用于环境后产生的各种效果在

环境系统中的响应。对环境施加有利的影响，环境系统会产生正面效应，反之则产生负面效应。由于城市的快速发展，产生了许多环境问题，这些问题给城市环境带来了多方面的负面效应。

4.1.3.1　城市环境的污染效应

城市环境的污染效应指城市人类活动给城市自然环境所带来的污染作用及其效果。城市环境的污染效应从类型上主要包括大气及水体质量下降和恶臭、噪声、固体废物、辐射、有毒物质污染等几个方面。

城市环境的污染效应在一定程度上受城市所在地区自然环境状况的影响。如乌鲁木齐位于亚欧大陆的腹地，是我国西北一座重要的工业城市。但乌鲁木齐市三面环山，处于一狭长盆地中，北面开阔，南有天山阻挡冷空气南下。由于远离海洋，水汽不易到达，又受冰洋气团和西风环流的影响，形成了干旱少雨的气象条件。境内还有红山、雅玛里克山、西山等，地方风系不规则，冬季静风频率高达30%以上，尤其在冬季容易形成大气层下冷上热的逆温现象。逆温层厚度一般为500～800m，而且强度大，持续时间长。这种逆温现象使得城市中排放出来的各种污染物、微尘等无法向上扩散。又由于静风的气象条件，污染物不能快速向城市外围扩散，各种污染物长期滞留在城市上空，形成一个“大锅盖”。尤其在冬季，燃煤量增加导致城市大气污染程度更加严重。

此外，城市的规模、产业结构和布局以及城市能源消费结构和数量等都会影响城市的环境污染效应的表现程度。

对于快速发展的城市经济来说，我国城市环境面临的最大问题就是环境污染效应，如果不进行综合的环境管理，将产生一系列的后续环境效应，导致污染物的排放量接近甚至超过城市环境承载力，进而影响城市经济和社会的可持续发展。

4.1.3.2　城市环境的生态效应

生态效应是指由环境因子的改变引起的生态系统各层次组分的反应。城市环境生态效应的对象包括生物个体、种群、群落、生态系统和景观格局等各个生态层次。环境中的污染物超过一定的浓度时，生活在环境中的生物体就会受到影响，并产生一系列反应，进而影响生态系统各个层次产生后续的连锁反应。

城市是社会-经济-环境复合生态系统，经济和社会的维持和发展需要良好的自然生态环境作为基础支撑。如果一个城市的生态基础受到了影响，反过来将会影响城市经济和社会的维持和发展。

西方发达国家已经走过了这样的道路，如曾以污染严重闻名于世界的英国伦敦泰晤士河水质经过几十年的治理后已经大大改善，原来已经绝迹的许多鱼类重新游回河中，包括著名的鲑鱼。城市良好的生态环境为人类和城市的其他各种生物提供了共同生活的生境。

我国目前由于城市大气环境、水环境污染等问题严重，已经影响到生态系统健康，许多城市的地表水污染严重，以天津市为例，2018年全市的地表水20个国家考核断面中，优良水体（Ⅰ～Ⅲ类）比例仅为40%，水质差导致区域的湿地生态系统功能受到严重的影响。

4.1.3.3　城市环境的地学效应

城市环境的地学效应是指城市人类活动对自然环境（尤其是与地表环境有关的自然环境）所造成的影响，例如土壤、地质、气候、水文的变化及自然灾害等。

城市热岛效应即是一种城市环境的地学效应。城市热岛效应具有阻止大气污染扩散的不良作用，热岛效应的强度与局部地区气象条件（如云量、风速）、季节、地形、建筑形态以及城市规划、性质等有关。

城市地面沉降也是城市环境的地学效应的一种。城市地面沉降指城市地表的海拔标高在一定时期内不断降低的现象，可分为自然地面沉降和人为地面沉降。地面沉降可造成地表积水、海水倒灌、建筑物及交通设施损毁等重大损失。人为地面沉降也是公害之一。

此外，城市地下水污染也是城市环境的地学效应的一种，城市地下水污染主要是指由人类活动排放污染物引起的地下水物理、化学性质发生变化而造成的水体水质污染。地下水和地表水是互相转化和难以截然分开的。近年来，我国不少城市的地下水都遭到不同程度的污染，污染物主要来自工业废水和生活污水，地下水硬度升高，并含有酚、硝酸盐、汞、铬、砷、锰、氰等污染物。地下水一旦受到污染将很难恢复。

4.1.4 城市环境管理的内容和方法

4.1.4.1 城市环境管理的机构

城市各级人民政府是城市环境保护和环境管理的责任主体。根据《环境保护法》（2014年修订）的规定，地方各级人民政府应当对本行政区域的环境质量负责。

城市各级人民政府中的生态环境行政主管部门（通常是各个城市的生态环境局）是环境管理的主管机构，同时，城市中的水务、农业、市容和环境卫生、园林、车辆管理等部门参与各部门业务相关的环境管理工作。

4.1.4.2 制定城市环境规划

制定城市环境规划是城市环境管理最主要的工作之一。它不仅是城市环境管理工作的总体安排和工作依据，也是城市国民经济和社会发展总体规划的重要组成部分。城市环境规划的内容主要有以下几个方面：

① 制定城市环境保护和可持续发展的目标。根据城市生态环境特点、城市经济社会发展需要和面临的主要环境问题，提出城市环境保护工作的总体要求及各个阶段的工作目标。这些目标中有以定性描述为主提出的环境保护总体要求和目标，也有用定量化的指标体系规定的在今后一个时期环境保护要达到的目标，常见的定量化目标包括环境质量指标、污染物排放指标等。

② 城市环境现状调查和预测。环境现状调查包括城市自然和社会条件、土地利用状况、环境质量现状、污染物排放现状、生态环境现状和环境基础设施建设现状，也包括正在实施和已经批准实施的城市各项规划的情况，主要有城市总体规划与水利、交通、农业和工业等各专项规划。环境预测是在环境现状调研的基础上，预测未来一段时间内污染物排放量变化等，以供规划参考。

③ 城市环境功能区划。城市环境功能区划包括城市环境总体功能区划和大气、水体、噪声等环境要素的功能区划，还包括饮用水水源保护区、自然保护区及环境敏感区等特殊区域的环境功能区的划定。

④ 制定环境规划方案。环境规划方案一般包括水环境规划、大气环境规划、固体废物污染控制规划、噪声污染控制规划、工业污染控制规划、农业污染控制规划、生态环境规划等内容。

⑤ 制定规划方案实施的各项政策保障和管理措施。

4.1.4.3　污染物浓度指标管理

污染物浓度指标管理通常指污染源的排放浓度的控制，其控制指标一般分为单项指标和综合指标两类。

(1) 单项指标　一般包括很多种，只要某种物质在环境中的含量超过一定限度，从而导致环境质量的恶化，就可以把它作为一种环境污染单项指标。在大气环境中，常用的单项指标有：颗粒物、二氧化硫、烃类、一氧化碳、氮氧化物等。在水环境中，常用的单项指标有：大肠杆菌、石油类、重金属类、pH、溶解氧、生化需氧量、水温、色度、臭味、化学需氧量、挥发酚类、氰化物等。

(2) 综合指标　一般包括污染物的产生量、产生频率等。在大气环境中，如冬季或夏季主导风向下的烟尘排放量、最大飘移距离等；在水环境中，如丰水期、平水期、枯水期的污水排放量等。

目前，污染物指标管理和排污收费制度相结合，构成了我国城市环境管理的一个重要方面。这种管理方法在控制环境污染、保护城市环境方面发挥了很好的作用，但随着技术进步和社会的发展，也暴露出一些不足：

① 目前我国执行的污染物排放标准和环境质量标准之间的差距较大，环境质量标准要比污染物排放标准严格很多。此类管理以污染物的排放浓度为控制对象，只控制了从污染源排出的污染物的浓度，而忽略了污染物的总量，即使所有的企业都达到了排放标准，但由于环境中污染物总量不断增加，城市总体的环境质量仍可能不达标。

② 为满足排放标准要求，各超标排污的单位或机构都会采取一定的污染物控制措施。但在分散治理的情况下，其规模效益难以得到保证。

4.1.4.4　污染物排放总量控制管理

长期以来，我国环境管理主要采取污染物排放浓度控制，浓度达标即视为合法。近年来，国家适当提高了主要污染物排放浓度标准，但由于受技术经济条件的限制，单靠控制浓度达标无法有效遏制环境污染加剧的趋势，必须对污染物排放总量进行控制。

污染物排放总量控制（简称总量控制）是将某一控制区域（例如行政区、流域、环境功能区等）作为一个完整的系统，采取措施将排入这一区域的污染物总量控制在一定数量之内，以满足该区域的环境质量要求。总量控制建立在环境容量基础之上，是污染防治的根本途径和有效手段。

在实际管理工作中，污染物总量控制管理包括以下内容：

(1) 排污申报　凡向环境中排放污染物的单位，一律要向当地生态环境主管部门提出排污申请。申请中应注明每个排污口排放的污染物种类、浓度及削减该污染物排放的具体措施、完成年限。重点污染物的排放单位要按月填报排污月报。

(2) 总量审核及分配　总量审核及分配过程是首先由当地生态环境主管部门按照污染物排放总量控制的要求，核定排污大户和各地区允许排放的污染物总量，然后由下一级政府的生态环境主管部门核定辖区范围内其他排污单位的允许排污量。

(3) 颁发排放许可证和临时排放许可证　根据地区排放总量的分配方案，由当地生态环境主管部门向排污单位发放排放许可证，并对排污单位进行不定期的抽查。对排污量超过排放许可证规定指标的单位，予以罚款甚至责令其停产。

4.2 农村环境管理

4.2.1 农村环境问题及其特点

对农村环境可以有广义的理解，也可以有狭义的理解。狭义的农村环境仅指乡村和田园、山林、荒野，广义的则还包括小城镇。不论是广义还是狭义的理解，农村环境都与城市环境有很大差异。农村环境是与城市环境相对而言的，是以农民聚居地为中心的，一定范围内的自然及社会条件的总体。随着农村经济的发展，农村环境也受到越来越多的干扰。

4.2.1.1 农村环境问题

农村环境既是农业生产的基地，也是人类聚居生活的场所。随着世界人口的快速增长和生活水平的快速提高，人们对农产品总量、种类、质量的要求不断提高，由此带来的高强度农业生产方式在很多国家和地区都造成了比较严重的农药化肥污染、区域生态破坏、土地退化等环境问题。而在一些发展中国家，由于农村地区环境与发展失衡，还形成了“贫穷—增加人口—环境退化—贫穷”恶性循环，加重了对当地农村环境的破坏程度。

以中国为例，农村环境问题日益突出。据统计，2019 年末我国总人口达到 140005 万人，其中农村户籍人口约 55162 万人，占 39.4%。巨大的农业人口数量和生存发展需要，有限的农业生产资源（土地资源和水资源），构成了我国农村经济发展难以克服的矛盾。同时，伴随着农村经济的发展，农村环境问题也逐渐显现并日益严重。

根据来源，造成农村环境污染的污染物至少可以分为两类：一是外源性污染，二是内源性污染。所谓外源性污染，是指来自农村以外的污染。例如，城市中的垃圾运往农村进行填埋等。内源性污染可根据产生来源和污染物性质分为现代化农业生产造成的各类面源污染、乡镇企业和集约化养殖场造成的点源污染与农民聚居点生活污染。

（1）农业生产造成的污染　我国是世界上生产和施用化肥最多的国家，也是受农业污染危害最严重的国家。我国的耕地面积只占世界的 7%，化肥施用量却达到世界的 35%，最终生产出占全球产量 24%的粮食。1977 年我国化肥施用量为 723 万吨，2018 年施用量为 5984 万吨，40 年来增长了 7 倍多，相当于美国、印度的总和。我国平均每公顷耕地施化肥 500 千克以上，远远高出发达国家认定的 225 千克每公顷的安全上限。中国工程院关于全国土壤环境保护与污染防治战略咨询项目的研究报告显示，我国土壤质量在不断下降，我国农业生产中土壤的贡献率大约在 50%～60%，比 40 年前下降 10%，比发达国家至少要低 10～20 个百分点。人们不断从土地中索取，然后向土地注入各种“营养”，导致土地功能的破坏。过度使用和地力透支是我国的土地环境现状。此外，施肥结构不合理导致化肥利用率低、流失率高，不仅造成了土壤污染，还可能通过农田径流加重水体有机污染和富营养化，甚至影响地下水和空气。

我国也是农药生产和施用大国，占世界施用量的二分之一。1977 年农药施用量为 45 万吨，2018 年施用量为 174.1 万吨，增长了接近 3 倍。我国单位耕地面积农药用量比发达国家高出 1 倍以上，但只有不到二分之一能被作物吸收利用，其余大部分进入了水体、土壤及农产品中。农药的过量施用导致土壤性能恶化，可持续生产能力降低，同时也威胁人群的身体健康。

1994年以来，我国地膜覆盖面积平均每年增长1000万亩左右，2018年地膜覆盖面积已达2.98亿亩以上，每年地膜的实际消费量约120万吨，居世界首位。我国使用的地膜多数由聚乙烯组成，这种材料的性能稳定，在自然环境中光解和生物分解性均较差，残膜留在土壤中很难降解。

(2) 畜禽排泄物污染　20世纪90年代以来，我国兴建了许多大中型集约化的畜禽养殖场，其中约80%分布在人口比较集中、水系较发达的东部沿海地区和诸多大城市周围。2018年我国畜禽粪便产生量约为38亿吨，超过当年工业固体废物33.2亿吨的产生量。限于技术与经济可行性，以及污染源的分散性，绝大多数畜禽粪便未做任何处理就直接排出场外。这不仅会造成地表水的有机污染和富营养化并危及地下水源，还形成恶臭。畜禽粪便中所含的病原体对人群健康的威胁也更直接。

(3) 农村生活垃圾　随着农村社会经济的快速发展和农民收入的不断增加，农民消费方式发生了重大变化，生活垃圾成分和含量也在趋向城市化。与此同时，农村生活垃圾的产生量也在逐年增加。在基础设施方面，2018年末，只有75.9%的农村生活垃圾得到集中处理或部分集中处理，18.4%的农村生活污水得到集中处理或部分集中处理。而同期全国城市污水处理率达95%以上，生活垃圾处理率达98.45%，远高于农村地区。据调查，农村每天每人产生的垃圾为1.07千克，全国农村一年的生活垃圾产生量接近3亿吨。全国农村一年的生活垃圾产生量中，约1.2亿吨的垃圾被随意堆放，不仅侵占了大量土地，成为苍蝇、蚊虫等滋生的场所，而且垃圾的渗滤液还会污染水体和土壤，进而影响农产品的品质。

(4) 乡镇企业造成的污染　农村工业化是中国改革开放期间经济增长的主要推动力，在县域经济发达的东部发达地区表现得尤为明显。这种工业化实际上是一种以低技术含量的粗放经营为特征、以牺牲环境为代价的反积聚效应的工业化，不仅造成污染治理困难，还导致污染危害直接。目前，我国乡镇企业废水化学需氧量（COD）和固体废物等主要污染物排放量已占工业污染物排放总量的50%以上，而且乡镇企业布局大多不合理，污染物处理率也显著低于工业污染物平均处理率。

4.2.1.2　农村环境问题的特点

由于农村自然环境和农村生活、生产方式的特点，农村的各类环境问题也呈现出与城市迥异的特点：

(1) 排放主体的分散性和隐蔽性　与城镇点源污染集中的特点相反，农村污染是面源排放，具有无序、分散的特征，它随农村土地利用状况、地形地貌、水文特征、气候、天气状况的不同而具有空间异质性和时间上的不均匀性。

(2) 随机性和不确定性　由于农作物的生产活动受到自然条件（天气等）的影响，如降雨量、温度、湿度的变化都会直接影响农用化学制品（农药、化肥等）的使用，从而使其对水体、大气和土壤的污染情况具有随机性和不确定性。

(3) 不易监测性　面源污染的管理受各种因素的限制，只能对受到污染的地区（如湖泊、水库）进行监测，很难监控广大农田中的污染排放情况。

同时，农村居民在对环境问题的看法上和城市居民也有很大的不同（表4-1），这种看法和观点的不同又进一步导致了不同的环保行为。

表 4-1 城市与农村居民对环境看法对比

问题	城市居民	农村居民
最关注的环境问题	环境污染问题	垃圾处理问题
对本地环境的看法	比较严重	不太严重
迫切需要解决的问题	乱丢垃圾对水和土地的污染、由汽车尾气排放引起的空气异味、人们对水和土地资源的浪费问题	乱丢垃圾对水和土地的污染、人们对水和土地资源的浪费问题
私家车增加对环境的污染	影响很大	有一定的影响
对居住和办公区域最不满意的方面	噪声振动扰民	街区卫生条件不好
最关注的空间	公共空间	私密空间

资料来源：中国环境文化促进会，中国公众环保民生指数 2005 年度报告，2005。

4.2.1.3 农村环境问题的产生原因

(1) 环境意识淡薄是造成农村环境问题加剧的思想根源　从环境意识来看，相当一部分农村居民对环保认识模糊，认为保护环境是政府的责任，而没有意识到保护环境是每个人的责任。他们比较看重的是有形的经济利益，而对潜在的环境危害往往忽略掉。一些人对环保法缺乏了解，为一时的经济利益滥伐林木、大肆捕获珍稀动植物等。从乡村干部的环保意识来看，个别干部以发展经济为首要目标，认为促进经济发展、脱贫致富就是最大的功绩。还有个别乡村干部常以政策代替法律法规，为了本地区经济利益置环保法规于不顾，采取“杀鸡取卵、竭泽而渔”的策略来发展经济，严重违背了自然规律、经济发展规律与可持续发展战略的要求。总之，农村居民环境意识有待提高，以使农村环境得到应有的重视和保护。

(2) 粗放型的经济增长方式是造成农村环境污染加重的根本原因　长期以来，人们片面追求经济利益而忽视环境效益，重眼前利益而轻视长远利益，加之农业生产和农村经济发展方式总体上属于依靠大量消耗资源、以粗放经营为特征的传统模式，不注意发展经济与环境保护相协调，资源的有效利用率不高。滥伐、滥牧、滥垦、滥采、滥用水资源成为农民致富的捷径，化肥、农药、地膜的过量使用成为粮食增产的主要途径，造成了严重的生态破坏、农业化学污染和面源污染。乡镇企业遍地开花，“村村点火，户户冒烟”，加之技术起点低，布局混乱、工艺陈旧、设备简陋、能源消耗高，大部分企业没有污染处理设施，造成对农村环境污染的蔓延。更为严重的是，很多乡镇企业所从事的就是污染较重的行业，对资源的浪费和环境的破坏就更为严重。虽然近些年来我国很多地区开始注重产业升级和转型，但由于经济发展的惯性和历史原因，走绿色增长的可持续发展之路还需要很长时间。

(3) 政府投资有待增加、环保设施匮乏是造成农村环境问题加重的基础原因　国家对农村的环境保护设施建设和环境保护投资有待增加、基础设施匮乏直接造成了农村环境污染得不到有效治理。

(4) 农村环保机构不健全是造成农村环境问题加重的体制原因　我国农村环境保护机构仍有待健全。当前，相当部分县级环保机构经费紧张，监测设备和技术人员无法跟上环境管理的需求；大多数乡镇没有专门的环保机构和专职工作人员，经费和装备缺乏。乡镇一级政府对辖区环境质量负责的法定职能很难得到履行，环境监测和环境监察工作尚未覆盖广大农村地区。农村环保机构不健全导致了农村环境管理水平较低。

（5）农村环保法律法规缺少是造成农村环境问题加重的制度原因　一是缺少专门针对农村环境保护的基本法。我国《环境保护法》对农业环境保护虽有涉及，但相关内容较少，而且未能将农村居住环境、农业环境和农业自然资源的保护统一起来；《中华人民共和国农业法》仅对农业资源和农业环境保护做了原则性的规定；《中华人民共和国农业技术推广法》中涉及了农业环境保护技术的内容。这些法律都涉及了农业环境保护，但是缺少直接涉及农村环境保护的内容。二是农村环境保护立法层次低。近年来，国家环境保护总局等先后颁布了《国家农村小康环保行动计划》《畜禽养殖污染防治管理办法》《畜禽养殖业污染物排放标准》《畜禽养殖业污染防治技术规范》《关于加强农村环境保护工作的意见》等针对农村环境污染的一些规定，但这些规范性文件在性质上属于规章、决定，在法律体系中层级较低，法律效力较低。三是一些重要环境领域还存在立法空白。如农村土壤污染防治、农用塑料薄膜污染、农村噪声污染、农村生活污水污染、农村环境基础设施建设等方面的法律法规急需出台。

4.2.2　我国农村环境管理发展历程

根据不同时期农村环境问题、应对政策的特征及与其密切相关的工业化、城镇化和社会经济发展状况，我国农村生态环境管理发展历经三个阶段。

第一个阶段是1999年至2007年，农村生态环境管理起步阶段。20世纪末，面对日益严峻的农村生态环境形势，国家层面开始将农村生态环境保护纳入整个生态环保工作的议事日程，并持续强化推进。1999年发布的《国家环境保护总局关于加强农村生态环境保护工作的若干意见》，首次以农村生态环境保护为主题发文全面部署工作。《国家环境保护“十五”计划》将控制农业面源污染、农村生活污染和改善农村环境质量等作为重要任务，相关部门陆续出台或修订一系列文件，指导各地开展农村环境保护工作。这一阶段虽然关于农村生活和农业生产污染防治的内容逐渐清晰，但由于没有资金保障和技术支撑，各项政策的操作性较弱。

第二个阶段是2008年至2017年，农村生态环境局部治理阶段。以2008年启动实施的“农村环境综合整治”工作为标志，我国农村生态环境保护工作进入局部集中治理阶段。各地在短时间内集中解决了一批农村突出环境问题，积累了大量农村环境管理经验。2008—2017年，中央财政累计安排农村环保专项资金435亿元。截至2017年底，全国已有13.8万个村庄完成环境综合整治，近2亿农村人口直接受益。

第三个阶段是2017年底至今，农村生态环境管理全面推进阶段。2017年底召开的党的十九大意味着农村生态环境保护开启了全面推进的新阶段。十九大明确提出实施乡村振兴战略，治理农业农村污染成为实施乡村振兴战略的一项重要任务。目前，我国已将农村生态环境管理提到前所未有的高度。

4.2.3　我国农村环境管理机构及职能

2008年，国家环境保护总局升格为环境保护部，成为国务院组成部门，全国各级环境保护机构的职能和能力普遍得到加强。但这一阶段农村环境保护工作职责仍呈分散状态，多个国务院组成部门均承担农村环境保护相关职责。环境保护部、农业部、住建部、水利部、全国爱国卫生运动委员会等都在自己的职权范围内负责农村环境管理工作。环境保护部对全国的环境保护工作实施统一管理，水环境管理司设农村环境管理处，负责开展以农村生活污水、垃圾、畜禽养殖污染防治和农村饮用水水源地保护等为主要内容的农村环境综合整治，指导生态农业建设，组织国家有机食品基地创建等工作，大气司、环评司、监察局、监测司、土壤司、生态司、宣教司等多个司局也承担农村环境管理相应工作。

2018年新组建的生态环境部整合了分散在七个部门的生态环境保护职责，统一行使生态和城乡各类污染排放监管与行政执法职责，打通了地上和地下、岸上和水里、陆地和海洋、城市和农村、大气污染防治和气候变化应对等多项职能。其中，城市和农村的“打通”，为进一步加强农村生态环境保护创造了更好的条件。2018年8月开始实施的《生态环境部职能配置、内设机构和人员编制规定》将农村环境管理职能归入土壤司，开启了农村生态环境管理工作的新阶段。

4.2.4 农村环境管理的基本内容和方法

(1) 加强农村环境管理的机构建设　根据《环境保护法》等相关法律规定，农村各级人民政府对本辖区的环境质量负责。但由于中国很多地区的农村经济发展水平较低、财政困难、缺乏专门机构和专业技术人员等原因，其环境管理机构建设滞后，这是造成农村环境污染比较严重的重要原因。因此，加强农村地区环境管理的机构建设，是今后一段时间内农村环境管理工作的重要方面。

(2) 完善法律保障体系　目前，我国尚未有专门针对农村环境问题的立法，现有的环境立法也难以用来解决日益严重的农村环境问题。因此，我国有必要尽快制定出台一系列针对农村环境问题的法律法规，对农村防治畜禽污染，农村化肥、农药、农膜污染以及“白色污染”等方面的问题做出专门性规定，对农村面源污染问题的预防、治理以及实施污染行为所应当承担的责任等问题做出全方位的规定。另外，针对我国目前环境立法内容滞后、惩戒力度小等问题，主要应当从以下方面入手：首先，要对农村环境污染问题责任主体进行界定。不仅要包括农村乡镇企业，还应当把农民以及地方政府也纳入责任主体的范畴，增强其环境责任意识。其次，修改相关立法，加大环境污染惩治力度。特别是针对地方乡镇企业，有必要加大对企业环境污染行为的惩治力度，改变目前企业守法成本远远高于违法成本的不合理现象，从根本上治理乡镇企业的污染问题。

(3) 政府要加大对农村污染防治专项资金的投入　如前所述，我国农村环境管理的经费短缺。因此，政府应将农村环境管理纳入政府的整体预算，确保环保部门的行政开支有稳定的来源，从而做好农村环境管理工作。

(4) 加快农村环境基础设施建设　加大农村环境公共设施和基础设施建设，促进农村可持续发展。从制定优惠政策鼓励节能、推行清洁生产，逐渐转变为预防为主的控制方法。兼顾并按照不同区域的环境特征以及经济的发展水平采用分类指导，重点搞好各种环境基础设施的建设。根据各个乡镇的具体实际情况，建立相应的垃圾分类处理厂和污水处理厂，及时处理产生的污物、污水。探索建立适应市场经济的生活垃圾处理和污水处理系统，加快农村垃圾处理、污水处理收费制度的建立完善，逐渐解决垃圾和污水处理设施建设和运行资金问题。例如对于农村居民生活垃圾的处理，应当转变过去的“谁污染、谁治理”的思想观念，建立起专门的垃圾清运处理系统。在农村推行类似城镇垃圾清理的制度，即“谁治理、谁收费”。比如，可由地方政府筹建专门的农村垃圾清运集中处理系统，由农民缴纳少数的清理费用。

（5）加大对农村环境保护的宣传力度，使农村环保意识深入人心 各级政府部门要设置环境保护培训班，对各级领导干部和负责人进行培训，让他们在村镇组织培训。宣传部门要面向农村、农民、社区，为年轻人的环境保护教育进行专业的全面培训，增强群众对环境保护的意识与责任感。要在广大农村干部中树立“要金山银山，也要绿水青山”的科学发展观，将环境保护摆在促进发展的重要位置。使公众成为中国环境保护的主力军，环境保护工作才能走上可持续发展之路。

（6）加强面源污染的治理力度，走生态农业发展之路 针对农村面源污染问题，必须一改往日的粗放型农业生产方式，走生态农业的发展道路。生态农业是以生态学原理为理论基础，以农业可持续发展为核心，促进生态与经济的平衡与发展，将农业安全与人类健康列为首位，是现代农业技术集成的产业化经营体系，是多资源利用的生产体系。首先，应充分考虑农村区域特点，实行生态平衡施肥技术和生态防治技术，从源头上控制化肥和农药的大量施用。其次，结合节水灌溉技术，提高农业水、肥利用效率。再次，通过在农田与水体之间设置适当宽度的植被缓冲带，在农田景观中适当增加湿地面积，在地形转换地带建立适当宽度的树篱与溪沟，以及实行不同土地利用方式在空间上的合理搭配和不同农作物的间作套种、轮作等，也可减轻非点源污染物对水体的污染。此外，采取某些经济措施，不少发达国家已经或正在考虑对农用化肥、杀虫剂征税，以鼓励纳税人减少对环境有损害的工序或活动，还可以引导产业转型。

4.3 流域环境管理

流域是一种重要的自然环境类型，也是一种重要的社会经济单元。流域环境问题主要包括流域水污染、水资源短缺、水土流失、洪水灾害等。流域环境问题的复杂性和重要性使流域环境管理成为环境管理的重要内容。

流域一般指某一水域以及此水域所邻近的陆域的总称，往往分属于多个同一级别或同一层次的行政单元管辖，如省级流域、市级流域、县级流域等。流域的这种特殊性决定了流域环境问题是一种跨区域的环境问题，因而决定了流域环境管理的特殊性和在区域环境管理中的特殊地位。通过流域特别是重点流域的环境管理，可以带动和促进城市和农村等区域环境管理工作。

4.3.1 流域环境问题及其成因

流域环境可以概括为水量和水质两个方面。水量多了会引起洪水灾害，水量少了会造成干旱和生态缺水。而水量又和水质问题密切关联。水量多了有利于水体环境容量的提高，改善水质。而如果水质很差，水量大了却都是污水，反而会造成水体的污染，进而造成区域整体环境质量的下降。

4.3.1.1 水量问题

对于一个流域来说，水是最主要的环境要素。水量多了，会造成洪涝灾害问题；水量少了，会造成下游地区的干旱和生态缺水问题。人类对自然的影响已经无处不在。在工业革命前，流域水量的变化主要是自然原因，降雨是主要因素。而现代社会经济条件下，人类对森林的大量砍伐，或者将原来的自然生态系统改造为耕地、居民区等，就会造成河流上游的生态破坏，导致其涵养水分能力削弱。人类发展引起陆域地面过度硬化，导致土壤渗水能力降低。两方面的共同作用往往使流域中下游地区在雨季因水量过大发生洪涝灾害，在旱季则因水量过少造成干旱，使生产、生活用水以及生态系统用水严重短缺。因此，水量过多或过少都会造成流域的环境问题，并且会对人类的生产生活造成严重的负面效应。

4.3.1.2　水质问题

根据《2018中国生态环境状况公报》的数据，2018年，长江、黄河、珠江、松花江、淮河、海河、辽河七大流域和浙闽片河流、西北诸河、西南诸河监测的1613个水质断面中，Ⅰ类占5.0%，Ⅱ类占43.0%，Ⅲ类占26.3%，Ⅳ类占14.4%，Ⅴ类占4.5%，劣Ⅴ类占6.9%。西北诸河和西南诸河水质为优，长江、珠江流域和浙闽片河流水质良好，黄河、松花江和淮河流域为轻度污染，海河和辽河流域为中度污染。

流域水质问题的原因主要来自以下两方面；一是人类在水域上的活动，如航运过度、水产养殖过度，以及围海造田等导致水环境净化能力的降低等；二是人类在水体周边陆域上的活动，如生活污水与工业废水不加处理直接排入水体等，其结果是水域生态系统破坏甚至崩溃。当然，水量与水质方面的环境问题是紧密联系在一起的。当水质极差时，水量中有正效用的部分就很少；当水量很小时，如果水体被污染，则水环境问题将会更加恶化。因此在流域环境管理中应该把水质、水量两方面问题综合起来进行整体性、具体化考虑。

4.3.2　中国与国外流域环境管理体制的对比

我国流域水环境管理体制的历史沿革经历了两个阶段：①20世纪50到80年代中期。这一阶段虽然确立了我国水污染防治监督管理体制，但本质上是一种分区域分部门的管理体制。②20世纪80年代中期至今。修订后的《水污染防治法》(2018年1月1日实施）中第九条规定：“县级以上人民政府环境保护主管部门对水污染防治实施统一监督管理。”因此，我国的流域环境管理主要是实行区域管理。横向实行生态环境主管部门统一监督管理与有关部门分工负责管理的制度，纵向实行各级地方政府对环境质量分级负责管理的制度，而地方生态环境主管部门的领导体制则实行双重领导，以地方为主。目前我国的流域管理体制与发达国家相比，在各方面仍然存在诸多问题。

4.3.2.1　流域管理机构的设置及职权

目前，我国中央政府直属的流域管理机构有两大类：第一类是水利部所属的流域水行政管理机构，为水利部的派出机构，代表水利部行使所在流域的水行政主管职能，包括长江、黄河、淮河、海河、珠江、松辽共六个水利委员会以及太湖流域管理局；第二类是生态环境部正局级水资源保护派出机构，实行生态环境部和水利部双重领导、以生态环境部管理为主，管理范围与水利部直属流域机构相同，包括长江流域、黄河流域、淮河流域、海河流域北海海域、珠江流域南海海域、松辽流域、太湖流域东海海域共七个生态环境监督管理局。第二类流域管理机构比第一类在行政级别上低一级，且又都设在第一类流域管理机构中，作为第一类流域管理机构的一个事业单位。我国流域管理机构的职权划分尚存在许多不足。首先，流域管理与行政区域管理和行业部门管理之间的事权划分不明晰。例如：《中华人民共和国水法》(以下简称《水法》)规定，“县级以上地方人民政府按照规定的权限，负责本行政区域内水资源的统一管理和监督工作”；而水利部同时规定，“流域管理机构承担统一管理流域水资源的职责”。职权模糊不清给流域管理机构的工作带来很大困难。其次，各流域管理机构不是权力机构，仅作为“具有行政职能的事业单位”，导致其议事及综合协调能力难以发挥作用。而具有权力的省级水利厅则缺乏从全流域考虑问题的意识，导致我国水环境管理面临许多障碍。

美国的流域环境管理实行相对集中和统一领导的体制。在联邦与地方之间，权力主要集中于联邦；在联邦机构之间，权力主要集中于联邦环保署（即美国环保署）。联邦环保署在各环境保护区域设立地区办公室，代表联邦环保署行使职权。联邦环保署负责制定有关条例、规范、标准、基准等管理规定，并监督其他有关机构实施。联邦环保署还具有特殊的权力，即在一定情况下，享有取代其他机构对违法行为实施监督和处罚的权力。

4.3.2.2　流域管理机构的管理模式

2016年7月修订的《水法》第十二条规定：国家对水资源实行流域管理与行政区域管理相结合的管理体制。国务院水行政主管部门负责全国水资源的统一管理和监督工作。国务院水行政主管部门在国家确定的重要江河、湖泊设立的流域管理机构（以下简称流域管理机构），在所管辖的范围内行使法律、行政法规规定的和国务院水行政主管部门授予的水资源管理和监督职责。县级以上地方人民政府水行政主管部门按照规定的权限，负责本行政区域内水资源的统一管理和监督工作。

从总体上看，我国实行的仍然是以政府行为为主导，以行政管理与行业管理为主要手段的行政区域分割管理模式。集中体现在：流域管理上呈现出明显的“条块分割”性，区域管理上具有显著的“城乡分割”性。

水环境管理体制的主要机构性问题，一是水资源管理与水污染控制分离，二是国家与地方有关部门的条块分割。国家生态环境部门、水利部门以及市政部门在对水资源进行管理时“各家自扫门前雪”，使得责权交叉过多，难以统一规划和协调，不利于我国水资源和水环境的综合利用与治理。不过，我国的管理部门已经认识到以上问题，并通过改善管理模式取得了很好的进展。

德国在水资源管理上采用“分流域立体化”的管理方法，将河流和湖泊分段，由私人或团体组成治水联合会，由联合会对所属流域进行综合性环境管理。这种管理包括废水的治理、洪水的防治、降水储存、流域的维护，该模式最大的优点就是“整体化”。另外，被称作德国“母亲河”的莱茵河共流经9个国家。为了解决工业化对河流造成的污染，1950年，由莱茵河流域内的沿河五国成立了保护莱茵河国际委员会（International Commission for Protection of the Rhine River，简称ICPR），从此改变了以往局域化、单一地处理流域问题的方式，不再单纯地依靠工程技术进行管理，而是各国相互协作、相互监督，对流域实行统一综合管理。

4.3.2.3　流域管理中的立法问题

我国目前采取的是资源法与环保法分离的立法模式，在水资源管理与水污染防治方面，分别制定了《水法》和《水污染防治法》，并分别建立了各自取向的管理体制。从总体上看，我国现行的流域管理立法在诸多方面都存在不足，亟待完善和改进。具体表现如下：

（1）涉水法律关系不明晰导致机构层级混乱 《环境保护法》（2014年修订）、《水法》（2016年修订）、《中华人民共和国水污染防治法》（2017年修订）、《中华人民共和国水土保持法》（2010年修订）和《中华人民共和国防洪法》（2016年修订）这5部法律由全国人大常委会制定，具有同等法律效力。但是，从理论和实践上看，这几部法律涉及的管辖范围是属于不同层次的问题，在立法上应赋予不同的法律效力。

（2）立法中赋予流域管理机构的权力不够 流域管理机构不在我国政府的行政管理序列中，一些基本法律中没有对流域机构做出相应规定。《中华人民共和国组织法》中没有对流域管理机构的组织设置做出规定。另外，《中华人民共和国立法法》中同样没有对流域管理机构的立法权限做出规定，使其在管理工作中较为被动，难以充分履行职能。

（3）管理部门之间立法缺乏协调性 水行政部门、生态环境部门以及其他如农业、渔业、航运等部门均有与水相关的法规、条例等，各部门各自为政，均从自身利益出发，规定各自为主的监督管理体制，并且有些部门之间缺乏协调机制，导致立法内容有相互冲突的可能性。

4.3.2.4 流域管理的执法与执法监督

我国流域管理在执法方面缺少足够的震慑力。管理体制上存在的地方区域管理，使得“地方保护主义”现象仍然存在。例如，拥有“运动员”和“裁判员”双重身份的个别地方政府为满足经济利益，纵容某些企业的排污行为，从而导致违法现象。另外，由于地方生态环境部门在财政经费和人事上对地方人民政府有很强的依附性，因此很难对同级人民政府的管理行为实施监督。流域监督机制不健全，缺乏公众参与管理机制。目前我国公民参与水环境保护活动的渠道较少，公众的水环境知情权落实有待加强，导致公民的水环境自觉保护意识欠缺，从而不能对流域环境管理进行有效的监督。

法国十分重视公众的参与。法国成立的流域委员会成员中包括国家和专家代表、地方选举的政府官员和用水户代表，各占1/3，同时法国的水管理机构分为三个层次（国家层次、大流域层次和子流域层次），形成了“三三制”的组织形式。这种管理模式既考虑了委员会的权威性和专业性，也充分满足了公民的知情权，可以大大提高流域环境管理的办事效率和监督力度。

4.3.2.5 流域管理的科技和资金投入

在流域的环境管理中，技术人员、专家及现代化仪器设备是必不可少的重要组成部分，需要企业和政府加大环保资金的投入。但是由于我国管理部门监管力度有待加强，对企业排污行为征收的罚款远低于企业造成的环境破坏程度，致使企业选择缴纳低额罚款而不购买昂贵的环保处理设备的情况普遍存在。造成这种现象的另一原因是个别政府没有意识到对企业采用节能减排的新工艺以及投入污染治理设备的资金支持和奖励政策，“先污染，后治理”的思想根深蒂固。

美国在流域管理中，在财政、金融、信贷、税收等各个方面均给予支持。例如美国的田纳西河流域管理，联邦政府对开发项目给予拨款，并以优惠的经济条件和政策扶持田纳西流域管理局。另外，美国在流域管理中还广泛运用现代化手段，例如全球定位系统、遥感技术、地理信息系统等，大大提高了工作效率，使流域管理机构能更好地发挥作用。

中国与发达国家流域管理现状对比见表4-2。

表 4-2　中国与发达国家流域管理现状对比

项目	我国现状	发达国家措施
机构设置和职权	包括流域水行政管理机构和流域水资源保护机构；职权划分不明晰，存在不足	由联邦集中统一领导，权力集中于联邦（美国）
管理模式	流域管理与行政区域管理相结合的管理体制	（1）"分流域立体化"的管理模式；（2）成立"保护莱茵河国际委员会"（德国）
立法状况	资源法与环保法分离的立法模式，存在诸多缺陷	立法中明确机构的职责、地位、权力及与地方的关系，重视综合管理（加拿大）
执法和执法监督	执法不严，缺乏公众监督机制	流域委员会实行"三三制"加强群众监督（法国）
科技和资金投入	治理污染缺少科技和资金投入，政府支持力度不强	政府多方面支持，积极采取现代化手段防治污染（美国）

4.3.3　流域环境管理方法和途径

流域环境管理不同于处于同一行政区域内的城市环境管理或农村环境管理，虽然控制污染的基本手段一致，但管理体制上却有很大的差异。区别于城市或农村环境管理，流域环境管理主要应从以下几方面着手。

4.3.3.1　行政管理机构和体制改革

为实现流域综合统一管理，需建立决策、执行、监督三种职权相分离的管理机构组织框架，可参照如下方式设置。①流域决策机构：关系国家可持续发展基础的大江大河流域直接由中央政府管理。流域决策机构是流域管理的决策机构和最高权力机构。其成员由政府及各行政主管部门的负责人、流域内各市（县、区）负责人以及用水户代表若干名等组成。主要职能是制定政策（包括生态补偿政策、排污权交易政策等），规划各行政区域用水方案、排污方案等。②流域管理机构：是流域管理的具体办事机构，包括执行机构、监测机构、信息机构等。其成员由拥有丰富实践经验的管理人员和专家组成。主要职能是负责具体的流域水事活动，其中包括定期发布各监测断面的水环境质量状况。该机构在流域的各市（县）设有办事处，办事处是执行机构的派出单位，其人事任免、薪资标准由执行机构决定，各办事处归执行机构管理。流域内各省、市、县水资源管理部门和生态环境部门只负责流域执行机构下达的水资源利用方案和排污方案的执行。③流域监督机构：是独立设置的监督机构，其主要职能是监督流域管理机构实施国家法律法规和流域决策机构制定的政策、规划、用水方案和排污方案等。

4.3.3.2　完善立法

面对我国目前立法中存在的问题，首先，在实行统一立法的基础上，对重要的流域如黄河、长江实行专门的流域立法，使流域管理更有针对性；其次，在行政契约等法律手段保障的前提下，加强我国跨行政区水资源立法，强化流域管理机构执法和执法监督的职能。同时，要加快立法进程，并相应地制定流域管理基本原则、基本法律制度和运行机制。在立法过程中，应当增加利益相关方的立法内容，还需要规定流域上下游的补偿原则，采取适当的经济手段调解上下游的矛盾。

4.3.3.3 建立生态补偿和征税机制

所谓流域生态补偿机制，即通过一定的政策手段实行流域生态保护外部性的内部化，让流域生态保护成果的受益者支付相应的费用，实现对流域生态环境保护投资者的合理回报和流域生态环境这种公共物品的足额提供，激励流域上下游的人们从事生态环境保护投资并使生态环境资本增值，通过财政转移支付等手段对上游为保护水资源而做出的经济利益的牺牲给予补偿，这样流域污染的治理难题才能得到有效解决。另外，对高污染企业征税也是防治污染的有效方式，包括对高污染产品进行征税和对资源或原材料征税。此外，通过明晰产权的方式也可以使外部性内部化。

4.3.3.4 构建公众参与机制

公众是水资源使用和水环境污染控制的直接参与者，公众的参与将大大提高流域管理规划的可行性及水资源管理的效率，同时其防治污染的意识将得以增强，积极性得以提高。最重要的是公众对破坏环境的各种行为能起到有力的监督作用，实现既自上而下，又自下而上的管理模式。

4.4 区域开发环境管理

区域开发行为，特别是重大的区域开发行为，涉及的区域范围可能包括多个城市、农村、流域单元，可能引发较多的环境问题，并对所涉及区域的环境社会系统发展产生根本性的长远影响。

4.4.1 区域开发行为引发的环境问题及其特征

4.4.1.1 区域开发行为

区域开发行为是指在一个较大区域范围内开展的资源开发、大型工程建设、经济社会发展、区域生态环境建设等特定的重大发展行为和活动。按照这一定义，我国20世纪50年代以来的重大区域开发行为有开发北大荒、三线建设、围湖造田、乡镇企业、开发区建设等，当前的一些重大开发行为则有西部大开发、振兴东北老工业基地、青藏铁路建设、长江三峡建设、西部河流梯级开发、西电东送、西气东输等。这些重大区域开发行为都具有长时间和大空间尺度、行为强度高、目的性强烈的特点。

例如，我国20世纪90年代的开发区建设就是这一类重大的区域开发行为之一。开发区是一类具有较强特殊性的地域，是我国改革开放政策的产物，对于改善投资环境、吸引和利用外资、调整经济结构和经济布局有着重要的作用。但同时开发区建设具有开发强度大、开发行为集中、开发速度快、对自然环境的作用强烈等特点。目前，我国几乎所有大中城市都有至少一个开发区，国家级开发区就有三十多个，为各城市社会经济发展的新增长点。可以说，开发区建设这一区域开发行为对所涉及区域的经济社会和生态环境系统产生了重大影响，而原有的城市、农村或流域环境管理的框架已经不能充分满足开发区环境管理的需要，这就要求从区域开发行为环境管理的视角进行研究和尝试。

4.4.1.2　区域开发行为引发的主要环境问题

区域开发行为是国家发展的重大举措，对于提升国家综合实力、全面提高国民经济和社会发展水平具有极其重要的意义。但区域开发行为在推动社会经济巨大发展的同时，也会对生态环境造成一定的破坏，在特定的历史条件下，还可能造成非常严重、影响深远的环境问题。如中国20世纪80年代发展乡镇企业的行为，在广大农村取得巨大经济社会效益的同时，也因落后的生产组织方式浪费了大量资源，产生了广泛而严重的局地性污染，对农村生态环境造成了较大的破坏。

一般而言，区域开发行为会推动所涉及区域环境社会系统的发展发生重大转变，由此引发的环境问题既包括对水、大气、土壤、声等环境要素的影响，也包括对经济环境、社会环境和人文环境的影响，还包括对区域自然生态系统的影响，因而它引发的是综合性的环境问题。

4.4.1.3　区域开发行为环境问题的特征

相比而言，区域开发行为引发的环境问题具有以下特征：

① 环境问题影响的范围广、强度大。区域开发行为引发的环境问题多是大尺度范围的，一般都包括多个省市、流域等地域单元，高强度的开发行为会对这些区域的社会经济和生态环境造成重大影响，有可能造成比较大的环境问题的风险。

② 长时间性。区域开发行为一般持续时间较长，其引发的环境问题也随着时间推移逐渐暴露出来。

③ 一定程度的不可逆转性。区域开发行为一般会造成所涉及区域内环境社会系统发展的重大变化，这种变化多是不可逆的，一些重大的生态损失可能失去了补救的机会，如在开发建设中就可能遇到当地原始生态环境受到重大的、不可挽回的损失等问题。

④ 不确定性和风险性。区域开发行为本身的不确定性和自然环境演变固有的不确定性决定了区域开发行为引发的环境问题也具有不确定性和风险性的特征。这种不确定性和风险性很大程度上超出了当前人们的科学认识水平，环境影响可能要很多年以后才能逐渐显现，因此需要加强预防研究和跟踪研究。

4.4.2　区域开发行为环境管理的基本途径和方法

4.4.2.1　重大区域开发行为的科学决策

我国从20世纪70年代开始，便将环境保护纳入政府议事日程。但是，过去长期以来，由于人们对环境保护的认识局限于技术层面，过去政府部门在制定重大区域开发行为时较少考虑可能产生的环境后果，政府在进行长期建设的规划、决策时，也很少听取环保部门的意见。很长时间以来，环保部门被视为以查处废水、废渣、废气排放为主要工作任务的约束性部门，环境保护被视为经济发展过程中的“后续工作”，从而形成了重大区域开发行为在决策领域的“环保缺位”。这对于区域开发行为的环境管理，是十分被动和不利的。

随着生态文明理念的落实，重大区域开发行为的决策不仅要考虑到经济社会效益，考虑到资源环境的约束条件，还必须考虑开发行为可能带来的不利环境后果。只有在区域开发行为决策时就充分考虑环境问题，实现环境与发展综合决策，才能从源头上搞好区域开发行为的环境管理。

4.4.2.2 开展战略环境评价

《中华人民共和国环境影响评价法》(以下简称《环境影响评价法》)已于2003年9月1日起施行，并于2018年进行修订。制定《环境影响评价法》，就是为了在规划和建设项目实施前就综合考虑到环境保护问题，从源头上预防或减轻对环境的污染和生态的破坏。根据《环境影响评价法》，一些区域开发行为在其规划制定和建设项目立项阶段就应该进行规划或建设项目层次上的环境影响评价，这就可以在一定程度上预防这一类区域开发行为对生态环境造成重大影响。

与此同时，还有许多区域开发行为是以重大决策、重大政策等形式出现的，《环境影响评价法》有时对此可能会无能为力。解决的方法之一是在对这些重大区域开发行为进行讨论和决策时，更加注重从环境与发展的角度综合考虑问题，这需要包括政府、企业和公众在内的全社会的共同努力。另一种解决方法是扩大《环境影响评价法》的适用范围，对一些对生态环境产生影响的重大区域开发行为进行政策和战略层次上的环境影响评价，这既是环境影响评价制度发展的趋势，也是区域开发行为环境管理的需要。

4.4.2.3 制定环境规划

环境规划是环境管理最有力的手段之一。为各种区域开发行为制定针对性的环境规划，是区域开发行为环境管理的主要内容。

区域开发行为环境规划的内容和方法一方面可以借鉴城市、流域、产业的环境规划，但更需要根据区域开发行为的区域特点和开发特征而定，根据其空间范围大、时间尺度长、风险性和不确定性等特点，着重从政策和战略层次上制定环境管理的目标和对策。

4.4.2.4 开展环境监测和预警及监察和审计工作

根据区域开发行为的特点，环境管理还需要做好以下工作。一是加强环境监测工作。鉴于区域开发行为的时间比较长，其环境影响是逐渐显现的，因此要特别注意区域开发过程中的后续环境监测工作，及时发现出现的环境问题。二是开展环境预警工作。针对一些重要的环境敏感对象，在环境监测的基础上，要加强环境预警，及时发布和反馈预警信息，以对区域开发行为进行必要的调整和控制。另外，根据实际需要，还可以开展环境监察、环境会计、环境审计等工作。

本章内容小结

[1] 目前中国的城市面临许多环境问题，从环境因子角度主要包括城市大气污染、城市水环境污染和城市固体废物问题等，这些环境问题带来了包括污染效应、生态效应和地学效应等环境效应。

[2] 环境效应（environmental effect）指在人类活动或自然力作用于环境后产生的各种效果在环境系统中的响应。

[3] 农村环境问题是我国面临的特殊的区域性环境问题，主要包括四个方面：①农业生产造成的污染；②畜禽排泄物污染；③农村生活垃圾；④乡镇企业造成的污染。

[4] 农村环境问题的特点：①排放主体的分散性和隐蔽性；②随机性和不确定性；③不易监测性。

[5] 农村环境问题的产生原因包括：①环境意识淡薄是造成农村环境问题加剧的思想根源；②粗放型的经济增长方式是造成农村环境污染加重的根本原因；③政府投资不足、环

保设施匮乏是造成农村环境问题加重的基础原因；④农村环保机构不健全是造成农村环境问题加重的体制原因；⑤农村环保法律法规缺少是造成农村环境问题加重的制度原因。

[6] 流域环境问题可以总结为水量和水质问题。

[7] 中国与国外流域环境管理在机构的设置及职权、机构的管理模式、立法、执法与执法监督、科技和资金投入方面都存在很大的不同。

[8] 区域开发行为，是指在一个确定的区域范围内开展的资源开发、大型工程建设、经济社会发展、区域生态环境建设等特定的重大发展行为和活动。

[9] 区域开发行为环境问题的特征包括：①环境问题影响的范围广、强度大；②长时间性；③一定程度的不可逆转性；④不确定性和风险性。

[10] 为减少区域开发行为带来的环境问题，应从重大区域开发行为的科学决策、开展战略环境评价、制定环境规划、开展环境监测和预警及监察和审计等方面加强管理工作。

思考题

[1] 城市主要的环境问题及其环境效应。

[2] 城市环境管理的途径和方法有哪些？

[3] 农村环境问题的特点。

[4] 我国农村环境管理存在哪些不足？应如何改进？

[5] 农村环境管理的途径和方法有哪些？

[6] 中国与国外流域环境管理体制的区别。

[7] 我国流域环境管理存在哪些问题？如何完善？

[8] 区域开发环境问题的特点。

[9] 区域开发环境管理的基本途径和方法。

5 废弃物环境管理

【学习目的】

通过本章学习，了解大气、水体和固体废物的特征，以及我国目前的废弃物排放状况和主要问题。理解并熟悉我国大气环境管理、水体环境管理和固体废物环境管理的体制和机制。熟悉相应的环境管理标准，了解大气环境容量管理和总量控制。了解国外的废弃物环境管理经验。

从物质流角度来看，废弃物是指人类对从自然环境中开采出的自然资源进行加工、流通、消费过程中与过程结束后产生并排放到自然环境中的物质。对人类的自然资源利用来说，这些物质是没有被完全利用的丢弃的物质，是没有利用价值的“废弃物”；但对于环境系统来说，这些废弃物即是“污染物”。国内外的环境保护工作在开始阶段就是以治理“三废”为主要目标和手段的。污染物进入自然环境系统中后，会在环境中扩散、迁移、转化，造成自然环境系统的结构改变和功能退化，如果排入环境中的污染物超过了环境承载力，就会进一步造成环境质量的持续恶化，最终影响到人类及生物的正常生存。

废弃物或者称环境污染物，一般具有如下三个特征：

① 废弃物是人类利用资源的副产品，限于科学技术水平，总会有一部分资源转化为废弃物，排放到自然环境中。因此，废弃物对于人类活动而言具有“末端性”和“无用性”特征。

② 废弃物进入自然环境后，可能会造成一定的环境污染。由于废弃物在自然环境中可通过生物的或理化的作用改变其原有的性状和浓度，当污染物的排放量超过了环境自净能力时，就会对环境质量造成负面影响。污染物进入环境中后，会通过大气、水体、土壤等介质进入生态系统中富集，最终进入食物链，可能会对人体健康产生负面影响。因此，废弃物具有“有害性”和“污染性”的特征。

③ 对于人类活动来说，废弃物是没有利用价值的物质，而对于环境系统来说就是污染物，因此，“废弃物”同时也是“污染物”，具有双重性特征。

废弃物环境管理的目的和任务是运用各种环境管理的手段，提高自然资源的利用效率，减少废弃物的产生和排放，改善环境质量。

废弃物环境管理与环境质量管理有密切的联系，又存在差异。前者注重的是废弃物排放的管理，如限制排放、制定处理处置和排放标准、管理排放废弃物单位和个人的排放行为等。后者注重的是从区域自然环境的角度，关注废弃物排入环境后导致的环境质量下降情况，并根据特定的城市、农村等区域环境质量对废弃物的排放进行管理。

本章从环境要素的角度出发，介绍大气、水体、固体废物的环境管理。

5.1 大气环境管理

大气污染是指由于人类活动或自然过程引起某些物质进入大气中，当污染物含量达到有害程度以致破坏生态系统和人类正常生存与发展时，对人或物造成危害的现象；其本质是大气污染物通过一系列复杂的物理、化学和生物过程，对人体健康和人类生存环境造成不利影响。

大气环境问题，实质上是管理问题，即大气环境管理问题。大气环境管理主要是管控气体废物，即废气，也称空气污染物或者大气污染物。人类历史上，最先受到关注的环境问题就是大气污染问题，著名的“世界八大公害事件”中，有四个是大气污染事件。可见，大气环境污染问题在世界范围内长期存在而且是最主要的环境问题。气体废物管理和大气环境污染控制涉及的领域非常广泛，目前还没有形成气体废物管理的统一概念。一般而言，气体废物管理或者称为大气环境管理主要包括以下一些重要领域：一是清洁能源使用，包括煤炭、石油等常规能源的清洁利用，开发利用新能源和可再生能源，发展各项节能技术；二是发展绿色交通和机动车尾气控制；三是末端治理技术和大气环境自净能力利用。

5.1.1 气体废物的特征

(1) 来源广泛、成分复杂　气体废物的来源非常广泛，自然环境和人类社会生产、生活过程都会产生各种各样的气体废物。因此，气体废物具有来源广泛、成分复杂的特点。

(2) 污染范围和形式多样　气体废物排放后的影响范围和形式多样。例如，放射性建筑材料的自然辐射引起室内空气污染；工业生产及汽车尾气排放引起室外空气污染；还有一些气体废物进入大气环境后，不仅会造成直接污染，还会经过大气物理、化学过程形成二次污染，甚至通过远距离传输形成跨界污染或全球污染。此外，气体废物还是引起臭氧层破坏和全球变暖的原因。

(3) 污染类型与能源使用密切相关　化石燃料的使用与气体废物造成的大气污染类型密切相关。例如，使用煤作为主要燃料时，会排放较多的 SO_2 和颗粒物等形成煤烟型大气污染，排放 SO_2 过多时，会造成酸雨增多；使用石油燃料作为能源时，其燃烧产生的烃类、CO、NO_x、O_3 等容易产生光化学烟雾污染等。

5.1.2 当前中国大气环境的突出问题

近年来，通过实施一系列的大气环境管理措施，中国的大气环境质量有了很大改善，但总体上仍不容乐观，大气污染形势依然严峻。

5.1.2.1 雾霾问题日益严重

改革开放以来，随着中国城镇化、工业化的快速推进和化石能源消耗的激增，各城市的空气质量正在日益恶化，由细颗粒污染物造成的大气雾霾已成为全国广泛关注的环境问题。研究发现 $PM_{2.5}$ 是造成全国大气雾霾频发的首要污染物，并呈现典型的区域性特征，由于其在大气中的滞留时间较长，不但能够降低大气的能见度，导致气候变化，同时也会影响人类的身体健康。医学研究已经证明 $PM_{2.5}$ 能够引起各种呼吸系统疾病，通过破坏人体免疫系统增加暴露人群的死亡率。在此背景下，环保部在《环境空气质量标准》(GB 3095—

2012）中正式将 $PM_{2.5}$ 列为大气的重要监测指标，并根据国内经济发展和大气污染现状设置了 $PM_{2.5}$ 的浓度标准。近年来，我国 338 个地级及以上城市 ρ（$PM_{2.5}$）和 ρ（PM_{10}）年均值的平均值继续下降，但仍然超过 GB 3095—2012 二级标准限值。2018 年生态环境部公布的城市空气质量数据显示：2018 年全国 338 个地级及以上城市的 ρ（$PM_{2.5}$）和 ρ（PM_{10}）年均值的平均值分别为 39μg/m³ 和 71μg/m³，略高于 GB 3095—2012 二级标准限值，约有 1/2 的城市达到二级标准；京津冀地区、长三角地区、珠三角地区的 $PM_{2.5}$ 年平均浓度分别为 77μg/m³、53μg/m³、34μg/m³，表明全国雾霾污染具有较强的空间差异性。研究表明中国 $PM_{2.5}$ 浓度的高值区和污染重心整体向东移动，东部地区的雾霾污染程度加剧。空间上，京津冀地区、华北平原、山东半岛和辽中南地区是 $PM_{2.5}$ 的高集聚区，京津冀城市群是全国 $PM_{2.5}$ 的污染重心。识别影响因素对 $PM_{2.5}$ 影响程度的区域差异，进而提出区域差异化减霾措施和区域联防联控策略，是当前大气污染治理亟待解决的问题。

5.1.2.2 酸雨问题仍然严峻

（1）酸雨的变化情况和现状　20 世纪 90 年代初，中国开始制定并实施酸雨污染控制政策。“九五”和“十五”期间 SO_2 减排 10%的目标均未实现。“十一五”期间全国 SO_2 排放总量有所降低，2010 年比 2005 年下降 14.29%，实现了 10%的减排目标。2011 年全国 SO_2 排放总量较 2010 年又下降了 2.21%，但酸雨污染仍然十分严重。2011 年，中国 468 个监测城市（县）中，出现酸雨的占 48.5%，全国酸雨面积约 124 万平方千米，占国土面积的 12.9%，较 2010 年略有上升。中国酸雨区已成为继欧洲和北美之后的世界三大酸雨区之一。2018 年，酸雨区面积约 53 万平方千米，占国土面积的 5.5%，比 2017 年下降 0.9 个百分点；其中，较重酸雨区面积占国土面积的 0.6%。酸雨污染主要分布在长江以南—云贵高原以东地区，主要包括浙江、上海的大部分地区、福建北部、江西中部、湖南中东部、广东中部和重庆南部。471 个监测降水的城市（区、县）中，酸雨频率平均为 10.5%，比 2017 年下降 0.3 个百分点；出现酸雨的城市比例为 37.6%，比 2017 年上升 1.5 个百分点；酸雨频率在 25%及以上、50% 及以上和 75%及以上的城市比例分别为 16.3%、8.3%和 3.0%。全国降水 pH 年均值范围为 4.34～8.24，平均为 5.58。酸雨、较重酸雨和重酸雨城市比例分别为 18.9%、4.9% 和 0.4%。

（2）酸雨控制政策管理体制和机制　目前，我国酸雨污染管理责任的划分仍依据“国家、省、县（市）”三级行政管理体制，酸雨控制政策由地方政府生态环境部门负责实施。虽然大型火电厂的环评由生态环境部审批，但企业的排放监督仍由地方政府生态环境部门负责。由此看来，现行的管理体制还需加强对酸雨污染跨行政区外部性的考虑，提高管理效率。外部性越大的环境问题应由越高级别的部门管理。对于酸雨污染，由于其外部性影响范围较大，应由生态环境部直接负责，其职责不仅包括制定相关的法律和政策，还包括酸雨控制规划的制定、环评审批、排污许可证审批和守法核查等。

5.1.2.3 臭氧污染日益突出

臭氧（O_3）又称为超氧，是氧气（O_2）的同素异形体，在常温下是一种有着特殊臭味的淡蓝色气体，90%以上的 O_3 都存在于大气层的上部或者平流层，只有小部分的 O_3 分子徘徊在近地面。O_3 在平流层起到了保护人类和环境的作用，但若在对流层中持续增加，就会对人体健康产生很大影响，如对眼睛、呼吸道、肺部等有侵蚀和损害作用，高浓度的 O_3 也会给植物和农作物带来很大危害。近年来，我国 O_3 污染现象频繁发生，已经逐渐成为继细颗粒物（$PM_{2.5}$）外最重要的大气污染物。2019 年 337 个地级及以上城市的 ρ（O_3）日最大8h平均值为148μg/m^3，达到GB 3095—2012二级标准，达标城市比例为65.4%，其中，京津冀地区、长三角地区和汾渭平原的ρ（O_3）日最大8h平均值分别为196μg/m^3、164μg/m^3和171μg/m^3，均超过GB 3095—2012二级标准限值，与2018年相比有所上升。

2015—2018年中国大陆338个城市O_3月均值变化曲线基本呈“单峰状”，5月达到峰值，12月最低，这与太阳辐射和NO_x光化学反应有很大关系。从空间分布上看，华北地区O_3污染程度最重，北京市、河北省都超标严重，华中地区污染较为集中，华东地区主要为上海市、山东省和江苏省部分城市，华南地区除了广东省整体污染较轻，西南地区只有四川省的部分城市存在超标情况，西北地区整体O_3浓度较低，东北地区辽宁省污染明显。相关性分析表明，O_3浓度在全国尺度上有着一体化的态势，三年来空间集聚性呈上升趋势。目前我国臭氧污染形势凸显，臭氧成为影响我国空气质量的重要污染物。

5.1.3 中国大气环境管理的发展

大气污染是最早引起人们关注的环境问题，从1948年美国多诺拉烟雾事件到1952年的伦敦烟雾事件，中国当前最严重的环境污染问题也是大气污染。中国政府对大气环境质量问题历来非常重视，20世纪70年代开始启动大气污染防治工作，到现在大致可以分为四个阶段（表5-1）。总体上，中国的大气污染控制经历了从单一污染物控制到多污染物控制，从关注悬浮颗粒物到灰霾问题（SO_2、NO_x、PM_{10}、$PM_{2.5}$、VOCs等多种污染物），从浓度控制到总量控制，从仅关注工业污染到全污染源控制的历程。

表5-1 我国不同时期大气污染防治工作的特点

时间/阶段	起步阶段（1972—1990年）	发展阶段（1991—2000年）	转型阶段（2001—2010年）	攻坚阶段（2011年至今）
污染特征	逐渐出现局地大气污染	出现区域性大气污染，酸雨问题突出	大气污染呈现区域性、复合型的新特征	区域性、复合型大气污染
环保机构	国务院环境保护领导小组	国家环境保护局	国家环境保护总局，环境保护部	环境保护部，生态环境部
防治对象	烟尘、悬浮颗粒物	酸雨、SO_2、悬浮颗粒物	SO_2、NO_x、PM_{10}	霾、$PM_{2.5}$、PM_{10}
工作重点	排放源监管，工业点源治理，消除烟尘	燃煤锅炉与工业排放治理，重点城市和区域污染防治	实行污染物总量控制，实施区域联防联控	多种污染源综合控制，多污染物协同控制，重污染预报预警
法律法规与规划方案	《关于保护和改善环境的若干规定》 《宪法》（1978年修订） 《环境保护法（试行）》 《大气污染防治法》	《大气污染防治法实施细则》 《大气污染防治法》（1995年和2000年两次修订） 《酸雨控制区和二氧化硫污染控制区划分方案》 《征收工业燃煤二氧化硫排污费试点方案》 《汽车排气污染监督管理办法》 《机动车排放污染防治技术政策》	《两控区酸雨和二氧化硫污染防治“十五”计划》 《现有燃煤电厂二氧化硫治理“十一五”规划》 《二氧化硫总量分配指导意见》 《关于推进大气污染联防联控工作改善区域空气质量的指导意见》	《大气污染防治行动计划》 《大气污染防治法》（2015年和2018年两次修订） 《重点区域大气污染防治“十二五”规划》 《“十二五”主要污染物总量减排目标责任书》 《能源发展战略行动计划（2014—2020年）》 《“十三五”生态环境保护规划》 《打赢蓝天保卫战三年行动计划》

续表

时间/阶段	起步阶段（1972—1990年）	发展阶段（1991—2000年）	转型阶段（2001—2010年）	攻坚阶段（2011年至今）
排放与空气质量标准	《工业“三废”排放试行标准》(GBJ 4—73) 《大气环境质量标准》(GB 3095—82)	《锅炉大气污染物排放标准》(GB 13271—91) 《环境空气质量标准》(GB 3095—1996) 《火电厂大气污染物排放标准》(GB 13223—1996)	《锅炉大气污染物排放标准》(GB 13271—2001) 《火电厂大气污染物排放标准》(GB 13223—2003)	《环境空气质量标准》(GB 3095—2012)

资料来源：王文兴等，2019。

5.1.4 中国大气环境管理的体制及改革

5.1.4.1 中国大气环境管理的机构和体制

中国目前的气体废物管理体系，是以生态环境主管部门为主，结合有关的工业主管部门和城市建设主管部门，共同对气体废物实行管理。

根据《大气污染防治法》（2018年修正）“总则”中规定：县级以上人民政府应当将大气污染防治工作纳入国民经济和社会发展规划，加大对大气污染防治的财政投入。地方各级人民政府应当对本行政区域的大气环境质量负责，制定规划，采取措施，控制或者逐步削减大气污染物的排放量，使大气环境质量达到规定标准并逐步改善。国务院生态环境主管部门会同国务院有关部门，按照国务院的规定，对省、自治区、直辖市大气环境质量改善目标、大气污染防治重点任务完成情况进行考核。省、自治区、直辖市人民政府制定考核办法，对本行政区域内地方大气环境质量改善目标、大气污染防治重点任务完成情况实施考核。考核结果应当向社会公开。县级以上人民政府生态环境主管部门对大气污染防治实施统一监督管理。县级以上人民政府其他有关部门在各自职责范围内对大气污染防治实施监督管理。

5.1.4.2 国外大气环境管理的经验

国外治理大气污染的模式主要有政府主导模式、社会协同模式和公众参与模式等三类。其中政府主导模式在大气污染治理中占主导地位。各国根据自身大气污染的情况，探索适合且合理的治理方式，这些国际经验可以为我国的大气污染治理提供参考。

（1）美国　法律约束，区域协同治理　20世纪50年代，美国接连发生了多诺拉烟雾事件、洛杉矶光化学烟雾等大气污染事件，造成了大量的人员伤亡，也让美国政府意识到环境空气污染的严重程度。美国联邦政府相继制定了《空气污染控制法》《清洁空气法》《机动车空气污染控制法》等法律，希望通过法律约束手段达到解决大气环境污染问题的目的。但是相关法律实施以后，并没有取得有效的效果，分析原因：一是行政管理体制的矛盾，各个州都有独立的立法权，在法律的制定和执行上与联邦政府有很大的分歧；二是经济利益，大气污染治理需要庞大的财政作为支撑，地方政府为了本地的经济发展，并不能有效执行相关法律，同时也缺乏有力的监督，导致最终的效果并不理想。

为解决问题，更好地梳理政府的责任，1970年，联邦政府修订了《清洁空气法》，组建了美国环境保护署（USEPA），作为一个独立的行政机构，在美国各地划定了由相关的州政府组成联合委员会管理的州际控制区和由本州单独管理的州内控制区。20世纪90年代，为了更好地顺应环境空气污染的新变化，美国联邦政府相继修订了《清洁空气法》，并把

$PM_{2.5}$ 纳入环境监测范围，针对臭氧污染不断恶化，美国20多个州和加拿大东部省份联合成立了臭氧传输协会，监督落实臭氧减排计划的实施，取得了很好的效果。美国环保署根据地理和经济因素，把全美分成10个环境治理区域，并充分赋予各个区域环境立法、执法权。20世纪50年代，加州环境空气污染比较严重，加州政府意识到仅靠一个州的努力很难取得成效，便邀请周边各州召开交流会，进行协商，共同控制环境空气污染。在管理区和联邦政府以及其他协会共同努力下，打破了传统政府协作方式，使得政府间的协作可以发挥最大效益。管理区还积极发动公众，广泛征集公众的意见，及时了解公众的信息，并将这些信息体现在环境标准的制定过程中，同时鼓励社会上的环保协会积极参加这些活动，为以后环境政策的执行提供了运行保障。通过各方面的努力，加州的环境污染得到了有效的控制，也为以后的区域环境污染治理提供了参考。

(2) 英国　调整能源结构，绿色出行　英国是世界上最早进行工业革命的国家，也是空气污染最先侵袭的国家之一。工业革命快速发展，煤炭资源消耗量激增，大量颗粒物和有害气体没有经过处理就直接排到空气中，伦敦城一年将近有90天的时间沉浸在烟雾中，“雾都”的称号也由此而来。1952年发生的举世瞩目的伦敦烟雾事件导致约4000人因呼吸道疾病等死亡，10万人患病。烟雾事件是以煤烟为主的空气污染，其直接原因是以煤为主的能源大量消耗。事件发生后，英国政府终于下定决心治理空气污染。

首先是制定相关法律法规。世界上首部环境空气污染防治法律《清洁空气法》于1956年在英国出台。该法案要求关闭伦敦市内所有的燃煤发电厂，同时在一些地方建立了无烟区，不允许使用任何产生烟雾的燃料。政府积极鼓励重工业和发电厂进行搬迁改造，开展大气污染的综合治理，严格监督实施。同时大力实施冬季的集中供暖，取缔了传统的炉灶。经过近二十年的努力，到20世纪80年代初，伦敦的雾霾天气下降到每年10天左右。1995年英国政府要求各个城市必须进行环境空气质量评价，对于那些不能达标的区域，政府划定了特殊的管理区，要求在限定的时间内必须达标，同时要求政府制定环境空气质量发展规划，从顶层控制空气污染的发生。2007年英国政府在《环境空气质量战略》中对 $PM_{2.5}$ 进行了硬性约束，要求2020年前控制在 $0.025mg/m^3$。同时英国政府还相继出台了《能源法》《公共卫生法》等法案。这些法律法规的实施，以及相关配套政策的落实，为伦敦大气污染治理提供了运行保障。

其次是调整能源结构。为了有效治理雾霾，英国政府大力推进能源结构的调整，改造传统的炉灶，冬季实行统一供暖。同时对煤炭进行洗选，降低煤炭的含硫量。对一些污染严重的区域禁止使用产生有毒有害气体的燃料。加强产业结构调整，对一些重污染工业进行搬迁改造，推行清洁能源，从源头上控制污染物的产生。

再次是防治机动车污染。20世纪50年代，机动车尾气排放造成的洛杉矶烟雾事件给全世界敲响了警钟。1980年以后，汽车尾气排放成为影响伦敦空气质量的首要污染源。随着汽车保有量的持续增加，为了有效遏制汽车尾气的污染，英国政府在1993年要求新车必须安装尾气净化装置，控制氮氧化物的排放。通过提高停车费和收取高额的进城费用，减少进城的私家车辆。政府通过建设自行车专用车道、推动新能源汽车发展、改善公共交通环境等措施来满足人们日常出行的需要。同时通过减免停车费用和汽车使用税以及高额的返利，大力推动清洁能源汽车的使用，有效控制了机动车尾气污染。

最后通过城市绿化改善环境质量。城市绿化也是防治大气污染的有效手段。伦敦市内及周边都包围在森林和绿草之中，数据显示伦敦城市外围有蔓延几千平方千米的绿化长廊，面积超过城市的3倍以上，市内的人均绿化面积高达24平方米，形成了“人在绿中，城在林中”的格局。如今的伦敦，雾霾天从以前的每年四分之一，下降到每年只有5天左右，彻底摘掉了“雾都”的帽子。

(3) 日本　控制机动车，加强绿化　日本在20世纪中叶发生了四日市环境空气污染公害事件，由于大量排放石油冶炼和工业燃油产生的污染物，哮喘病患者激增，十几人因此死亡，东京城内也是雾霾重重。为此，日本政府高度重视，采取了一系列措施，空气质量取得了显著改善。

首先也是出台相关法律。面对日趋加重的大气污染现状，政府相继出台了《大气污染防治法》和《烟尘控制法》等法律法规，对相关内容进行了约束，保证了污染治理措施的有效实施。

然后是强化污染治理。政府要求重污染企业必须配备脱硫和脱硝设备，小型企业必须安装电除尘设备，同时严格进行监督管理，保证设备正常运行。政府还要求日本汽车出厂时必须加装尾气净化装置，同时禁止柴油车和不符合要求的车辆进城，出租车全部采用天然气作为燃料，彻底从源头解决大气污染物的排放问题。

最后也是加强绿化。为充分发挥树木和草地对大气污染物的净化作用，东京政府规定新建大楼必须配备足够量的绿地面积，并且楼顶也要求进行相应的绿化。不仅重视绿化面积，还强调多种树，追求绿化体积，真正让东京城建在了森林中。

5.1.4.3 中国大气环境管理的完善途径

国际大气污染治理经过长期的实践，无论在政策立法、治理模式还是市场减排机制建设等方面都积累了大量的宝贵经验。因此，根据我国发展诉求及空气环境治理能力，借鉴大气污染治理的国际经验，有助于因地制宜、因时制宜提出针对性的分类治理政策。

(1) 推进大气环境立法，完善顶层制度管理机制设计　大气污染来源具有时空差异，诸多国家针对不同区域不同发展阶段大气污染的差异进行针对性的立法管制。结合中国改革开放以来大气污染来源的时空差异，中国改善大气污染现状需要借助立法手段，并制定针对性的法律规制办法，实现大气污染法律规制的持续性、系统性与动态性。借鉴美国、英国等发达国家大气环境治理的经验，中国在推进大气环境立法过程中，一方面可以针对违法排污的处罚不设置上限，另一方面可以通过立法手段制定相关技术标准，从而在大气污染末端治理、预防和中转环节都实现法治化。

除此之外，中国大气污染防治的顶层设计需要提供“治本之策”，兼顾不同地区污染成因、减排成本、减排能力等差异，充分依托区域内各省区市的资源、区位优势，统筹规划区域内各城市的功能定位，建立优势互补的产业布局，形成空气污染区域联合治理的合力。与此同时，坚持政府调控与市场调节并进、全面推进与重点突破共举、区域联合与属地管理结合也是必要之举，形成政府主导、企业施治、市场调控、公众共同参与的大气污染防治新体系。

(2) 灵活制定政策工具，健全污染减排市场交易机制　比较西方发达国家大气污染防治实践可知，不同国家由于大气污染来源及发展阶段的国情差异，所采取的措施存在显著的区别。中国幅员辽阔，各地区在大气污染成因机理、治理能力、减排成本等方面都有很大的时空差异，一刀切的大气污染治理模式难以实现大气环境的有效治理。因此，各地区在减少大气污染的过程中，应根据自身的发展阶段、污染发生机制、地理地形条件、减排技术及减排成本承受能力，采取针对性的减排政策，且污染减排政策工具应根据不同阶段大气污染的形成原因灵活制定。

大气环境治理仅仅依靠传统的行政手段难以持续，必须强化市场手段，运用经济杠杆。结合欧美发达国家大气污染减排市场机制建设的经验，如减排配额制、排污许可证制度、排放权交易等都是有效的减排市场工具。中国可以针对“两高”行业进行大气环境资源有偿使用的试点工作，促进环境资源从无偿配置到市场化有偿获取的过渡。针对已有污染源，政府逐步提高排污标准，强制企业减少排污量。针对新、改、扩建项目，进行环境资源有偿获取一级市场交易，项目在进入环评阶段后可向市场购买排污权。除此之外，为鼓励企业参与和减少企业对排污市场建设的阻力，政府相关管理部门应发挥主导作用及公共服务职能。

（3）完善协同治理模式，落实区域减排成本分担政策　从改革开放以来大气污染管理体制变革趋势来看，属地管理模式难以解决区域性大气污染问题，跨区域合作治理成为必然选择。然而这一机制如何规避地方利益失衡，如何划分主体合作治理的权责关系，如何建立区域协同治理的政府间责任分担机制，关系到跨域协同治理规范合法的运行及有效监管。借鉴国外大气污染跨域合作治理的经验，中国大气污染的协同治理，既要打破地方主义的约束，又要合理配置资源，通过部门和地区间的协同合作实现大气污染的合作治理。由于不同区域经济社会发展结构存在差异，导致区域大气污染减排的治理成本存在外部性、收益伴生性和分层异质性特征。针对大气污染区域协同治理问题，首先需要根据各地区对大气污染的贡献不同区分减排责任，建立有区别的责任承担原则，编制区域排放清单是厘清各区域减排责任的关键；其次，考虑到大气污染减排的区域公平性与可行性，尚需建立有区别的责任关系协调机制，而各地区发展诉求、减排技术储备、减排能力差异是决定性因素。总体来看，地方政府间“责任共担、明确划分、成本分担”的核心机制是实现大气污染协同治理的必然选择。

5.1.5　大气环境管理的标准

正如本书第3章中所述，环境标准是国家环境保护法律体系的重要组成部分，也是环境管理的工具之一。而在环境标准体系中，环境质量标准和污染物排放标准是与实际环境管理工作关系最为紧密的两类，这里对大气环境管理的标准做简要介绍。

5.1.5.1　大气环境质量标准

根据《大气污染防治法》（2018年修正）第八条规定：国务院生态环境主管部门或者省、自治区、直辖市人民政府制定大气环境质量标准，应当以保障公众健康和保护生态环境为宗旨，与经济社会发展相适应，做到科学合理。

在我国环境标准制定的过程中，公众发挥着越来越重要的作用，标准不只是研究部门或政府管理部门的意志体现，而且要面向全社会公众征求意见和建议，反映公众的呼声和要求。这是环境管理体制机制良好发展的一个趋势，也是社会进步的重要表现。

环境质量标准在标准体系中处于最上层的位置，它既是环境保护的目标值，也是评价环境质量好坏的准绳，是修订污染物排放标准、划定污染物排放总量控制区、确定重点污染控制区、制定污染防治规划以及其他环境管理对策措施的依据。我国的环境空气质量标准经过了历次修改和完善，总体上涉及的指标逐渐增加，标准值也越来越严格（表5-2）。

表 5-2 我国环境空气质量标准的变化比较

标准版本	变化情况
1982 年标准	规定了 TSP、飘尘、SO_2、NO_x、O_3 浓度限值和监测方法；首次将大气环境质量区划划分为三类
1996 年标准（GB 3095—1996）	增加了 PM_{10}、NO_2、Pb、苯并[a]芘、氟化物等指标，删除了飘尘指标，规定了监测有效性的标准
2000 年标准	删除了 NO_x 指标；放宽了 NO_2 二级标准限值；放宽了一级标准小时平均浓度限值和二级标准小时平均浓度限值；还规定了 API(空气污染指数)的计算方法
2012 年标准（GB 3095—2012）	增加了 $PM_{2.5}$ 平均浓度限值和 O_3 8 小时平均浓度限值；提高了 PM_{10} 等污染物的浓度限值；严格了监测数据统计的有效性规定；环境功能区分类由三种类型变为两种类型

5.1.5.2 大气污染物排放标准

大气污染物排放标准是根据环境质量标准、污染控制技术和经济条件，对排入环境的有害物质和产生危害的各种因素所做的限制性规定，是对大气污染源进行控制的标准。根据《大气污染防治法》（2018 年修正）第九条规定：国务院生态环境主管部门或者省、自治区、直辖市人民政府制定大气污染物排放标准，应当以大气环境质量标准和国家经济、技术条件为依据。

自 1973 年我国制定第一个污染物排放标准《工业“三废”排放试行标准》以来，经历了 1985 年前后各行业制定排放标准阶段（第一阶段），1996 年前后的标准整顿、清理和制修订阶段（第二阶段），以及 2000 年以后的制修订快速发展阶段（第三阶段）。

从 2001 年起，中国针对大气污染物的排放标准体系有了长足的发展。环境保护部（生态环境部）从大气固定源污染物排放标准和大气移动源污染物排放标准两大方面，加快完善大气污染物排放标准体系，发布了火电、炼焦、钢铁、水泥、石油炼制、石油化工等重点行业的大气污染物排放标准，继续加强对颗粒物、二氧化硫、氮氧化物等污染物的排放控制。截至 2017 年 5 月，现行国家大气污染物排放标准达到 75 项，控制项目达到 120 项，行业型、通用型排放标准和移动源排放标准控制的颗粒物、二氧化硫、氮氧化物均占全国总排放量的 95%以上。

5.1.6 大气环境容量管理和总量控制

5.1.6.1 大气环境容量管理

在区域环境大气质量管理中，确定较大尺度的大气环境容量和局地尺度上各污染源的允许排放量很重要，对前者的限制是为了避免污染物在区域内累积，对后者的限制是为了避免监测点浓度超出标准限值。

大气环境容量应该是排放源的排放率和大气汇的清除率在给定浓度水平上的平衡表达，因此对大气环境容量的定义为：在给定空气体积中和给定时段内，当某种污染物在给定平均浓度水平上，其产生量（源）和大气清除量（汇）达到平衡状态时的平衡量为在此平均浓度阈值下的大气环境容量。由此，大气环境容量的确定就转化为在给定浓度阈值时大气对污染物的清除量的确定。在限制允许排放总量小于大气环境容量的条件下，根据平衡原理不会出现污染物累积效应，用这种原理确定大气环境容量的方法就是《制定地方大气污染物排放标准的技术方法》（GB/T 3840—91）中给出的 A 值法。

徐大海等（2018）根据中国大陆378个气象站1975—2014年共40年的逐日有效小时观测数据，计算出了逐日、逐年平均大气环境容量系数A值序列，并使用Pearson Ⅲ型曲线，拟合出了不同重现期的A值。利用A值序列和源汇平衡原理，给出了平衡浓度为$100\mu g/m^3$时的中国大陆和各省级行政区相应重现期的大气环境容量参照值，其中中国大陆气候平均的参照值为$2169\times10^4 t/a$。

5.1.6.2　大气环境污染物总量控制

污染物总量控制既是一种环境管理思想，也是一种环境管理手段。总量控制是将某一个污染控制区域作为一个完整系统，在一定时间段内，采取措施将这一区域内的污染物排放总量控制在一定数量之内，以满足该区域的环境质量要求。目前污染物总量控制制度已经成为我国环境管理的一项常态制度。就大气污染物总量管理而言，日本是第一个提出大气排放总量控制方法的国家。美国、德国继日本之后相继进行总量控制。大气方面研究比较多的是排污权交易和总量分配问题。常见的排污权分配方法有免费分配、公开拍卖等；对于总量分配问题，最简单的方法是减排率一致方案，还有基于GDP的排放分配方法、斯德哥尔摩环境研究所的GDR方法、基于历史排放趋势确定减排义务的方法、基于减排成本的方法、美国的“泡泡政策”方法等。技术层面，各学者进行了不同方法的研究，常用方法有层次分析法、基尼系数法、等比例分配方法、Delphi法等，各方法都有其优缺点。

随着中国大气污染由煤烟型污染向复合型污染转变，大气治理问题越来越严峻，各地区的污染物总量控制方案制定也越来越复杂。总体而言，要考虑不同地区的经济发展水平、污染物排放量、空气质量、治理水平、规划发展目标等因素，否则可能不仅起不到地区协同控制的作用，还可能打击部分地区减排的积极性。

《大气污染防治法》（2018年修正）第二十一条规定：国家对重点大气污染物排放实行总量控制。重点大气污染物排放总量控制目标，由国务院生态环境主管部门在征求国务院有关部门和各省、自治区、直辖市人民政府意见后，会同国务院经济综合主管部门报国务院批准并下达实施。省、自治区、直辖市人民政府应当按照国务院下达的总量控制目标，控制或者削减本行政区域的重点大气污染物排放总量。确定总量控制目标和分解总量控制指标的具体办法，由国务院生态环境主管部门会同国务院有关部门规定。省、自治区、直辖市人民政府可以根据本行政区域大气污染防治的需要，对国家重点大气污染物之外的其他大气污染物排放实行总量控制。国家逐步推行重点大气污染物排污权交易。

5.1.7　大气污染源管理

大气环境质量受到天气条件和区域扩散条件的制约，而污染源直接决定了区域的大气环境质量。大气环境质量与污染源排放的关系十分复杂，大气污染源解析是环境科学研究中长期受到关注的科学问题，也是环境管理和环境决策关注的核心问题。

欧美国家早在20世纪80年代就建立了完善的大气污染源排放清单编制技术体系。USEPA（美国环境保护署）于1993年制定了排放清单改进计划（Emission Inventory Improvement Program，EIIP），在此框架下统筹各级排放清单的编制工作，建立了全国性的大气污染源排放清单。欧盟于1990年发布了第1版《大气污染物排放清单指南》（以下简称《指南》），作为各成员国建立排放清单的技术导则，欧盟依据《指南》建立了覆盖欧洲30多个国家的大气污染源排放清单。

自20世纪80年代以来，随着我国经济的飞速发展，煤炭、石油等能源消耗日趋增加，大气污染物排放量也迅速增长，我国政府对大气污染越来越重视，环保工作者和环境科研工作者逐步开展了城市、区域以及全国层面的大气污染源排放清单编制工作。2014年环境保护部发布了8项大气污染物源排放清单编制技术指南及其编制说明。2017年清华大学贺克斌院士主编了《城市大气污染物排放清单编制技术手册》，并于2018年进行了更新。该手册由清华大学、中国环境科学研究院、生态环境部环境规划院、中国环境监测总站等单位的大气污染源排放清单专家，基于国内大气污染源排放清单研究成果和编制工作经验编写完成。该手册将大气污染源分为化石燃料固定燃烧源、工艺过程源、移动源、溶剂使用源、农业源、扬尘源、生物质燃烧源、储存运输源、废弃物处理源和其他排放源等10类，并编制了四级污染源分类的编码，为城市大气污染源排放清单的编制提供了重要技术支撑。

2018年北京市发布的污染源解析结果表明：北京市全年$PM_{2.5}$主要来源中本地排放占三分之二，现阶段本地排放贡献中，移动源贡献率位列首位，其次为扬尘污染。其中移动源、扬尘源、工业源、生活面源和燃煤源的排放贡献分别占45%、16%、12%、12%和3%，农业及自然源等约占12%。与2014年的第一次源解析结果不同，燃煤对北京市的污染贡献率大幅降低。而天津市2019年发布的源解析结果表明：天津市大气重污染是污染物本地累积、区域传输和二次转化综合作用的结果。在秋冬季期间平均状态下$PM_{2.5}$贡献中，本地一次污染物排放占40%左右，区域传输占30%左右。城市间大气污染的相互传输是客观存在的，但本地排放是天津以及绝大部分城市大气污染的主要来源。

从已有的源解析研究结果来看，各个地区的大气污染原因有很大的不同，因此要按照国家的法律法规和研究结果，科学制定治理对策，改善区域环境质量。

5.2 水体环境管理

水污染是最古老的环境问题之一，即使在今天，水环境污染仍然是世界各国共同面临和普遍关注的环境问题。随着经济发展、人口增加和城市化进程的加快，全球范围内的水污染日益加重。在许多发展中国家，因水污染导致的清洁饮用水源缺乏、人体健康受到威胁、城市和农村水体脏乱差等问题是比较突出的焦点。而在发达国家，水体中持久性有机污染物危害人体健康等问题，则是人们关注的焦点。早期的水体废物管理多体现在各种受污染河流、湖泊的治理工作中，通过关闭产生污染的企业、建设城市污水收集和处理系统、恢复水生生态系统等措施保护水体环境。这些工作在发达国家取得了明显的成效。但在许多经济欠发达的国家和地区，治理水体废物所需要的巨额资金使治理工作进展极为缓慢。因此，加强水体废物管理、保护水体环境将长期成为世界各国环境保护工作的重点。

5.2.1 水体废物的概况

5.2.1.1 水体废物的种类

所谓水体废物（废水）是指人们在利用水资源的过程中，或者是在生产生活的过程中，污染物质进入水中后排出的水。当这些水体废物通过点源或者面源的方式进入自然水体，就会造成水体的质量下降，不能满足人类生产、生活以及维持生态系统正常功能的发挥，这就是通常说的水污染。实际上，在不同语境下，水体废物、废水、污水、水污染源、水体污染物等表达的是同一语义。为了表述的统一，除个别情况，本书中统一用水体废物。

水体废物按其在水体中的状态或形态可划分为水体颗粒物、浮游生物、溶解物质，按其危害特征可划分为耗氧有机物、难降解有机污染物、植物性营养物质、重金属污染物、放射性污染物、石油类污染物、病原体等。

一些主要的水体污染物见表5-3。

表5-3　一些主要的水体污染物

种类	主要污染物
水体颗粒物	指纳米以上的胶体、矿物微粒、生物残体颗粒。胶体包括硅胶体、重金属的水合氧化物、腐殖酸、蛋白质、多糖、类脂等，矿物颗粒包括碳酸钙晶体、硅铝酸盐、黏土等
浮游生物	浮游动物、浮游植物和微生物。主要浮游动物有枝角目、太阳虫目、腰鞭毛虫目、轮虫等；主要浮游植物有绿藻、蓝藻、硅藻、裸藻、隐藻、金藻等；主要微生物有变形虫类等
溶解物质	溶解金属化合物，小分子有机物，如有机酸、氨基酸、糖类等天然有机物，多氯联苯、有机磷农药、有机氯农药等，也包括溶解在水中的气体化合物，如 CO、CO_2、H_2S、NH_3、Cl_2 等
耗氧有机物	有机酸、氨基酸、糖类、油脂等有机物
难降解有机污染物	卤代有机物、有机胺化合物、有机金属化合物及多环芳烃等
植物性营养物质	硝酸盐、亚硝酸盐、铵盐、氨氮、无机和有机磷化合物等
重金属污染物	指汞、铅、铬、镉、砷、铜、锌、钼、钴等
物理污染因素	热水、酸性废水、高含盐废水、色素、无机悬浮物等
放射性污染物	^{90}Sr、^{137}Cs 等
病原体	病菌、病毒、寄生虫

5.2.1.2　水体废物的来源

水体污染源按污染成因可分为天然污染源和人为污染源，按污染物种类可分为物理性、化学性和生物性污染源，按排入水体的形式可分为点源和面源。

工矿企业、城市或社区的集中排放一般被认为是点源，点源污染物的种类和数量与点源本身的性质密切相关。而在流域集水区和汇水盆地，通过地表径流污染水体的方式被称为面源，主要的面源污染物有氮、磷、农药和有机物等。

5.2.1.3　水体废物的特征

（1）来源广泛、成分复杂、排放量大　水是人类社会生存发展的最基本资源，生产生活的各个方面都需要清洁的水，并排放出含有各种废物的废水。因此，与气体废物一样，包括有机物、无机物、重金属、营养物质等在内的水体废物具有来源广泛、成分复杂、排放量大的特点。这些水体废物直接或间接进入江河湖海和地下水等环境，有可能经过复杂的物理、化学和生物过程造成水污染。

（2）危害性大、处理难度大　水体废物容易造成地表和地下饮用水水源的污染，进而直接危害人群的健康，特别是一些难以处理的污染物，如难降解有机污染物、内分泌干扰物等，一般处理工艺难以消除，会对饮用人群造成严重的健康威胁。另外，水体废物造成的水污染问题与水资源、水灾害等问题密切相关，如调蓄水资源利用的水库，容易造成富营养化问题；洪水等灾害有可能冲毁一些工厂设施，导致水体污染物泄漏，造成突发污染事件。因此，解决水污染问题，必须结合水资源、水灾害等层次统筹考虑。

5.2.2 当前中国水环境的状况

水环境和水污染是当前最迫切需要解决的问题。城市水质不同程度受损，功能恢复迫在眉睫。水环境质量恶化，污染接近甚至突破环境容量。河流雨源性特点突出，自净纳污能力有限。中国平均河川枯雨季最大和最小径流极值比可达4～7倍，雨源性特点突出。底泥处理难度大，水产养殖、水生植物等内源污染管控不足。面源污染严重，污染风险大，农业面源污染逐渐成为水质型缺水主因。农业面源污染对河流和湖泊富营养化的贡献率达60%～80%，随着城市生活废水和工业污水达标率的快速上升，农业面源污染逐渐成为水污染的重点。生活污水与工业废水管控不同步，雨污合流占比大。污水处理能力与现状污水量、工程进度和目标匹配度不高，污水处理设施空间分布不合理等问题突出。

根据生态环境部发布的《2018中国生态环境状况公报》，2018年，全国地表水监测的1935个水质断面（点位）中，Ⅰ～Ⅲ类比例为71.0%，比2017年上升3.1个百分点；劣Ⅴ类比例为6.7%，比2017年下降1.6个百分点。监测水质的111个重要湖泊（水库）中，Ⅰ类水质的湖泊（水库）7个，占6.3%；Ⅱ类34个，占30.6%；Ⅲ类33个，占29.7%；Ⅳ类19个，占17.1%；Ⅴ类9个，占8.1%；劣Ⅴ类9个，占8.1%。主要污染指标为总磷、化学需氧量和高锰酸盐指数。监测营养状态的107个湖泊（水库）中，贫营养状态的10个，占9.3%；中营养状态的66个，占61.7%；轻度富营养状态的25个，占23.4%；中度富营养状态的6个，占5.6%。2018年，全国10168个国家级地下水水质监测点中，Ⅰ类水质监测点占1.9%，Ⅱ类占9.0%，Ⅲ类占2.9%，Ⅳ类占70.7%，Ⅴ类占15.5%。超标指标为锰、铁、浊度、总硬度、溶解性总固体、碘化物、氯化物、“三氮”（亚硝酸盐氮、硝酸盐氮和氨氮）和硫酸盐，个别监测点铅、锌、砷、汞、六价铬和镉等重（类）金属超标。全国2833处浅层地下水监测井水质总体较差。Ⅰ～Ⅲ类水质监测井占23.9%，Ⅳ类占29.2%，Ⅴ类占46.9%。超标指标为锰、铁、总硬度、溶解性总固体、氨氮、氟化物、铝、碘化物、硫酸盐和硝酸盐氮，锰、铁、铝等重金属指标和氟化物、硫酸盐等无机阴离子指标可能受到水文地质化学背景影响。

5.2.3 中国水污染防治发展历程

5.2.3.1 1995年前以点源为主的水污染防治阶段

改革开放初期是我国构建水环境管理体系的重要时期，涉及水的环境保护法律法规、标准和政策制度等管理性文件在20世纪八九十年代相继出台，包括《水污染防治法》、《水污染防治法实施细则》、《地面水环境质量标准》（GB 3838—83）、《污水综合排放标准》（GB 8978—88）、《农田灌溉水质标准》（GB 5084—85）、《渔业水质标准》（GB 11607—89）、《地下水质量标准》（GB/T 14848—93）、《景观娱乐用水标准》（GB 12941—91）等法律法规文件。1989年第三次全国环境保护会议强调了要向环境污染宣战、要加强制度建设，这次会议的一个具体贡献是确定了“三大政策”和“八项制度”，将环境保护工作推上了一个新的阶段。总体上全国水环境质量状况经历了20世纪80年代局部恶化、90年代全面恶化的变化过程，“有河皆污，有水皆脏”是90年代初期我国水环境状况的真实写照。虽然我国政府已经意识到我国工业化过程中应避免“先污染后治理”的过程，环境保护工作在经济社会发展中的地位逐渐受到重视，但还缺乏正确处理经济建设和环境保护关系的经验。总体上，这个阶段以单纯治理工业污染为主，要求工矿企业实施达标排放，但同时我国环境监管能力较弱，工矿企业达标情况并不乐观。

5.2.3.2　大规模治水的四期（“九五”至“十二五”时期）重点流域治污阶段

20世纪90年代，我国掀起了新一轮的大规模经济建设，重化工项目沿河沿江布局和发展对水环境造成的压力不断加大，1994年淮河再次爆发污染事故，流域水质从局部河段变差向全流域恶化发展，决定了我国必须在流域层面开展大规模治水。“九五”“十五”两期计划实施后，全国地表水水质有所改善，全国Ⅰ～Ⅲ类比例和劣Ⅴ类比例呈稳中向好的趋势。在“十一五”规划中，首次明确了“五到省”原则，即“规划到省、任务到省、目标到省、项目到省、责任到省”，依据《水污染防治法》，“地方政府对当地水环境质量负责”，突出水污染防治地方政府责任，中央政府进行宏观指导，重点保障饮用水水源地水质安全，实施跨省界水质考核和协调解决跨省界纠纷问题。

5.2.3.3　“水十条”实施后的系统治污阶段

2012年后，依据全面深化改革、全面依法治国的重要战略部署和落实《环境保护法》要求，2015年国务院印发实施《水污染防治行动计划》（以下称“水十条”），使水污染治理实现了历史性和转折性变化，其最大亮点是系统推进水污染防治、水生态保护和水资源管理，即“三水”统筹的水环境管理体系，为健全污染防治新机制做了有亮点、有突破的探索。“水十条”尊重客观规律，以质量改善为核心，统筹控制排污、促进转型、节约资源等任务，坚持节水即减污，污染总量减排与增加水量、生态扩容并重，污染物排放总量是分子，水量是分母，“分子、分母”两手都要发力；统筹地表与地下、陆地与海洋、大江大河与小沟小叉，强调水质、水量、水生态一体化综合管理，协同推进水污染防治、水资源管理和水生态保护，实施系统治理。

5.2.4　中国水环境管理的体制及改革

5.2.4.1　中国水环境管理的机构和体制

根据现行的政府机构设置，水环境管理职责分工主要涉及生态环境部、水利部、财政部与住房和城乡建设部。生态环境部和水利部是两个最主要的水环境管理职能部门。在现行法律框架下，水利部负责对水资源实行统一管理和监督，在水环境管理方面的主要职责包括：按照国家资源与环境保护的有关法律法规和标准，拟订水资源保护规划；组织水功能区的划分和向饮水区等水域排污的控制；监测江河湖库的水量、水质；审定水域纳污能力等。生态环境部是国务院负责生态环境保护的行政部门，负责指导和协调解决各地方、各部门以及跨地区、跨流域的重大环境问题；调查处理重大环境污染事故和生态破坏事件；协调省际环境污染纠纷；组织和协调国家重点流域水污染防治工作；负责环境监察和环境保护行政稽查；组织开展全国环境保护执法检查活动；制定国家环境质量标准和污染物排放标准并按国家规定的程序发布；负责地方环境保护标准备案工作；定期发布重点城市和流域环境质量状况等。

同时，《水污染防治法》（2017年修正）规定，县级以上人民政府环境保护主管部门对水污染防治实施统一监督管理。交通主管部门的海事管理机构对船舶污染水域的防治实施监督管理。县级以上人民政府水行政、国土资源、卫生、建设、农业、渔业等部门以及重要江河、湖泊的流域水资源保护机构，在各自的职责范围内，对有关水污染防治实施监督管理。此外，建设主管部门具有负责指导城市供水节水和城市污水处理厂的建设的职能，而城市污水处理厂的规划和建设与水污染防治工作密切相关。中国的水环境管理还涉及农业、交通、林业、财政等部门，如农业部门负责农业面源污染控制，交通部门负责船舶污染的监督管理、水运环境的管理等。

5.2.4.2 中国水环境管理目前面临的问题

（1）历史欠账问题整治进入攻坚期　我国用近40年时间追赶发达国家的工业化、城市化进程，当前的生态环境问题是发达国家200多年工业化进程中出现问题的集中凸显，处理起来难度很大。当前我国经济增长与发展方式较粗放，工业源与农业源污染未得到有效控制，城镇污水收集和处理设施短板明显，以国控断面劣Ⅴ类水体、城市黑臭水体、水源地等为代表的突出环境问题整治面临严峻挑战。参照发达国家莱茵河、琵琶湖等治理进程，发达国家用了30～35年的时间水质状况才有较大幅度改善，我国部分污染严重的水体，如京津冀地区（海河流域）水环境质量实现根本好转，治理时间可能需要30～35年。

（2）经济社会发展对水资源诉求不断增加　我国水生态环境压力仍然处于高位，水生态环境保护形势依然严峻，经济和人口增长、快速的城市化给有限的水资源带来巨大压力。按照水资源规划，用水总量到2030年将控制在7000亿吨以内，用水总量增速逐步下降，用水效率加速提升，但水资源消耗与环境承载不足的矛盾依然突出。

（3）水安全风险还在不断累积　高质量发展是新时代的主题，而改善水环境质量、实现绿色可持续发展，是高耗水、高污染行业高质量发展的要义。比如，长江流域沿江集中了众多重化工企业，对水源地安全的风险隐患短期内难以解决。从长远来看，工业制造业仍将是我国经济的重要支撑，石油、化工、制药、冶炼等行业对水环境安全的风险将长期存在。此外，近年来我国部分流域已出现一些新型污染物（如持久性有机污染物、抗生素、微塑料、内分泌干扰物等），这些污染物在环境中难以降解，具有累积性，目前尚缺乏有效的管控措施，对人体健康造成潜在隐患。

（4）公众对良好水生态环境产品的需求日益提高　随着公众对生态产品需求的增加，公众对解决身边的环境问题提出了更高的要求，水生态环境改善则是首当其冲的挑战。良好生态环境是最普惠的民生福祉，重点解决饮水安全、消除污染严重水体等突出水环境问题，加快改善水生态环境质量，提供更多优质水生态产品，是未来水环境保护工作的重点。

5.2.4.3 国外水环境管理的经验

城市化、工业化的发展，加剧了水资源供需紧张和水环境质量恶化。针对水环境问题，各国各地区进行过大量尝试。城市水环境作为复合生态系统，各属性间有机联系，关于如何统筹水环境各因素间的相互关系，协调施工与管理、协同社会各参与方，从而达到水环境治理的最好效果，经过多年实践，部分国家已在技术手段、管理机制和法律保障等方面建立了成功的治理模式，为水环境治理提供了新的思路。各国历史文化、经济政治体制及流域情况不同，其水环境治理也呈现出不同的特色。总结主要水环境治理体制，根据组织机构是主管部门协调还是各机构或地区自主制定流域政策法规，大致可分为集中治理、综合流域管理、分散治理和集中-分散治理等不同的模式。

（1）美国的集中治理模式（命令控制管理模式）　美国水环境治理实行典型的集中治理模式，以地方行政区域管理为对象，主要由专门机构负责（联邦层面主要由流域委员会负责），以命令控制为主，经济鼓励为辅，结合公众参与进行流域统一治理。其流域管理机构对联邦负责，经费专用，高度自治，具有广泛的公权力。同时，美国以单个流域作为对象，立法指定水污染控制基本政策和污水排放标准，并以此建立排污权交易等制度，平衡水环境治理设施建设、运营支出。

（2）欧洲的多层级综合管理模式　欧洲各国普遍实行多层级综合流域管理体制，水管理机构具有广泛的管理和控制权，各国间存在部分差异。以法国为例，法国设国家水环境资源委员会、流域委员会和水务局、用水户和专业协会等，分别对应国家、流域、地区与地方多个层级。以上管理机构按照自然流域设置，综合管理，以自然水系为基础，调配水资源，控制水污染。而英国水管理经历了从地方到流域统一的演变，现定型于流域统一管理与水务私有化相结合体制，以国家流域管理局和不同流域区的河流管理处为主要管理机构对自然水系进行统一管理。

（3）日本的分散治理模式（多部门协调治理模式）　日本没有统一的水资源治理机构，国土交通省、环境省和农林水产省等中央机构均涉及流域治理工作，属“多龙治水”模式，但各部门依靠法律紧密结合，部门间按照水的不同功能分工管理，相互协调，依法协作。水环境治理按流域统一立法，在以水功能为基础的治理模式中，中央和地方明确分工，合作协调。中央政府主要制定和实施全国水资源政策和总体规划，地方政府与机构则在政策框架下，负责水环境系统的运营、维护和管理。水权由国家统一分配，水系协同管理开发，以保证流域总体规划的实施。

（4）澳大利亚的集中-分散治理模式　澳大利亚水管理主要基于其行政区域管理，联邦政府水利委员会为流域治理最高管理机构，负责统筹组织和协调全国的涉水活动和相关规划，制定水环境治理政策。另外，独立于州政府之外的流域部长理事会与流域委员会负责部分水权分配及咨询工作。而州内水资源归州政府所有，管理权限自主权下放至地方流域机构，可适时开展流域治理活动，调整资金投入，利用水价等经济手段促进和提高水资源利用效率。以州为核心的管理体制有利于政策落地，操作性更强，效率更高。

5.2.5　水环境管理的标准

5.2.5.1　水环境质量标准

水环境质量标准是为了控制与消除各种污染物带来的水体污染，根据水环境治理的长期及短期目标所提出的环境质量标准。我国目前的水环境质量标准主要包括：《地表水环境质量标准》（GB 3838—2002）、《农田灌溉水质标准》（GB 5084—2005）、《海水水质标准》（GB 3097—1997）、《地下水质量标准》（GB/T 14848—2017）、《渔业水质标准》（GB 11607—89）。水环境质量标准是水质管理与污染控制的重要依据，在我国水环境质量管理工作中发挥了不可替代的作用。

我国现行《地表水环境质量标准》（GB 3838—2002）由国家环境保护总局于2002年颁布实施，是评价和考核我国地表水环境质量、管理我国地表水环境的基本依据。《地表水环境质量标准》适用于中华人民共和国领域内江河、湖泊、运河、渠道、水库等具有使用功能的地表水水域。该标准依据地表水环境功能和保护目标将地表水体分为5类，并规定了水环境质量应控制的项目、限值和分析方法等。该标准涉及的基本项目有24项，包括基础环境参数、营养盐、耗氧物质以及重金属和氰化物、挥发酚等部分有毒有害污染物等。

这些标准的详细参数请参考生态环境部网站，这里不再详述。

5.2.5.2 水污染物排放标准

(1) 中国水污染物排放标准的发展 水污染物排放标准是直接控制污染源排放的技术依据，近年来受到高度重视。水污染物排放标准是依据受纳水体的水质要求以及社会经济条件、污染治理技术、生态环境状况等条件对排入水环境的有害物质以及其他有害因素进行限制的标准。标准在控制点源水污染物的排放以及保护水质方面具有重要的作用，是国家进行环境管理的重要手段，也是国家环境保护法律体系的重要组成部分。我国自1973年颁布首部环境标准《工业“三废”排放试行标准》(GB J4—73) 以来，陆续颁布了60余项国家水污染物排放标准和地方水污染物排放标准，形成了具有中国特色的水污染物排放标准体系。截至2015年底，现行有效的水污染物排放标准共63项，其中包括1项综合型的排放标准、62项行业型的排放标准。

(2) 中国水污染物综合排放标准的特点 1996年颁布的《污水综合排放标准》(GB 8978—1996) 是在对水污染物排放标准进行系统研究、总结实践经验的基础上制定的，其特点主要如下。一是明确了综合排放标准与行业标准不交叉执行原则，行业标准优先执行。二是依据《地表水环境质量标准》(GB 3838—88) 对水环境功能区的分类，高功能区高要求，低功能区低要求，对废水排放实行分级管理。三是将排放的污染物按性质及控制方式分为第一类污染物和第二类污染物两类。第一类污染物多为难以降解并能在生物体内蓄积的有害物质，对此类污染物质不进行分级管理，执行统一的排放限值。第二类污染物多为除第一类污染物之外的能够影响水环境质量的有害因素或物质。四是对污染源进行分类管理，将污染源分为现有污染源和新建污染源，新建源执行的标准限值总体上严于现有源。五是采用浓度限值和排水量相结合的限制方式。一般企业执行的排放限值按浓度计算，但对部分行业还另行规定了最高允许排水量。

(3) 中国水污染物排放标准存在的问题

① 水污染物排放标准体系尚需进一步健全和统一。相当一部分水污染物排放标准缺乏明确的水污染物预处理标准。虽然最新颁布的国家、行业水污染物排放标准和地方水污染物排放标准都明确了预处理要求，但各自的预处理要求差别较大，还需进一步补充统一、明确、可操作性强的规定。

② 水污染物排放标准前后不一致。目前，我国的水污染物排放标准存在“超期服役”现象。现行有效的国家水污染物排放标准大多制定于2010年之前，地方水污染物排放标准更是如此。新制定或修订的水污染物排放标准与“老”标准在理念、技术、方法等方面存在很大差异，存在同一项污染物排放标准的适用性规定不够明确、多个标准可能同时适用，进而导致在实际管理工作中存在模棱两可、无所适从的情况。

③ 缺乏与水环境质量标准的协调。我国现行的水污染物排放标准主要是基于污染控制技术及经济可行性制定的，部分标准的设置尚需进一步加强与水环境质量标准的协调。我国现行的水污染物排放标准共包含124项污染物控制项目，而《地表水环境质量标准》(GB 3838—2002) 只包含109项控制目标，作为追求目标的水环境质量标准所包含的污染物控制项目明显少于排放标准所要控制的污染物项目，两种标准有待进一步协调。

④ 标准的实施手段分散、缺乏力度。水污染物排放标准的有效实施关乎行业技术进步、产业结构调整。目前与排放标准直接相关的制度有排污收费（税）制度、“三同时”制度、环境影响评价制度、限期治理制度、达标排放制度及排污许可制度等，排放标准多分散规定

于不同的制度之中，这些制度规定的标准没有配套的实施细则和具体措施，使其难以充分有效发挥在水环境质量保护方面的作用。

5.2.6　水环境污染总量控制

水污染物总量控制制度是我国环境保护管理中的一项重要制度，对我国水环境保护发挥了重要作用。我国的水污染控制主要经历了从“浓度控制”到“总量控制”两大阶段。浓度控制是指以控制污染源排放口排出污染物的浓度为核心的环境管理方法体系，其核心内容为国家环境污染物排放标准（主要是浓度排放标准）。这一阶段始于1973年颁布的《工业“三废”排放试行标准》(GBJ 4—73)，这也是我国第一个水体污染物控制标准文件。经过1979—1989年的水污染控制实践，逐步形成了我国第一套排放标准体系。“排污收费”“三同时”“环境影响评价”等制度都是以浓度排放标准为主要评价标准。

总量控制是在排放标准控制无法抑制污染扩大态势基础上提出来的。1986年，国家环境保护委员会颁布了《关于防治水污染技术政策的规定》，该规定明确指出：“对流域、区域、城市、地区以及工厂企业污染物的排放要实行总量控制。”自此，我国主要污染物总量控制制度建立开始起步。1996年修订的《水污染防治法》第十六条要求“省级以上人民政府对实现水污染物达标排放仍不能达到国家规定的水环境质量标准的水体，可以实施重点污染物排放的总量控制制度，并对有排污量削减任务的企业实施该重点污染物排放量的核定制度”，即对水质不达标负有责任的企业实施重点污染物排放总量控制。同年，国务院批准实施了《“九五”期间全国主要污染物排放总量控制计划》，我国污染物总量控制制度雏形建立。随后，国家实施的“十五”“十一五”以及“十二五”环境保护计划（规划）都制定了有关污染物总量控制的计划。2008年修订的《水污染防治法》第十八条规定“国家对重点水污染物实施总量控制制度”，标志着我国水污染物总量控制制度得以全面实施。在2010年前后，由于污染发展趋势未得到有效遏制，环保部提出了“流域限批”来进一步限制流域污染物排放总量。2018年修订后实施的《水污染防治法》第二条对实施水污染物总量控制制度的程序和要求做出了明确规定。先后于2002年和2016年修订的《水法》规定“县级以上人民政府水行政主管部门或者流域管理机构应当按照水功能区对水质的要求和水体的自然净化能力，核定该水域的纳污能力，向环境保护行政主管部门提出该水域的限制排污总量意见”，同时确立了水功能区水质监测和重点污染物排放总量超过控制指标的报告和通报程序，进一步完善了水污染物总量控制制度。

总量控制是指以控制一定时段内、一定区域内排污单位排放污染物总量为核心的环境管理方法体系，包含以下3个方面的内容：①排放污染物的总量按总量控制的实施程序逐年削减；②排放污染物总量按照流域/地域范围确定，逐步实行流域限批；③确定排放污染物的时间跨度。总量控制通常有3种类型：目标总量控制、容量总量控制和行业总量控制。“十二五”期间国家水污染总量控制指标为化学需氧量（COD）和氨氮。“十五”和“十一五”期间，我国水污染控制推行的是污染物排放目标总量控制，即污染物排放总量控制在管理目标所规定的污染负荷范围内，其优势在于目标制定简单、便于操作、易分解落实，不足在于有时会与流域水环境实际情况脱节。从“十一五”开始，探索基于水体水质目标的容量总量控制，即污染物排放总量控制在受纳水体设定环境功能所确定的水质标准范围内，强调水体功能以及与之相对应的水质目标和管理目标的一致性。

5.3 固体废物管理

5.3.1 固体废物的概念和特征

5.3.1.1 固体废物的概念

固体废物是指人类在生产建设、日常生活和其他活动中产生的，在一定时间和地点无法利用而被丢弃的污染环境的固体、半固体物质。固体废物的分类方法有多种：按其组成可分为有机废物和无机废物；按其形态可分为固态废物、半固态废物和液态废物；按其污染特征可分为危险废物和一般废物等。

5.3.1.2 固体废物的特征

（1）资源和废物的相对性　固体废物具有鲜明的时间和空间特征，是在错误时间放在错误地点的资源。从时间方面讲，废物仅仅是在目前的科学技术和经济条件下无法利用，但随着时间的推移、科学技术的发展以及人们的要求变化，今天的废物可能成为明天的资源。从空间角度看，废物仅仅相对于某一过程或某一方面没有使用价值，而并非在一切过程或一切方面都没有使用价值。一种过程的废物，往往可以成为另一种过程的原料。固体废物一般具有某些工业原材料所具有的化学、物理特性，且较废水、废气容易收集、运输、加工处理，因而可以回收利用。

（2）富集终态和污染源头的双重作用　固体废物往往是许多污染成分的终极状态。例如，一些有害气体或飘尘，通过治理最终富集成为固体废物；一些有害溶质和悬浮物，通过治理最终被分离出来成为污泥或残渣；一些含重金属的可燃固体废物，通过焚烧处理，有害金属浓集于灰烬中。但是，这些“终态”物质中的有害成分，在长期的自然因素作用下，又会转入大气、水体和土壤，故又成为大气、水体和土壤环境的污染“源头”。

（3）危害具有潜在性、长期性和灾难性　固体废物对环境的污染不同于废水、废气和噪声。固体废物呆滞性大、扩散性小，它对环境的影响主要是通过水、气和土壤进行的。其中污染成分的迁移转化，如浸出液在土壤中的迁移，是一个比较缓慢的过程，其危害可能在数年甚至数十年后才能发现。从某种意义上讲，固体废物，特别是有害废物对环境造成的危害可能要比水、气造成的危害严重得多。

5.3.2 当前中国固体废物的产生现状

长期以来，我国经济高速发展，环境与资源瓶颈凸显。工业固体废物产生量与经济增长成正相关，产生的大量固体废物占用大量土地，也存在着环境、安全问题。2008—2017 年，我国工业固体废物产生量年平均增长率为 9.8%；“十二五”以来，年产生量超过 30 亿吨。我国是世界上固体废物负担最沉重的国家，随着经济的发展和人民生活水平的不断提高在急剧增加，2008—2017 年我国工业固体废物产生量见表 5-4。

据生态环境部《2018 年全国大、中城市固体废物污染环境防治年报》统计数据，2017 年，202 个大、中城市生活垃圾产生量 20194.4 万吨，处置量 20084.3 万吨，处置率达 99.5%。生活垃圾处理处置行业整体发展迅速，但仍存在诸多问题。如城乡生活垃圾处理水

表 5-4　我国工业固体废物产生及处置情况　　单位：10^4t

年份	产生量	综合利用量	处置量	倾倒丢弃量
2008	190127	123482	48291	781.8
2009	203943	138186	47488	710.5
2010	240944	161772	57264	498.2
2011	326204	196988	71382	433.3
2012	332509	204467	71443	144.2
2013	330859	207616	83671	129.3
2014	329254	206392	81317	59.4
2015	331055	200857	74208	55.8
2016	309210	184096	65522	32.23
2017	331592	181187	79798	73.04

资料来源：根据历年《中国环境统计年鉴》数据整理。

平差距过大，2017年，202个大、中城市的生活垃圾处置率达99.5%，而2017年我国农村垃圾的处理率为62.85%，城乡差距仍然显著。在国家有关政策的支持下，农村生活垃圾的处理处置发展迅速，从2012年的不足50%，增至2017年的62.85%。随着国家对环境污染防治的重视，农村垃圾治理将成为行业发展的新热点。

我国目前各类固体废物的累积堆存量约为800亿吨，且随着人民生活水平的提高和城镇化的快速发展，固体废物产生量呈逐年增长态势，其利用处置过程中的温室气体排放及有毒有害物质的跨区域环境影响也成为了全世界关注的焦点问题之一，给我国造成了巨大的环境压力。同时，如此巨大的废物产生量和累积量，如处理不当，还会造成资源浪费。然而，废物并不完全是无用的，在一定的技术和经济条件下，不同类别的废物可以分别转化为有用的资源和能源，成为宝贵的财富，是开发潜力巨大的“二次矿山”。如果对固体废物进行分类资源化利用，且从源头上进行减量化，就可以显著减少原生资源的使用量，提高资源利用率，从而带来显著的环境效益、经济效益和社会效益。

5.3.3　固体废物管理理念的发展

在固体、液体和气体三种废弃物形态中，固体废物的污染问题最多，程度最严重，但却是最晚引起人们注意的，也是管理最薄弱的领域。

5.3.3.1　固体废物管理的“消纳”思想

固体废物的消纳是指利用自然环境容量，将其置于可接受的场所，使固体废物与城市生活环境相隔离。

第一次工业革命前，固体废物主要由植物、动物残余及各种残渣组成，能在自然生态体系中被分解与转化，对环境的影响十分有限；受城市规模的限制，其产生量也相当有限，只要将其相对分散于城市周边的乡村环境中，在一段时间内通过物理、化学及生物作用就可以有效地降解固体废物。

随着城市规模的扩大和人类生活生产方式的变革，固体废物的组分日益复杂，数量骤增，消纳思想引导的城市固体废物处置实践出现了极大的危机。难以降解的有毒有害物质长期堆积，不仅污染了土壤，也对大气、水体造成严重危害；此外，数量骤增的固体废物占用了大量农田，在城郊形成了巨大的垃圾山，严重影响了人们的生产、生活。为解决上述问题，有关人员研发了焚烧、垃圾堆肥和卫生填埋等技术。然而，这些技术的出现与应用并没有完全解决固体废物污染问题。

5.3.3.2 固体废物管理的“三化”原则

固体废物管理的“三化”原则由“消纳”思想发展而来。“三化”原则，根据其对于固体废物管理的重要性及影响程度，表达顺序为减量化、资源化、无害化。由此固体废物管理从末端处理的思想转变为源头管理的思想，这是一种设定优先级的、层级管理理念。在此理念的指引下，固体废物的分类、回收与再造技术等取得了良好的发展。人们对固体废物的关注从垃圾本身延伸到产生行为的干预。在原先的技术性工作中融入了社会学、心理学、管理学、运筹学、生物学、环境科学、环境工程等学科思想；在管理的措施上，更多地运用法律、经济、教育和社会参与等手段。

5.3.3.3 固体废物管理的“综合管理”原则

固体废物的综合管理理念，是继可持续发展理论之后产生的，即在“三化”原则基础上，综合考虑经济、社会和环境的因素，满足三者的可接受程度，决定管理措施的力度和广度。在可持续发展理念下，城市固体废物管理的根本性目标被理解为实现城市物流过程的生态化，包含：①减少城市物流过程的原材料需求；②减少城市物流过程向自然环境输出的废物流量，同时应使其组成特性尽可能高地与自然生态过程相容；③对进入自然环境的废弃物设置物流交换隔离屏障，避免废弃物对环境生态的直接冲击与破坏。

固体废物管理是城市可持续发展中环境管理的组成部分，应该立足于整个城市系统进行考虑。按照层级管理的“三化”管理理念进行推进，往往发现并不完全符合可持续发展的要求。例如，从减量化、资源化的角度，回收可利用物质属于优先采用的措施。但是，如果废弃物回收过程中所消耗的能源和资源比回收后节约的能源及获得的资源多，则回收从总体上讲并不具有可持续的特征。因此，这种将环境可承受性放在最重要位置的管理理念受到了社会和经济接受程度的挑战。

5.3.3.4 循环经济理论

循环经济以资源的高效利用和循环利用为核心，将物质流动方式由传统的“资源—产品—废弃物”单向线性模式，转变为“资源—产品—废弃物—再生资源”的闭合循环模式。循环经济使人类步入可持续发展的轨道，使传统的高消耗、高污染、高投入、低效率的粗放型经济增长模式转变为低消耗、低排放、高效率的集约型经济增长模式。

5.3.4 中国的固体废物管理

5.3.4.1 中国固体废物管理的机构与体制

根据《中华人民共和国固体废物污染环境防治法》（以下简称《固体废物污染环境防治法》）（2020 年修正）规定：国务院生态环境主管部门对全国固体废物污染环境防治工作实施统一监督管理。国务院发展改革、工业和信息化、自然资源、住房城乡建设、交通运输、农业农村、商务、卫生健康、海关等主管部门在各自职责范围内负责固体废物污染环境防治的监督管理工作。地方人民政府生态环境主管部门对本行政区域固体废物污染环境防治工作实施统一监督管理。地方人民政府发展改革、工业和信息化、自然资源、住房城乡建设、交通运输、农业农村、商务、卫生健康等主管部门在各自职责范围内负责固体废物污染环境防治的监督管理工作。县级以上人民政府应当将固体废物污染环境防治工作纳入国民经济和社会发展规划、生态环境保护规划，并采取有效措施减少固体废物的产生量、促进固体废物的综合利用、降低固体废物的危害性，最大限度降低固体废物填埋量。国务院生态环境主管部门应当会同国务院有关部门根据国家环境质量标准和国家经济、技术条件，制定固体废物鉴别标准、鉴别程序和国家固体废物污染环境防治技术标准。国务院标准化主管部门应当会同国务院发展改革、工业和信息化、生态环境、农业农村等主管部门，制定固体废物综合利用标准。国务院生态环境主管部门应当会同国务院有关部门建立全国危险废物等固体废物污染环境防治信息平台，推进固体废物收集、转移、处置等全过程监控和信息化追溯。

5.3.4.2 当前中国固体废物管理存在的问题

（1）城市生活垃圾管理机制中的问题　城市生活垃圾包括我们日常生活产生的垃圾以及使用的旧家电等。自2012年以来，我国对生活垃圾的处理和处置逐步重视，各大城市正在逐步推进垃圾分类，形成了政府引导、居民参与的模式。就目前来看，我国的生活垃圾处理主要由城市管理部门进行管理，包括对垃圾进行清扫、运输到最后分类处理。党的十八大以来，生活垃圾分类受到了党和国家越来越多的关注，并被摆到突出位置。2019年7月1日上海全面启动生活垃圾强制分类，北京、广州、深圳、无锡等地政府也在积极推进实施生活垃圾强制分类。中国共产党第十九届四中全会通过的《中共中央关于坚持和完善中国特色社会主义制度 推进国家治理体系和治理能力现代化若干重大问题的决定》提出，“普遍实行垃圾分类和资源化利用制度”。我国在城市生活垃圾管理方面已经积累了较好的经验，但从管理机制来看，还存在城市管理部门与生态环境管理部门以及相关机构的协调等问题。

（2）工业废物管理机制中的问题　2020年9月1日起施行的《固体废物污染环境防治法》针对工业固体废物的管理进行了详细的规定。该法指出，产生工业固体废物的单位应当建立健全工业固体废物产生、收集、贮存、运输、利用、处置全过程的污染环境防治责任制度，建立工业固体废物管理台账，如实记录产生工业固体废物的种类、数量、流向、贮存、利用、处置等信息，实现工业固体废物可追溯、可查询，并采取防治工业固体废物污染环境的措施。产生工业固体废物的单位应当向所在地生态环境主管部门提供工业固体废物的种类、数量、流向、贮存、利用、处置等有关资料，以及减少工业固体废物产生、促进综合利用的具体措施，并执行排污许可管理制度的相关规定。除了生态环境部门，工业固体废物的管理还涉及发展改革、工业和信息化等相关部门，这就造成了职能的交叉与协调，有导致工业固体废物的产生单位面临多头管理的可能。因此，需要在相关法律的基础上，进一步通过系统化的管理方式，实现固体废物的全过程管理。同时，我国工业固体废物的管理目前还存在专业化不强和产业化能力较低的问题。

（3）危险废物管理机制中的问题　2020年9月1日起施行的《固体废物污染环境防治法》针对危险废物的管理进行了较为完善的规定。但我国危险废物的管理在现实中仍然存在违法成本低、个别监管不到位的问题，需要较长的时间加以完善。例如该法规定，产生危险废物的单位，应当按照国家有关规定制定危险废物管理计划；建立危险废物管理台账，如实记录有关信息，并通过国家危险废物信息管理系统向所在地生态环境主管部门申报危险废物的种类、产生量、流向、贮存、处置等有关资料。产生危险废物的单位，应当按照国家有关规定和环境保护标准要求贮存、利用、处置危险废物，不得擅自倾倒、堆放。但现实中，仍然有部分单位不会严格地执行法律规定，原因就是违法成本较低。有时会有危险废物非法倾倒的风险。当前我国危险废物处置费用平均每吨约6000元，一车危险废物的处置费用可能高达几万元。而我国现行《固体废物污染环境防治法》对危险废物违法行为的最高行政处罚金额仅为20万元，相对于高额的危险废物处置费用，存在违法成本低的问题，这在一定程度上成为部分企业非法转移倾倒危险废物的诱因。虽然《最高人民法院、最高人民检察院关于办理环境污染刑事案件适用法律若干问题的解释》将非法排放、倾倒、处置危险废物三吨以上定义为严重污染环境罪，但对于无危险废物经营许可证从事收集、贮存、利用、处置危险废物经营活动，而不具有超标排放污染物、非法倾倒污染物或者其他违法造成环境污染情形的，可以不认定为犯罪。

5.3.4.3 国外固体废物管理的经验

发达国家在固体废物管理方面走在前列，积累了丰富的经验，固体废物的管理战略从20世纪80年代起出现了重大变革。以污染防治（或预防）战略取代了末端治理为主的战略，以固体废物的回收利用和资源化为中心，制定了一系列法规和政策，开发了成套的固体废物资源化技术。

（1）德国　近年来，德国在城市固体废物立法管理方面一直处于世界领先地位。在城市固体废物管理和综合治理上的做法与措施不仅推动了垃圾废物处理进程的健康稳定发展，也给其他国家提供了许多宝贵经验。

德国政府长期重视废物立法管理，不断完善、提升和拓展，已形成完备的法律法规体系。现阶段，废物管理立法主要是指导、约束和规范废物管理和综合治理工作。1996年7月，《固体废物循环经济法》在德国正式生效，成为德国固体废物管理的指导性法律。该法强调固体废物首先要减量化，特别是要降低废物的产生量和有害程度；其次是作为原料或能源再利用；只有当固体废物在当前的技术和经济条件下无法进行再利用时，才可以在“保障公共利益的情况下”进行“在环境可承受能力下的安全处置”。该法明确了固体废物管理的准则，确立了将固体废物循环再生利用作为一部分回用于经济圈中的目标，即循环经济目标。

德国还根据本国固体废物的具体情况制定了《固体废物分类名录》，将固体废物分为20大类，800多个小类，理顺了德国固体废物的基本范围与属性，为依法收集、清运、治理城市固体废物提供了基础保障条件。同时，还制定了《生活垃圾处理技术导则》《危险废物处理技术导则》《固体废物填埋技术导则》等，对不同类型固体废物的处理技术与工艺、处理设施建设与维护等都提出了指导性的原则和工艺技术要求。

在固体废物运行管理方面，德国颁布实施的《固体废物规划法》要求固体废物产生量较大的企业必须制定废物减量化规划。而《固体废物代理人法》规定每个企业都必须有获得资质的专业人员对固体废物进行管理。《固体废物处理企业的专业资质证条例》规定对固体废物处理企业的专业资质进行规范管理。这些有关固体废物的管理规范已经延伸到德国固体废物处理、管理、运营和相关经济领域，并在德国固体废物治理实践中发挥着不可估量的作用。

（2）美国　美国1965年制定了《固体废物处理法》，1976年颁布了《资源保护回收法》。自20世纪80年代开始，美国将环境保护的重点从传统的末端治理为主转移到加强防治污染，即将从源头减少污染和回收利用废物作为环保工作的中心。1984年通过《危险和固体废物修正草案》，提出要在可能的情况下尽量减少和杜绝废物的产生，建立了国家和州政府废物最少化管理体系。同年国会通过了《资源保护与回收法》和《综合环境反应、赔偿和责任法》。1988年美国环保署颁布了《废物减少评价手册》，该手册系统地描述了采用清洁工艺技术的可能性，并叙述了不同阶段的程序和步骤。美国加州于1989年通过了《综合废物管理法令》，要求在2000年以前，实现50%的固体废物通过削减和再循环的方式进行处理。

美国的固体废物管理中的行政许可制度独创性地引进了市场机制，消除了国家直接干预带来的不良后果，有效地培养了政府的服务意识和公民的自治意识，建立起了政府与公民间的良性互动合作，极大地降低了环境保护的成本，节约了社会资源。

(3) 日本　日本的城市固体废物处理分为前端控制、中间处理和最终处置三部分。前端控制主要是抑制固体废物的产生，实行废物分类收集及再生利用；中间处理包括固体废物的焚烧、堆肥及焚烧热能回收等；最终处置即最后阶段的卫生填埋处理，这一阶段的循环利用包括焚烧灰的再生利用等。日本对城市固体废物的处理，无论是在立法上还是在技术上都处于领先水平。特别是进入20世纪90年代后，日本提出了“环境立国”的口号，加强了对环境的管理及监督力度，城市固体废物处理的基本对策也发生了很大变化，一改过去末端治理的方针，学习欧洲先进的固体废物处理经验，开始制定新的固体废物处理战略。日本政府为促进废弃资源回用，实现循环经济社会，制定了许多政策法规，其中大部分涉及废弃物的资源化利用。日本于1992年制定了《再生资源利用促进法》，并于同年修订了1970年颁布施行的《废弃物处理法》。1998年制定了《家电回收利用法》，规定销售商有接收和回收消费者报废家电的义务，而消费者应当承担家电处理和再利用的部分费用。该法还规定，家电企业对废弃家电的具体回收利用率为空调60%以上、电视机55%以上、冰箱50%以上、洗衣机50%以上，在规定时间内，生产企业如达不到上述回收利用率将受到相应处罚。该法的最大优点就是把回收利用废弃家电的责任从国营大型固体废物处理厂转移到了具体的企业，使得单位固体废物处理的成本降低，并提高了处理技术水平。

5.3.4.4 国外固体废物管理对我国的启示

(1) 推动固体废物源头减量　目前我国固体废物立法仍主要关注固体废物产生后的污染防治，停留在末端治理的思路和事后补救阶段，工业固体废物产生量仍处于高位，固体废物管理的严峻形势并未从根本上得到解决。“源头减量”是最为经济高效、环境友好的固体废物处理方式。建议积极开展《固体废物污染环境防治法》等相关法律法规的修订与完善，明确固体废物全过程管理的优先次序，落实固体废物生产者的主体责任，在工业生产环节推行清洁生产和循环经济，在居民消费和生活环节提倡绿色消费和绿色生活，尽可能在源头减少固体废物的产生。

(2) 强化固体废物风险防控　我国固体废物种类繁多，考虑到废物产生、贮存和处置现状，现有设施和技术水平以及资金投入，不可能对所有类型的固体废物进行同等管理。建议以有毒物质全过程控制为重点，对产生量大和危害性大的固体废物及其产生行业和地区进行重点或优先监管，从全生命周期考虑实施“主动式”风险防控，并探索通过部分物质豁免、国家和地方政府分级管理等可控方案优化固体废物分类分级管理体系。

(3) 运用绿色环境经济政策　我国固体废物相关环境经济政策有待进一步完善，以便能充分发挥对环境质量改善的调控效用。环境经济政策作为一种调控环境行为的政策工具，被视为绿色发展的重要手段和核心内容。建议充分应用财税、绿色采购等多种经济手段，推动固体废物管理和综合利用产业良性发展。根据固体废物的种类、危害性、产生量和管理需求，在废物产生环节，针对某种固体废物征收环境保护税，促使固体废物产生者采取措施从源头减少废物产生；在废物资源利用环节，加大财税政策的支持力度，将符合条件的废物综合利用纳入劳务增值税优惠目录；在再生产品推广环节，将符合质量和环保要求的产品优先纳入政府绿色采购。

（4）提高公众环保意识和参与程度　当前我国公众的环保期盼与日俱增，参与范围和程度在扩大和加深，然而有关固体废物特别是危险废物的科学认识还相对薄弱，邻避效应已经成为阻碍个别地区废物处置设施发展的核心问题。公众的正确理解和积极参与是固体废物立法顺利实施的重要前提。建议开展形式多样的宣传教育，积极利用媒体等形式，科普固体废物相关知识，动员公众积极践行垃圾分类、废物利用等绿色生活方式；推进环境信息公开，保障公众知情权，加强社会监督；拓宽公众参与渠道，凝聚各利益相关方，形成固体废物污染治理和生态环境保护的合力。

5.3.4.5　改善我国城市生活垃圾管理的建议

（1）发挥市场经济的作用　生活垃圾处理的费用，不应该全部由政府来承担。这就需要城市居民缴纳一定的生活垃圾处理费用，将这些费用投入综合垃圾处理厂的建设中，实现城市垃圾处理的产业化发展，同时还能够解决一部分人的就业问题。

（2）加大监管的力度　要求环卫部门提高对城市生活垃圾的监管力度，要制定全面的垃圾处理责任制，对不能达到国家规定的项目不能够审批通过。生态环境部门还要根据我国的国情制定生活垃圾处理的标准，要做到整个处理的过程中节能环保，不产生二次污染。

（3）完善工业固体废物管理　对于工业固体废物管理，首先要规范政府内部的职能分工。同时要强化环保产业部门的管理，组织专业化的队伍对固体废物进行有效的处理。我国蕴含着巨大的清洁产业潜力，应积极发展清洁能源和清洁产品，改善目前的工业运作方式，积极使用清洁能源，加速工业的技术转型。

（4）改善危险废物管理　为了有效治理危险废物，要集中建立危险废物区域支持系统，此系统由信息管理子系统、决策支持子系统以及废物交换子系统共同组成，旨在对信息进行处理之后，对危险废物进行处理决策并最终完成改造。要利用行政手段进行管理，在危险废物上统一标识，使用国家统一制备的危险废物识别标志。对从事危险废物回收的企业应颁发相关的资质许可证书，定期对这些企业进行检查，清楚危险废物管理的每一个步骤，在处理的过程中秉承无害化的原则，在保护环境资源的同时降低维护成本。

本章内容小结

[1]　废弃物环境管理的目的和任务是运用各种环境管理的手段，提高自然资源的利用效率，减少废弃物的产生和排放，改善环境质量。

[2]　气体废物的特征：①来源广泛、成分复杂；②污染范围和形式多样；③污染类型与能源使用密切相关。

[3]　当前中国大气环境的突出问题：①雾霾问题严重；②酸雨问题仍然严峻；③臭氧污染日益突出。

[4]　中国大气污染控制经历了从单一污染物控制到多污染物控制，从关注悬浮颗粒物到灰霾问题（SO_2、NO_x、PM_{10}、$PM_{2.5}$、VOCs等多种污染物），从浓度控制到总量控制，从仅关注工业污染到全污染源控制的历程。

[5]　中国目前的气体废物管理体系，是以生态环境主管部门为主，结合有关的工业主管部

门和城市建设主管部门，共同对气体废物实行管理。

[6]　国外治理大气污染的模式主要有政府主导模式、社会协同模式和公众参与模式等三类，其中政府主导模式在大气污染治理中占主导地位。

[7]　中国大气环境管理的完善途径：①推进大气环境立法，完善顶层制度管理机制设计；②灵活制定政策工具，健全污染减排市场交易机制；③完善协同治理模式，落实区域减排成本分担政策。

[8]　大气环境容量的定义为：在给定空气体积中和给定时段内，当某种污染物在给定平均浓度水平上，其产生量（源）和大气清除量（汇）达到平衡状态时的平衡量为在此平均浓度阈值下的大气环境容量。

[9]　污染物总量控制既是一种环境管理思想，也是一种环境管理手段。总量控制是将某一个污染控制区域作为一个完整系统，在一定时间段内，采取措施将这一区域内的污染物排放总量控制在一定数量之内，以满足该区域的环境质量要求。

[10]　水体污染源按污染成因可分为天然污染源和人为污染源，按污染物种类可分为物理性、化学性和生物性污染源，按排入水体的形式可分为点源和面源。

[11]　水体废物的特征：①来源广泛、成分复杂、排放量大；②危害性大、处理难度大。

[12]　中国水污染防治发展历程：①1995年前以点源为主的水污染防治阶段；②大规模治水的四期（“九五”至“十二五”时期）重点流域治污阶段；③“水十条”实施后的系统治污阶段。

[13]　中国水环境管理的机构和体制：根据现行的政府机构设置，水环境管理职责分工主要涉及生态环境部、水利部、财政部和建设部门；生态环境部和水利部是两个最主要的水环境管理职能部门。

[14]　中国水环境管理目前面临的问题：①历史欠账问题整治进入攻坚期；②经济社会发展对水资源诉求不断增加；③水安全风险还在不断累积；④公众对良好水生态环境产品的需求日益提高。

[15]　国外水环境管理的经验：①美国的集中治理模式（命令控制管理模式）；②欧洲的多层级综合管理模式；③日本的分散治理模式（多部门协调治理模式）；④澳大利亚的集中-分散模式。

[16]　固体废物的特征：①资源和废物的相对性；②富集终态和污染源头的双重作用；③危害具有潜在性、长期性和灾难性。

[17]　固体废物管理理念的发展：①固体废物管理的“消纳”思想；②固体废物管理的“三化”原则；③固体废物管理的“综合管理”原则；④循环经济理论。

[18]　中国固体废物管理的机构：国务院生态环境主管部门对全国固体废物污染环境防治工作实施统一监督管理。

[19]　国外固体废物管理对我国的启示：①推动固体废物源头减量；②强化固体废物风险防控；③运用绿色环境经济政策；④提高公众环保意识和参与程度。

[20]　改善我国城市生活垃圾管理的建议：①发挥市场经济的作用；②加大监管的力度；③完善工业固体废物管理；④改善危险废物管理。

思考题

[1]　简述中国大气环境的突出问题。

[2] 简述中国大气环境管理的发展历程。

[3] 总结国外大气环境管理的经验以及我国大气环境管理的完善途径。

[4] 分析大气环境容量管理和总量控制的关系。

[5] 中国目前大气污染的主要来源是什么?

[6] 收集相关资料，分析当前中国水环境污染状况。

[7] 总结中国水污染防治的发展历程。

[8] 中国水环境管理目前存在哪些问题? 应如何改进?

[9] 简述固体废物管理理念的发展过程。

[10] 结合国外经验，分析我国固体废物管理中存在的主要问题及改善途径。

6 自然资源环境管理

【学习目的】

通过本章学习，了解土地资源的概念以及我国土地资源及其管理的现状和存在的问题。熟悉森林资源和草原资源的概念及管理现状和存在的问题，思考加强我国森林和草原资源可持续管理的对策。了解我国海洋资源及其存在的环境问题，思考加强海洋资源环境管理的途径。熟悉我国水资源概况及其存在的环境问题。了解生物多样性的概念及生物多样性受威胁的原因，思考生物多样性保护与管理的措施。

自然资源的开发利用是人类社会生存发展的物质基础，也是人类社会与自然环境之间物质流动的起点。因此，自然资源的保护与管理，或称之为自然资源开发利用过程中的环境管理，是环境管理的首要环节。

自然资源在环境社会系统及其物质流中具有极其特殊的地位与作用，其重要性体现在以下两个方面。

首先，自然资源是自然环境系统的一部分，自然资源如山、水、森林、矿藏等是组成自然环境的基本骨架。不同地域自然环境之间存在的差异，主要在于自然资源组配的方式不同，进而导致形成的结构以及显现的状态不同。也就是说，自然资源的组配对自然的基本过程和状态有着决定性的作用。

其次，自然资源是人类社会经济活动的原材料，是形成物质财富的源泉，是人类社会生存发展不可或缺的物质。在工业文明时代，一个国家开发自然资源的能力，几乎成了衡量国力强弱和发达与否的唯一标尺。人类沿着这个方向努力了三百年，结果导致了自然环境的严重恶化和破坏。

由此可见，自然资源是人类社会和自然环境相互作用、相互冲突最严重的界面。因此，处理好自然资源开发和保护的关系是处理好人与环境关系最关键的问题，当然也是环境管理学的核心问题。

需要注意的是，自然资源不但有地域性，而且有强烈的国家属性。不同的国家不但其自然资源的禀赋不同，而且其文化观念、生活习俗、政治制度、技术经济水平也不同。因此，各国都会从本国的国情和需要出发，对属于本国的自然资源采用不同的原则和方法进行环境管理，而对属于全人类的自然资源如公海、大气层的环境管理则采用不同的立场和态度。

此外，从资源的角度看，生态系统，特别是自然生态系统，是一种最重要的自然资源。因此，对生态系统进行环境管理，也是自然资源管理的重要内容，它主要包括生物多样性和自然保护区的环境管理等。

6.1 土地资源管理

6.1.1 土地资源和土地资源管理概述

（1）土地资源的概念和特点　广义的土地概念，是指地球表面陆地和陆内水域，不包括海洋，是由大气、地貌、岩石、土壤、水文、地质、动植物等要素组成的综合体。狭义的土地概念，是指地球表面陆地部分，不包括水域，由土壤、岩石及其风化碎屑堆积组成。土地资源是指地球表层土地中，现在和可预见的将来，能在一定条件下产生经济价值的部分。从发展的观点看，一些难以利用的土地，随着科学技术的发展，将会陆续得到利用，在这个意义上，土地资源与土地是同义语。

土地资源的特性主要包括五个方面：① 土地资源是在自然力作用下形成和存在的，人类一般不能生产土地，只能利用土地，影响土地的质量和发展方向；②土地资源占据着一定的空间，存在于一定的地域，并与其周围的其他环境要素相互联系.具有明显的地域性；③土地资源作为人类生产、生活的物质基础，基本生产资源和环境条件，其基本用途和功能不能用其他任何自然资源来替代；④地球在形成和发展过程中，决定了现代全世界的土地面积，一般来说，土地资源的总量是有限不变的；⑤土地资源在人类开发利用过程中，其状态和价值可以被提升，也有可能下降。

（2）土地资源管理的概念和作用　土地资源管理，是指为实现国家经济、社会可持续发展的战略目标，对土地资源的开发、利用、治理与保护等进行计划、组织、指挥、协调和监督等活动的总称。调整土地关系是土地管理的重要社会职能，监督和组织土地的合理利用是土地管理的基本内容。土地管理需要采取运用多种手段的综合性措施。

土地管理作为国家管理土地的措施，具有多方面的功能和作用。土地管理对于贯彻落实土地基本国策、执行土地法律法规、实现国家对各类用地的统一宏观调控、保护耕地资源、发挥土地资产效益等都具有重要的作用。概括起来，土地管理的作用主要有三点：①宣传动员作用。动员全社会的公民都来参与，支持配合土地管理。②组织协调作用。使有限的土地得到充分、合理的利用，实现土地资源的优化配置。③执法监督作用。建立土地监察网络，对用地情况实施有效的监督检查，及时发现并处罚违法用地行为。目前土地资源管理的主要内容主要由五部分组成：①地籍管理；②土地利用管理；③建设用地管理；④土地市场管理；⑤土地法治管理。

6.1.2 土地资源开发利用中的环境问题

6.1.2.1 对土壤的影响

土地资源开发利用过程会对土壤造成一定的不良影响。首先，土地资源开发利用会改变土壤的整体结构。众所周知，不合理的土地资源开发利用会使土壤结构受到损害。其次，土地资源开发利用不当还会影响土壤肥力。如果仅仅为了提升土地的产出率而不断开垦荒地，会对土壤产生不利影响。过度开垦不仅会导致土壤肥力下降，还会降低生产力，最终使土地遭到严重破坏。土壤遭到侵蚀会造成土壤养分的过度流失。土地也有着自身的承载能力，及时为土地补充矿物元素，才能保证土地的高产量。

6.1.2.2 对水资源的影响

土地资源开发利用的过程会严重影响水资源，会对水文产生间接影响，开发利用方式不当会出现深度渗透现象，还会对地表径流产生的过程产生不利影响。同时，土地资源开发利用还会在一定程度上影响水资源结构，使部分地区的水资源配置变得不再合理，对人们生活造成不利影响，有降低水资源质量的风险。此外，土地资源开发利用过程有可能使水文环境遭到破坏，甚至会导致水土流失，改变该地区的水流速度与河流流量，影响水生生物的存活，还会消耗大量水资源，严重情况下甚至会导致环境恶化。

6.1.2.3 对植被的影响

土地资源开发利用过程会对植被产生一些不良影响，减少植被的数量，在不断增加土地面积的同时，植被覆盖率也在不断降低，因而出现自然植被与人工植被量减少的情况。大部分土地资源开发利用过程都会影响植被覆盖程度，久而久之，可能造成植被多样性减少，同时还会出现病虫害导致种植受到影响。

6.1.2.4 对气候的影响

土地资源开发利用过程会影响水资源与植被、土壤结构，从而使气候受到一定影响，地表受到影响，空气中颗粒物的浓度会增加，从而气候会出现异样。气候发生变化，空气质量以及环境质量都会受到影响。这些现象的出现会严重干扰人们的日常生活以及城市的发展。合理的土地资源开发利用不仅能优化气候，还能使各个城市的环境得到改善，减少水土流失，使大部分土壤拥有防病虫害的能力，同时能改善人们的生活环境，使土地资源得以持续发展，使更多资源得到有效利用。

6.1.3 我国土地资源及其管理的现状和问题

6.1.3.1 我国土地资源的特点

(1) 土地类型复杂多样，山地比例大 中国地貌轮廓的三级阶梯的界线，基本控制了中国土地类型结构与土地利用格局的空间分异。最明显的结构特点是土地类型复杂多样，其中山地多，平原少。我国土地从平均海拔 50m 以下的东部平原，到海拔 4000m 以上的西部高原，形成平原、盆地、丘陵、山地等错综复杂的地貌类型。从水热条件看，我国土地南北距离长达 5500km，跨越 49 个纬度，经历了从热带、亚热带到温带的热量变化；东西距离长达 5200km，跨越了 62 个经度，经历了从湿润到半湿润的干湿度变化。在这广阔的范围内，不同的水热条件和复杂的地质、地貌条件，形成了复杂多样的土地类型。其中山地、高原、丘陵占国土面积的 69%，而平原、盆地只占 31%。与世界上国土面积较大的国家，如加拿大、美国、巴西等相比，我国山地面积占国土面积的比重较大。

(2) 土地总量大，人多地少问题突出 人多地少是我国的基本国情。我国有陆地面积 960 万平方千米，占世界陆地面积的 7.2%，占亚洲陆地面积的 25%，仅次于俄罗斯和加拿大，居世界第三位。人均陆地面积不足 12 亩，不足世界人均面积的 1/3，只有澳大利亚的

1/61，加拿大的1/49，巴西的1/8，美国的1/5。尤其是我国耕地资源稀缺，在不到世界10%的耕地上，承载着世界18%的人口。我国面临的人多地少矛盾是极为尖锐和突出的。更为严峻的是，有限的耕地资源还在大量减少，而且耕地后备资源也严重不足，通过开发补充耕地的潜力十分有限。

(3) 土地结构不平衡，农业用地和建设用地矛盾突出　推进工业化、城镇化，不可避免地要占用一些土地。但以牺牲农业用地来发展经济、推动城镇化进程是盲目且危险的。近年来个别地方乱占滥用耕地、严重浪费土地的问题已经到了令人触目惊心的地步。一些地方甚至不具备条件，不经批准，盲目兴建开发区。这些问题导致耕地越占越多，土地利用效率越来越低。预计到2030年，我国人均耕地将低于联合国规定的警戒线。

6.1.3.2 我国土地资源管理存在的主要问题

(1) 土地开发利用中忽视土地的生态价值　土地利用与生态系统服务实质上是互相影响又互相制约的一对矛盾统一体，土地是各种陆地生态系统的载体，生态系统类型在土地利用中表现为土地利用类型。土地利用结构的变化引起各种土地利用类型种类、面积和空间位置的变化，即导致了各种生态系统类型、面积以及空间分布格局的变化。土地开发利用如果单纯追求经济利益，将导致土地利用类型单一，减少土地的生态价值，使土地类型失去原有的生态服务功能，出现生态问题，具体表现为水土流失和盐碱化严重、草地和森林不断退化、湿地萎缩、生物多样性遭到破坏等。

(2) 城市建设用地总量失控，结构失衡　经济高速发展，城镇化、工业化导致建设用地过快增长，城乡建设和生产建设规模不断扩大，土地利用结构不合理，不仅表现在工业、商业、居住用地比例不合理，而且表现在行业内部不合理，有限土地不能得到有效配置，造成土地资源的浪费。

(3) 耕地数量急剧减少　耕地减少的主要原因一方面来自农业内部，是由产业结构调整和灾害损毁所致。另一方面则是非农业建设占地所造成的耕地永久性流失，特别是一些开发建设带有很大的盲目性，造成农民失地严重，比如盲目圈地建设开发区、农村宅基地严重超标等。

(4) 环境污染和污水灌溉导致土壤污染和破坏　土壤污染的污染源主要来自工业、生活、农业和交通。在工业方面，特别是近年来乡镇企业的蓬勃发展，由于其分布广、资金和技术缺乏，导致污染物质随“三废”排入河流、农田。

(5) 土地管理制度有待进一步完善，管而不严的问题突出　土地管理制度现状是中央的制度地方很难严格贯彻执行。对于土地资源，各省市都有整体规划方案，但在实际操作中宏观规划存在执行不到位的情况。一些地方为了求得经济的发展，建设用地往往超出规划范围，虽然国家一再进行土地资源的整理和清查，但是执行和处罚的力度仍不够，查而未禁的现象仍然存在。

6.1.4 加强我国土地资源环境管理的途径和方法

(1) 建立清晰的土地生态产权制度　土地作为生态系统的作用是可以量化的，这些量化的价值是一种服务资产，体现在环境质量和生态系统的动态平衡上，因此这种资产应该进入经济活动的内部，以实现其资产价值。也只有实现了生态价值的资产化，才能在实践中建立生态产权制度，规范生产者开发利用土地的行为。在生态产权不清的情况下，生态资源的社会再生产与一般商品的生产过程是割裂的，生态价值没有通过一般的商品价值的实现过程而得到足量的实现，结果导致少部分人对生态资源开发的获益是建立在多数人环境损失的基础之上的，这种损失就是资源的枯竭、环境的污染和生态的破坏。国家对生态资产行使公共管理职能，就必须建立一整套包括生态产权界定、配套、流转、保护的现代产权制度。政府采用生态定价、生态税收等手段，加强市场对生态资源的调控，使得外部成本内部化，约束和规范生产者把资源利用、废弃物排放纳入生产成本统筹核算，同时鼓励消费者适度消费，也可激励更多的企业从事废物再生利用，达到节约资源、保护生态的目的。

（2）建立土地生态补偿机制　建立生态补偿机制可以实现土地资源生态价值的资产化，使得土地这一环境资源真正成为一种生态资产，实现生态保护外部性的内部化，使生态保护投资者得到相应的回报。生态补偿制就是实现生态资源生态价值有偿使用制度的财政手段之一，是生态受益者在合法利用生态资源的过程中，对生态资源所有人或为生态保护付出代价者支付相应费用的制度。

（3）加强耕地特别是基本农田保护　保护耕地，就是保护农业综合生产能力，就是保障国家粮食安全。保护耕地最重要的是保护基本农田。保护基本农田要做到：一是总量不能减少，一定要守住全国耕地不少于18亿亩这条红线；二是用途不能改变，基本农田必须用于农作物生产；三是质量不能下降，要加强耕地质量建设，提高耕地集约利用水平，促进农村节约集约利用建设用地，指导村镇按节约集约利用土地原则做好规划和建设。

（4）抓紧完善和严格执行节约集约用地标准　加强建设用地定额管理，控制增量，盘活存量，管住总量，提高土地投资强度、容积率和建设密度，优化土地利用结构，提高土地利用效率和集约化程度。新上项目首先要利用存量土地，工商业项目用地要规定单位土地投资强度和开发进度。认真执行国家产业政策，对那些淘汰类、限制类的投资项目，要禁止或限制用地。引导企业提高土地利用率，积极鼓励和支持企业利用现有土地增加投资、扩大生产规模。鼓励建设多层厂房，开发区要积极推广标准厂房，提高土地容积率。鼓励利用荒地、废地等搞建设，尽量不占或少占耕地。基础设施和公益性建设项目也要节约合理用地。

（5）严格控制工业用地　国家统一制定并公布各地工业用地出让最低价标准，工业用地出让最低价标准不得低于土地取得成本、土地前期开发成本和按规定收取的相关费用之和。在继续规范经营性用地出让的同时，全面落实工业用地招标拍卖挂牌出让制度，出让价格不得低于公布的最低价标准。非法低价出让国有土地使用权，甚至搞“零地价”招商引资的，要依法追究有关人员的法律责任。

“3S”技术在土地资源管理中的应用

“3S”技术是指遥感技术（Remote Sensing，RS）、地理信息系统（Geographic Information System，GIS）和全球定位系统（Global Positioning System，GPS）的统称，是将空间技术、传感器技术、卫星定位与导航技术和计算机技术、通信技术相结合，多学科高度集成的对空间信息进行采集、处理、管理、分析、表达、传播和应用的现代信息技术。

土地资源管理的传统方法主要是人工调查方法，以野外测量为主，耗费大量的人力和物力，难以直接、快速、全面、准确地获取土地利用变化数据。随着现代工农业的快速发展，土地利用变化日趋频繁。显然，利用常规的监测手段难以满足快速、准确监测土地资源变化的需求，为此，人们不断探索新的技术方法进行土地利用动态监测，取得了很大的成果。

目前，“3S”技术在土地资源管理中的应用，不论是单一方式还是综合、集成应用方式，已经充分地渗透到土地资源管理的各个方面，促进了土地资源管理决策的科学化和管理现代化水平。

(1) 数字化国土工程　遥感数据在国土资源部门应用最为广泛，今后也将会起到更大的作用。国土资源部门随着数字化国土工程的开展和信息技术的推进，对 GIS 技术的应用已十分广泛，测绘、地质、土地管理、海洋资源管理部门的 GIS 应用走在了前列。1∶100 万、1∶25 万的地形图全要素数字化业已完成，1∶50 万地质图数字化工作正在进行。

其中《中国 1∶100 万土地资源图》的编制，是国家《1978—1985 年全国科学技术发展规划纲要》重点科学技术项目第一项——“对重点地区的气候、水、土地、生物资源以及资源生态系统进行调查研究，提出合理利用和保护方案，制定因地制宜地发展社会主义大农业的农业区划”和《全国基础科学发展规划》地学重点项目第五项——“水、土资源与土地合理利用的基础研究”的一项研究课题。其目的在于系统整理、综合研究新中国成立以来有关土地资源调查的资料和成果，利用卫星影像、航空影像资料，用地图形式反映我国各类土地资源潜力的空间分布状况，概算我国各类土地资源的数量和质量，阐明土地利用状况和农、林、牧业发展的土地潜力，为国家及省（区）各有关部门拟定土地合理利用、农业发展的长远规划和战略部署提供科学依据和基础资料；同时也将促进我国土地资源研究的理论水平和新技术应用水平的提高。

(2) 基于“3S”技术的土地资源调查　基于“3S”技术的土地资源调查的常规办法是指利用遥感资料（航空或航天）直接或间接（经过全数字摄影测量处理）进行野外调绘，再将调绘的成果在数字化软件上数字化后导入 GIS 中或直接在 GIS 软件平台上直接数字化到入库；非常规的方法是直接携带计算机到调绘现场，以计算机为操作平台，遥感影像数据为参照，GPS 为数据源，利用 GIS 平台直接绘出图斑，标注地类属性，直接完成资源调查。

基于“3S”技术的土地资源调查与传统的调查方法相比，大大提高了精度和效率。如在西北地区土地资源动态调查建立国家级基本资源遥感动态信息系统项目中，以西北地区土地资源的分类系统为基础，通过对遥感数据的“人机交互解译—矢量图编辑—地理信息系统”的全数字方式，完成 1∶10 万的西北地区土地资源信息系统数据库的建设。

(3) 基于 RS 与 GIS 的土地利用变更与动态监测　目前一般是综合利用 RS 与 GIS 技术，通过对不同时期的遥感数据的分类和比较来获取土地利用变化信息，因此遥感数据的判读分类显得尤为重要。目前的影像分类方法正由目视解译、人工交互式解译向基于知识等自动分类方法过渡，分类的精度和自动化还有待提高。目前已充分利用各种方法来提取信息，反映土地利用的变化，如通过目视解译和 GIS 空间分析土地利用现状和制图的研究、土地利用时空特征的研究，通过交互式解译的土地利用变化驱动力模型研究，通过人工干预的自动分类方法来提取土地利用和变化的信息，探讨土地利用变化的时空特征和驱动力分析，并对土地利用变化进行预测，为土地利用规划的调整和土地利用用途的管制、监察提供决策和技术支撑。而基于RS和GIS的对城市和土地利用空间结构与城郊扩展的研究，为城市土地利用优化配置、城市化进程中建设用地与农用地的矛盾等问题的解决提供了依据。

(4) 基于“3S”技术的土地利用问题研究 利用“3S”技术对土地利用产生的生态环境问题，如土地退化、生态遭到破坏、水土流失严重等进行定量和动态的监测，分析其变化的机制和规律，为合理利用土地、开展土地保护和国土整治提供科学依据。王静提出了研究耕地退化的研究思路即综合运用“3S”技术，分析影响土地利用与耕地退化的自然、环境与社会经济要素，建立基于“3S”技术的耕地退化监测与评价的指标体系，提出基于“3S”技术的耕地退化信息提取方法，建立基于“3S”技术的耕地退化定量评价模型和评价方法，定量分析土地利用与耕地退化的生态环境响应，从土地利用的角度提出解决耕地退化的调控措施、政策及建议。利用“3S”技术还可以同时对土壤侵蚀与土地利用的关系、水土流失和荒漠化等问题的机制和规律进行研究等。

(5) 以GIS技术为核心的土地管理信息系统 随着国家信息化建设的推进，“数字地球”战略的实施，“数字国土”呼声越来越高。2003年提出在全国范围内建立县级土地利用数据库和地籍管理信息系统部署，这无疑将推进“数字国土”的建设，推进国土资源管理的全面信息化。土地管理信息系统从软件系统结构总体上可以分为3个层次：①以基础数据管理为核心的信息系统；②以国土相关办公业务为核心的信息系统；③围绕国土信息发布和应用的信息系统。目前这3个层次的信息系统正在逐步建立和完善。除了“3S”技术外，土地管理信息系统对网络技术、数据库技术和办公自动化技术也都有较高的要求。除上述应用外，“3S”技术在土地整理和地产市场中也已得到了一定的应用。

6.2 森林资源管理

6.2.1 森林资源概述

森林是地球上最大的陆地生态系统，是维持地球生态系统的重要因素。它具有多种功能和效益，如涵养水源、保持水土、调节气候、保护农田，减免水、旱、风、沙等自然灾害，净化空气，防治污染，庇护野生动植物等。森林是可枯竭的再生性自然资源，只要合理利用就能自然更新、永续利用，反之就会枯竭。

森林资源是森林和林业生产地域上的土地和生物的总称，包括林木、林下植物、野生植物、微生物、土壤和气候等自然资源。林业用地包括乔木林地、疏林地、灌木林地、林中空地、采伐迹地、火烧迹地、苗圃和国家规划的林地等。

森林资源是陆地上最重要的生物资源，具有以下特点：①空间分布广，生物生产力高。森林生物总量占整个陆地生物总量的90%左右。②结构复杂，多样性高。森林内既包括有生命的物质，如动物、植物及微生物等，又包含无生命的物质，如光、水、热、土壤等，它们相互依存，共同作用。③再生能力强。森林资源不但具有种子更新能力，而且还可进行无性繁殖，实施人工更新或者天然更新。

6.2.2 我国森林资源及其管理的现状和问题

6.2.2.1 我国森林资源的特点

根据第九次全国森林资源清查（2014—2018年）结果：全国森林面积22044.62万公顷，森林覆盖率22.96%。全国活立木总蓄积190.07亿立方米，森林蓄积175.60亿立方米。我国森林资源总量继续位居世界前列，森林面积位居世界第5位，森林蓄积位居世界第6位，人工林面积继续位居世界首位。

清查结果表明，我国森林资源呈现出数量持续增加、质量稳步提升、效能不断增强的良好态势。两次清查间隔期内，森林资源变化有以下主要特点。

（1）森林面积稳步增长，森林蓄积快速增加　全国森林面积净增1266.14万公顷，森林覆盖率提高1.33个百分点，继续保持增长态势。全国森林蓄积净增22.79亿立方米，呈现快速增长势头。

（2）森林结构有所改善，森林质量不断提高　全国乔木林中，混交林面积比率提高2.93个百分点，珍贵树种面积增加32.28%，中幼龄林低密度林分比率下降6.41个百分点。全国乔木林每公顷蓄积增加5.04立方米，达到94.83立方米；每公顷年均生长量增加0.50立方米，达到4.73立方米。

（3）林木采伐消耗量下降，林木蓄积长消盈余持续扩大　全国林木年均采伐消耗量3.85亿立方米，减少650万立方米。林木蓄积年均净生长量7.76亿立方米，增加1.32亿立方米。长消盈余3.91亿立方米，盈余增加54.90%。

（4）商品林供给能力提升，公益林生态功能增强　全国用材林可采资源蓄积净增2.23亿立方米，珍贵用材树种面积净增15.97万公顷。全国公益林总生物量净增8.03亿吨，总碳储量净增3.25亿吨，年涵养水源量净增351.93亿立方米，年固土量净增4.08亿吨，年保肥量净增0.23亿吨，年滞尘量净增2.30亿吨。

（5）天然林持续恢复，人工林稳步发展　全国天然林面积净增593.02万公顷，蓄积净增13.75亿立方米。人工林面积净增673.12万公顷，蓄积净增9.04亿立方米。

6.2.2.2 森林资源开发利用中的环境问题

森林因其独有的经济与生态的双重属性，在开发利用中存在的环境问题大致可以概括为以下几个方面。

（1）涵养水源能力下降，引发洪水灾害　由于森林破坏导致土地涵养水源的能力下降，在大范围、高强度降雨期间，容易引发下游地区的洪水灾害。例如，印度和尼泊尔的森林破坏，很可能就是印度和孟加拉国近年来洪水泛滥成灾的主要原因。1988年5—9月，孟加拉国遇到百年来最大的一次洪水，淹没了2/3的国土，死亡1842人，50万人感染疾病。这些突发的灾难，虽有其特定的气候因素和地理条件，但科学家一致认为，最直接的因素是森林被大规模破坏。

（2）引发水土流失，导致土地沙化　由于森林的破坏，每年有大量的肥沃土壤流失，进而导致土地的退化和区域经济社会发展的衰败，这样的例子在历史上非常多。以中国的黄土高原为例，古代的黄土高原林木蔽天、水草茂盛，森林覆盖率在50%以上，自然生态条件良好，是中华民族的发祥地和农业发源地之一。而随着森林不断被破坏消失，严重的水土流失、水旱灾害接踵而至。如今黄土高原森林覆盖率不足6%，变成了千疮百孔、千沟万壑的破碎垣梁峁沟坡，成为我国环境脆弱、生产力水平低下的地区之一。

(3) 森林调节能力下降，引发气候异常　森林具有固碳释氧的功能，能够有效缓解温室效应，维护全球碳循环。而森林的破坏降低了其吸收二氧化碳的能力，加剧了温室效应。另外，森林资源的破坏，还降低了森林生态系统调节水分、热量的能力，致使有些地区缺雨少水，有些地区连年干旱，影响了正常的生产和生活。

(4) 野生动植物的栖息地丧失，生物多样性锐减　森林是许多野生动植物生长、繁育的地方，保护森林就保护了生物物种，保护了生物多样性。然而，由于对森林生态功能认识不足，一些地方项目开发与生态保护之间的矛盾依然突出。一些贫困山区、林区农民仍未摆脱对森林资源的过度依赖，乱砍滥伐现象依然存在，这使得许多动植物失去了栖息繁衍的场所，使野生动植物数量大大减少，甚至濒临灭绝。

6.2.3 加强我国森林资源可持续管理的对策

森林资源是林业赖以生存的基础，也是环境保护的天然屏障，是维护生态平衡、国民经济和社会可持续发展的重要物质保障。随着林业建设由木材生产为主转向以生态建设为主，森林资源管理工作就成为现代林业工作的基本核心。为此，森林资源管理工作对生产管理及生态环境的保护尤为重要，对林业的可持续发展有着极为重要的意义。紧紧围绕建设生态文明，大力发展生态林业、民生林业，着力增加森林总量、提高森林质量、增强森林功能和应对气候变化能力，努力推动我国林业走上可持续发展道路。

(1) 加强资源保护管理，严守林业生态红线　科学划定并严格落实林业生态红线，制定最严格的林业生态红线管理办法。全面贯彻落实《全国林地保护利用规划纲要》，严格林地用途管制和林地定额管理。严控经营性项目占用林地，逐步推行林地的差别化管理，引导节约集约使用林地。坚持不懈抓好森林防火、森林病虫害防治工作。建立健全严守林业生态红线的法律、法规，依法打击各类破坏森林资源的违法犯罪行为，坚决遏制非法征占林地和毁林开垦现象。

(2) 推进林业生态工程，确保实现双增目标　进一步增加造林投入，扎实推进宜林地的造林绿化进程。加大科技支撑力度，有效提高造林成林率。加快推进生态功能区生态保护和修复，继续实施好林业生态建设工程，对重点生态脆弱区25度以上坡耕地和严重沙化耕地继续开展退耕还林。积极推进平原绿化、通道绿化、村镇绿化和森林城市建设，充分挖掘森林资源增长潜力。严格落实领导干部保护发展森林资源任期目标责任制，建立健全省、市、县三级森林增长指标考核制度，实行年度考核评价。

(3) 开展林业全面改革，增强林业发展动力　深化集体林权制度改革，进一步改革和创新集体林采伐管理、资源保护、生态补偿、税费管理等相关政策机制。积极稳妥地推进重点国有林区改革，健全国有林区经营管理体制。积极推进国有林场改革，按照公益事业单位管理要求，进一步明确国有林场生态公益功能定位，理顺管理体制，创新经营机制，完善政策体系。建立健全森林资源资产产权制度，加强对林权流转交易的监督管理。大力推行林业综合执法和行政审批改革，强化林业执法监管职能，规范审批行为。

(4) 加强森林科学经营，提升森林质量效益　建立森林经营规划制度，形成国家、省、县三级森林经营规划体系。完善森林经营补贴制度，加强森林抚育和低产低效林改造。重点推进国有林区和国有林场森林经营工作，带动全国森林经营科学有序推进。逐步停止东北内蒙古重点国有林区森林主伐，促进天然林资源的休养生息。大力发展速生丰产林、工业原料林以及珍贵大径材林，加快推进木材储备基地建设，不断增强木材和林产品的有效供给能力。

6.3 草原资源管理

6.3.1 草原资源概述

草原是在温带干旱气候下，以丛生禾草为主的多年生草本植物群落分布的地区。它是半干旱地区把太阳能转化为生物能的巨大能源库，同时也是丰富宝贵的生物基因库。草原适应性强，覆盖面积大，更新速度快，具有调节气候、保持水土、涵养水源、防风固沙的功能，有着重要的生态作用。另外，草地也是一种可更新、能增值的自然资源，是畜牧业发展的基础，并能提供丰富的野生动植物、名贵药材、土特产品，具有重要的经济价值。

草原资源是自然生态系统中的一种重要的物质性要素，也是一种条件性可再生资源。所谓条件性可再生就是草原受土地面积有限性制约，利用合理，其生物量生产力可能不断提高；反之，利用过度，则可能造成破坏。另外，草原还是一种环境资源，具有保持和改善生态环境质量的功能。草原资源可分为草甸草原、干草原和荒漠草原等。

草原资源的经济特性表现为三个方面。首先，草原资源是畜牧业的基础，是发展这一类经济活动不可缺少的条件，其经济价值的大小取决于稀缺性和开发利用条件。在我国，人均占有草地面积只有世界人均占有水平的1/2。因此，其稀缺性十分明显。其次，草原资源作为草原畜牧业的投入资源，具有明显的边际报酬递减趋势。当牲畜饲养量超过适宜载畜量时，就会出现草原畜牧业生产力边际报酬递减的现象。在经济生产中，草原资源的再生产是第一性生产，畜牧业是第二性生产。草原资源需经由牲畜这个活机器才能转化为畜产品，以满足人类的需要。再次，我国草原已进行初步开发，投入了一些资金、劳力和物质，有一部分劳动价值转移。

6.3.2 我国草原资源及其管理的现状和问题

6.3.2.1 我国草原资源的特点

草原是我国面积最大的陆地生态系统。根据农业部2005年《中国草业可持续发展战略》，我国现有天然草地近4亿公顷，其中可利用面积3.10亿公顷，占国土面积的41.7%，相当于耕地面积的3.2倍、森林面积的2.5倍。

我国草地资源主要分布在东北、西北和青藏高原地区，南北纵跨31个纬度，东西横跨61个经度，从海拔－100m到8000m，跨东南季风区、西北干旱区和青藏高原区，热带、亚热带、暖温带、中温带、寒温带均有分布，在全国各省、市、自治区中西藏草原面积最大，达820.52万公顷。

我国草原是欧亚大陆草原的重要组成部分，类型丰富，不仅拥有热带、亚热带、暖温带、中温带和寒温带的草原植被，还拥有世界上独一无二的高寒草原类型。根据中国草地资源调查分类原则，将我国草原划分为18个大类，其中高寒草甸类、温性荒漠类、高寒草原类和温性草原类面积最大，四类合计占全国草原的48.78%；草原以温带和青藏高原分布集中，温带以温性类草原为主，共计占据全国草原的33.17%，青藏高原为主的高寒类次之，占31.16%，二者合计占全国草原的64.33%之多。我国连片分布的草原中，以半干旱、干旱类型为主，合计占全国草原的50.00%；以原生类型为主，次生的草丛、灌草丛类合计只占12.96%；以地带性分布为主，隐域性分布的低地草甸、山地草甸、沼泽等类型合计占11.41%。

6.3.2.2 我国草原资源管理中存在的主要问题

改革开放以来，我国草业发展步伐不断加快，草原资源保护利用逐步规范，草原保护与生态建设加快推进，草业经济稳步发展，草业科技不断进步，草原灾害防控能力有所提高，草原政策法规日趋完善。但是，全社会对草业发展重要性的认识仍然不足，草业经济整体水平较低，草原保护与利用矛盾突出，投入不足，科技支撑不够，支持保障体系仍有待健全。我国北方草原家畜平均超载36%以上，草原生产能力不断下降，平均产草量较20世纪60年代初降低了1/3～2/3。全国90%以上的可利用天然草原不同程度地退化、沙化、盐渍化、石漠化。全国荒漠化土地绝大部分发生在干旱与半干旱草原区自20世纪50年代以来，全国累计约2000万公顷草原被开垦，其中近50%已被撂荒成为裸地或沙地。我国草原资源管理中存在的问题主要体现在以下几个方面。

(1) 人口超载 草原人口生态压力过大，且持续增长，是导致我国草原恶化的根本原因。据全国沙化普查资料，除西藏外，北方12个省区干旱、半干旱地区和半湿润偏旱地区的人口密度平均为24人每公顷，超过了该类环境条件的人口承载极限。人口密度与草地退化存在密切关系，宁夏、陕西、山西三省区的干旱、半干旱地区，由于人口密度高，草地退化比例高达90%；新疆、内蒙古、青海三省区干旱、半干旱及半湿润偏旱区的人口密度较高，草地退化比例为80%；而人口密度较低的西藏，草原平均退化比例约为23%。

(2) 盲目开垦 由于人口增长和短期利益驱动，一些地方无计划、无节制地进行开垦，导致草原面积减少，土地荒漠化。近10年来，仅黑龙江、内蒙古、甘肃、新疆四省区就开垦草原193万余公顷。除部分地区适宜农耕以外，大部分地区土地严重沙化、退化，甚至颗粒无收，已有93万余公顷被撂荒，占总开垦面积的49%。

(3) 超载过牧 超出草原承载能力的放牧是草原退化的主要原因。目前，我国大部分草场放牧大大超过承载能力，有些地区草场放牧超载率为50%～120%，个别地区甚至高达300%。我国草场的特点是冬春季饲草严重不足，抗灾能力极低。春季牧草从返青开始即被过度啃食，草原难以恢复生机。一方面盲目大量开垦，导致草场面积缩小；另一方面无限制地发展牲畜数量，结果超过了草场承载能力，使草场大面积退化、沙化。

(4) 乱采滥挖严重 过去，由于管理落后、草原管理法制不健全和执法不力，农业人口大量盲目流入草原，进行掠夺性的乱采滥挖，结果严重破坏了草原植被。乱砍滥伐胡杨、梭梭、沙棘等灌木，过度樵采，致使大量宝贵的荒漠植被遭到破坏，草原失去了保护屏障；乱采、乱挖中药材、发菜等，以及无序采矿，使大面积草原植被遭到破坏，导致草原退化、沙化。柴达木盆地原有固沙植被200多万公顷已毁掉1/3以上。新疆荒漠地区每年需燃料折合成薪柴350万～700万吨，乱砍乱采使大面积的荒漠植被遭到破坏。

(5) 滥用水资源 与掠夺式开垦形成对照的是在江河上游的掠夺式引水。由于上游无节制地浪费水资源造成部分河流断流，给下游的生态和经济造成了严重危害。例如因黄河断流，山东土地沙化日趋严重，风沙化土地面积占到了全省面积的11%，近67万公顷耕地受风沙严重危害，全省每年还新增风沙危害面积6万公顷。不合理灌溉方式也是造成耕地次生盐渍化的直接原因。河套平原灌区目前耕地面积的半数已发生次生盐渍化，而河北省亚湿润干旱区及半干旱区退化耕地中的66%由于灌溉方式不当造成盐渍化。

(6) 草原建设投入不足，基础设施薄弱　我国草原基础设施建设投入严重不足，使建设速度赶不上退化速度。人工草场比例太低，我国人工草场比例低于2%，而澳大利亚的人工草场比例却高于95%。近几年，国家虽然对草原保护和生态建设的投入逐年有所增加，但这对于占国土面积40%并在生态和经济可持续发展战略中占有重要地位的草原来说明显不足。草原牧区因地方财政大多入不敷出，农牧民收入普遍较低，所以用于草原建设的投入非常有限。投入不足，不同程度地造成了草原生产力下降，基础设施薄弱，抵御自然灾害的能力较弱，面临自然灾害损失惨重。

(7) 经营粗放，生产效率不高　由于自然和社会等方面的因素，我国牧区利用草原基本上仍然沿袭传统原始的粗放型经营模式，只注重数量增长，不注重质量效益，以牺牲草原资源与环境为代价发展经济，不仅草原生产效率低，而且对草原生态系统造成很大的破坏。我国平均每公顷草原生产力仅为7个畜产品单位，西部草原更低于平均数，与澳大利亚等国家相比有较大差距。而在草原科研方面，基础研究深度不够，应用研究与开发研究力量薄弱，使我国草原资源合理利用和发展缺乏一定的科技支撑。

6.3.3 加强我国草原资源可持续管理的对策

"九五"后期以来，国家相继启动与草原保护直接相关的退耕还林还草工程、京津风沙源治理工程、西部草原保护建设试点工程、禁牧休牧试点工程等，均取得了显著的成效，但是过去我国对草原长期"重取轻予"，现有的管理方式和措施还不能适应草地资源可持续发展的要求，草原自然保护区少，草原生态补偿机制欠缺，草原法律法规体系尚不完善，下面提出加强我国草原资源可持续管理的对策。

6.3.3.1 正确认识草原资源的功能和作用

由于过去对草原资源的生态功能和重要作用认识不够或不正确，重农轻牧、重牧轻草、重用轻保、重经济效益轻生态效益的现象较普遍，从而导致了滥垦、乱挖、超载过牧等不合理开发利用，使草原资源不断减少，退化日趋严重，生态环境受到破坏。因此要通过各种宣传媒体和培训计划，广泛深入宣传"保护和改善草原生态环境就是保护和改善持续生产力"的观点，使广大干部和农牧民充分认识草原资源在维持生态平衡和发展经济中的特殊作用，认识草原生态的脆弱性和恢复草原植被的极端艰巨性，从而树立生态环境保护和可持续发展观念，增强草原生态环境保护和改善的紧迫感和责任感。

6.3.3.2 加强对草原资源的科学化、法治化管理

首先，要积极推进和完善草原承包责任制。我国推行草原承包责任制的步伐有待提速，否则会给草原的可持续利用带来很大的负面影响。这种草原公有、牲畜私有的所有制相对位差是造成草原资源破坏的深层次原因。因此，要尽快完善草场和土地产权制度改革政策，实行草原的承包到户和有偿使用制度，从根本上解决"草原无主、放牧无界、建设无责"的问题，从政策导向和利益机制上引导农牧民合理有效地利用草地资源。其次，加快草原法治化

建设进程，要通过立法的形式将可持续发展作为管理和利用草原资源的重要指导思想内容予以确立，这是实现草原可持续利用的重要保证。同时要做好现行《中华人民共和国草原法》的修改完善和与其他法规的配套，通过建立健全法制来促进草原管理体制改革，以适应市场经济发展的需要。通过强化法治管理管好、用好草原资源，保护和改善草原生态环境，做到草原资源可持续利用。

6.3.3.3　以科技为支撑，转变草原经营方式

实施科技兴草兴牧和采取集约化经营是实现草原可持续发展的重要途径。长期以来，我国草原畜牧业以放牧饲养为主，由于草原建设不能满足要求，牧民增加收入主要靠多养牲畜来实现，因而导致草原超载过牧，生产力不断降低。为实现草原资源可持续发展战略，牧区要实施好已垦草原的植被重建和恢复，并彻底转变数量型发展观念，树立以科技为先导的效益型观念，努力提高草原畜产品的数量和质量，提高草原生态系统可持续发展的整体水平。为此，要加快研究不同草原类型的持续利用与草畜平衡技术，建立生态型草原畜牧业持续发展示范区；开展草原资源的监测、评价动态研究，建立实时信息管理系统，为草原资源利用提供科学的决策依据；开展适宜西、北部环境的植物种类资源收集、评价和开发利用研究，加速牧草新品种的培育和推广，特别是耐寒、耐旱、耐盐碱品种的开发；研究开发草原资源持续、高效利用技术和退化草原恢复、更新技术；研究开发以首蓿为主的草产品产业化开发技术，推动饲料作物产业的发展，促进农业产业结构调整，使草原畜牧业尽快摆脱靠天养畜的局面；加强科技成果和先进技术的推广和培训，提高农牧民素质，促进转变经营观念。

6.3.3.4　切实实施草原改良和建设工程

在确保现有草原建设投入的基础上，国家应大幅度增加草原建设资金。同时，建立多元化投资体制，利用外资、合资等多层次、多渠道、多部门的形式筹资。对于治理生态环境的草原建设，应以国家投入为主，地方和牧民投入为辅；对于畜产品商品生产基地的建设，应以地方和牧民投入为主，国家扶持为辅；对于牧区的畜牧业贷款，可由国家财政部门贴息，实行差别利率。要引导企业、集体和个人投资，加强牧区基础设施建设、改良草原，解决好牧区草原的缺水问题，通过增加草原水利投入建设稳产高产的饲草料基地，逐步解决草原超载过牧和人畜饮水问题。加强《全国草原保护建设利用总体规划》的落实工作，实施天然草原保护与退耕还林还草工程，增加人工草地种植面积。在实施退耕还草工程、治理草原的过程中，必须要加强人口、社会、经济等配套措施的支撑，特别是要采取有效措施缓解持续增长的草原人口生态压力，从而保证退耕还草工作的有效实施并从根本上改善草原生态环境。

6.3.3.5　广泛推行和不断探索草原资源可持续利用模式

草原资源的可持续利用，应以经济发展为前提，以建设为手段，以保护为基础，以建设促保护，以保护促发展，力求生态效益、经济效益和社会效益的统一。因此，走以牧为主的道路是利用草原资源最有效的方式。实践证明，"种、改、保"模式是目前草原牧区实现草原资源可持续发展的一种成功模式，而半农半牧区草原资源可持续利用的一种成功模式则是"进、退、还"模式。在加强推广这两种成功模式的基础上，各地区还应积极主动地开展草原利用模式的试验示范，以探索出适应各区域自身资源环境特点的草原可持续利用模式。

6.4 海洋资源环境管理

6.4.1 海洋资源及其环境问题

海洋约占地球表面的71%，覆盖着南半球的4/5和北半球的3/5的面积，是一个巨大的资源宝库。海洋资源是指与海水水体及海底、海面本身有着直接关系的物质和能量，主要由以下几个部分组成：①海洋生物资源。海洋生物资源包括所有的海洋生物，其中具有较广泛的开发利用和经济价值的是水产资源，此外也包括具有科研和生物多样性保护价值的海洋珍稀动物资源。②海域资源。包括海洋水体、底床和滩涂等有空间利用价值的资源，是海洋开发利用活动的主要物质条件。③海洋矿产资源。包括石油、天然气、海洋中有经济价值的组分（如食盐）、海砂等，是自然历史条件下形成的，大都属于不可再生资源。④自然环境资源。自然环境资源是岛屿、岸线、生物等自然物质在不同地理、气候因素等自然条件下，相互作用、相互制约所形成的具有生态结构与属性的自然环境。⑤水质环境资源。水质环境资源是指海洋净化污染物的能力。

我国近海海洋环境条件优越，拥有多样的海洋资源。渤海、黄海、东海和南海四大海区互相连接，给海上交通运输提供了便利条件；浅海水面宽广，近海水域拥有众多渔场；大陆架中埋藏着丰富的石油；海洋生物的种类初步估计超过一万种。此外，还拥有举世闻名的潮汐和众多风景秀丽的滨海地区。在约18000千米的漫长海岸线上，分布着众多的港湾和海港城市，是我国城市发展的重要基地和海陆运输的主要枢纽。我国近海由于存在明显的地域差异，因而形成了许多不同类型的生态系统。如河口生态系统、港湾生态系统、红树林生态系统、珊瑚礁生态系统等。目前，我国面临的海洋环境问题主要有以下几个方面。

6.4.1.1 近岸海域环境污染

我国近岸海域环境污染具有以下特点。一是海域污染范围不断扩大，海水水质呈下降趋势。在20世纪80年代中期，只有东海近岸海域无机氮平均含量超标。到了90年代初，渤海、黄海、东海和南海4个海区近岸海域无机氮平均含量全部超标。90年代末，渤海近岸海域不仅无机氮超标，无机磷也严重超标。近年来近岸海水水质为三类或超三类水质，渔业资源遭到严重破坏。二是陆源污染呈加重趋势。沿江、沿河、沿海地区的工业污水经河流携带入海，加上城市生活污水总量逐年上升，加重了陆源污染对海洋的压力。据统计，在环渤海地区入海污水总量中，生活污水与工业污水所占比例基本持平，沿海城市生活污水已成为近岸海域环境污染的重要污染源。另外，入海江河流域和沿海农业地区每年施用的各种农药、化肥等面源污染物居高不下，对近岸海域环境构成了威胁。三是区域性海洋环境灾害日益突出。据不完全统计，进入90年代后，近岸海域每年发生赤潮的频率越来越高，范围越来越大，次数越来越多，每年给沿海海水产养殖业造成的经济损失达数亿元。特别是进入21世纪以后，每年发生赤潮的面积和次数骤增，造成的海洋渔业生产损失是十年前的几倍甚至十几倍。

6.4.1.2 近海海域生态破坏

长期以来，在沿海地区，部分地区随意围海造田、造地，大量采挖矿石、珊瑚礁，滥伐红树林，向岸滩堆放、处置废弃物，造成了近岸海域生态环境的严重破坏。据统计，近半个世纪以来，围海造地导致海滨滩涂湿地面积累计减少约100万公顷，相当于滨海湿地总面积的50%。珊瑚礁已由20世纪50年代的5万公顷减至1.5万公顷，下降了70%。一些地区的沿海防护林体系遭到严重的破坏，红树林砍伐严重。沿海地区和城市超采地下水的现象十分普遍，部分地区和城市出现了海水倒灌和沿海地下水污染问题。海洋自然景观和生态环境的破坏造成了大面积海岸侵蚀、淤积，减少了海洋物种资源，加剧了海洋灾害的程度。

6.4.1.3　海洋生物资源衰退

海洋生物资源衰退的表现主要有两个方面。

一方面，过度捕捞造成海洋生物资源的生产能力下降。2016年，联合国粮食农业组织（FAO）的调查报告显示，全球范围内的鱼类资源中，52%被完全开发，20%被适度开发，17%被过度开发，7%被基本耗尽，1%正在从耗尽状态中恢复。目前世界范围的过度捕捞已经引起传统鱼类种数减少，许多重要经济鱼类资源下降。如大海牛，1741年刚刚被发现时有1500多头，27年之后已被捕尽杀绝。鲸，全世界原有440万头，现在只剩下几十万头。许多重要的鲸种，如北极露脊鲸、灰鲸、座头鲸等已濒临灭绝。在过去十年，北大西洋区域的鳕鱼、无须鳕、黑线鳕和鲆鱼等商业鱼群数量下降幅度达95%。我国海洋生物过度捕捞问题也很严重，传统捕捞对象的群体结构明显出现了低龄化、小型化、劣质化现象。如鳕鱼1934年产4万吨，1959年产2.8万吨，目前只产3000吨；真鲷1934年产1.6万吨，现在已濒临灭绝；大黄鱼1934年产22万吨，1985年只产2.6万吨，2017年东海生物资源调查显示，野生大黄鱼几近灭绝；与大黄鱼并列“四大渔产”的带鱼、小黄鱼和墨鱼命运也不容乐观，带鱼平均条重下降了约三分之一，小黄鱼平均条重下降了一半左右。

另一方面，海洋环境污染破坏了许多海域生物的栖息环境，造成鱼虾、贝类中毒死亡，对海洋生物资源造成了严重影响。历史上地中海鱼类资源极其丰富，然而由于严重的海洋污染，现在地中海中海洋生物体内的重金属含量已经普遍达到或超过了安全允许的浓度，一些沿岸水域中的鱼类、藻类、蟹类、贝类、海星、海胆等已经绝迹。

6.4.2　海洋资源环境管理的途径和方法

6.4.2.1　加强海洋环境调查，建立海洋环境管理信息系统

我国海洋环境十分复杂，海洋资源的储量和功能潜力还不太清楚，这给海洋资源的开发利用和保护带来了一定的困难。因此，需要进一步加强海洋水文、气象、化学、生物及地质等基础情况的调查研究。调查研究应以近岸及浅海大陆架海域为主，同时也要注意对大洋的调查考察。在调查海洋环境资源状态的基础上，要充分利用高新技术，建立海洋环境管理信息系统，以实现对海洋环境要素的演化趋势进行动态分析和模拟，为各级政府部门在合理开发利用海洋资源和保护海洋环境方面的决策及时提供准确、有效的信息和依据。

6.4.2.2　加强海洋法制建设，制订海洋环境保护规划

海洋环境保护法规是一个很大的体系。为了切实贯彻执行《中华人民共和国海洋环境保护法》（以下简称《海洋环境保护法》），搞好我国的海洋环境管理，还需要制订一系列具体的规定、条例和标准。尤其是随着经济全球化的进程，更需要依靠法律来规范海洋资源的开发、利用和保护活动。因此，要进一步加强海洋法制建设，继续完善我国的海洋法规体系，有效控制陆地和海上开发行为对海洋环境的破坏和影响。

贯彻《海洋环境保护法》，控制海洋污染，保护海洋环境，必须切实编制好海洋环境保

护规划。海洋环境保护工作复杂、综合性强、牵涉面广，尤其需要全面规划，并纳入国家的、部门的和地方的计划之中，并认真加以实施。随着我国社会主义市场经济体制的加快完善和经济贸易与国际接轨，我国将面临更大规模的海洋经济开发活动。因此，各有关部门、有关地区应根据《海洋环境保护法》的要求，制订开发和利用我国海域和海岸线的发展规划。要加紧进行沿海水域的调查，掌握水质污染状况，根据不同海域、不同海湾的自净能力来划分功能区域，进行生产力的合理布局，并提出相应的环境保护目标和计划，作为国民经济和社会发展计划的一个重要组成部分。

6.4.2.3 因地制宜，合理利用海洋净化能力

我国海域辽阔，纵跨温带、亚热带、热带三大气候带，长 4500 千米，横穿 20 多个经度，宽约 2000 千米。近海、远海，内海、外海，北方、南方的水文气象条件、自然经济条件和生态系统千差万别，海洋环境保护要依据各海域的具体条件开展工作，因地制宜。

一个地区、一个城市的毗邻海区，要进行合理的功能分工，按不同功能划区，按照海水标准确定相应的环境标准。工业和生活污水要选择潮流急、净化能力强、远离浴场和养殖场的海域排放。这样，一方面有可能规定略为宽松的排放条件，另一方面那些净化能力较差、易受污染的水域也可以得到保护，可以做到投资少、效果好。

针对一些特殊海湾，如渤海湾、大连湾、胶州湾等，还应制定一些特殊的法规标准，如环境标准、排放标准、管理条例等，规定污染物排放总量，以解决这些海区特有的环境问题。

要合理利用远岸海区的净化能力，划定一批倾废区，以消纳一些在海岸带无法处理的废弃物。

6.4.2.4 建立海洋污染监控网络，加强对海洋环境的监测和监视

对海洋环境的监测、监视工作是及时掌握海洋环境状况、进行海洋环境管理的重要手段。世界上许多国家对这项工作十分重视，投入了很大的力量。实践证明，监测、监视工作做好了，可以获得很高的经济效益。当前，要抓紧建立健全海洋监测、监视机构，改善装备条件，充实专业人员，把各监测机构的力量组织起来，建立起全国性的海洋监控网络。在此基础上，制定规划，建立规章制度，以开展对重点海区、石油开发区、废弃物倾倒区的正规监测管理和常规监测工作。对已污染的海区不仅要了解环境中污染物的浓度水平，而且要明晰污染物的来源，为治理和预防海洋污染提供基本信息。

6.4.2.5 建立海洋自然保护区，保护海洋生物多样性

海洋自然保护区是针对某种海洋保护生物划定的海域、岸段和海岛区。建立海域自然保护区是保护海域生物多样性和防止海域生态恶化的有效手段之一。我国现有海域自然保护区较少，急需增建一批海域自然保护区，如海岸盆地生态保护区系列、红树林自然保护区系列和珍稀濒危物种自然保护区系列等。

6.4.2.6 开展国际协作，履行海洋环境保护国际公约

海洋污染是一种全球性污染现象，在南极企鹅体内脂肪中已检出 DDT，说明海洋污染的影响范围之广。因此，必须通过国际合作保护海洋生态环境。目前，关于海洋环境保护的国际公约有 13 项。自 1980 年以来，我国先后签署加入了《国际油污损害民事责任公约》《联合国海洋法公约》《国际干预公海油污事故公约》等国际公约，这些公约全部对我国生效。

围绕海洋环境保护公约的谈判，发达国家与发展中国家，工业大国与中小国家之间仍然持有某些不同的观点，存在较尖锐的斗争。在保护海洋环境和永续利用海洋资源方面，我国主张：公海为全人类所共有，应保护公海资源不受掠夺，公海环境不受破坏；各国拥有保护和利用其内海领域以及管辖的其他海域的主权，任何国家都不得向他国管辖的公海转移污染或造成污染损害；发达国家是海洋资源的主要利用者和受益者，应当在保护海洋环境、防止海洋污染方面承担重要义务；为促进海洋环境保护事业的发展，发达国家有义务在技术和经济上支持发展中国家。

6.5 水资源环境管理

6.5.1 水资源概况

水资源通常是指在一定时期内，能被人类直接或间接开发利用的那一部分水体，即由大气降水补给，具有一定数量和在人类现有技术条件下可以直接被利用，且年复一年有限可循环再生的、水质满足特定行业标准的淡水，在数量上等于地表和地下径流的总和。水资源具有以下特点：①循环再生性与总量有限性；②时空分布的不均匀性；③功能的广泛性和不可替代性；④利弊两重性。

我国多年平均陆地水资源总量为28000亿立方米，居世界第六位，但人均占有量只有2632立方米，约为世界人均占有量的1/4。水资源空间分布不均衡，南多北少，相差悬殊，水资源分布与人口、经济和社会发展布局极不协调。淮河流域及其以北、西北地区，总人口占全国的47%左右，耕地面积占65%以上，GDP占全国的45%以上，而水资源却只占全国水资源总量的19%，人均占有量仅为南方地区的1/3。同时时间分布不均匀，旱涝频繁。我国长江以南地区3—6月（或4—7月）的降水量占全年降水量的60%，而长江以北地区6—9月的降水量常占全年降水量的80%，秋冬春则缺雪少雨，尤其是北方干旱、半干旱地区，一年的降水量往往集中在一二次历时很短的暴雨中。

6.5.2 水资源开发利用中的问题

水资源开发利用中的环境问题主要指水量、水质、水能发生变化，进而导致水资源功能的衰减、损失以致丧失。具体表现有以下几个方面。

（1）水体污染日益严重　根据《2018中国生态环境状况公报》的数据，2018年，长江、黄河、珠江、松花江、淮河、海河、辽河七大流域和浙闽片河流、西北诸河、西南诸河监测的1613个水质断面中，Ⅰ类占5.0%，Ⅱ类占43.0%，Ⅲ类占26.3%，Ⅳ类占14.4%，Ⅴ类占4.5%，劣Ⅴ类占6.9%。西北诸河和西南诸河水质为优，长江、珠江流域和浙闽片河流水质良好，黄河、松花江和淮河流域为轻度污染，海河和辽河流域为中度污染。地下水污染形势正在逐渐加剧。华北平原部分地区深层水中已经检出污染物，淮河以北数千万人饮用硝酸盐或氟含量超标的地下水，全国有1/4的人口饮用不符合卫生标准的水。

（2）河湖萎缩、功能退化　在北方缺水地区，由于河道天然径流减少，引用水量增加，开发利用不尽合理，江河断流及平原地区河流枯萎已经成为一个严重的水环境问题。据水利部统计，2000—2017年水文系列与1956—1979年水文系列相比，黄河、淮河、海河和辽河四大流域降雨量平均减少6%，地表水资源量减少17%。近三十年来，我国湖泊水面面积已缩小了30%。素有千湖之称的江汉湖群，目前的湖泊面积仅为新中国成立初期的50%。河湖面积缩小使其调洪和泄洪能力减弱、洪涝灾害加重、航海里程缩短，水产资源和风景资源受到不同程度的破坏。

(3) 地下水大量超采　由于地表水贫乏和水污染加剧，一些地区对地下水进行掠夺式开发，地下水超采现象十分严重。据不完全统计，全国目前已形成地下水区域性降落漏斗149个，漏斗面积15.8万平方千米，其中严重超采面积6.7万平方千米，占超采区面积的42.4%。多年平均超采地下水67.8亿立方米。

(4) 水土流失严重　我国是世界上水土流失最严重的国家之一。根据2018年水土流失动态监测成果，全国水土流失面积达273.69万平方千米。其中，水力侵蚀面积115.09万平方千米，风力侵蚀面积158.60万平方千米。与第一次全国水利普查（2011年）相比，全国水土流失面积减少21.23万平方千米。黄土高原每年水土流失带走的氮、磷、钾就达4000万吨，相当于全国一年的化肥产量。黄河平均年输沙量16亿吨，其中4亿吨淤积在下游河床中，使下游河床以10厘米每年的速度抬升，黄河已经成为世界著名的地上悬河。与此同时，泥沙中携带的氮、磷是造成江河湖库面源污染的主要原因之一。

6.5.3 水资源环境管理的途径和方法

(1) 完善管理体制和组织结构，加强水资源的统一管理　水资源管理应把所辖地区的水以及水体周边的陆地作为一个整体来考虑，进行统一管理，应按水资源循环的自然规律、社会经济规律及水资源具有多种功能的特点建立水资源统一管理机构。应从以下两方面着手。

① 建立国家级统一管理机构。其主要职能是：组织和协调有关部门进行水资源现状的调查分析；预测水利事业的发展及其影响；制订和实施水资源分配计划、水资源远景发展规划以及综合防治水污染的政策和措施；监督和检查地方水资源管理机构的活动；组织开展有关科学研究工作以及提供情报资料等。

② 建立地方性水资源管理机构。按水系、流域或地理区域而不是按行政区划分水资源管理区，地方性水资源管理机构的职能是根据国家和地方颁布的有关法规和政策，对管辖范围内水资源的开发利用、水质和水量进行监督和保护。具体职责是：制订和实施水资源的发展规划；监督水资源的利用和保护；定期对地下水、地表水的状况进行分析；制订各种用水系统设计方案；审核水利和水库的建设许可证；检查用水计划的合理性；控制污水排放以及向司法机关对破坏水资源肇事者提起诉讼等。

(2) 制订水资源保护规划，实现水资源的可持续利用　应根据水资源的状况和国民经济各部门、各地区、各单位的需求情况，对水资源的开发利用进行合理安排，其关键是协调好经济建设、社会发展与环境保护的关系，处理好城乡之间，区域之间，各部门、各地区、各单位之间的供需关系，以及人与资源、资源与环境之间的利害关系，合理布局生产力。经济建设要充分考虑水土资源条件和生态环境保护的要求，合理确定与调整经济结构和产业布局，要在保护生态的前提下加快发展，根据水资源条件确定重点发展区域和发展重点，要把水资源的开发利用与节约保护结合起来。对于污染严重地区，应当果断关停严重污染的小企业，加大污染治理力度。必须在全社会树立水资源与水环境的忧患意识，走可持续发展之路。

(3) 树立水资源有偿使用的观念，发挥经济手段在水资源管理中的作用　《水法》规定：

“水资源属于国家所有，即全民所有。”因此任何单位、团体和个人都无权无偿开发利用属于国家所有的水资源。应确立水权观念，推进水资源有偿使用制度建设，逐步开征资源税和排污税。

应当调整现有水污染防治的经济手段，完善排污收费（税）、排污权交易制度，绿色税收政策，生态补偿机制，以使水环境保护工作顺应市场经济体制的需要，发挥经济手段在水资源管理中的作用。在我国，由于水环境具有公共性，流域水环境都是跨行政区域，众多地方政府分享其环境效益和经济效益，很难运用行政和法律的手段来加强约束，因此要实现政府对市场的有效干预，只有充分发挥市场机制在资源配置方面所起的基础性支配作用，才能更好地促进经济与环境的协调发展和科学发展。通过实行最经济的环境保护手段，运用经济手段调节生产和消费行为，管理环境，有效地配置污染削减，大大降低水环境管理成本。

（4）构建和完善水环境管理法律体系　应从三方面完善我国水环境管理的法律体系：一是建立机制健全的水环境管理法制体系。应该综合《水法》《水污染防治法》等对水环境管理有约束性的法律法规，制定一部综合性法律，对水环境的事前管理、主动管理和源头管理进行规范，通过对水环境管理主体、执法主体及其职责权限、管理体制等做出具体的规定，对于阻碍水环境管理的责任单位和责任人做出明确的处罚。二是建立与经济政策相匹配的法律法规。经济政策的运用需要以市场经济为前提，市场经济又是法治经济，因此，必须加强立法，赋予环保部门行政强制权，通过对违法行为给予严重处罚等措施强化环保法治，才能使环境经济政策发挥作用。三是建立完善综合决策的法律保障机制。为了做好综合决策，各级政府应该建立重大决策的环境影响评价制度、决策科学咨询制度、决策的部门会审制度、决策的公众参与制度、决策的监督与责任追究制度、决策的教育培训制度等有关的综合决策制度。

（5）大力发展水资源的安全保障和循环再利用系统　采取的措施主要有以下三个方面。一是水资源利用中的安全保障，包括防止城市饮用水水源地和供水系统受到突发污染事件的影响，保障供水安全。二是建设用水单位（家庭、企业和事业单位）内部的水资源循环和再利用系统，如雨水利用、中水利用、循环水利用、家庭节约用水等。三是在城市整体层次上，按水的自然循环规律和社会经济规律建设良性的城市水循环系统，在保障用水安全的基础上，满足生活用水、生产用水和生态用水的需要。

（6）加强水利工程建设，积极开发新水源　由于水资源具有时空分布不均衡的特点，必须加强水利工程的建设，如修建水库以解决水资源年际变化大、年内分配不均的问题，使水资源得以保存和均衡利用。跨流域调水则是调节水资源地区分布不均衡性的一个重要途径。但水利工程往往会破坏地区原有的生态平衡，因此要做好生态影响评价工作，以避免和减少不可挽回的损失。此外，还应积极进行新水源的开发研究工作，如海水淡化、抑制水面蒸发、房顶雨水收集和污水资源化利用等。

中国河长制开启治河新时代

2016年11月，中共中央办公厅、国务院办公厅联合印发了《关于全面推行河长制的意见》（以下简称《意见》）。《意见》中明确指出要在全国范围内全面建立河长制。到2018年6月，全国有31个省（自治区、直辖市）已经全面建立了河长制，提前完成中央确定的目标任务。改革开放40年来，我国的生态环境特别是水资源环境遭到了一定程度的破坏，而实施河长制是治理江河环境的重要举措，也是关系到党的政治使命和国计民生的重大问题。河长制是新时代中国生态文明建设的实践创新，也是我国生态治理的制度创新。

河长制发端于江苏无锡，该制度的可行性和合理性在实践中得到了证明。到2018年6月，在全国范围内，河长制的组织、制度以及责任体系已经初步形成，实现了“河长”名与实的良好结合。时任水利部部长鄂竟平表示，下一步的任务是要继续落实《意见》中的六大任务，通过加强和完善河长制的配套制度建设来加强水资源保护、水域岸线管理、水污染防治及生态修复等工作。鄂竟平表示，全国31个省份所有江河的河长均已就位，省（自治区、直辖市）、市（地、州）、县（县级市、旗）、乡镇（街道）四级河长共有30万人，其中省级领导担任河长的有402人，有59人为省级党政主要负责人。在31个省份当中，有29个省份因地制宜将河长制延伸到行政村，村级（社区）河长共有90多万人，这两个数字加起来超过了100万，故称之为“百万河长”。

通过设立村级（社区）河长制，基本上解决了河长制实施过程中最后一公里的问题。同时，省、市、县三级均设立了河长办公室，承担了河长制运转的日常工作，使得河长制的名实得到了较好的结合。此外，全国各地在建立和健全河长制的同时，还积极发动社会大众参与到本地的江河湖泊治理和水资源保护体系中，在实践中涌现了一大批民间河长，如乡贤河长、党员河长，部分地区还出现了记者河长和大量的青年志愿者巡河服务队。

河长制的实施，实际上是从更高的层次和视角来解决江河湖泊治理和保护中的权力分割问题。过去多年以来，“九龙治水”是我国水资源管理和保护中无法解决的问题。通过河长制的实施，将分散的资源和分割的权力相对集中起来，使得江河湖泊从“没人管”变成了“专人管”，从原来的“没法管”和“管不住”变成了“管得好”。河长制的实施解决了现实中江河管理及其保护的部分难题，对解决我国水环境危机有重大现实意义，生态效果极为显著。比如在河长制发源地江苏省无锡市，从2014年开始实施退圩还湖，使得被占用的东太湖实现了重生。浙江省实施“剿灭劣Ⅴ类水”专项整治行动，使得江河湖泊基本上消除了“黑、臭、脏”问题，很多河以前鱼虾绝迹，如今鱼虾又开始现身，消失了多年的鹭鸟也重新回巢，人民群众的幸福感、获得感得到了明显的提升。可以说，从河长制提出到全面建立这几年时间内，中国的江河治理成效是极为显著的。为了更好地发挥河长制的效果，各地按照两办《意见》的精神以及水利部相关要求，出台了很多的配套措施。比如湖北省建立了河长联席会议制度，在省、市、县三级每月定期召开联席会议，不仅能够群策群力，还能够及时共享信息；江西省建立了治理督察制度和考核问责制度，每半年对河长进行考核，对不过关者实施问责。各地结合本地实际情况，初步形成了党政负责、水利部门牵头、其他部门联动以及社会大众广泛参与的江河治理新格局，保障了河长制的顺利实施。

6.6 生物多样性保护管理

6.6.1 生物多样性的概念及其价值作用

生物多样性是生物及其与环境形成的生态复合体以及与此相关的各种生态过程的总和，由遗传（基因）多样性、物种多样性和生态系统多样性组成。遗传（基因）多样性是指生物体内决定性状的遗传因子及其组合的多样性。物种多样性是生物多样性在物种上的表现形式，可分为区域物种多样性和群落物种（生态）多样性。生态系统多样性是指生物圈内生境、生物群落和生态过程的多样性。

生物多样性是人类赖以生存的物质基础，其价值主要包括以下几个方面：第一，直接价值。从生物多样性的野生和驯化的组分中，人类得到了所需的全部食品、许多药物和工业原料，同时，生物多样性在娱乐和旅游业中也起着重要的作用。第二，间接价值。主要表现在固定太阳能、调节水文学过程、防止水土流失、调节气候、吸收和分解污染物、贮存营养元素并促进养分循环和维持进化过程等七个方面。第三，选择价值。即为后代人提供选择机会的价值。目前人类对许多植物、动物和微生物物种的使用价值还不清楚，有待进一步发现、研究和利用。

6.6.2　生物多样性现状

全球生物多样性巨大，到目前为止，人类已经鉴定出大约 170 万种的物种。科学家们估计的全球物种总数在 5000 万到 1 亿之间。然而，由于人类活动带来的生境破坏、生物资源的过度开发、环境污染等问题，全球生物多样性面临着严重威胁。自 1600 年以来，地球上有记录的动植物灭绝的数目为 724 种。目前，地球上濒危物种的数目为植物近 2 万种，脊椎动物 3400 多种，且数量还在增加。

我国是全球 12 个“生物多样性巨丰国家”之一，有高等动物 30000 余种，仅次于马来西亚和巴西，居世界第三位。有脊椎动物 6266 种，约占世界脊椎动物种类总数的 10%；中国是世界上鸟类种类最多的国家之一，共有鸟类 1244 种，占世界总种数的 13.1%；中国有鱼类 3863 种，占世界总种数的 20.3%。包括昆虫在内的无脊椎动物，低等植物和真菌、细菌、放线菌，其种类更为繁多，目前尚难做出确切的估计。

当前中国的物种多样性和遗传多样性面临着严重的威胁。例如，新疆虎、普氏野马、高鼻羚羊、直隶猕猴、豚鹿、小齿灵猫、镰翅鸡等 10 种动物于 20 世纪在中国灭绝，毛脉蕨等野生植物也早已绝迹。在《濒危野生动植物种国际贸易公约》列出的 640 个世界性濒危物种中，中国就占了 156 种，约占其总数的 1/4。中国脊椎动物中受威胁的种数达 433 种，特有种类中受威胁种数的比例高达 8.25%。大熊猫、金丝猴、野骆驼、银杉、珙桐、人参等野生动植物的分布区明显缩小，种群数量骤减，处于濒临灭绝的状态。生态系统多样性同样面临着严重的威胁。由于森林的迅速消失和不合理的土地使用，目前水土流失面积已达 273.69 万平方千米，约占国土面积的 28.5%；具有世界意义的天然湿地萎缩 40%；退化的草场面积占可利用草场的 1/4。受三废污染的土地面积已扩大到 1.6×10^5 平方千米。生态环境的严重退化，已使中国受威胁的生物物种占了整个区系的 15%～20%，高于世界平均水平。

6.6.3　生物多样性受威胁的原因

6.6.3.1　生存环境的破坏

随着人口数量的增加和社会经济的发展，生态破坏、资源匮乏的问题日益凸显。森林超量砍伐、草原开垦、过度放牧、不合理的围湖造田、沼泽开垦、过度利用土地和水资源，导致生境破坏甚至消失，影响现有物种的正常生存，已有相当数量物种绝灭，如我国的缘毛红豆等数十种珍稀特有种植物已经绝灭，以南中国海的珊瑚礁为栖息地的鱼类的消失。此外，兴修水利工程也可能造成江湖阻碍，从而破坏水生生物栖息的生活环境，阻塞某些鱼类的洄游通道，致使物种栖息环境受到破坏。长江葛洲坝至南津关段是“四大家鱼”的产卵场，大坝截流后流速、水温等水文条件发生变化，“四大家鱼”鱼苗数量有减少趋势。大坝截流阻挡了中华鲟沿江上溯，使其滞留于坝下江段，对中华鲟的生活造成严重威胁。由于微生物个体微小，对生活环境的依赖性大，对生活环境变化反应敏感，因此，由于人类活动造成的环境破坏，很多微生物在尚不为人所知的情况下就已经灭绝了。

6.6.3.2 生物资源的过度开发

滥捕乱猎是物种受威胁的重要原因之一。20 世纪 50 年代开始对猕猴进行大量捕捉，加之栖息地的丧失，中国猕猴的种群大量减少，至今尚未得到恢复。此外，羚羊、野生鹿及用作裘皮的动物、各种鱼类等资源，由于过量的狩猎、捕捞，种群数量也大量减少甚至绝灭。我国海域主要经济鱼类资源在 20 世纪 60 年代初已出现衰退现象，从 70 年代开始捕捞过度，引起各海区沿岸与近海的传统经济鱼类资源出现全面衰退，如大黄鱼、小黄鱼、带鱼等。对人参、天麻、黄芪、甘草等野生经济植物的过度采挖，致使这些植物在野外已很难见到。过度采挖野生经济植物也是生物多样性受威胁的重要原因之一。近年在内蒙古、新疆、甘肃等地草原上大量挖掘甘草，使其分布面积大量减少。如新疆巴楚县 1967 年调查有甘草面积 60 万亩，21 世纪初已有一半被挖尽。内蒙黄芪是驰名中外的特产，目前在草原上已很难见到。有许多珍贵的食用和药用真菌是我国特有的，如冬虫夏草、灵芝、竹荪等，由于长期过度采摘已濒临灭绝。

6.6.3.3 环境污染

城乡工农业污水大量排入水域，大气污染物特别是酸雨的危害，重金属以及长期滞留的农药残毒富集于环境，使许多水陆生物及生态系统因生存环境恶化而濒危。我国的不少湖泊及主要河流已被工业废水严重污染，这是水生动物区系大量消亡的主要原因。长江、松花江等河流的某些河段中自然生长的梭鱼、三角鳊、鲫鱼，甚至草鱼、白鲢、花鲢、青鱼等也处于濒危甚至濒临灭绝的状态。海洋污染，特别是近海的海岸污染也是物种减少的主要因素。

6.6.3.4 外来物种入侵

据调查，世界上 100 种破坏性最强的外来入侵物种约有一半入侵了中国。据统计，全国每年因松材线虫、湿地松粉蚧、美国白蛾、松突园蚧等森林害虫入侵危害森林面积达 150 万公顷。豚草、薇甘菊、紫茎泽兰、飞机草、大米草、水葫芦等已在中国部分地区大肆蔓延，造成了对生物多样性和农业生产的破坏。特别是沿海滩涂近海生物栖息地因大米草等入侵物种的影响，海水交换能力和水质下降并引发赤潮，大片红树林消失。西南部分地区因飞机草和紫茎泽兰群落入侵，造成本地草场和树木的破坏和衰弱，对自然保护区保护对象构成了威胁。因此，防治外来入侵物种的威胁和危害，是中国生物多样性保护面临的另一重要问题。

6.6.4 生物多样性保护与管理的措施

6.6.4.1 建立和完善法律体系

虽然我国有关法规和政策对生物多样性保护做出了明确的规定，并起到了积极有益的作用，但其中也存在不足之处，目前急需建立和完善一整套法律体系。应当加强生物多样性保护的立法，协调好关于生物多样性保护的各法规之间的关系，加强法规的可操作性；从经济学角度进行生物多样性保护，把生物多样性的保护和持续利用结合起来；除了保护少数珍贵、濒危或具有重大经济价值的大型野生动物，还应注重植物、微生物的保护；应加强和改进生物多样性保护的执法，对违法犯罪行为给予严惩。

6.6.4.2　加强生物多样性保护的科学研究

科学研究可以促进生物多样性管理水平的提高，加深人类对人与自然关系的理解，扩大自然资源的可供给范围和可供给量，提高资源利用效率和经济效益。这对于缓解我国人口与经济增长和资源有限性之间的矛盾，扩大环境容量并相应扩大生存空间和提高生存质量，促进可持续发展的目标尤其重要。因此，应加强科技投入，加强生物多样性保护的科学研究工作，对我国生物种群分布、食物链、繁殖地等情况进行研究，查清我国生物多样性的基本情况，编制我国的生物名录，对濒危物种的现状、生境、分布、数量及其变化规律和濒危原因进行调查和系统研究，编制我国的生物多样性评价标准和保护规范。

6.6.4.3　加强公众教育，推动公众参与

生物多样性保护工作的目标能否实现，从根本上取决于人们的行为方式和参与程度。当前生物多样性保护工作所面临的重要问题之一是公众缺乏保护生物多样性的意识。一方面，部分群众的文明消费观未树立，食用野生动物的陋习未能扭转；另一方面为追求眼前的经济利益，乱捕滥猎、乱砍滥伐、非法经营野生动植物的现象屡禁不止，掠夺式开发生物资源的情况仍然存在，造成生物多样性锐减。因此，加强公众教育、推动公众参与是生物多样性保护的重要方面。可通过中小学教育、高等教育等有关环境课程，开展这方面的科普活动；充分发挥新闻媒介，特别是广播电视的宣传教育作用；应充分发挥迁地保护设施（动物园、植物园和水族馆）及自然博物馆、标本馆和保护区的科普和大众教育作用。采取以上措施，使远离自然界的城市和农区居民了解生物多样性与人类生活的密切关系，提高全民对生物多样性重要性的认识。

6.6.4.4　进行就地保护、迁地保护，加强保护机构的管理水平

对一些面临严重威胁的物种及各类生态系统，要在野外进行就地保护。由于栖息地丧失或改变是物种濒危与消失的重要因素，所以一般措施是建立自然保护区。截至2019年9月，我国共有各种类型、不同级别的自然保护区2750个，总面积为147.17万平方千米，占陆域国土面积的15%，其中国家级自然保护区有474个，总面积约97.45万平方千米 。我国现已建成许多保护生态系统类型和保护珍稀动植物的自然保护区，如为保护完整的温带森林生态系统而建立的长白山自然保护区，为保护斑头雁、棕头鸥等鸟类及其生存环境而建立的青海湖鸟岛自然保护区等。但这尚不能满足我国生物多样性保护工作的需要，必须进一步增加新的保护区或扩大保护区面积，逐步形成类型齐全、布局合理、面积适宜的自然保护区网络。同时要不断提高自然保护区的管理水平和管理手段，注意发挥自然保护区的多种功能。

对于一些高濒危物种，应当进行迁地保护。这些物种因受威胁严重，短期的就地保护无法保证它们的生存，这就需要借助迁地保护方法（动植物园、水族馆和种质库等），长期保存、研究和繁殖濒危珍稀尤其是数量骤减的生物物种。应加强迁地保护机构的管理水平，促进其与科研机构的联合，加强和发展其在生物多样性保护中的功能和作用，形成有效的全国迁地保护网络。

本章内容小结

[1]　我国土地资源的特点：①土地类型复杂多样，山地比例大；②土地资源较其他国家更

为紧缺，人多地少问题突出；③土地结构不平衡，农业用地和建设用地矛盾突出。

[2] 森林资源是森林和林业生产地域上的土地和生物的总称，包括林木、林下植物、野生植物、微生物、土壤和气候等自然资源。森林资源是陆地上最重要的生物资源，具有以下特点：①空间分布广，生物生产力高；②结构复杂，多样性高；③再生能力强。

[3] 我国森林资源的特点：①森林面积稳步增长，森林蓄积快速增加；②森林结构有所改善，森林质量不断提高；③林木采伐消耗量下降，林木蓄积长消盈余持续扩大；④商品林供给能力提升，公益林生态功能增强；⑤天然林持续恢复，人工林稳步发展。

[4] 我国森林资源开发利用中的环境问题：①涵养水源能力下降，引发洪水灾害；②引发水土流失，导致土地沙化；③森林调节能力下降，引发气候异常；④野生动植物的栖息地丧失，生物多样性锐减。

[5] 我国草原资源管理中存在的主要问题：①人口超载；②盲目开垦；③超载过牧；④乱采滥挖严重；⑤滥用水资源；⑥草原建设投入不足，基础设施薄弱；⑦经营粗放，生产效率不高。

[6] 海洋资源目前面临近岸海域环境污染、近岸海域生态破坏和海洋生物资源衰退等问题。

[7] 水资源开发利用中的环境问题，主要指水量、水质、水能发生变化，进而导致水资源功能的衰减、损失以致丧失。具体表现有以下几个方面：①水体污染日益严重；②河湖萎缩、功能退化；③地下水大量超采；④水土流失严重。

[8] 生物多样性是生物及其与环境形成的生态复合体以及与此相关的各种生态过程的总和，由遗传（基因）多样性、物种多样性和生态系统多样性组成。生物多样性是人类赖以生存的物质基础，其价值主要包括以下几个方面：第一，直接价值。从生物多样性的野生和驯化的组分中，人类得到了所需的全部食品、许多药物和工业原料，同时，生物多样性在娱乐和旅游业中也起着重要的作用。第二，间接价值。主要表现在固定太阳能、调节水文学过程、防止水土流失、调节气候、吸收和分解污染物、贮存营养元素并促进养分循环和维持进化过程等七个方面。第三，选择价值。即为后代人提供选择机会的价值。

[9] 生物多样性受威胁的原因：①生存环境的破坏；②生物资源的过度开发；③环境污染；④外来物种入侵。

思考题

[1] 我国土地资源的主要特点及面临的问题。

[2] 我国森林资源及其管理的现状和问题，以及该采取的对策。

[3] 我国草原资源的现状和问题。

[4] 加强海洋环境管理的途径和方法。

[5] 我国水资源开发利用中的问题及管理途径和方法。

[6] 生物多样性保护的重要性及保护与管理的措施。

7 企业环境管理

【学习目的】

通过本章学习，识记企业环境管理的三个层次。了解政府对企业环境管理的特征及管理途径和方法。区别政府主导和企业自身环境管理的不同。熟悉清洁生产的概念及主要途径。熟悉 ISO 14000 环境管理体系的概念和基本组成，了解其认证过程。了解环境标志的作用及目前各国主要的环境标志。

企业是人类产业活动的主体。人类通过产业活动开采自然资源，并加以提炼、加工、转化，从而制造出所需要的生活和生产资料，最终形成物质财富。企业环境管理是一种多元性结构管理，它是由政府、企业、非政府组织和社会公众共同参与的，由生态伦理、环境规制、社会发展模式、生态文化教育、生态环境技术的开发与应用水平和企业管理等多种因素共同作用形成的。一般来说，企业环境管理机制包括三个层次：一是宏观层次，以政府为主体的产业环境管理机制，如环境法律、法规、条例等；二是微观层次，以企业为主的企业环境管理机制，如清洁生产、循环经济、绿色企业文化等；三是介于宏观、微观层次之间，非政府组织与社会公众参与的企业环境管理机制，如消费者、媒体、民间环保组织等。本章从以上三个方面介绍企业环境管理的内容。

7.1 政府对企业的环境监督管理

在生态环境治理中，政府是主体且站在绝对的主导地位，主要体现在：一是政府通过制定环境政策、法规，采取强制手段迫使企业削减污染排放，进行环境治理；二是政府相关部门负责收集企业环境污染信息，发出削减污染的指令并对造成环境污染的企业给予处罚。在这种环境治理模式中企业被动地进行污染削减和治理，企业缺乏主动管理环境的积极性。当前，我国环境管理基本上属于粗放方式，政府、企业和社会公众在参与过程中力量分散，政府在环境管理中没有形成整体的协同效应。长期以来，我国选择了一种以政府为中心的生态环境管理模式，环境管理主体较为单一，需要加大对生态环境治理中多种实际作用变量和作用机制价值重视力度。

7.1.1 政府对企业环境管理的概念和特点

政府监管是企业环境管理的宏观层次。政府对企业环境管理的措施主要包括制定环境法规、规章制度以及环境强制性行业标准等，通过禁止、奖惩、引导、扶助、促进等方式，对企业的环境行为进行有效的干预。

企业环境问题源于企业把环境管理与经济发展完全割裂开来，因此无法通过市场机制来解决。要实现环境保护的目标，政府和企业缺一不可。一方面，充分发挥政府的监管作用，给予企业履行环境责任外在的压力和推力；另一方面，企业要积极配合、执行政府的环境规制政策。因此，政府要倡导和鼓励企业改变环境管理机制，由传统的末端环境治理转变为源头环境降污治理，减少在环境管理过程中政企不合作而导致的较高环境治理成本。在符合企业理性决策需要的参与约束和激励相容约束下，鼓励企业实行比现行的环保法规标准更高的环境管理。运用非正式的环境规制方法，通过企业信息公开计划或项目、贴生态标签、环境管理认证与环境审计等方式，让企业成为环境保护的倡导者和实施者。

政府对企业的环境管理有以下三个特征：一是具有强制性和引导性。政府是从经济社会发展的高度来调控整个产业的发展方向和规模，可以克服微观企业个体发展的片面性和局限性。二是政府对企业的环境管理的具体内容和形式与企业性质密切相关，要根据不同企业的资源环境特点采取不同的管理模式，其管理重点是那些资源和能源消耗量大、各种废弃物排放量大的行业，如冶金、化工、焦炭、电力等。三是政府对企业的环境管理具有较强的综合性，不仅需要政府环保部门的努力，也需要政府内部综合性经济管理部门的参与，还需要政府外部的行业协会、行业科学技术协会、行业发展咨询服务公司等的参与。

企业活动既是创造物质财富、满足人类社会生存发展基本物质需求的活动，又是破坏生态、污染环境的主要原因。由于政府是整个社会行为的领导者和组织者，政府能否依据可持续发展的要求，控制企业活动的资源消耗和废弃物排放，按资源节约型、环境友好型的目标实现企业活动的良性发展，对企业环境管理起着决定性的主导作用。

7.1.2 政府对企业环境管理的途径和方法

7.1.2.1 制定和实施宏观的行业发展规划

行业的生产活动是一个国家或地区最重要的经济发展活动，行业生产的水平和发展模式，不仅决定了这个国家或地区经济社会发展的能力和趋势，也对资源和生态环境产生重要的影响。因此，对于行业活动的环境管理，首先要从国家或地区的环境社会系统的总体上进行宏观控制。

我国提出的建设资源节约型、环境友好型社会的总体目标中，对各个地区和各个行业都提出了相应的循环经济和环境保护的具体目标和要求，以及将逐步配套出台的相应的政策文件和措施保障，这就成为政府对这些行业进行环境管理的总要求。

7.1.2.2 制定和实施行业环境技术政策

行业环境技术政策是指由政府生态环境部门制定和颁布的，为实现特定时期内的环境目标，既能引导和约束行业发展，又能提高行业技术发展水平和有效控制行业环境污染的技术性指导政策。由于行业的多样性和各自的特殊性，必须针对每一个行业制定相应的环境技术政策。总体而言，行业环境技术政策包括行业的宏观经济布局与区域综合开发、行业产业结构和产品结构的调整、清洁生产技术的推广、废弃物的再资源化与综合利用、污染物末端治理、实施排污收费、实行污染物总量控制等多个方面。

7.1.2.3　制定和实施能源资源政策

行业环境保护与该行业使用的能源和原材料密切相关，因此，国家有关煤、石油、电力等能源，以及土地、水、木材等资源的各项政策，对于行业发展起着非常重要的引导作用。从环境管理角度，这些能源资源政策的制定和实施，有利于从根本上控制能源资源的浪费，从源头上减少污染物排放。

7.1.2.4　发展环境保护产业

环境保护产业是以预防和治理环境污染为目的的产业群，包括水处理业、垃圾处理业、大气污染防治业、环保设备制造业、环保服务业等，广义的环境保护产业还包括从事资源节约、生态建设等工作的行业，如水资源保护、绿化造林等。

环境保护产业是整个社会产业活动能够有效预防和治理各种环境污染和生态破坏的物质基础，直接决定了整个经济产业活动中环境保护和污染治理的技术水平。因此，应当大力鼓励和推动环境保护产业的发展。同时，随着世界范围内对环境保护的日益重视，环境保护产业不仅成为国民经济发展的重要的新增长点，而且成为一个国家或地区环境保护水平和能力的重要标志。

7.2　企业自身的环境管理

企业既是生态环境资源的消耗者，也是环境管理中的责任主体。从市场竞争的角度，在政府监管不严的情况下，一般企业环境管理形式多于内容，有些企业甚至采取“上有政策，下有对策”的策略。这种环境策略的动因主要有：一是违法排污获益远远高于环境违法处罚成本；二是企业环境管理成本太高会降低利润；三是虽然环境管理成本在企业承受范围内，但违法被发现及处罚的概率都很小。因此，企业本是清洁能源、环保技术的开发者与使用者，却采取底线策略以应对政府环境管理部门的监督与检查。

企业环境规范要素的运行机制，是通过共同的期望和价值观将各种环境规范内化到企业生产经营的活动中，让企业主动实施环境管理。企业环境规范包括价值观和行为规范，这是企业环境管理协同机制的中观层次。一般来说，企业环境规范具有以下作用：一是规范。企业把环境管理同组织的发展有机结合起来，根据自身的需要而主动参与、实施环境管理，改变企业环境管理选择末端治理模式并过分依赖政府监管的局面。二是提高环境协同治理效率。企业积极参与环境管理，减少和避免滥用资源及破坏环境的行为。企业环境规范的最大优势在于其一旦发挥作用，将对我国的环境保护和经济发展的相互协调具有重大的意义。

7.2.1　企业环境管理的概念和特点

企业环境管理是企业运用现代环境科学和工商管理科学的理论和方法，以企业生产和经营过程中的环境行为和活动为管理对象，以减少企业不利环境影响和创造企业优良环境业绩的各种管理行动的总称。

企业环境管理的特征有：①自主性。企业作为自身环境管理的主体，决定了企业环境管理的主要内容和方式，但同时还要受到政府法律法规、公众特别是消费者相关要求的外部约束。②企业环境管理的具体内容和形式与企业的行业性质密切相关，如从事资源开采、加工制造等行业的企业环境管理与金融业、旅游业等服务性行业的企业环境管理会有很大差异。企业环境管理必须根据企业自身的行业性质、行业发展规划等，来制定企业内部的环境管理目标、计划和政策。③目标层次的多样性。最低层次可以是满足国家法律的要求，稍高是减少企业生产带来的不利环境影响，更高层次则是创造优异的环境业绩，承担起一个卓越企业在可持续发展中的环境责任和社会责任。

因此，企业作为从事产业活动和创造财富的一种人类社会组织形式，在人类社会的环境保护与经济发展中扮演着极其重要的角色。企业能否自觉地按照可持续发展的要求，采取减少资源消耗、减少污染物排放的生产经营方式和企业管理制度，对于保护环境意义重大。

7.2.2　企业环境管理现状及存在的问题

7.2.2.1　企业环境管理现状

在市场经济体制下，企业环境管理行为可大致分为三类：

一是消极的环境管理行为。具体表现为企业在经济利益的刺激下不遗余力地降低成本，不重视或忽视环境问题，宁愿缴纳排污费和罚款也不治理污染，能够非法排污就不会运行环境治理设施，能够蒙混过关就不会在环保上投入一分钱。这种现象在一些企业中仍然存在，引发了众多的资源浪费、环境污染和生态破坏问题。

二是不自觉的环境管理行为。在政府越来越严格的环保法律法规和标准及消费者对绿色产品越来越多的需要的双重作用下，企业为了提高竞争能力，会努力变革传统的粗放型生产经营方式，通过加强管理、改进技术、循环利用、清洁生产等措施实现节能降耗和生产绿色产品的目的。这样，企业在实现自身经济利益的同时，在一定程度上也不自觉地保护了环境。

三是积极的环境管理行为。一些企业，特别是大企业在追求企业经济利益和投资者利润的同时，为了实现企业可持续发展，达到长远发展目标，也意识到企业还应该为提高人们的生活质量、促进社会进步做出贡献，其方式就是主动承担起企业的社会责任，这已成为一些现代企业发展和管理的重要原则。因此，在环境问题日益突出的情况下，一些具有高度社会责任感的企业会主动提出企业的环境政策，从自身出发减少资源和能源消耗，减少污染物的排放，并通过 ISO 14000 环境管理标准体系等方式加强企业的环境管理，以达到创造环境业绩、树立环境形象、承担环境责任的高层次目标和追求，最终达到全面提升自身的竞争力和保证企业可持续发展的目标。同时，在这些大公司的带动和要求下，大量的与其有商业合作关系的其他企业，特别是中小企业也不得不重视自身的环境管理，按国际通行标准建立自身的环境管理体系，满足大公司在环境保护方面提出的先进标准和要求，以维持与大公司的合作关系。在这种趋势下，先进的企业环境管理体系成为一个企业持续发展的基本条件和重要标准，也成为企业发展的内在追求。

7.2.2.2　企业环境管理存在的问题

由于各种历史和现实原因，一些企业的环境管理长期得不到重视，这在一些经济不发达国家的企业更为突出。很多企业在环境管理上存在不少认知误区和现实问题。

(1) 环境管理法规意识薄弱　很多企业对于不能直接产生经济效益的环保管理往往重视与投入不足。导致这种情况出现的原因主要是环境违法成本较低。企业主更习惯对比同行如何履行职责，认为同行的行为即是法律认可的行为，自身对环保相关的法规要求没有清楚的认知。因此很多企业主在遭遇环保处罚后才明白环保相关法规具体要求，所谓“吃一堑长一智”，代价沉重。但没有受到处罚的企业主仍然保留着原有的观念，对环保法规要求没有具体的概念，从而导致企业在环保投入、关注方面自上而下的忽视。这种现象尤其在中小企业中更为明显，大型企业的环境管理相对比较规范。

(2) 环境管理专业人才不足　随着环保监察的严格与深入，各类企业对环境管理愈发重视，对环境管理人才的需求量也愈加增大，整个行业具有一定工作经验同时熟悉环保法律法规的人才更加紧缺。专业人才的缺乏使企业无从接纳环保法规信息、理解法规要求、建立系统的环境管理制度，更加导致企业行为与国家环保法规要求存在差距。

(3) 个别政府环保管理教育预防能力欠缺　目前个别政府生态环境主管部门针对企业的环境管理，主要集中在各种统计申报与执法检查。对于如何提升企业环境管理水平、系统预防企业环保违法方面的工作仍存在不足。这与当下企业众多、生态环境主管部门人手不足也有一定的关系。但是执法的目的是惩罚犯罪、告诫未犯罪者，起到警示作用，因此减少环保违法最好的方法是对管理服务对象提前进行法规培训。

以上这些问题，既是市场经济条件下我国企业发展水平和企业自身环境管理能力的体现，也与政府对企业的引导和约束，以及公众对企业环境行为的社会监督和要求有着重要的联系。这些问题的解决，需要企业、政府和公众三者的协调、互动和共同推进。

7.2.3　企业环境管理的途径和方法

7.2.3.1　建立企业环境管理数据库，实施管理信息化公开制度

企业实时发布环境管理相关数据，既有利于企业自身了解环境保护情况，也便于相关部门指导和监督企业环保管理工作。而消费者与公众监督对企业环境管理行为的实施有良好的促进作用，企业环境管理行为应从幕后转入台前，积极与消费者进行沟通，让其参与环境管理行为。因此，企业应实施企业环境管理信息化公开制度，定期发布《企业环境管理质量报告》，将环境管理信息公之于众，自觉接受公众监督，使公众积极参与环境监督管理。

7.2.3.2　制定环境效益奖惩和补贴制度

将环保绩效考核纳入政府绩效考核体系。研究发现，企业资金规模越大、负债额越小、企业利润越大，则其环境管理行为实施频数也就越高。因此，政府应参考企业环境管理数据，根据企业环境效益好坏，制定环境效益梯级奖惩制度，对未达到指标的企业实行罚款，对环境效益好的企业实行税收减免；另外，关注负债比例较高的企业，对其给予更多的税收优惠。政府还应建立环保专项GDP考核体系，将环境效益作为政府绩效考评内容。

7.2.3.3　提高企业与消费者环保意识

企业应自发提高环保意识，积极响应政府有关清洁生产、节能降耗的举措，及时更新升级生产线，将环境意识融入企业文化之中，在企业内部形成统一的环境保护观，从根本上促进企业环境管理行为的实施。政府相关部门应加强对消费者的环境宣传和教育，利用名人公众效应制作公益广告，营造绿色消费氛围，引导公众参与环境管理，组建各类环境保护团体，使公众在日常生活中将环境保护作为一种自觉行为。另外，政府应对企业节能评估与审

查工作加大执法力度，切实做到有法可依、执法必严，争取获得社会各界的重视和认可。

7.2.3.4 建立企业内部环境管理体系

传统上，企业内部环境管理体系（或体制），就是在企业内部建立全套从领导、职能科室到基层单位，在污染预防与治理、资源节约与再生、环境设计与改进以及遵守政府有关法律法规等方面的各种规定、标准、制度、操作规程、监督检查制度的总称。在这种管理体系下，企业根据自身需要设计管理体系，并操作执行。目前，我国大多数企业的环境管理都属于这种情况。

自1993年ISO 14000系列环境管理体系标准颁布后，该标准已经迅速成为企业建立环境管理体系的主流标准和指南。根据ISO 14001中的定义，环境管理体系是一个组织内全面管理体系的组成部分，它包括制定、实施、实现、评审和保持环境方针所需的组织机构、规划活动、机构职责、惯例、程序、过程和资源，还包括组织的环境方针、目标和指标等管理方面的内容。根据ISO 14000标准，企业建立环境管理体系主要可分为策划、体系建立、运行、认证四个阶段。

7.2.3.5 绿色设计制造和绿色营销

绿色设计和制造是采用生态、环保、节约、循环利用的理念和方法进行产品的设计和生产，以减少产品在生产、流通、消费、废弃等过程产生的资源消耗、废弃物排放和生态破坏。绿色设计已经成为优秀产品设计的重要标准，如美国工业设计师协会每年评选的卓越产品设计奖把对环境的保护作为获奖的重要因素，德国则把对生态的保护作为产品设计最高的美德，使之上升到产品美学的高度。德国还要求设计师设计过程中就必须考虑原材料和能源的使用、废脚料和废气的处理、材料的回收等问题，提倡通过设计尽量延长产品的使用寿命，消除一次性产品，提倡产品的重复使用。广义的绿色设计还包括绿色材料、绿色能源、绿色工艺、绿色包装、绿色回收、绿色使用等环节的设计。

绿色营销是用生态、环境、绿色的理念和方法对企业传统的营销方式进行变革和创新，如在广告中除了强调产品的高性能，还要强调产品的无污染和更节能的特点；采取更为多样的销售方式，如以租代售、以旧换新，主动回收废旧产品等。绿色营销已经成为现代企业营销的重要内容，广义的绿色营销还包括绿色信息、绿色产品、绿色包装、绿色价格、绿色标志、绿色销售渠道、绿色促销策略、绿色服务、绿色监督、绿色消费、绿色回收等内容。

绿色设计制作和绿色营销也为商家带来了巨大利润。例如，世界上最大的商用地毯制造商Interface公司在1994年提出了“废物为零，石油消耗量为零”的环保目标，研究出了新的地毯制造方法，以减少地毯的尼龙含量。随后，该公司又改售卖为出租地毯，将旧的地毯替换和回收利用。该公司这种环境保护的意识吸引了更多的客户，使其创下了新的收入纪录。世界最大的包装公司之一索诺科公司在1990年就提出了“我们既然制造了它，我们就要回收它”的承诺，开始从用户手中回收使用后的产品，这一政策得到了客户的热烈欢迎，该公司目前有三分之二的原材料来自回收的材料，并创造了收入和销售的新纪录。

美国Interface地毯公司的绿色营销

美国Interface地毯公司成立于1973年，起初只是一个小地毯零售点。而到1993年，Interface公司已经成为全球最大的地毯生产商，产品占全球地毯销售市场的40%，并因为优异的企业环境理念和业绩成为世界知名的生态企业。

（1）创始人安德森的绿色经营理念　Interface公司的创始人安德森是环境和可持续发展领域的著名专家，曾任美国总统可持续发展委员会主席。他在谈起公司成功之道时，强调了两点。一是守法经营。“遵守法律，遵守，再遵守”，在这个前提下，才能谈得上各种经营策略。二是在1994年读霍肯写的《商业生态学》。他说：“这本书改变了我的生活，它使我大彻大悟，当我读到一半时，就发现了我所要寻找的设想，有了一种改变公司现状的紧迫感。”安德森说，他完全同意霍肯的观点，即商业、工业和企业是全世界最大、最富有、最无处不在的社会团体，它必须带头引导地球远离人类造成的环境破坏。1994年，安德森确立了“强调企业对人、生产过程、产品、客户需求和利润的全面责任”的企业宗旨，提出要将Interface公司变成恢复自身发展能力，然后影响其他企业向可持续方向发展的企业，Interface公司要以实际行动成为全球第一家工业生态学公司。

（2）零“浪费”的绿色设计和生产模式　安德森为Interface公司制定了“21世纪的新型公司”和“零浪费”目标并带领7000名员工为之努力。公司在地毯设计和生产中采取的一些有效的环保措施包括：一是尽量利用风能、太阳能和水能，生产出世界上第一条“太阳能地毯”，虽然价格稍贵一些，但无公害生产的前途不可限量；二是采取“封闭式循环再生利用”，尽量多采用天然原材料和可分解的产品，少用矿物质燃料；三是提高运输效率，减少浪费，比如通过电视会议来减少不必要的旅行，将工厂设在市场附近，规划最高效率的后勤供应等。

（3）“变卖地毯为租地毯”的绿色营销模式　Interface公司认为，企业要实现可持续的发展，就必须通过商业伙伴影响利益相关群体，如原料商、生产商、投资人、客户、社区等，来传播可持续发展的理念，使之深入人们的日常生活。

为此，Interface公司对创新经营模式下了很大功夫。传统上，盛行的经营模式重点在于生产、营销和服务，而Interface公司创造的新模式则在于为客户提供价值、改变客户的消费行为，鼓励可持续消费。Interface公司最值得称道的创新营销模式是，通过与客户签订绿色服务合同，改销售地毯为租赁地毯，并将重点放在产品中不同生命周期内的服务，有效提高服务的价值。刚开始时，销售地毯的大宗收入可能被小额的地毯月租金所代替。但客户对地毯的需求却因此变得多样化，而每条地毯的使用寿命却比过去一次卖出时长了，这使得客户都获得更多的经济利益和地毯使用，而公司获得了更多的效益。正是这一创新性的举措，在很短的时间内使公司从一个地方性的小公司发展为一个跨国大公司。Interface公司创造的“以租代售”的绿色营销模式赢得了全世界的支持。

安德森表示，他头脑中成功企业的标准是：必须能够提供高质量的产品和服务，高效率地利用资源，与供应商和客户以及社区建立牢固的联系，在不浪费的前提下对资源进行再生利用，不做损害地球和污染环境的企业。

7.3　企业环境管理的公众参与

公众参与是企业环境管理协同机制的微观层次，也是起决定性作用的层次，这是因为宏观层次和中观层次的协同都要通过微观层次的协同来实现。非政府组织和社会公众共同认知包括对环保的共同理念、价值观和意义框架等。随着社会公众维护自身环境权益的意识加强，企业的环境管理越来越成为公众共同关注的焦点。目前，发达国家企业往往通过主动迎合社会公众的环境利益需求来改善与社会公众的关系以实现经济效益和环境效益的双赢。

7.3.1　公众参与的概念和类型

我国环境领域的公众参与形式丰富多样，除环境法律法规和行政规章中规定的听证会、座谈会、论证会、问卷调查、申诉、检举、奖励等传统参与形式外，电视辩论、网络论坛、手机短信、电子邮件等传媒和通信手段也被广泛应用；与此同时，环境治理模式转换背景下许多地方政府植根于本土情境创制了众多新型公众参与形式，为社会赋权增能，如浙江嘉兴的市民环保检查团与公众陪审员、江苏泰州的环境圆桌会议、常州的社区磋商小组等。需要指出的是，在多样化的公众参与形式中，公众介入环境决策网络并与决策者互动的程度是不同的。

我国环境领域众多公众参与实践可以划分为三种模式，即决策型公众参与模式、程序型公众参与模式和协作型公众参与模式。

（1）决策型参与模式　实践中有些公众参与活动由具备相关知识和资源的专家学者、环保 NGO 等发起并嵌入决策网络展开互动，与理论模式契合。

（2）程序型参与模式　我国环境领域的公众参与主要集中在建设项目环评环节并且严格遵循法定程序进行。需要指出的是，目前全国各地主要依据《环境影响评价公众参与办法》开展工作，公众参与无本质不同，但在细化操作上却有所差异，如 2013 年上海市制定《关于开展环评公众参与活动的指导意见》进一步细化公众参与工作。鉴于调研方便性和材料可获取性的考量，选取上海某公司精酿啤酒项目环评公众参与为代表案例。

上海某公司委托某环境规划设计研究院为环评机构对精酿啤酒项目开展环评工作，包括公众参与活动。环评机构会同建设单位于 2016 年 10 月在上海环境热线网站进行第一次环评公示；12 月进行第二次公示并附环境影响报告书简本；2017 年 3 月 3 日通过邮寄信函方式向项目评价范围内 6 个环境敏感单位征询意见；24 日在当地报纸刊登环评信息；20 日到 26 日在评价范围内的村委、居委公告栏张贴环评公告，并向评价范围内的居民及企事业单位工作人员发放问卷调查表，共计发放 150 份，有效回收 142 份，其中就“对项目建设的态度”题项，77.5%明确支持，22.5%不关心；8 月通过环评审批。

（3）协作型参与模式　这种参与模式理论上具有公众诉求与政府决策冲突性低但公众嵌入环境治理网络程度高的特点。近年来，为预防环境社会风险及解决复杂环境问题，许多地方政府主动构建新型参与形式，如环境圆桌会议、社区磋商小组等，着力搭建对话平台并赋予公众话语权，与理论逻辑相匹配。其中公众参与环境治理的“嘉兴模式”在浙江全省大力推广并入选中欧环境治理优秀项目，具有一定的创新性和代表性，选取 2015 年嘉兴市环保“黑名单”企业“摘帽”验收活动为例。

为破解环境难题，嘉兴市政府积极探索环境民主创新，2008 年组建市民环保检查团，通过《嘉兴日报》向社会公开招聘成员并赋予公众话语权，参与环保“黑名单”企业“摘帽”验收是检查团主要活动之一。根据嘉兴市相关规定，被列入环保“黑名单”的企业，因部门联惩机制，其银行贷款、环保资金补助、荣誉评比等将受到限制。经“黑名单”企业申请“摘帽”、乡镇初步审核、区级环保部门及公众代表现场验收并上报市环保局后，2015年10月27日在市环保局的组织下，市检查团公众代表、嘉兴电视台、《南湖晚报》记者、市环保局人员（共计9人）根据企业的违法行为和整改情况，从22家申请“摘帽”企业中选取3家抽查验收，与企业就整改情况开展对话，并对污染治理情况、环保设施运营等进行现场检查，公众代表讨论评议并匿名填写意见，市环保局复核并参考公众意见后同意20家企业“摘帽”。

7.3.2　中国环境保护公众参与面临的问题

（1）法律法规和制度有待进一步完善　首先，现有规定仍不能完全保障公众参与生态环境保护的权利，部分条款缺乏具体的解释和说明。例如，新修订的《环境保护法》，虽将具备一定条件的社会组织纳入了环境公益诉讼的主体，但是公众个人仍然没有诉讼资格。《企业事业单位环境信息公开办法》规定，企业事业单位应当按照强制公开和自愿公开相结合的原则，及时、如实地公开其环境信息。但这类属于自愿公开的企业如果不公开环境信息，实际上就在一定程度上限制了公众的环境知情权。此外，政府或者企业不按照规定公开信息，或者公布虚假信息，法律对其制裁力度不够，使得违法成本很低，削弱了法律应该有的震慑力。

其次，部分公众参与的条款界定还需进一步明确，明晰概念，以进一步提高公众参与的积极性。例如，根据《企业事业单位环境信息公开办法》，企业事业单位环境信息涉及国家秘密、商业秘密或者个人隐私的，依法可以不公开。但是，该规定并没有明确界定哪些信息属于这类不宜公开的范畴，因而在实际操作中个别企业就以涉及“国家秘密”或者“商业秘密”为由，拒绝公开公众要求的环境污染状况或者是排污企业的相关信息。有些条款使公众获取环境信息的难度加大，降低了公众的信任度。在环评公众参与领域，听证会是比较常用的公众参与办法，但是参与者一般是专家学者，对于如何选择公众代表参加没有具体规定，更没有详细的标准化的规定和要求组织听证会。

（2）公众对环境问题的了解和认识有待进一步提高　近年来，我国公众的环保意识有较大提高，较关注生活环境周围的大气、水、垃圾等污染状况，但是部分公众对于生态环境问题仍认知不足，对于环境问题与人类的关系、如何应对环境风险以及改善环境等方面的认识更是缺乏。一方面，公众深层次的环境理念、思想、环境意识的养成方面还存在明显的不足。例如，公众没有从人-环境-社会相关的角度认识人的行为如何影响生态和环境，以及环境问题如何影响人们的生存和福利，更没有从根本上认识到环境问题解决的方式之一就是每个人的参与和行动。另一方面，公众还缺乏参与环境保护需要具备的环境科学知识、科学素养和态度，包括独立的、理性的思考和判断能力。

（3）公众参与环境决策的程度尚需提高　虽然公众有机会参与法律法规及规划政策的制定和修改，但公众参与决策过程多为间接、滞后的参与，往往是在决策基本完成后提出意见和建议，或者通过调查问卷、写书面意见和建议等方式向相关主管部门表达看法。有时公众的意见和意愿被采纳多少、如何被采纳或者为什么没有被采纳等没有反馈。个别情况下，参与决策过程的各群体没有机会达成共识或者协议来反映参与者的意愿和价值观。

（4）部分公众环境责任缺乏，参与环境保护积极性低　由于历史、经济以及社会发展不平衡等原因，中国传统文化价值中崇尚自然界万物皆相连、人类与自然界和其他生物和谐共存的理念逐渐淡漠，个别人经济利益价值导向明显，环境和社会责任感缺失。公众总体的环境责任感有待进一步提高。公众对于雾霾、水污染等环境问题高度关注，本质上关注的焦点是这些问题给个人生活和健康带来的负面影响，而不太关心个人是否应对防止环境危害以及保护环境担负起责任，或者是个体的决策或行为会对环境产生什么样的负面影响。一些人甚至认为环境治理与自己无关，理所当然是政府的事情。

7.3.3 美国公众参与政策的经验

7.3.3.1 美国环保署公众参与政策的沿革

美国环保署自1970年成立以来一直注重公众参与政策的制定和实施。1979年美国环保署制定了包含公众参与环境保护内容的行政法规。在此基础上，1981年1月19日，美国环保署公布了第一个公众参与政策文件《美国环保署公众参与政策（1981年）》。1999年11月，美国环保署为了进一步推动环保公众参与，准备修订1981年的公众参与政策，并且就是否改变和如何改变1981年的公众参与政策征求了公众意见。2000年11月美国环保署发布了修订后的公众参与政策草案，并征求公众评论。在评论期结束之前，还举办了题为“公众参与美国环保署决策”的网络对话。参与者包括来自全美50个州的1144位公众。经过历时3年的内部审查和公众评论，2003年5月，美国环保署正式发布了《美国环保署公众参与政策（2003年）》（Public Involvement Policy of the U. S. Environmental Protection Agency 2003，以下简称《公众参与政策》）。该政策公布以来一直沿用至今，成为美国公众参与环境保护的最重要的文件之一。

7.3.3.2 美国《公众参与政策》的主要内容

“公众参与”的定义：《公众参与政策》中所指的“公众参与”是公众参加环保署工作的全部行动和过程。公众参与政策也意味着环保署在决策中对公众关切、价值观和偏好的考虑。“公众参与”中的“公众”包括可能在机构决策中存在利益关系的任何人，包括个人和组织。“公众”的最广泛意义即指美国的普通群体。除了私人个体之外，“公众”具体还包括但不限于：消费者代表；环境和其他支持团体；环境正义团体；土著居民；少数民族和种族群体；商业和工业利益团体，包括小企业；被选举和被任命的公共官员；新闻媒体；贸易、工业、农业和劳工组织；公共健康、科学和专业代表和协会；公民协会和社区协会；宗教组织；研究机构、大学、教育与政府组织和协会。

《公众参与政策》的目的主要包括：第一，改善决策，即改善环保署决策的可接受性，提高决策的效率、可行性和持久性。第二，履行承诺，目的是重申环保署先前所做出的关于有意义的参与承诺。“有意义的参与”一是指潜在受影响的社区居民有适当的机会参与影响环境或者健康的拟议项目的决策；二是指公众能够影响管制机构的决策；三是指全部所涉参与者的关切将会在决策过程中得到考虑；四是指决策制定者找到了便于潜在受影响者参与的办法。第三，考虑关切，确保环保署决策时受影响的人和实体的利益与关切得到考虑。第四，技术保障，即推动各种技术在适当时得到应用，为早期的和连续的公众参与机构决策提供可能。第五，指导有效，即为公众参与活动提供清晰有效的指导。

《公众参与政策》鼓励和帮助公众参与的方法包括：第一，使公众早期参与并且贯穿整个决策过程；第二，界定受影响的公众并与之交流；第三，使公众参与制定选项和替代方案，倾听其观点；第四，努力使公众参与项目与争议的复杂性、决策时间安排和希望达到的结果相匹配；第五，发展与州、地方和部落政府、社会团体、协会和其他组织的伙伴关系以提高和促进公众参与。

7.3.3.3　美国《公众参与政策》的特点

（1）政策目标明确、方法多元、内容具有可操作性　为了履行保护人类健康和环境的使命，美国环保署认为需要不断地以有意义的方式将其他人的知识和观点整合到其决策程序之中，公众参与就是这样一种有意义的方式。政策方法多元化包括早期参与的方法、划定参与范围和制定替代选项的方法、需求导向的方法等，这些方法的综合运用可以保证公众参与目标的实现。

（2）参与主体的广泛性　对公众参与的定义反映了美国公众参与的主体非常广泛。对这些主体可根据不同标准进行分类。根据环境正义的要求，参与主体可以是土著居民、不同人种和种族的群体、低收入社区、环境正义团体。根据利益划分，参与主体可以是消费者代表、商业利益集团、环境团体、公民社区协会等。根据行业划分，参与主体有贸易、劳工等行业组织，公共健康、科学等专业协会，大学或者研究机构等。公众参与主体的广泛性有利于最广泛地协调不同群体的利益要求，有利于汇集不同专业领域的知识形成科学的决策，有利于平衡环境价值和经济价值的关系，促进经济社会与环境保护之间的协调发展。

（3）政策实施主体的多元性　《公众参与政策》的实施主体是多元化的，既有联邦环保署，又包括州、部落和地方政府。州、部落和地方政府的参与，尽管它们的角色有时是合作管制者，有时是受管制者，或者两者兼有，但是总的看来都是积极的，有利于该政策在全美各地有效实施。从该政策可以看出政府主体之间的互动，即美国环保署与州、部落和地方政府之间的互动。从有效参与的步骤可以看出美国环保署为整个公众参与活动提供资金、技术、信息、咨询，而公众可以利用这些资源积极从事环保公众参与。

7.3.4　中国公众参与的完善途径

（1）转变环境管理理念，向多元参与式环境治理转型　可持续和高效的环境治理需要政府、市场、社会根据一定规则分工合作，共同应对挑战，进行多元治理。随着经济体制市场化转型和全球化的不断深入，我国面临着改变传统环境管理模式、促进多元利益主体协同参与环境保护的任务的挑战，而公众参与不足是制约我国向环境多元治理转型的重要因素之一。传统的环境管理模式中，政府是唯一的环境管理责任主体，采用的是控制-命令型管理模式，不能有效地调动各种社会力量共同治理环境。参与式环境治理可以吸纳政府、公众、学者和社会组织的各种意见和建议，环境政策制定中的利益矛盾可以通过协商加以解决，有助于缓和环境问题所引发的矛盾。为此政府部门要转变环境管理理念，积极向多元环境治理转型，培育环境非政府组织，发挥其在创造环境保护交流与合作平台、提供专业技术支持等环境治理中的作用。

（2）完善环保公众参与的相关法规，提高法规的可操作性　在环境保护中推动公众参与的深入开展，必须建立和完善环境保护中有关公众参与的法规和制度，明确监督主体，严格执法。目前，我国有关环境保护公众参与的法律制度建设尚不完善，地方环保法规仅仅是重复国家环保法律中原则和抽象的条款，公众参与环境保护在具体方式、程序上还需进一步完善补充明确细致的法律规定。

（3）规范环境保护公众参与行为，推动公众依法参与　公众参与环境保护可分为依法有序参与和自发无序参与两种类型。在环保法制保障不足的情况下，公众很容易进行自发无序的救济，这种自发性参与会产生环境矛盾加剧、参与成本过高等问题，不能有效达到环境保护的目的。只有实现环境保护公众参与的法治化和制度化，规范公众依法有序参与环境保护，才能保障环保公众参与秩序，这是推进环境保护公众参与广泛开展所必须采取的首要策略。规范环境保护公众参与行为，关键在于公众参与有法可依。目前公众参与环境保护规范性存在的问题并不是缺少法律依据，而是有法不依。最主要的原因在于一些公众环保法律意识淡薄，不了解或不善于运用法律手段来维护自己的合法环境权益，参与环境保护过程中缺少法制意识，只关注自身的环境权益，没有承担相应的责任与义务。

（4）增进政府与公众的互信，提高环保公众参与效率　政府与公众间的互信是开展环境保护公众参与的前提和基础，要求政府和公众在环境保护中具有较高的环境意识、法制意识和公益意识。面对公众参与，政府有关管理部门需要更新环境治理观念，愿意为公众参与环境保护创造条件；公众也需要规范自身参与行为，实现参与环境事务的行为合法化、有序化、专业化及组织化。如此才能实现公众与有关部门的相互信任，并从互信走向共同治理。政府公信力的提高与政府环境管理过程的公正性、透明性和政府信息的公开性高度相关。

（5）丰富环保公众参与内容，合理定位公众角色　公众参与环境保护的内容主要包括事前的决策参与和事后的监督参与。事前的决策参与是指公众参与到环境政策、法律法规、规划以及建设项目的决策过程中，是一种预防性参与。公众在决策参与中拥有否决权，是公众参与环境保护的前提。事后的监督参与又包括过程监督参与和救济参与，是指公众在环境政策、法律法规、规划以及建设项目的实施过程中对各种违法行为进行监督，并对其产生的环境侵害进行控告或诉讼。

7.4 企业环境管理的手段

7.4.1 清洁生产

7.4.1.1 清洁生产的概念及内涵

清洁生产是指不断采取改进设计、使用清洁的能源和原料、采用先进的工艺技术与设备、改善管理、综合利用等措施，从源头削减污染，提高资源利用效率，减少或者避免生产、服务和产品使用过程中污染物的产生和排放，以减轻或者消除对人类健康和环境的危害。

清洁生产是从全方位、多角度的途径去实现“清洁的生产”，与末端治理相比，它具有十分丰富的内涵，清洁生产主要包括以下四方面的含义。

① 清洁生产强调预防。清洁生产的目标是节能、降耗和减污（包括减少污染物的产生量和排放量）。主要措施包括：用无污染、少污染的原材料替代毒性大、污染重的原材料；最大限度地利用能源和原材料，实现物料最大限度的厂内循环；强化企业管理，减少跑、冒、滴、漏和物料损失。

② 清洁生产的基本手段是改进工艺技术、强化企业管理，主要方法包括：排污审计和生命周期分析；用消耗少、效率高、无污染、少污染的工艺和设备替代消耗高、效率低、产污量大、污染重的工艺和设备。

③ 防治污染物转移。将气、水、土等环境介质作为一个整体，避免末端治理中污染物在不同介质之间进行转移。对必须排放的污染物，采用低费用、高效能的净化处理设备和“三废”综合利用的措施进行最终的处理和处置。

④ 清洁生产是不断持续的过程。清洁生产是一个相对的、不断地持续改进的过程，清洁生产没有终点。

7.4.1.2 清洁生产的主要途径

在产品设计和原料选择时，优先选择无毒、低毒、少污染的原辅材料替代原有毒性较大的原辅材料，以防止原料及产品对人类和环境的危害。

改革生产工艺，开发新的工艺技术，更新生产设备，淘汰陈旧设备。采用能够使资源和能源利用率高、原材料转化率高、污染物产生量少的新工艺和设备，代替那些资源浪费大、污染严重的落后工艺设备。优化生产程序，减少生产过程中资源浪费和污染物的产生，尽最大努力实现少废或无废生产。

节约能源和原材料，提高资源利用水平，做到物尽其用。通过资源、原材料的节约和合理利用，使原材料中的所有组分通过生产过程尽可能地转化为产品，消除废弃物的产生，实现清洁生产。

开展资源综合利用，尽可能多地采用物料循环利用系统，如水的循环利用及重复利用，以达到节约资源、减少排污的目的。使废弃物资源化、减量化和无害化，减少污染物排放。

依靠科技进步，提高企业技术创新能力，开发、示范和推广无废、少废的清洁生产技术装备。加快企业技术改造步伐，提高工艺技术装备和水平，通过重点技术进步项目（工程），实施清洁生产方案。

强化科学管理，改进操作。国内外的实践表明，工业污染有相当一部分是由生产过程管理不善造成的，只要改进操作、改善管理，不需花费很大的经济代价，便可获得明显的削减废弃物和减少污染的效果。主要方法是：落实岗位和目标责任制，杜绝跑冒滴漏，防止生产事故，使人为的资源浪费和污染排放减至最小；加强设备管理，提高设备完好率和运行率；开展物料、能量流程审核；科学安排生产进度，改进操作程序；组织安全文明生产，把绿色文明渗透到企业文化之中等。推行清洁生产的过程也是加强生产管理的过程，它在很大程度上丰富和完善了工业生产管理的内涵。

7.4.2 ISO 14000环境管理体系

7.4.2.1 ISO 14000环境管理体系的概念和基本组成

面对日益严重的环境污染问题，国际标准化组织（ISO）在借鉴ISO 9000质量管理体系标准基础上，于1996年发布了ISO 14001环境管理体系标准。该标准将企业的经济目标与环境目标相结合，对帮助企业建立科学的环境管理体系具有重要指导意义。我国于1997年将该标准转换为国家标准，标准文号为GB/T 24000—ISO 14001。此后，我国越来越多的企业主动申请该环境管理体系认证。据国际标准化组织的调查报告显示，截止到2016年底，我国通过环境管理体系认证的企业已达到137230家，位居世界第一，是第二名日本通过认证企业数量的五倍。

ISO 14000系列标准是国际标准化组织环境管理标准化技术委员会ISO/TC 207负责起草的一份国际标准。ISO 14000是一系列环境管理标准，它包括了环境管理体系、环境审核、环境标志、生命周期分析等国际环境管理领域的许多焦点问题，旨在指导各类组织（企业、公司）取得和表现正确的环境行为。ISO 14000 系列标准共预留 100 个标准号。该标准系列共分为七个系列，其编号为 ISO 14001～ISO 14100（表 7-1）。

表 7-1 ISO 14000 系列标准的基本组成

分委员会	名称	标准号	分委员会	名称	标准号
SC1	环境管理体系(EMS)	14001～14009	SC5	生命周期评估(LCA)	14040～14049
SC2	环境审核(EA)	14010～14019	SC6	术语和定义(T&D)	14050～14059
SC3	环境标志(EL)	14020～14029	WG1	产品标准中的环境指标	14060
SC4	环境行为评价(EPE)	14030～14039		备用	14061～14100

在 ISO 14000 系列标准中，目前已颁发了六项环境管理标准。

(1) ISO 14001：1996《环境管理体系——规范及使用指南》 该标准通常被称为 ISO 14000 系列标准的龙头标准、核心标准或主体标准。它规定了组织建立、实施并保持的环境管理体系的基本模式和 17 项基本要求。

(2) ISO 14004：1996《环境管理体系——原则、体系和支持技术通用指南》 该指南简述了环境管理体系的五项原则，但它不是一项规范标准，只为组织建立和实施环境管理体系提供帮助，不适用于环境管理体系的认证和注册。

(3) ISO 14010：1996《环境审核指南——通用原则》 环境审核是验证和帮助改进组织环境绩效的一项重要手段。该标准给出了环境审核的定义并阐述了环境审核的通用原则，以提供环境审核的一般原理。

(4) ISO 14011：1996《环境审核指南——审核程序——环境管理体系审核》 该标准提供了进行环境管理体系审核的程序，以判定环境管理体系是否符合环境管理体系审核准则。

(5) ISO 14012：1996《环境审核指南——环境审核员资格准则》 该标准规定了对环境审核员的资格要求，它对内部审核员和外部审核员同样适用，但内部审核员不必满足该规定的所有要求。

(6) ISO 14040：1996《生命周期评估——原则和框架》 该标准规范了生命周期分析方法，明确了生命周期评价的四个基本阶段，给出了生命周期评价过程所涉及的概念定义和具体方法要求。

7.4.2.2 ISO 14000 环境管理体系的特点

ISO 14000 环境管理体系标准与法律、行政、经济等手段相比有很大的不同，具有如下一些特点：

(1) 全员参与 ISO 14000 系列标准的基本思路是引导建立环境管理的自我约束机制，从最高领导到每个职工都以主动、自觉的精神处理好与改善环境绩效有关的活动，并进行持续改进。

(2) 广泛的适用性 ISO 14000 系列标准在许多方面借鉴了 ISO 9000 系列标准的成功经验。ISO 14001 标准适用于任何类型与规模的组织，并适用于各种地理、文化和社会条件，既可用于内部审核或对外的认证、注册，也可用于自我管理。

(3) 灵活性 ISO 14001 标准除了要求组织对遵守环境法规、坚持污染预防和持续改进做出承诺外，再无硬性规定。标准仅提出建立体系，以实现方针、目标的框架要求，没有规定必须达到的环境绩效，而把建立绩效目标和指标的工作留给组织，既调动组织的积极性，又允许组织从实际出发量力而行。该标准的灵活性中体现出合理性，使各种类型的组织都有可能通过实施这套标准达到改进环境绩效的目的。

（4）兼容性　在ISO 14000系列标准的标准中，针对兼容问题有许多说明和规定，如ISO 14000标准的引言中指出“本标准与ISO 9000系列质量体系标准遵循共同的体系原则，组织可选取一个与ISO 9000系列相符的现行管理体系，作为其环境管理体系的基础”。这些表明，对体系的兼容或一体化的考虑是ISO 14000系列标准的突出特点，是ISO/TC 207的重大决策，也是正确实施这一标准的关键问题。

（5）全过程预防　“预防为主”是贯穿ISO 14000系列标准的主导思想。在环境管理体系框架要求中，最重要的环节便是制定环境方针，要求组织领导在方针中必须承诺污染预防，并且还要把该承诺在环境管理体系中加以具体化和落实，体系中的许多要素都有预防功能。

（6）持续改进原则　持续改进是ISO 14000系列标准的灵魂。ISO 14000系列标准总的目的是支持环境保护和污染预防，协调它们与社会需求和经济发展的关系。这个总目的要通过各个组织实施这套标准才能实现。就每个组织来说，无论是污染预防还是环境绩效的改善，都不可能一经实施这套标准就能得到完满的解决。一个组织建立了自己的环境管理体系，并不能表明其环境绩效如何，只是表明这个组织决心通过实施这套标准，建立起能够不断改进的机制，通过坚持不懈的改进，实现自己的环境方针和承诺，最终达到改善环境绩效的目的。

7.4.2.3　ISO 14000环境管理体系的认证流程

ISO 14000环境管理体系认证分为初次认证、年度监督检查和复评认证等，具体如下：

（1）初次认证　首先是企业将填写好的“ISO 14000认证申请表”连同认证要求中有关材料报给认证中心。认证中心收到申请认证材料后，会对文件进行初审，符合要求后发放“受理通知书”；然后进行现场检查，按环境标志产品保障措施指南的要求和相对应的环境标志产品认证技术要求进行，由检查组负责对申请认证的产品进行抽样并封样，送指定的检验机构检验。检查组根据企业申请材料、现场检查情况、产品环境行为检验报告撰写环境标志产品综合评价报告，提交技术委员会审查。认证中心收到技术委员会审查意见后，汇总审查意见，认证中心向认证合格企业颁发环境标志认证证书，组织公告和宣传。

（2）年度监督检查　认证中心根据企业认证证书发放时间，制订年检计划，提前向企业下发年检通知。认证中心组成检查组，到企业进行现场检查工作。现场检查时，由检查组负责对申请认证的产品进行抽样并封样，送指定的检验机构检验。检查组根据企业材料、检查报告、产品检验报告撰写综合评价报告。年度监督检查每年一次。

（3）复评认证　认证证书有效期为3年。3年到期的企业，应重新填写“ISO 14000认证申请表”，连同有关材料报认证中心。其余认证程序同初次认证。

7.4.3　环境标志

7.4.3.1　环境标志概述

环境标志，又称生态标志、绿色标志、环境标签等，它是由政府环境管理部门依据有关的法规、标准向一些商品颁发的一种张贴在产品上的图形，用以标识该产品从生产到使用以及回收的整个过程都符合规定的环境保护要求，对生态环境无害或危害极小，并易于进行资源的回收和再生利用。

1992年6月，联合国在里约召开的环境与发展大会通过了以可持续发展为核心的《里约环境与发展宣言》和《21 世纪议程》等文件，首次提出了“可持续发展”的概念。1994 年 3 月，我国政府发布了《中国 21 世纪议程——中国 21 世纪人口、环境与发展白皮书》，首次把可持续发展纳入我国经济和社会发展的长远规划，并且明确提出中国不能重复工业化国家的发展模式，以资源的高消耗、环境的重污染来换取高速的经济发展和高消费的生活方式。在这种背景之下我国在 1993 年推出了中国环境标志计划，当时的国家环保局按照“一国一标一机构”的国际惯例，建立了中国环境标志的管理模式，设计了“十环”的标志，其寓意为全民联合起来共同保护人类赖以生存的环境。经过近 30 年的不断探索和发展，中国环境标志制度已日臻成熟完善。

7.4.3.2　环境标志制度的作用

（1）促进公众参与环境保护　公众参与是环境标志生存的沃土，是环境标志大厦构造的基石。实施环境标志制度，为公众参与环境保护提供了一个好方式，它能扩大环境保护在公众中的影响，培养消费者的环境意识。

（2）有明显的环境效益和经济效益　环境标志在市场中对购买者的直接导向作用，使之能够实现明显的环境和经济效益。实施环境标志制度，对于公众来说，能从标志上识别哪些产品的环境行为更好，买哪些产品对保护生态环境更有利；对于生产环境标志产品的企业来说，则应对产品从设计、生产、使用到处理处置全过程（也称“从摇篮到坟墓”）的环境行为进行控制。不但要求尽可能地把污染消除在生产阶段，而且也要最大限度地减少产品使用和处理处置过程中对环境的危害程度。例如，德国实施环境标志之后，促使相关企业建立完整的再生纸生产线，包括卫生纸、手帕纸和厨房纸等，结果得以节约垃圾填埋空间和大量森林资源。

环境标志以其独特的经济手段，使广大公众行动起来，将购买力作为一种保护环境的工具，促使生产者从产品生产到废弃处置的各个阶段都注意其环境影响，从而达到预防污染、保护环境、增加效益的目的。

（3）推动全球贸易　世界贸易组织 WTO 的运转使国际贸易中的关税大幅度降低，同时在很大程度上限制了不少非关税壁垒。而“绿色壁垒”作为非关税壁垒的主要类型之一，造成了国际贸易的严重障碍。特别是发达国家，利用国际社会对环保问题的广泛关注和人们环保意识的日益增强，开始筑起“绿色壁垒”，以阻挡发展中国家产品进入其市场。这种贸易保护主义的新动向，不仅损害发展中国家的经济效益，而且对国际贸易产生重大影响。

1991 年，国际标准化组织（ISO）环境战略咨询组成立了环境标志分组，旨在统一环境标志方面的有关定义、标准和测试方法，避免导致国际贸易上的障碍，以推动全球贸易。

7.4.3.3　环境标志制度的完善

环境标志作为一项在我国实施了多年且具有良好社会影响和广泛社会基础的自愿性环境保护政策，还需要高度重视环境标志等产品和服务端的资源环境政策手段，开拓创新消费领域的资源节约和环境保护工作，从以下四个方面不断完善环境标志的认证工作。

（1）以环境标志标准强化市场准入，倒逼企业转型升级，促进环境质量的改善　应进一步从环境标志标准上下功夫，结合水土气“三大战役”的重点行业和重点领域，从提高资源能源利用效率、污染减排等方面健全和完善指标设计，制定更加严格和科学的环境标准，突出环境绩效，体现标准的先进性。环境标志工作要成为引领绿色方向的绿色标杆，企业通过生产符合环境标志标准的产品倒逼绿色转型升级，通过政府引导和市场选择，让生产方式粗放、高消耗、高污染、高排放的企业退出市场。

(2) 建立更完善的激励机制，助力环境标志做大做强　一方面应充分发挥政府引导和示范作用，积极探索政府强制采购环境标志产品的机制。建议在成熟的产品领域优先试点开展环境标志产品政府强制采购，建立环境标志产品政府强制采购清单，并完善相关法律法规。另一方面应该积极研究探索发展环境标志相关的相配套的财税、金融、价格等激励政策。对购买节能减排协同效应突出的环境标志产品的企业，可以给予财税和绿色信贷的支持。另外生态环境部门还可以探讨环境标志与现行环境管理政策的融合，鼓励并积极推动企业开展环境标志制度。如在相关企业申领排污许可证、获得环保专项资金等方面开放绿色通道，减少环境监管的频次，给予环境信用加分，实施联合激励机制，提升环境标志产品的竞争力，让获得环境标志的企业从绿色发展当中获得实惠。

(3) 发展环境标志制度的优势，创新环境治理新途径　我国现行环境政策多集中在生产领域，且以约束和监管为主要方式，环境标志将环境管理要求引入消费领域，可以拓展环境治理的领域和途径，使公众真正参与环境治理和监督的过程。为此应积极做好环境标志产品及相关企业信息公开和宣传工作，为公众参与监督提供有效的支持和保障。同时应积极将环境标志认证从产品领域扩大到生产和服务领域。在生产领域，针对一些资源消耗大的、污染排放严重的大宗原材料产品，开发环境标志标准，引导企业的可持续生产，减少资源使用，降低污染和温室气体的排放；在服务领域，以电子商务和快递服务行业为切入点，积极扩大绿色宾馆、绿色学校、绿色家庭、绿色物流、绿色供应链的认证，引导全社会形成绿色生产、绿色消费、绿色生活的模式。

各国环境标志简介

德国于1977年开始实施“蓝色天使”计划，是全球最早使用“环境标志”的国家。该标志的图形是“两支蓝色的橄榄枝环绕着一个张开双臂的小孩”，象征着为下一代留下一片蓝天和绿叶。

北欧白天鹅标章的图样为一只白色天鹅翱翔于绿色背景中，由北欧委员会（Nordic Council）标志衍生而得。获得使用标章的产品，在印制标章图样时应于“天鹅”标章上方标明北欧天鹅环境标章，于下方则标明至多三行的使用理由。

欧盟环境标志自1992年4月开始正式公布实施，为自愿性参与方式，推行单一标志亦可减少消费者及行政管理者的困扰。各会员国设有主管机关管理、审查环境标志申请案。将同一类产品按照对环境的影响排名，只有排名在前10%～20%的产品才可申请到环境标志。目前有182项产品得到该标章。

加拿大环境标志图形称作“环境选择”商标，图形上的一片枫叶代表加拿大的环境，由三只鸽子组成，象征三个主要的环境保护参加者，即政府、产业和商业。

日本生态标志图形是两只手环抱世界，符号的含义是“用我们的双手保护地球”。手臂的形状围成“e”字，为“地球”“环境”“生态”三个英文单词的词头字母的小写，意味着对地球、环境、生态的保护。

1993年，国家环保局倡导并具体组织了中国环境标志制度的开创和建立。1993年8月25日，中国“环境标志”图形（即“十环”标志）由国家环保局正式发布，图形由青山、绿水、太阳及十个环组成。环境标志图形的中心结构表示人类赖以生存的环境，外围的十个环紧密结合，环环相扣，表示公众参与，共同保护环境；同时十个环的“环”与环境的“环”同字，其寓意为“全民联合起来，共同保护人类赖以生存的环境”。该标志已经通过国家工商行政管理总局商标局注册，成为环境保护领域的证明商标，国家环境保护局依法为该证明商标的注册人。

根据《中国环境标志产品环境绩效评估报告（2019 版）》数据统计，自 1994 年我国实施环境标志制度以来，累计发布标准 120 余项，涵盖了制造业、建筑业、居民服务业、餐饮业等 5 大领域，涉及汽车、建材、纺织、电脑、家具等 300 多个大类产品，有 4000 余家企业、90 余万种型号产品通过环境标志认证。从绿色印刷教科书到绿色环保家居，从环保汽车到绿色家电，从无磷洗衣粉到低毒少害杀虫剂……近亿个环境保护标签加贴在各类产品上，进入千家万户。

中国环境标志产品认证作为一项具有良好社会影响的自愿性环境保护制度，向社会提供了大量的绿色、健康且高品质的产品，并通过适时提高认证标准来引导生产企业从供给侧扩大市场优质产品的供给。消费者选购高品质绿色产品的意愿在不断增强，对绿色家电家装、绿色食品等与日常生活密切相关产品的关注度显著提升。环境标志产品认证有效促进了消费者对高品质产品的消费选择，有效推动了人们由“数量消费”向“品质消费”的消费模式转变，对引导社会公众形成绿色消费的生活方式发挥了积极促进作用。

中国环境标志产品认证是推动政府绿色采购的重要配套制度之一，是制定政府绿色采购产品标准和清单的重要基础。我国从 2006 年发布首批《环境标志产品政府采购清单》，到 2019 年发布《环境标志产品政府采购品目清单》，共发布了 23 期环境标志产品政府采购清单，清单从第 1 期的 14 类产品发展到第 23 期的包括计算机设备、乘用车、生活用电器、床类、水泥熟料及水泥、墙面涂料和塑料制品等 50 个品目。

中国环境标志产品认证制度经过近三十年的发展，实施成效显著，取得了丰硕的成果，顺应了绿色发展和供给侧结构性改革的根本要求。随着绿色发展理念的深入推进，以及消费升级的步伐进一步加快，在环境标志产品认证制度的引导下，将产生越来越多的绿色生产和绿色消费实践，也将在促进低碳、减排、资源循环利用以及保障消费者身体健康安全等方面继续发挥更大作用，创造出更多的绿色价值和绿色收益。

(4) 深化环境标志制度，促进技术创新和机制创新　环境标志产品和服务在一定意义上是绿色低碳循环发展的载体，要不断扩大规模、提高水平，增强其市场引导力，必须坚持技术创新，不断创新节能环保循环经济链接技术，提高能源、资源的利用效率，减少排放，不断降低成本，提高产品的质量和经济效益，努力实现近零排放。必须创新机制，创新商业模式，让所有各方都能在参与环节中有所收益，体现其社会责任，才能够确保环境标志产品和服务发展的可持续性。

本章内容小结

[1] 政府对企业的环境管理有三个特征：①具有强制性和引导性；②政府对企业环境管理的具体内容和形式与产业性质密切相关，要根据不同行业的资源环境特点采取不同的管理模式；③政府对企业的环境管理具有较强的综合性，不仅需要政府环保部门的努力，也需要政府内部综合性经济管理部门的参与，还需要政府外部的行业协会、行业科学技术协会、行业发展咨询服务公司等的参与。

[2] 政府对企业的环境管理的途径有：①制定和实施宏观的行业发展规划；②制定和实施行业环境技术政策；③制定和实施能源资源政策；④发展环境保护产业。

[3] 企业环境管理的特征有：①自主性；②企业环境管理的具体内容和形式与企业的行业性质密切相关；③目标层次的多样性。

[4] 企业环境管理行为可大致分为三类：①消极的环境管理行为；②不自觉的环境管理行为；③积极的环境管理行为。

[5] 清洁生产是指不断采取改进设计、使用清洁的能源和原料、采用先进的工艺技术与设备、改善管理、综合利用等措施，从源头削减污染，提高资源利用效率，减少或者避免生产、服务和产品使用过程中污染物的产生和排放，以减轻或者消除对人类健康和环境的危害。

[6] 清洁生产是从全方位、多角度的途径去实现“清洁的生产”，清洁生产强调预防，基本手段是改进工艺技术、强化企业管理，主要方法是排污审计和生命周期分析，清洁生产是不断持续的过程。清洁生产是一个相对的、不断地持续改进的过程，清洁生产没有终点。

[7] ISO 14000 系列标准是国际标准化组织环境管理标准化技术委员会 ISO/TC 207 负责起草的一份国际标准。ISO 14000 是一系列环境管理标准，它包括了环境管理体系、环境审核、环境标志、生命周期分析等国际环境管理领域的许多焦点问题，旨在指导各类组织（企业、公司）取得和表现正确的环境行为。

[8] 环境标志，又称生态标志、绿色标志、环境标签等，它是由政府环境管理部门依据有关的法规、标准向一些商品颁发的一种张贴在产品上的图形。

思考题

[1] 政府产业环境管理的概念和特点。

[2] 企业环境管理的手段有哪些？

[3] 政府产业环境管理和企业自身环境管理有什么区别？

[4] 清洁生产的内涵和主要途径。

[5] 环境标志制度的作用有哪些？

[6] 查询相关资料，了解清洁生产审核、环境咨询等的工作内容。

8 国外环境管理

【学习目的】

通过本章学习，了解美国、欧盟、日本等发达国家和地区在环境管理体制、环境立法、环境管理实践等方面的主要内容和特点，吸收借鉴其经验，为我国在环境管理方面进行改进提高提供参考。

8.1 美国环境管理

美国国内对于环境问题的普遍关注是从20世纪60年代开始的。当时，美国处于经济长期稳定增长的时期，同时也是一个污染问题日益严重的时期。公众对环境污染的关注大大地增强，这种对环境污染问题的关注直接导致了20世纪70年代早期的联邦环境“革命”。经过五十年的发展，美国逐级建立了一套完整的环境管理体系。

8.1.1 美国的环境管理体制

8.1.1.1 美国的环境保护立法

环境法律是一国环境管理体制的载体，研究一国的环境管理体制应当从其主要的环境法律入手。19世纪末美国就已开始了环境立法，到20世纪六七十年环境立法的速度加快，并逐步形成了现有的涵盖环境保护所有领域的、比较完善的环境法律体系格局。美国环境法律体系是一个由多个立法主体制定的、多个层级的、涵盖领域比较全面的复杂体系。从立法主体看，美国法律主要有4个来源：国会、行政部门（Executive Branch，包括总统和内阁）、法院（包括解释或判例）、行政管制机构（Administrative Agencies，经国会或法律授权）。不同立法主体制定的立法成果会以不同的形式编辑成典，以供查阅。国会立法编入《美国法典》（the US Code）；行政立法编入《联邦法规法典》（CFR）或《总统声明及行政命令汇编》；法院的解释说明编入《美国报告》（the US Reports）；行政管制机构的法规也编入《联邦法规法典》。美国是一个普通法系国家，法院的司法解释或判例是整个法律体系的一个重要组成部分，但就环境法律体系而言，成文法是整个环境法律体系的主要组成部分。现行的环境法律主要是由国会通过立法做出原则性的规定或方向性规定，然后由环境保护管制机构在国会立法的范围内制定相关法规从而进一步贯彻实施的。环境保护方面的法律写入《美国法典》第42编，而美国环境保护署制定的法规则编入《联邦法规法典》的第40编。

美国现行的主要环境保护立法有《国家环境政策法》（National Environmental Policy Act）、《清洁空气法》（Clean Air Act）、《清洁水法》（Clean Water Act）、《安全饮用水法》（Safe Drinking Water Act）、《综合环境反应赔偿和责任法》（Comprehensive Environmental Response Compensation and Liability Act）、《应急计划及社区知情法》（Emergency Planning and Community Right-to-know Act）、《资源保护与回收法》（Resource Conservation and Recovery Act）、《联邦杀虫剂、杀真菌剂和灭鼠剂法》（Federal Insecticide，Fungicide，and Rodenticide Act）和《有毒物质控制法》（Toxic Substances Control Act）等。

美国环境保护立法的一个显著特征是以污染媒介为主线进行的立法，如水、大气、噪声、物种、自然资源和海洋保护等法律，这些成为了环境法体系的主干法律。当然也有针对污染物进行的立法，如固体废物、有毒物质、农药等。此外还有针对具体行为的环境立法，如《国家环境政策法》对能造成环境影响的政府行政行为做了规定。另外，环境管理权限在联邦与州之间存在纵向划分，美国联邦与州之间的管理权限划分是由宪法规定的。

美国环境管理法律是一个庞大的体系，对于各管理机构的职能除了由环境法律加以规定之外，还遵循以往相关判例的裁判。环境法在实施过程中确实面临着各种立法时难以预见到的复杂问题。通过判例，法院对环境法的内容、含义、实施要求等做出解释和规范，有利于环境法的理解与适用，如《国家环境政策法》在实施过程中就通过联邦法院的判例解决了很多法律中没有规定或规定模糊的问题。在其他环境法律的实施过程中，法院也通过判例对法律做出了解释、规范和实施要求。如在《清洁空气法》的实施过程中，联邦法院通过判例认为铅应当作为法定空气污染物之一。通过判例，美国法院弥补了法律规定的不足，统一了对环境法的理解，强化了行政程序的要求，规范了联邦、州及地方政府管理环境的行为。

8.1.1.2　环境管理的主要机构和职能

20世纪70年代以来的环境立法大大加强了美国各行政机关的职责，例如《国家环境政策法》明确规定保护环境是各行政机关的法定职责，是对其现行职责的补充。其他环境法规也都分别规定了有关行政机关的环境管理职责。主要的环境立法涵盖了国家环境管理体制的建制与模式，强化了环境管理机构的环境管理职能，建立起一个比较完整的、职权分工比较合理和明确的环境管理体制，使政府的行政体制适应应对环境问题的需要。美国联邦层面的环境管理体制基本是由联邦环境保护署主管环境污染的防治，由内政部、农业部、商务部等主管自然资源保护，由运输部、卫生福利部等分管有关环境污染的防治。而在各州都设有州一级的环境质量委员会和环境保护署。下面介绍美国环境管理体制中各管理机构的设置和职能。

(1) 联邦政府管理机构

① 联邦环境保护署（USEPA）。联邦环境保护署（US Environmental Protection Agency，USEPA）是美国联邦政府设立的专门行政机构，在联邦层面上是环境法的主要执行者，它的主要职责是污染防治。USEPA的设立以及内部机构设置都有明确的法律依据。USEPA作为一个独立行政部门成立于1970年12月，为加强联邦环境管理和更好地实施防治环境污染的规定，它被授权承接先前的联邦水质委员会、大气污染控制委员会、原子能委员会

等机构的职能，与各州地方政府协调合作采取综合性措施控制和消除大气、水、固体废物等污染。联邦环境保护署50年的发展历程中在美国环境保护管理体制中占据了首要的地位。

USEPA下设14个部门，除综合性部门和保障部门外，污染防治机构的设置明显与环境法规相对应。对应《清洁空气法》《清洁水法》《固体废物处置法》，《联邦杀虫剂、杀真菌剂和灭鼠剂法》和《有毒物质控制法》等设置相应的环境保护机构，如空气与辐射办公室、水办公室、固体废物与应急办公室、预防杀虫剂与有毒物质办公室，见图8-1。这些机构的职责针对性比较强，是USEPA实现环境保护目标的核心机构。美国环保行政机构的这一设置特点，既体现了以法治污、防污的理念，同时也体现了通过细化污染防治工作保障环境目标实现的管理思路。

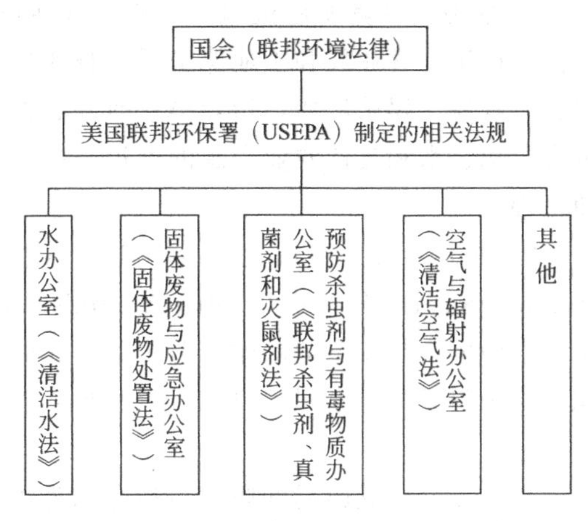

图8-1　美国联邦环保署的管理机制

USEPA位于华盛顿，其组织结构中还包括分布于全国各地的十个地区办公室，关于地区的划分基本以州的行政区划为依据，地区办公室的任务是监督州或地方政府执行环保法规和政策，在实施环保法规和政策方面协调同州或地方政府的关系。每个地区办公室的机构组成都与联邦环保署的总体结构相仿，有权在本区区域内根据实际情况制定政策和标准。

联邦政府中其他一些机构也通过行使职权保护环境，这些行政机构在环境管理方面也具有十分重要的作用。联邦环境保护署的有效运转离不开与联邦政府其他部门中具有环境管理职能的行政机构的协调与合作，这些具有环境管理职能的联邦机构有：

② 国家环境质量委员会。国家环境质量委员会（Council on Environmental Quality，CEQ）根据美国《国家环境政策法》设置在美国总统办公室下面，原则上是总统环境政策方面的顾问，也是制定环境政策的主体，其职责为：一是为总统提供环境政策方面的咨询，协助总统编制国家环境质量报告；收集有关环境条件和趋势的情报，分析解释这些环境条件和趋势及其对国家环境政策的影响，向总统提出有关改善环境的政策建议等。二是协调各行政部门有关环境方面的活动，该协调职能来自法律和总统行政命令两方面的授权。

③ 内政部及其所属机构。内政部（Department of Interior）创立于1845年，作为内阁组成部门其主要职权在于自然资源管理，保持经济发展与资源保护之间的平衡与协调。内政部通过其各种组织机构管理公有土地，也负责湿地、海岸的管理和保护，以及包括濒危生物在内的野生生物的保护。

土地管理局建立于1946年，负责公有土地的管理，这些土地主要分布在阿拉斯加和西部12个州，被用作休养娱乐或野生生物保护之用。土地管理局负责管理其管理范围内的自然资源，包括木材、矿产、油气、地热资源、野生生物居留地、濒危动植物以及景观河等。

美国渔业和野生动物局负责保护被列入国家野生生物保护体制中的生物种类，并改善它们的栖息环境。该组织的职能主要集中在保护鸟类、鱼类和濒危生物，保护湿地、自然保护区，以及对狩猎者实行管理监督两个方面。

④ 农业部及其所属机构。农业部（Department of Agriculture）下负责自然资源和环境保护的机构有林业局和土地保护局。林业局负责管理全国的森林、野生动物、稀有植物、鱼类、放牧地、娱乐场所，指导林业研究、保护和管理，以及矿物和能源的管理；土地保护局负责土地、水和其他农业资源的保护，控制水土流失和盐碱化，改善对湿地、草原等的保护和管理。

⑤ 劳工部及其所属机构。劳工部（Department of Labor）下属的职业安全与健康局（Occupational Safety & Health Administration，OSHA）主要负责制定和实施规范有关工作状态中健康与安全的法律。劳工部下属的另一个组织即国家职业健康与安全协会，负责为职业安全与健康局提供与职业健康和安全相关的科学研究，以在制定健康和安全标准时使用。

矿业安全与健康局的职责包括专门为煤矿产业制定健康和安全标准、调查煤矿事故、对违法者施以处罚，以及与各州合作开展矿业健康与安全规划等。

⑥ 商务部（Department of Commerce）及其所属机构。国家海洋与大气局（NOAA）行使国家维护海岸带和海洋资源、保护海洋环境的管理职能，主要职责是研究和预测环境变化、有效地保护和管理环境变化、促进国家经济的可持续发展。

⑦ 司法部及其所属机构。与联邦环境保护署执法协作最为紧密的机构当属司法部（Department of Justice）的环境与自然资源处，该处负责联邦环境保护署提交的环境违法案件的民事和刑事诉讼工作，其负责诉讼的范围要比联邦环境保护署的职能范围大得多，除污染控制外，还包括自然资源、野生动植物保护案件，而且还可以依据宪法和《国家环境政策法》的规定对政府破坏环境的决策提起诉讼。

（2）州环境管理机构　美国各州都设有州一级的环境质量委员会和环境保护署，州级环境保护管理机构在美国环境保护中发挥着重要作用。根据美国宪法，联邦的权力由宪法授予，在宪法中没有规定的剩余权力由州行使。美国宪法中的商务条款（Commerce Clause）是构成国会制定环境、社会和经济立法的宪法基础，也是联邦政府的环境立法和环境管理权的宪法依据之一。环境问题和污染影响的跨州性决定了污染必须由跨州的权威——联邦政府加以管理。商务条款授权联邦政府管理州际商业，而州际商业由于污染而受到严重影响时，联邦政府依据商务条款有权管理州际污染。根据该条款，环境保护属于联邦和州共同管辖的领域。诸如环境保护这类共同管理的领域，州立法应该以不抵触联邦法为前提，即联邦法是州法的上位法。但是，州可以为达到更好的环境目标，制定比联邦法更为严格的规定。

各州的环境保护机构一方面是各项联邦环境保护法律法规、环境标准、环境保护计划的具体实施者和监督者，大多数控制环境污染的联邦法规也都授权联邦环保署把实施和执行法律的权力委托给经审查合格的州环境保护机构，州环境保护机构经联邦环保署审查合格，即应被授予执行和实施环境保护法律的权力；另一方面各州环境保护机构也享有一定的自主权，在州的范围内以保护人类健康、维护环境安全为目标开展环境执法和环境研究，依据州的环境法规而享有行政执法权。

但是，州级环境保护署并不受联邦环境保护署的领导和管理，也不是附属关系，这与美国的政治体制密不可分。美国是实行中央与地方分权的联邦制国家，地方环境管理机构的设立以各州的法律为依据，因此各州环境保护署各自保持独立，依照本州法律履行职责，只是依据联邦法律，在部分事项上与联邦环境保护署合作，共同承担环境管理的任务。

（3）州环境管理机构与联邦环境保护署的关系　大多数联邦法律中有授权条款，各州据此条款拥有执行联邦项目的合法职能权限。为了让联邦批准实施联邦授权项目，州必须首先采纳与联邦规定一致的法律法规，州还必须证实自己具备有效执行该联邦项目所需要的财力和人力。州执行联邦项目可以通过两种方法：第一种是通过授权批准执行联邦规则；第二种是采纳自己的项目，但满足联邦的最低要求。如果某州被授权执行一项联邦项目，该州应执行联邦规定，由联邦环境保护署监督。如果某州采纳自己的项目，则该州法律法规取代联邦规则。如果某州试图执行自己的项目，必须上报美国联邦环境保护署审批其法律法规，这类规定被称为州实施计划（State Implementation Plan）。

一经联邦环境保护署批准，州即具备了该项目的主要执行能力，但是联邦政府仍保留执行州法律法规的能力。以《联邦农药法》为例，《联邦农药法》规定在联邦环境保护署的统一领导和监督下，各州政府承担农药管理的部分责任。如州政府向联邦环保署提出申请并呈报有关的管理计划，经联邦环保署批准，州政府可在该州的农药使用者资格证书和《联邦农药法》的执法方面承担主要的责任。但联邦环保署享有监督权，如发现州政府未严格履行这方面的职责，联邦环保署可采取一定的行动来迫使州政府履行职责或代替州政府在该州实施《联邦农药法》。

联邦环境保护署将针对在污染防治治理和自然资源保护上执行不力和对各项环保计划的实行不予配合的州，给予严厉惩罚，比如：联邦环保署可以依职权没收联邦政府提供给各州的修建公路资金，并有权替它们制定实施计划。另外，如果州环境保护署不能正常履行职责，联邦环境保护署还可以直接接管其运行。经过多年的实践，这种体制基本可以保证环保标准既能保护公众健康，又照顾到涉及各方的利益，联邦政府与州政府的力量平衡造就了一个强有力的监管机制。

美国国家环境管理法律与判例确立了环境管理的整体架构，环境管理组织与制度体系非常严密、细致，并从纵向上通过“联邦-州-地方”三级得到确立，形成了“国家法律-联邦环保署环保法规-州（地方）法规”一一对应的三级环境制度；横向上，同级环境管理机构设立不同的管理部门负责执行某一具体的法律法规，明确了部门职责，增强了部门管理的针对性。在具体的管理上，法律法规条文规定得非常细致，具有很强的针对性和可操作性。这既体现在法律法规细化管理对象上，也体现在通过项目对各管理对象、目标进行分组管理上。

8.1.2 美国环境管理的主要政策和措施

8.1.2.1 美国环境管理的主要政策

为保护人类赖以生存的环境、自然资源以及自然系统的功能和活力，美国提出了10个可持续发展的国家指标，它们是：健康与环境、经济繁荣、平等、自然保护、服务管理、可持续发展的社区、公众参与、人口、国际责任、教育。美国通过一系列环境政策的有效实施来实现可持续发展。

（1）环境管理的指导原则　USEPA制定计划和采取行动均以下面7项原则为指导，这些原则是美国跨世纪环保战略计划的核心：①生态系统保护原则；②环境公平原则；③污染预防原则；④依靠科学技术原则；⑤合作原则；⑥改进管理原则；⑦环境责任原则。

（2）可持续发展政策　为了促进未来的进步与发展，必须根据工作实际、税收与补贴改革，以及市场刺激手段等因素对目前的体制进行改革，建立新的和有效的框架，提高现有管理体制的效率，建立立足于工作实际的非传统管理体制，增加产品的责任范围，改变税收政策，改革补贴方式，使用市场刺激手段，建立政府间合作关系，加强信息管理，增加人们参与决策过程的机会，更加全面地衡量在实现可持续发展社会指标方面所取得的进展，将核算手段具体化，使决策制定者和个人能够做出更加明智的决定。此外，必须改革国家的正规教育体制，更好地解决可持续发展问题，开辟非正规的教育论坛和机构，为人们了解和认识有关可持续发展的情况提供更多的机会。拓展科学知识，加强决策制定，加强“信息准入”，发展可持续消费的信息，完善进步指标和国家收入补充报告，推行环境审计，改革正规教育，拓展非正规教育等。

(3) 人口政策　只有通过改变生活和技术进步，才有可能在人口增长的情况下实现可持续发展。要求所有的美国人都能够获得计划生育和有关生育卫生方面的服务，妇女能够获得更多教育和就业的机会，移民政策要不折不扣地贯彻执行。为实施该项战略，提出了3项政策建议：①提供更多的服务；②为妇女提供更多的机会；③改进移民政策。

(4) “绿色补贴”政策　从20世纪90年代起，美国政府开始农业“绿色补贴”的试点。其特点是设置了一些带强制性的条件，要求受补贴农民必须检查他们自己的环保行为，定期对自己农场所属区域的野生资源、森林、植被进行情况调查，同时还要对土壤、水、空气进行检验和测试，定期向有关部门提交报告。政府再根据农民的实际环保检查情况，决定对其是否给予补贴以及补贴多少。此外，对表现出色的农户，除提供“绿色补贴”外，还可暂时减免农业所得税，以资鼓励。

(5) 环境外交政策　1997年，美国国务院发布了一份特殊的外交报告，题为《环境外交——环境与美国对外政策》。该报告有以下几个值得注意的动向。

① 美国从反对削减温室气体的排放转向支持制定有约束力的排放指标，并试图将发展中国家纳入削减温室气体排放的国际机制。USEPA发布的一份报告指出，美国在1994年排放的温室气体比1990年增加4%，增速之快与美国环境外交政策密切相关。

② 加强盟国在环境外交领域的合作，主要是加强与各国及地方的合作，但是并不排除采取制裁手段。

③ 环境因素在美国外交中的地位将上升。国务院将在一些关键国家的驻外使馆中建立地区环境中心，针对地域性环境问题寻求跨国界的解决方法，要在双边外交关系中提升环境问题的地位。

(6) 环境技术战略　通过实施4个计划来改变政府命令加控制的老策略。这4个计划是：①对企业采取新的办法；②实行第三方审计；③加强实施环境技术计划；④精简目前环境许可证的审批过程。通过实施这些计划，使州政府、社区、个人企业和工业界在寻求创新性方法实现环境目标上承担更大的责任。

美国针对全球环境问题而制定的计划

主要针对温室气体减排、清洁能源、资源节约利用等全球环境问题制定，代表性的计划有：

(1) “绿光”项目　USEPA于1991年1月启动了“绿光”项目，鼓励政府部门、工业企业、商业部门及其他各类团体组织将原有的照明系统改换为能源利用率更高的照明系统，从而降低能源生产所造成的污染（如一氧化碳、二氧化碳和氮氧化物的排放，洗涤废水和锅炉灰渣等废弃物污染）。

“绿光”项目向项目参与者，包括照明设备制造商、设备销售商、售后服务提供者、电力公司和照明管理公司等提供技术援助服务，帮助他们改善照明设备，将节能信息告知广大用户。这些积极的措施促使许多企业和团体参加“绿光”项目。至2000年，“绿光”项目的参与者已取得了突出的成就（每年可节省超过2.5亿美元的成本），每年可削减超过204.3万吨的温室气体排放量。

(2)“能源之星”计划　USEPA于1992年发起的“能源之星”计划，是其与能源部、制造商、地方团体及零售商之间的自愿伙伴合作计划，用于标识那些有效利用能源的产品。通过与7000个私人及公共团体的合作，“能源之星”已经在消费者中建立了一种有效利用能源的意识。每年因“能源之星”计划而节省的能源价值高达50亿美元。“能源之星”已成为一种节约能源的有效手段。

(3)“天然气之星”计划　USEPA于1993年推出“天然气之星”计划，这是USEPA和石油与天然气生产企业之间的一项灵活的、自愿性伙伴合作项目，目的是经济有效地减少天然气操作过程中的甲烷泄漏。“天然气之星”计划实施至2001年，共计减排62亿立方米的天然气，相当于减少了1950辆汽车。企业还获得了更多好处，如减少运行和维修费用、提高系统效率、促进新技术转化等。

8.1.2.2 美国环境管理的主要措施

美国现在环境保护的具体政策措施是多层次的，整体而言其特点是以立法为基础，以行政措施为主，辅之以一定的经济手段。具体来讲，有以下五种形式。

(1) 直接的行政管制　这种形式先确立可能范围内的最低可污染标准，再由联邦环境保护署执行，辅以经济惩罚强化实施。这种方法虽然在环境保护方面起到了一定作用，但是也存在不足。比如设定标准较模糊，很难对每一个污染因素做出标准规定，导致对相当数目元素的检测控制只能放松，甚至放弃，而且设定标准的适度性问题没有解决，同时缺乏对控制污染方法进行改进的激励措施等。

(2) 自愿管制　这种方法是通过政府对公民的环境教育以及公民爱护环境的自觉性，靠公民自觉维护环境，防止环境污染。这种方法也是直接成本最低、最温和的管制形式。

(3) 责任赔偿制　由污染者对造成的破坏承担赔偿责任，促使其事先在预期赔偿费和控制污染的投资上做出有利于控制污染的选择。这种措施用于处理那些不可预期的突发性污染事件，可以有效地减少因突发事件引起的社会动荡。

(4) 污染税制　“谁污染谁付费”的原则已经在西方国家得到了普遍接受。根据这一原则，政府应该对那些向环境中排放污染物的企业和个人征收环境税或者其他行政费用。美国政府试图通过征收污染税，将污染这种外在影响内化到成本和市场价格中，从而借助价格机制控制污染。美国的污染税有两种：大气污染扩散税和水污染废物税。通过这种对污染的征税可以使得污染者自我实施控制污染的措施，而且能鼓励人们采用更新和更有效的污染控制方法，刺激企业降低控制污染的成本。再者，这种分配税制将使污染控制达到所期望的水平，自动而无须通过行政办法去给每一个污染者规定排放的限额。

(5) 津贴制　津贴制实质上是一种赋税形式。由州一级政府对地方政府或者企业治理污染的行为提供一定的资助或者实行税收优惠，例如对地方政府建造污水管提供低息贷款，对建有减少污染装置的企业提供专项额外资助等。这种方法虽然有利于地方政府和企业治理污染积极性的提高，但是却可能诱使污染总量扩大（如企业扩大污染产品的生产能力，导致新的污染产品制造业的出现），而且在津贴分配之前，污染者往往人为地扩大污染量，抬高基数，增大污染控制幅度，以期得到更多的津贴额度。

此外，美国环境管理的政策措施还包括资助促进污染较少的产品生产技术的研究工作、政府对严重污染企业实行行政和法律接管、通过宣传手段对社会公众进行环保教育、公开污染排放情况，促使企业迫于公众压力，采取措施减少污染等。

8.1.3　美国环境管理的特点

从美国环境立法和环境管理实践角度，可以看出美国环境管理具有以下三个特点。

8.1.3.1　改革行政决策方法和程序以实现国家环境保护目标

这一特点集中体现在《国家环境政策法》中，该法要求"联邦政府的一切官署均应在做出可能对人类环境产生影响的规划和决定时，采用一种能够确保综合利用自然科学和社会科学以及环境设计工艺的系统的多学科的方法"，并专门规定了环境影响评价制度作为保障。改革行政决策方法和程序，在行政决策过程中考虑环境的价值是美国国家环境管理战略的关键。

8.1.3.2　在污染控制中将法律与技术控制相结合

美国在环境管理中特别重视以法律的强制性推广最佳可行污染控制技术，以促进污染治理，并利用法律引导生产部门的技术和产品的更新和污染控制技术的发展。这种特点在对各种污染物规定的排放标准上表现得最为明显，如：《清洁空气法》所规定的对新污染源实行"新源执行标准"是以"充分证实了最佳控制技术"为基础的；《联邦水污染控制法》对"现有直接排放的点源"规定的排放标准是以"当前可得最佳可行控制技术"为基础的；等等。

8.1.3.3　将行政管理与公众参与相结合

美国环境管理中的一个显著特点是将行政管理与公众参与相结合。这一特点在美国的环境影响评价制度中得到了充分体现。另外《清洁空气法》等环境法规为保障公众的环境管理参与权利，专门规定了"公民诉讼""司法审查"等条款。在美国，公众参与环境管理是对环境行政管理的重要补充，它可以弥补行政管理的懈怠和缺陷，以提高国家环境管理的效率。

8.2　欧盟环境管理

欧盟环境管理体系的形成是当代环境法律体系的一个奇迹，它是欧盟纷繁却有序、庞大却不冗杂的行政法律管理体系中的一个分支。无论是在环境立法、机构设置，还是在与成员国之间权力配置和职责分工上，欧盟的模式都是别具一格的。由于欧盟组织的特殊性，欧盟在环境管理方面的机构设置也不同于一般国家或组织，既有欧盟层面的又有成员国的机构。欧盟机构对环境管理的主要职能恰恰是由主权机构制定形式各异的环境法律规范如条约、条例、指令、纲领和政策等，或是通过共同体其他机构直接执行，或是由成员国政府执行，再配以强有力的法律责任制度为后盾。

8.2.1 欧盟的环境管理机构及其职能

8.2.1.1 欧盟层面与欧盟环境政策和法律有关的机构及其职能

欧盟作为一个具有超国家性质的区域性的国际组织，其内部设有相当完备的组织机构，其中与环境政策、法律有关的机构主要有：欧洲委员会、欧洲议会、部长理事会（也称欧盟理事会）、欧洲法院、经济和社会委员会、地区委员会、欧洲环境署。这七个主要的欧盟组织形成了制定和实施欧盟环境政策和法律的组织框架，也是欧盟环境管理体系中的核心部分。

其中，欧洲委员会又在这七大组织中扮演相当于一台“发动机”的角色。欧洲委员会于1949年5月建立，是欧洲第一个合作机构，其总部设在法国的斯特拉斯堡，由成员国政府外长和议员组成，是就国内问题以及欧洲合作问题向各成员国政府提出建议的咨询机构。欧洲委员会虽然是欧盟的机构，但它一向不参与欧盟政策的细节问题，所做的多半是发表声明和宣言，而这些声明和宣言对欧盟环境政策和法律的产生有着根本性的影响。

(1) 环境政策、法律的决策机构　欧盟环境政策、法律的主要决策机构由欧盟委员会（简称欧委会）、部长理事会和欧洲议会构成，欧盟的环境政策主要来自这三个决策机构有序的配合运作。欧盟理事会虽不直接参与具体环境政策、法律的制定，但它却是欧盟实际上的最高决策机构，决定着欧盟的大政方针。而欧盟经济和社会委员会及地区委员会是欧盟法定的咨询机构，它们分别代表公民社会和地区的利益。

① 欧盟委员会。在环境法规的准备、提出和审议过程中欧盟委员会发挥着核心的作用，其主要职能包括以下几项。

第一，参与环境政策制定和环境立法程序。欧盟通过的环境法规，其提案都是由欧盟委员会首先提出的。无论是欧盟内部的环境立法，还是欧盟与第三国签订的环境条约或缔结、参加的国际性环境公约，欧盟委员会均有权发表一般性或具体建议，并享有排他的提案权。部长理事会只能在欧盟委员会提案的基础上制定环境政策。虽然部长理事会可以对提案进行修改，但必须一致通过，而且在部长理事会做出正式决定之前，欧盟委员会还可以撤回提案自行修改。因此，欧盟委员会的提案是欧盟各项环境政策和大量双边或多边环境条约的基础。

第二，参与制定欧盟环境行动计划。在《欧洲联盟条约》中规定，欧盟委员会应向部长理事会和欧洲议会提交有关欧盟环境行动计划的提议。迄今为止，欧盟委员会已经制定并实施了6个环境行动计划，这些计划对欧盟的环境政策及环境立法和执法都起到了重要的推动作用。欧盟委员会还制定了一些与环境保护相关的计划，如“环境信息协调计划”（CORINE）和“环境保护科学技术计划”（STEP）。前者的主要目的是收集、协调欧盟环境状况的信息并保证其一致性；后者旨在开发欧盟在环境领域中发挥作用所需的科学技术知识和技术技能。

第三，对外合作。根据《欧洲联盟条约》的授权，欧盟委员会在环境领域享有对外合作的权限，可以与第三国和有关国际组织进行环境合作。欧盟委员会代表欧盟成员国或与成员国一起参加国际环保组织，开展环保谈判，签署国际环保条约，推动欧盟乃至全球的环境保护事务走向更高的层次。

② 部长理事会。作为欧盟环境法律、政策的决策机构之一，部长理事会对欧盟的环境政策、法律、规划等也起到了决定性的作用。其主要职责就是在征询其他欧盟机构的意见

后，就欧盟委员会提出的立法议案，制定环境法律。在与环境有关的事项中，理事会除了环境法律的制定之外，还行使包括国际环境协议的缔结权以及协调成员国环境政策的职权。理事会的以上权力在《欧洲联盟条约》中均能找到依据。

③ 欧洲议会。由于《欧洲联盟条约》加强了环境条款，欧洲议会的权力和功能也随之从《单一欧洲文件》(也称《单一欧洲法令》）中的立法、决策监督权及对某些立法的批准权、拒绝权、修改权等扩展到在环境政策领域的共同决策权。《欧洲联盟法》明确要求任何环境法规的通过都必须得到欧洲议会的支持，使欧洲议会享有与部长理事会同等的立法权。由于欧洲议会中绿党党团的存在，进一步促进和加强了议会在环保问题上的活动与作用。欧洲议会在进一步推动欧盟环境政策的绿色化过程中扮演着越来越重要的角色。根据《欧洲联盟条约》的规定，欧洲议会的立法权主要体现在两个方面：一是通过协商咨询程序、合作程序和共同决策程序，参与欧盟的环境立法；二是行使决议权。

此外，标准与欧盟环境政策、法律具有同样重要意义。负责制定欧洲标准的机构是欧洲标准化委员会（CEN）和欧洲通信标准研究所（ETS）。这些环境标准的制定为进一步具体执行、实施环境法律、政策提供了可操作的指导意义。这些标准往往在欧盟通过的指令中体现出来。如欧盟于2007年7月1日正式实施的《关于在电子电气设备中限制使用某些有害物质指令》(简称ROSH指令）规定：所有在欧盟市场上出售的电子电气设备必须禁止使用铅、汞、镉、六价铬、多溴联苯和多溴联苯醚六种有害物质。

(2) 环境政策、法律的实施、执行机构　在欧洲，由成员国政府负责执行直接管理欧盟环境政策、法律实施的执行机构。欧盟委员会、部长理事会、欧洲议会和欧洲环境署在环境政策、法律的实施上也发挥了重要的作用，见图8-2。

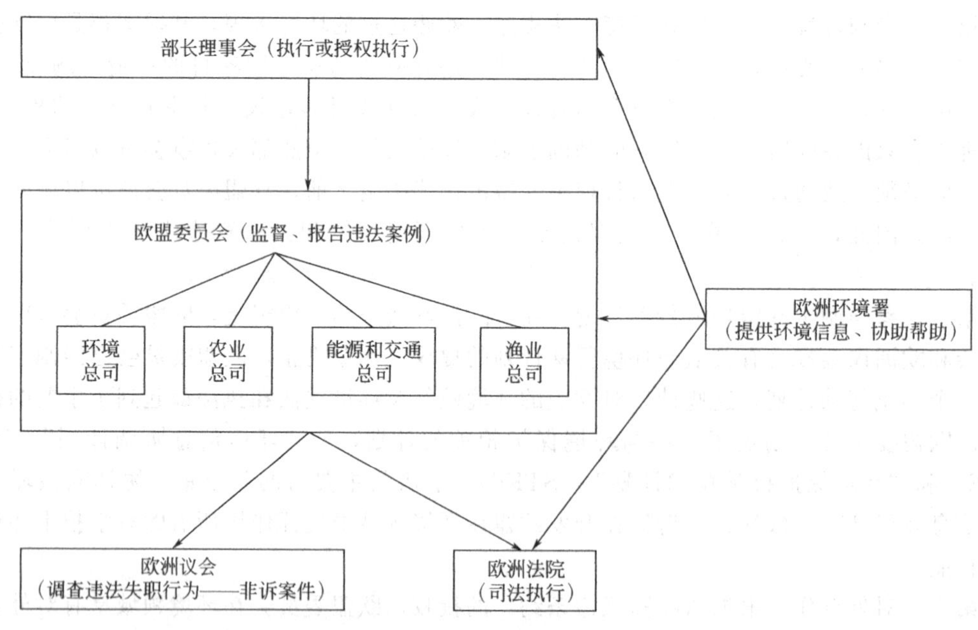

图8-2　欧盟执行、实施机构示意图

① 欧盟委员会。欧盟委员会采取各种方式监测和监视环境政策、法律是否得到成员国的正确执行。根据《欧洲联盟条约》规定：欧盟委员会负责实施部长理事会制定的环境法规，拥有环境事项的监督权，确保欧盟的环境法规在成员国得到全面实施，并向欧洲法院报

告违法案例。欧盟委员会为实施部长理事会制定的环境法规而行使部长理事会授予它的权力，管理范围包括欧盟所有与环境有关的立法、欧盟缔结的环境协定以及欧盟为实施国际组织与环境有关的决定而采取的具体措施等。欧盟委员会内部设置环境、核安全和民事保护总司（简称环境总司），其主要职能是起草和确定新的环境法案，以确保所通过的措施在成员国得到落实，必要时可以对那些没有遵守条约义务的公共和私营部门的单位与个人采取行动。也可以对未遵守环境法律政策的成员国和企业提起法律诉讼。除了环境总司以外，欧盟委员会内部与环境事务有关的还有农业总司、能源和交通总司及渔业总司。

② 部长理事会。根据《欧洲联盟条约》规定，部长理事会可以在通过的法令中授权欧委会实施由理事会制定的法规，理事会可以就这些权力的行使规定某些要求。在特定的情况下，理事会也可以保留直接实施的权力，甚至可以授权欧洲法院执行理事会制定的环境规则和罚款决定。

③ 欧洲议会。根据《建立欧洲共同体条约》的规定，欧洲议会在履行其职责的过程中，如果发现违反环境政策、法律或者环境方面的失职行为，可以应四分之一议员的要求，设立一个临时性的调查委员会，在不妨碍该条约赋予其他机构的权力的前提下，调查在实施欧盟环境法令中受指控的违法或失职行为，除仍处在法律诉讼中的案件外，欧洲议会中负责环境事务的具体部门是环境委员会。此外，《欧盟基础条约》中还规定，任何欧盟公民或在某一成员国中居住或拥有注册办事处的任何自然人或法人，都有权对欧盟机构活动中的环境失职行为向欧洲议会提交请愿书或提出申诉。

④ 欧洲环境署（EEA）。欧洲环境署于1993年在哥本哈根正式成立，于1996年1月1日开始全面运行，是欧盟一个独立的机构，也是一个独立的法定实体，由每个欧盟成员国的一名代表和两名由欧洲议会提名的科学人士组成。其职能为："以欧洲为基础，为欧盟和成员国提供客观、可信和可比较的信息。"其目的是为欧盟和成员国采取适当措施保护环境以及正确评价这些措施的效果提供帮助，并确保公众能适当地获取环境状况的信息。因此，欧洲环境署会定期出版环境状况报告，但并不提出任何决策。欧洲环境署不仅在欧盟内部发挥着重要的协助作用，而且也对非欧盟国家和国际组织开放，提供帮助。

（3）司法救济机构　欧洲法院虽然不直接参与环境政策、法律的执行，但在其实施过程中的作用却是不容置疑的。欧洲法院在环境领域的主要职责是裁决欧盟机构和成员国之间以及各成员国之间发生的环境纠纷，即扮演环境争端的仲裁机构的角色，因此被称为"环境裁判所"。根据《欧洲联盟条约》第164条的规定，欧洲法院在执行欧盟环境政策、法律方面的基本任务应该是：保证在解释和实施《欧盟基础条约》中有关环境保护的条款时尊重法律。如果欧盟已经有相关立法，则审查成员国法律是否与其完全或者部分一致；如果没有相关立法，欧洲法院的管辖权限于成员国的环境保护措施是否区别对待本国产品和进口产品。欧洲法院通过行使司法审查权、先予裁决权、民事审判权、欧盟法的解释权对欧盟的环境政策施加影响。欧洲法院对成员国、欧盟机构以及个人的诉讼都有管辖权且是具有强制性的，成员国不得随意撤销，也不能做任何保留。如果欧洲法院发现有关成员国未遵循其裁决，它可以对其课征一次性付款或罚款。欧洲法院作为欧盟环境政策、法律的司法执行机构，其判例又是欧盟环境法律的重要组成部分，反过来影响着欧盟环境政策、法律的制定。

8.2.1.2 成员国在制定、实施环境政策、法律中的职能

欧盟环境政策、法律的实施成功与否，最终还是取决于成员国当局是否具有确保指令得到有效、充分、及时的转换及实施的意愿和能力。欧盟各成员国在欧盟环境政策、法律的制

定执行过程中扮演着重要且各不相同的角色，为此，它们常常被划分为“先进国”集团和“后进国”集团。前者包括德国、荷兰、丹麦、芬兰、瑞典和奥地利，这些国家内部有强大的环保组织和绿色政党且较为富裕，能够在经济上支持严格的环境标准。除此之外的其他成员国则被归为“后进国”集团，其中法国和卢森堡又是相对积极些的国家，而希腊、西班牙、葡萄牙、意大利、爱尔兰和比利时在环境领域的立法主要是移植欧盟的法规。总体来说，成员国对欧盟环境政策、法律的实施由国家、地方、公民社会这三个层面共同配合完成。各个成员国在制定、实施欧盟环境政策、法律中的职能见图 8-3。

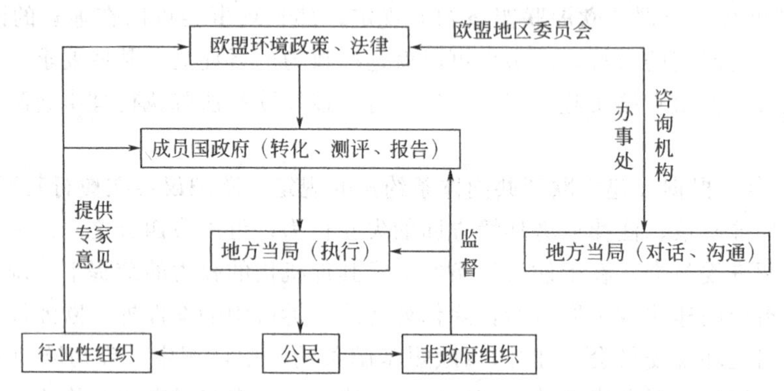

图 8-3　成员国在制定、实施欧盟环境政策、法律中的职能示意图

（1）成员国政府　成员国有义务将欧盟的环境指令转换为本国的法律，并保障指令规定的目标得以实现，而这一点的主要责任在于成员国政府和法院。成员国实施环境政策、法律的职能有两个。

① 将欧盟法转换为或者纳入各成员国的国内法。成员国政府有义务将欧盟的环境政策、法律的每一个部分都转化为国内法，并且确保其行政机构能够适应并实现环境立法的目标。

② 实施欧盟环境政策、法律并且测评其效果。在将欧盟指令转化为国内法之后，成员国政府还必须加强相关当局的力量，制订计划，创建必要的行政、技术和科研机制，提供资金保证使欧盟环境政策、法律达到预期的目标。此外，根据欧盟法的要求，成员国还必须定期向欧盟报告所采取的措施。

（2）地方当局　成员国对欧盟政策、法令的转化是确保欧盟环境立法有效实施的第一关，成员国如何将法律贯彻到地方就成为确保欧盟环境立法有效实施的第二道关卡。欧盟政策、法律（包括环境标准）的制定和实施已经越来越离不开地区、城市当局的参与，如果地方当局贯彻执行不力，即使最好的欧盟法律、政策也可能被束之高阁。地区和地方政府在遵循本国的法律和政治体制贯彻本国环境法律外，还可以越过其国家政府直接与欧盟进行对话，主要通过以下几个渠道。

① 多数成员国地方政府在欧盟总部布鲁塞尔设立某种形式的办事处和代表处，其任务就是与欧盟有关官员和决策者建立并保持联系，收集相关信息，发挥桥梁作用；那些没有在布鲁塞尔设立办事处或代表处的成员国通常的做法是设立咨询服务机构。

② 由地区和地方当局的代表组成欧盟地区委员会，使欧盟决策者了解和吸取地方代表在有关问题上的观点和主张，在欧盟与地区和地方之间建立直接的联系。

③ 德国和比利时在部长理事会讨论地方政府管辖的问题时，直接由地方政府的相关部长出席会议。

(3) 公民社会 欧盟成员国的公民主要通过参与一些社会组织来表达愿望，试图影响整个欧盟环境政策、法律的制定和实施。在欧盟的环境治理中，公民社会一直发挥着重要的作用。在公民社会各种组织中，影响力最大的是行业性组织，例如化学工业委员会、欧洲农作物保护协会等，它们都是代表行业的利益而组织起来的自律性组织。成员国的公民通过参加当地的行业性组织的分支机构来参与环境事务的管理，表达自己的诉求。这些行业性组织中不乏本行业的技术专家，因此通常能有效地对不同的环境政策、法律的实施进行成本和效益的量化，并且提出替代方案，甚至也作为中心角色直接参与到欧盟环境政策、法律的制定和实施过程中。另外，非政府组织也是欧盟成员国公民参与环境事务管理的另一重要途径。非政府组织是非营利性的，经费来源的慈善性质保证了它们的独立性和自主性。环境非政府组织在欧盟环境治理中已经取得了相当大的影响力。虽然，非政府组织也可以参与到欧盟环境政策、法律的制定过程中，发表自己的意见和观点，但事实上其在监视各成员国层面的环境行动上发挥了更重要的作用。当欧盟的环境指令转化为成员国的国内法后，非政府组织为本国、当地的公民提供了公众参与的便利，在监督指令的实施和执行过程中发挥了非常积极的作用。

8.2.2 欧盟环境管理的主要政策和措施

8.2.2.1 欧盟环境管理的主要政策

(1) 欧盟环境政策的法律框架 欧盟 1977—1981 年环境行动计划中规定了欧盟环境活动的四大方面，分别是：①减少污染物及其他有害物质的排放，以防止和减少空气及水污染(包括防止噪声污染)；②保护各国领土上的所有自然环境因素；③采取共同的环境措施，包括经济的和情报的科学研究；④国际合作。

为了履行欧盟环境保护方面的职责，在《罗马条约》中专门补充了单独的环境保护一章，该章明确了两大内容：①欧盟的环境目标是保持和改进环境质量，保护人类健康，保证节约和合理地使用自然资源；②强调以防为主的重要性，在“源头”制止有害物质进入环境，实行“污染者负担”原则。《罗马条约》还规定把保护环境的要求作为欧盟政策的组成部分。这些规定不仅使欧盟环境法法典化，而且使保护环境的要求在《罗马条约》中具有中心地位而为欧盟环境法的发展提供明确的法律依据。在以上法律框架下，欧盟制定了一系列环境政策和具体的环境保护措施。

(2) 欧盟的环境政策和环境行动计划 欧盟对环境问题的关注始于 20 世纪 60 年代工业化的迅速发展，其环境政策体系在 1972 年以后才开始逐步形成，其政策目标可归纳为以下五个方面：①防止、减少并尽可能地消除污染和公害；②避免破坏生态平衡的自然资源开发；③使发展沿着改善工作条件和生活质量的方向前进；④确保在城镇规划和土地使用时更多地考虑环境因素；⑤与欧盟以外的国家，尤其是与国际组织共同寻求解决环境问题的共同方案。

迄今为止，欧盟共实施了六个环境行动计划，制定了包括法律、市场和财政手段、金融支持和一般支持措施在内的系统化政策工具，建立了涵盖空气、气候变化、水、废弃物、化学品、噪声、土壤、土地使用、自然与生物多样性以及生物技术等诸多领域的较为全面的环境政策。1977 年和 1983 年的第一、二个行动计划属于“治疗型”，主要侧重于污染的治理，1987 年的第三个行动计划转向预防为主，实现了欧盟环境保护战略从“治理”到“预防”

的转变。

欧盟在第六个环境行动计划《环境2010：我们的未来，我们的选择》中确定了四个优先研究领域：①遏止气候变化，目标是把温室气体的大气浓度维持在一定水平以不再引起地球气候的非自然波动。②自然和野生生物的保护，保护自然系统的结构和功能，必要时进行恢复；防止欧盟和全球生物多样性的丧失；防止土壤侵蚀和污染。③环境与健康，目标是防止化学制品、受污染的空气和水、噪声等对人类健康的危害。④自然资源和废弃物，目标是确保可再生资源和不可再生资源的消费处于环境承载力的范围之内。

2019年12月4日，欧洲环境署（EEA）发布了《欧洲环境状况与展望2020》（The European Environment—State and Outlook 2020）（SOER 2020）报告，全面评估了欧盟的环境，以支持环境治理和向公众提供信息。报告指出2020年欧洲将面临前所未有的大规模和紧迫性的环境挑战。SOER 2020中的第七个环境行动计划提出了2050年欧洲环境和社会的总体愿景。主要以三个主题政策重点为指导：①保护、养护和增强欧盟的自然资本；②将欧盟建设成为资源节约型、绿色和有竞争力的低碳经济社会；③保护欧盟公民免受与环境有关的压力、健康和福祉风险。

8.2.2.2　欧盟的主要环境保护措施

从1967年开始，欧盟先后制定了200多项政策法规和措施，涉及水、大气、燃料使用、噪声控制、化学品管理、废弃物管理、自然保护等多个方面。

（1）水方面　1975年欧盟议会发布命令，要求成员国应采取必要措施，以确保地表水水质符合规定的用途，每个成员国应无差别地将指令适用于国内水体和跨国水体。为此，欧盟制定了一系列指令，如：保护和管理地表水的指令，包括对饮用水、浴场用水、渔业用水保护和管理的规定；保护地下水免受污染的指令；保护水生生物环境免受某些危险物质污染的指令；削减企业向水体排放污染物的指令。

（2）大气方面　1963年欧洲议会和部长理事会通过了《控制大气污染原则宣言》，1970年发布了关于汽车噪声等级和污染物排放的指令。1980年通过了《大气质量限定标准指令》，该指令针对成员国地区的二氧化硫和悬浮颗粒物规定了具有强制性的大气质量限定标准和非强制性的指导标准，为保护人体健康提出了具体限定。1984年规定了污染产业的工厂向大气排放污染物需经过特别批准的制度，新工厂必须使用最佳可行技术。1987年和1989年先后两次发布指令，对小轿车实行严格的废气排放标准。

（3）燃料使用方面　部长理事会在1975年通过了《使各成员国某些液态燃料含硫量立法趋于接近》等指令和《以减少硫化物排放为目的的石油燃料使用建议书》等文件，要求向特别污染区和严重污染大气的燃料使用者提供净化燃料，并要求促进和发展脱硫及其他加工工艺，减少二氧化硫的排放。文件还要求在所划分的特别保护区内只能使用低硫燃料，成员国应采取全部必要的措施使汽油含硫量降到一定水平，否则不得在欧盟市场出售。1987年欧盟国家的环境部长在卢森堡还达成了一项协议，一致同意最迟从1989年起使用无铅汽油，并确定从1989年起生产的新型号汽车都必须能够使用无铅汽油。

（4）噪声控制方面　欧盟主要注意了运输工具、建筑机械和家用电器等产品的噪声，依据国际标准化组织的工作成果制定了最高噪声排放标准。

（5）化学品管理方面　欧盟1967年的指令对危险物品的分类、包装和标签做了规定，并于1981年规定，新化学品在进入市场前必须向欧盟委员会通报，并附上该物质对人和环境的潜在风险的评估。1982年通过关于某些产业活动的主要事故的指令，规定工厂管理者必须采取措施防止严重事故的发生，制订应急计划，并及时通报对人和环境造成严重后果的事故。

（6）废弃物管理方面　欧盟于1975年制定了关于废弃物处置一般原则的指令，确定了“废弃物”的概念，规定了管理要求，包括减少废弃物的产生和回收再利用的一般义务，以及无害化处置。1978年制定了关于有毒和危险废物的指令，规定了27种有毒和危险废物的处理措施。1984年制定了关于欧盟内危险废物越境运输的指令，后来在1986年加以补充，包括了有关向非欧盟国家出口121种废弃物的规定。

（7）自然保护方面　欧盟在1979年通过了一项旨在对鸟类栖息地提供全面保护的指令，同时采取了一些控制和禁止濒危物种贸易的措施，并对以往的保护立法，如保护野生动物的《欧洲野生动物和自然生境保护公约》（简称《伯尔尼公约》）和保护候鸟的《波恩公约》（即《保护野生动物迁徙物种公约》）进行了补充，并提出建立“自然2000”的分类保护区网络，采取协同政策保护野生动植物群，强调进行更多的研究工作。另外，欧盟制定了统一的生物技术管理条例，并通过更好地进行城市规划和建立更多的绿地来改善欧洲的环境。

8.2.3　欧盟环境管理的主要特点

8.2.3.1　通过制定共同的环境保护政策来解决环境问题

面对日益严重的环境污染和资源枯竭，欧盟各国从20世纪60年代起就分别制定了一些环境保护政策，但由于污染没有国界，在整个欧洲，有许多河流流经几个国家，不少湖泊归几个国家所有，对这些河流或湖泊的污染问题，各国单独采取行动很快就被证明是无能为力的。通过制定宣言、决议和指令，在欧盟成员国执行统一的环境政策、法规和标准，推动了欧盟范围内环境保护的发展。而且由欧盟采取共同的环境政策使欧盟成员国在环境保护问题上以一个声音说话，也可以加强它们在世界上的地位。

8.2.3.2　注意处理欧盟与各成员国之间的关系

欧盟是一个重要的政府间区域组织，其环境法是当今世界最重要的区域国际法之一，是国际社会在跨国界环境事务综合性立法的首次尝试。欧盟立法中通过直接适用原则和优先适用原则来协调与各成员国国内环境法的关系。

直接适用原则是指欧盟环境法直接效力于成员国国内法律秩序，欧盟各基础条约中的某些条款和各机关所制定的法令在成员国中直接适用，不必事先采取立法措施。

优先适用原则是指在直接适用原则在成员国内造成欧盟法与国内法两种不同法律秩序并存时，如发生效力竞争或抵触，则适用欧盟法优先于成员国国内法的原则。

在欧盟内部环境保护方面，欧盟的共同政策与成员国的单独政策并行不悖。虽然1986年《单一欧洲文件》为欧盟在环保领域制定共同政策提供了正式的法律基础，但实际上，欧盟在环境领域的职权并不具有排他性。该文件规定，欧盟的环境保护政策只具有辅助性质，因为这些政策的保护程度必须高于单个成员国的相应政策；欧盟环境保护措施不得阻止任何成员国采取的更为严厉且符合欧盟章程的保护措施。

在欧盟涉外环境合作方面，欧盟与成员国的权力也是“并行”的。按《单一欧洲文件》的规定，欧盟在环境领域的对外关系权不应影响成员国在国际机构谈判和缔结国际协定中的权力。

8.2.3.3　强调经济发展不能以牺牲环境为代价

欧盟《罗马条约》的宗旨是调整各缔约国之间的竞争和贸易，因此，欧盟在制定环境政策时也充分体现该宗旨，希望通过协调各成员国的环境政策减少贸易中的非关税壁垒。考虑到如果欧盟成员国在环境保护方面各自为政，各国公民在生活质量、劳动条件等方面的差距就会拉大，从而影响到整个共同市场的正常运行，因此，为了保证社会经济效益，欧盟特别强调经济发展不能以继续破坏环境为代价。

EMAS的历史

欧盟环境管理与审计计划（EU-Management and Audit Scheme，以下简称EMAS）是对在欧盟和欧洲经济区运作下的公司和组织进行评估、报告，提高其环境绩效的一种管理工具。

这项计划开始于1995年4月，其宗旨是不断提高参与者的环境性能。目前，参与EMAS计划的国家包括15个欧盟成员国和3个欧洲经济区域国家。

欧盟在环境方面的总体目标是推动经济活动协调、平衡地发展，保持稳定的、可持续的经济增长，提倡在更广阔的范围内把环境政策作为指导工具。在一些欧盟成员国中，环境工具（包括规章、方针等）已成为大多数环境方法的基础。尽管欧盟采取了很多环境规章和方针，并且在环境领域内实施了很多计划，但是环境质量仍然没有想象中的好。EMAS不是取代现存的欧盟规定、国家环境立法或技术标准，而是在立法和标准的规定下，要求企业履行所有法律规定的义务。

1993年7月，欧盟首次将1836/93EMAS规章作为一项环境工具提出。

1995年4月，工业领域中的企业和组织可以自愿参加EMAS计划。

1996年，ISO 14000国际环境管理体系颁布，如果参与ISO 14000认证的机构申请加入EMAS，可以简化其申请程序。同时，这套体系也指出所有的领域对环境都会产生重大的影响，各领域中良好的环境管理体系也会有益于环境。EMAS第十四条允许其成员国将此计划向其他经济领域扩展，1936/93规章的第二十条规定EMAS计划实施五年后需要重新对其进行评估和修改。

1997年，欧盟开始向欧洲经济和社会委员会、地区委员会征求EMAS的修改意见。

2001年，新的EMAS规章（EC）No. 761/2001开始启用，主要内容包括：EMAS的范围扩展到包括地方政府在内的所有经济活动领域；如果已经通过ISO 14000认证的机构申请加入EMAS，可以简化其审核程序；制定EMAS标识，允许已注册的机构使用此标识，从而更加有效地宣传EMAS；员工参与EMAS的执行过程；加强环境声明的作用，以增加EMAS参与者与干系人、公众之间环境绩效交流的透明度；更加全面地考虑直接因素的影响，包括资金投入、管理和计划、采购程序、服务的选择和组成等。

新的EMAS规章包含18条规定和8个附录。与其他管理体系标准不同的是，EMAS的附录不仅提供信息，而且是规章的一部分。

8.3 日本环境管理

日本从20世纪50—60年代的“公害领先国”转变为现在的“公害防治先进国”，主要得益于其日益完善的环境管理体系。日本的环境管理体系以《环境基本法》为基础，主要由环境标准、环境影响评价制度、环境监督和环境经济政策四部分组成。环境标准规定了各种污染物排放的限值以及环境质量标准，是需要达到的环境目标；环境影响评价的目的是将环境问题从产生的源头上解决，是实现环境目标的桥梁；环境监督是实现环境目标的重要保障；环境经济政策是更有效地达到环境目标的重要手段。

8.3.1 日本的环境管理体系

8.3.1.1 环境标准

各种环境标准是环境管理的重要环节，是环境执法的科学依据。日本的环境标准由环境厅负责制定，环境厅在拟定新的环境标准时，不仅向健康和福利省（负责健康保护）以及通产省（负责工业发展）征求意见，同时也充分听取工业部门/组织的意见，充分考虑本国的技术水平和经济管理能力。但是某项标准一旦出台，企业必须不折不扣地执行；否则，企业及企业的负责人必须承担相应的法律责任。日本的环境质量标准主要涉及大气、土壤、水和噪声四个方面（见图 8-4）。

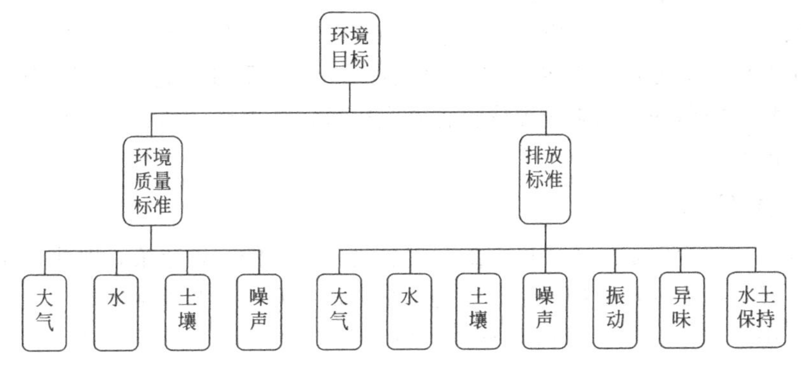

图 8-4 日本环境标准涉及的范围

与我国的 SO_2 排放控制标准类似，日本对 SO_2 排放也实行浓度控制和总量控制，但与我国按时段规定 SO_2 排放浓度不同。1974 年日本政府要求在那些“使用现行控制方式很难达到环境保护标准的有显著污染或认为有可能发生显著污染的地区”实施总量控制。目前日本在东京、大阪等 24 个地区进行 SO_2 排放总量控制，3 个地区实行 NO_x 总量控制。具体做法是由国家制定削减污染负荷的年度指标、削减总量指标，由各都、道、府、县制定各污染源的削减量、完成期限以及实现各项目标的措施。

8.3.1.2 环境影响评价

实践证明，环境评估在防止环境污染、减少环境破坏方面起到了很好的效果。环境影响评价标志着日本环境保护从末端治理转向污染预防和清洁生产。日本的环境影响评价制度始于 1973 年，但并没有法律效力，新建项目只是依据企业自愿进行环境影响评价。

1997 年新的《环境影响评价法》确立了环境影响评价的法律地位。《环境影响评价法》规定，电力、铁路、大坝等建设项目必须在环境评估报告中将工厂（工程）建设计划、环境现状调查、环境影响评估、环境保护措施等内容提交通产省等相关部门。只有通过环境影响评价以后，项目才能取得开工许可证。日本环境影响评价的特点是强调资料的公开及公众的参与，以便监督项目建设者提出足以确保环境安全的评价报告。这个做法不仅可以将决策失误减少到最低，而且能协调政府和公众的矛盾。环境影响评价的对象分为两个类别。凡是属于类别1的项目必须进行全面的环境影响评价；对于属于类别2的项目，单位需要将项目环境影响报告书大纲递交通产省预审，然后由通产省根据需要决定这些项目是否进行环境影响评价。

日本的环境影响评价工作包括提交环境影响报告草案、举行听证会、提交环境影响报告书、提交事后调查计划书等。

8.3.1.3　环境监督

日本的环境监督包括环境监测和公众监督。日本十分重视环境监测，把它作为调查环境情况、修订环境标准、检查污染物排放标准执行情况的重要手段。日本拥有完善的监测系统，并在国家环境监测中心下设若干个监测站，负责监测居民区大气污染状况、机动车废气排放、水质等，此外1205个重点企业还安装了自动监测系统，形成了遍布全国的环境监测网。

由于环境问题同居民的健康和生活质量有密切的关系，由日本地方民间团体组织起来的地方民众运动在环境保护中发挥了相当积极的作用，迫使政府和企业采取严格的环境保护措施，特别是在配置污染治理设施与改善地方自然和生活环境方面起着不可忽视的作用。

在环境执法方面，由于日本没有直属中央政府的、驻各个区域的执法机构，国家在环境法的实施中主要依靠地方自治团体。《环境影响评价法》强调了地方民间团体的监督地位，要求在项目计划实施前和环境影响评价报告书完成后，把项目计划和环境影响报告书公布于众，接受公众的监督。

8.3.1.4　环境经济政策

（1）罚款　罚款制度是经济手段中最常用也是最简单的一种政策，即使是经济发达国家也普遍应用。日本《大气污染控制法》规定，都、道、府、县知事可以规定比国家规定的排放标准更加严格的标准，如违反排放标准，将判处6个月以下的徒刑或10万日元以下的罚金。

（2）污染者付费　这项措施是要求污染环境者承担治理环境和补偿损害的责任，将环境的外部费用内部化。日本《公害损害健康补偿法》规定，在特定的地区发生损害居民健康的公害时，受害者可以获得疗养费和残废赔偿费，并安排恢复健康工作等，污染肇事者必须承担受污染环境的恢复成本以及对污染受害者进行补偿。

（3）经济资助　根据日本区域污染控制计划，日本政府对安装的环境监测设备给予补贴，补贴额度大约是设备投资的一半。

为了支持企业进行环境治理，从20世纪70年代起日本开始实施“软银贷款计划”：根据企业规模、设备类别、出资形式（合资或独资）对企业环境投资提供在贷款利率、贷款比例以及还贷期限方面都很有吸引力的优惠贷款。一般来说，对大型企业的环境贷款利率比银行长期贷款利率低1%～2%，对中小型企业的环境贷款利率比银行长期贷款利率低2%～3%。“软银贷款计划”在日本实施K值标准和污染物排放总量控制、帮助企业满足日益严格的环境标准的过程中起到了降低成本的积极作用。

8.3.2　日本环境管理的特点

8.3.2.1　国家和社会对环境问题普遍重视

保护环境，是日本国会经常关心的重要问题之一。参议院和众议院都有专管环境问题的常设委员会，对环境问题进行调查研究，对国家行政管理机关和官员提出质询，准备和审议有关环境保护的法案。参议院的公害委员会由18名议员组成，并配备有30名左右专职工作人员。众议院的环境委员会由20多名议员组成，专职工作人员也比参议院公害委员会多。

日本政府对全国的环境管理工作负责。按照《公害对策基本法》的规定，日本政府每年必须就公害状况、政府已采取和准备采取的措施向国会做出报告。

各级地方政府和工厂、企业也很重视环境保护。工厂、企业一般都设有专门的管理机构和专职管理人员。根据《有关特定工厂公害防止组织设置规定》，20人以上的工厂就应设防止公害管理人员；烟尘排放在四万立方米每小时、污水排放在一万立方米每天以上的大企业设公害管理主任和环境保护部，作为行政领导的助手和参谋，负责全厂的环境保护计划协调，对各车间防止公害管理人员进行业务指导。防止公害管理人员需要经过专业考核。另外各种事业单位也同样重视环境保护工作。

8.3.2.2 广泛的持续不断的居民运动

就日本全国来说，社会舆论在20世纪60年代中期开始重视环境问题，就公害问题对企业界和政府提出的批评和指责越来越多。1964年，居民反对在三岛沼津地区建设石油化工企业的运动取得胜利，推进了居民运动。60年代末至70年代初，反对公害的居民斗争有了更进一步的发展。这一方面阻止了建设更多污染环境的企业，另一方面迫使政府和企业界采取了一系列措施治理污染和其他公害。在这种形势下，1970年国会对1967年通过的《公害对策基本法》进行了重要修改，并通过了另外几项环境保护法律。在日本，反对公害、保护环境的民间组织很多，十分分散。每个组织的人数一般都不多，也没有严密的组织机构，但活动能量却很大，一般都出版刊物或印刷品，进行调查研究，举行群众集会，进行宣传。例如，在爱知县的渥美町，为了反对当地一火电厂的扩建给环境带来危害，由一些医生、教师等人士组成了一个民间组织，进行调查研究，到外地参观，进行比较分析，编印材料，向群众宣传。结果不仅迫使厂方让步，而且罢免了两任在这个问题上支持厂方的町长。

8.3.2.3 制定一整套保护环境的法律制度

日本政府采取了各种保护环境的措施，其中，十分重要的是制定了一整套环境保护法规。除《公害对策基本法》以外，国会还制定了一系列保护环境的法律，主要的有《大气污染控制法》《水质污染防治法》《噪声控制法》《振动控制法》《恶臭防治法》《农业用地土壤污染防治法》《废弃物处理法》《海洋污染和海上灾害防治法》《自然环境保护法》《自然公园法》《濑户内海环境保护特别措施法》《森林法》《渔业法》《国土利用计划法》《城市计划法》《防治公害事业费用负担法》《城市绿地保护法》《鸟兽保护和狩猎法》《公害损害健康补偿法》《公害纠纷处理法》《公害犯罪处罚法》等等。

除了全国性的环境保护法，地方自治体还制定有自己的环境保护条例，使全国性的法律进一步具体化。日本的环境保护法相当完备，规定的内容十分详尽，特别值得指出的有以下几点：

① 对国家、地方政府、企业、居民在环境保护方面的职责、权利和义务做了明确规定，一切有章可循，有法可依。

② 规定污染者负担费用的原则，即企业等单位要对自己的污染源进行治理，使其符合法律规定的要求和标准；在发生污染时要对受害者赔偿损失，并负担消除污染后果的费用。

③ 为了保证法律规范的执行，建立了从中央到地方的环境管理机构体系。

对环境保护工作进行一般领导的机构，在中央是内阁和总理大臣。总理府下设有公害对策会议，由总理大臣兼任会长，除外务、邮政等少数省、厅长官外，各省、厅长官（实际上往往是次长）全都参加，审议有关防治公害的基本措施，协调各省、厅的环境保护工作。在地方上，由都、道、府、县知事和市长对环境保护工作进行一般领导。专门从事环境管理的机构，在中央主要是环境厅，下设计划调整局、自然保护局、大气保护局、水质保护局等机构。在环境厅内还设有由专家组成的中央公害对策审议会和自然环境保护审议会，作为其咨询机构。环境厅除在自己的职责范围内进行直接的环境管理外，还对各省、厅的环境保护工作进行一定的协调工作，负责平衡各省、厅用于环境保护的预算。环境厅长官有权就环境保护问题要求各省、厅长官提出报告，必要时可对各省、厅就环境保护问题提出劝告和要求，在发生重大问题时可向内阁提出报告。

地方政府都设有环境管理机构，有的将自然保护同防治污染和其他公害放在一起，由一个机构统一管理。各都、道、府、县和政令指定的市，都有公害对策审议会，作为市长的顾问机构，负责调查和审议本地区的公害对策基本事宜。在都、道、府、县和政令指定的市议会里，也设有关于环境问题的常设委员会。

④ 建立了一整套处理环境违法行为、解决环境纠纷的制度和机构，以保证环境保护法规的执行，维护社会和公民的合法权益。居民关于环境问题的事宜，可以向地方政府的环境保护部门和警察厅系统的机关提出，或向国会议员、地方议会议员提出，由他们反映给上述机关，加以处理。法律规定，对于一切污染环境的违法行为，污染者都要对受害者赔偿损失；工厂企业等由于排放有害于人体健康的物质而造成生命或健康损害时，即使没有过失，也应对损害负赔偿责任（无过失责任）；受害者有权向裁判所提起民事诉讼。对于著名的水俣病案件、骨痛病案件、四日市哮喘病案件，曾先后在1971年、1972年和1973年，做出对受害者赔偿损失的民事判决。民事判决不仅可以判决赔偿损失，还可以判决停止危害环境和人身健康的活动。

1974年9月通过的《公害损害健康补偿法》还建立了一种特殊的对受害人补偿的制度。按照这种制度，对46个指定地区的几种指定公害病的患者进行补偿。公害、环境方面的犯罪则是根据各有关环境保护法的规定和《公害犯罪处罚法》，由裁判所按刑事诉讼程序审理。

8.3.2.4　制定和执行防止公害计划

日本在20世纪60年代后期就开始制定包括环境问题和能源问题的长远工业发展规划和防止公害计划。《公害对策基本法》规定："政府在制定和执行有关都市发展和工厂建设等地区发展计划时，应考虑防止公害的需要，国家和地方政府应努力采取必要措施，认真执行防止公害计划。"国家的防止公害计划由环境厅拟定，各地方自治体则制定和执行本地区的防止公害计划。

8.3.2.5　兴办公共福利事业，进行综合环境治理

为了改善环境状况，各都、道、府、县和政令指定的市，在改造不合理的城市布局方面也做了不少工作。例如大阪市，为了使污染严重的工厂从居民区迁走，由市政府把工厂的地皮收买过来，或者资助工厂迁到填海造地的地方。日本城市的垃圾处理得比较好。垃圾处理厂不仅焚烧垃圾，而且注意综合利用，用燃烧垃圾的热量发电，除供本厂使用外，还可出售一部分。此外，不能燃烧的垃圾则用于填海造地。污水由污水处理厂处理，但还很不普及。垃圾处理厂和污水处理厂都是地方政府兴办的公共福利事业，它们在处理垃圾和污水时向工

厂企业和事业单位收费。

8.3.2.6 重视环境监测工作

各都、道、府、县和政令指定的市都有环境监测机构，配备训练有素的专业技术人员和先进的仪器设备，形成了全国的环境监测网点，及时掌握环境污染状况和环境质量变化，为环境管理工作提供技术支持。

日本的环境管理制度

(1) 基本环境计划　规定为了全面、协调地推进环境保护政策，政府必须制定环境保护的基本计划，并要求在《基本环境计划》中确定下列事项：综合和长期性的环境保护政策大纲；全面、系统地推进环境保护政策的必要事项。

(2) 命令控制手段　包括以下几个方面。

① 环境影响评价制度。规定在从事大规模开发项目时，经营者应评价项目对环境的影响，听取项目所在地区公共机关和公民的意见，根据这些结果，取得项目的许可证。

② 公害防止计划。规定内阁总理大臣应当向指定区域有关的都、道、府、县知事发布指示，指示在这些地区实施环境污染控制政策的基本方针，指示制订有关环境污染控制计划。都、道、府、县知事受到指示时，必须按照同款规定的基本方针制订污染控制计划，并提交内阁总理大臣认可。

③ 总量控制。日本1978年修改的《水质污染防治法》中明确了水质总量控制制度的地位。在1974年正式引入了总量控制的概念，实行地区排放总量和大型点源排放总量控制。

④ 公害防止协议。20世纪60年代，一些地方自治团体就同企业签订了公害防止协议。目前，公害防止协议已成为同法律、条例相并列的第三种限制公害的手段，它主要是地方政府同企业基于相互的合作，经过协商，就污染企业所应该采取的防止污染的措施而达成的协议。

⑤ 公害防止管理员制度。规定在公害发生源的企业内部组织中设置具备公害防止专业知识和技能的公害防止管理员，规定了公害防止管理员的责任，并建立了公害防止管理员的国家考试制度。

⑥ 公害的健康受害补偿制度。规定在特定的地区发生公害损害居民健康的事件时，由都、道、府、县知事主管认定健康受害者、支付疗养费和残疾赔偿费、安排恢复健康工作等事宜。

⑦ 公害纠纷处理制度。当发生公害致害的赔偿损失之类的纠纷时，由国家和地方的有关机构，按法律在肇事者和受害者之间进行周旋、调解、仲裁和裁定。由于法院进行诉讼和调解既费钱又费时间，因而创设了这种行政的纠纷处理机构，发挥与法院不同的作用。

8.3.2.7 重视环境科学研究工作

日本自20世纪60年代后期开始，环境问题越来越突出，环境科学的研究工作也日益发展。日本的环境研究机构有三种：国立的研究机构；各都、道、府、县的研究机构；私人的研究机构。环境厅负责对这三种科研机构的工作进行协调，并编造预算，统一向财务省申请拨款。环境科学的研究课题和内容十分广泛，如环境污染和变化对人体健康的影响，控制环境恶化的制度和技术，对人最理想的环境概念以及实现这种理想环境的技术、方法和制度，等等。环境科学的研究对象是正确掌握人的生存、活动同环境的矛盾，研究解决这种矛盾，求得二者的协调。科学研究表明，对环境问题进行更广泛的综合性研究，要把自然科学与人文科学、社会科学结合起来。

本章内容小结

[1] 美国环境法律体系是一个由多个立法主体制定的、多个层级的、涵盖领域比较全面的复杂体系。从立法主体看，美国法律主要有四个来源：国会、行政部门（包括总统和内阁）、法院（包括解释或判例）、行政管制机构（经国会或法律授权）。

[2] 美国环境保护立法的一个显著特征是以污染媒介为主线进行的立法，如水、大气、噪声、物种、自然资源和海洋保护等法律，这些成为了环境法体系的主干法律。

[3] 美国环境管理法律是一个庞大的体系，对于各管理机构的职能除了由环境法律加以规定之外，还遵循以往相关判例的裁判。

[4] 欧盟环境管理体系的形成是当代环境法律体系的一个奇迹，它是欧盟纷繁却有序、庞大却不冗杂的行政法律管理体系中的一个分支。无论是在环境立法、机构设置，还是在与成员国之间权力配置和职责分工上，欧盟的模式都是别具一格的。由于欧盟组织的特殊性，欧盟在环境管理方面的机构设置也不同于一般国家或组织，既有欧盟层面的又有成员国的机构。

[5] 欧盟环境管理的主要特点：①通过制定共同的环境保护政策来解决环境问题；②注意处理欧盟与各成员国之间的关系；③强调经济发展不能以牺牲环境为代价。

[6] 日本的环境管理体系以《环境基本法》为基础，主要由环境标准、环境影响评价制度、环境监督和环境经济政策四部分组成。环境标准规定了各种污染物排放的限值以及环境质量标准，是需要达到的环境目标；环境影响评价的目的是将环境问题从产生的源头上解决，是实现环境目标的桥梁；环境监督是实现环境目标的重要保障；环境经济政策是更有效地达到环境目标的重要手段。

[7] 日本环境管理特点：①国家和社会对环境问题普遍重视；②广泛的持续不断的居民运动；③制定一整套保护环境的法律制度；④制定和执行防止公害计划；⑤兴办公共福利事业，进行综合环境治理；⑥重视环境监测工作；⑦重视环境科学研究。

思考题

[1] 美国环境管理的特点。

[2] 美国环境管理的主要政策和手段。

[3] 欧盟环境管理的主要政策和措施。

[4] 日本环境管理体系的主要内容。

[5] 日本环境管理的特点。

9 环境风险管理

【学习目的】

通过本章学习，了解环境风险和环境风险管理的概念。了解环境风险评估的目的、过程和方法。熟悉环境风险管理的方法。了解国外环境风险管理的经验。理解中国环境风险管理的发展过程。了解中国环境风险管理存在的问题和完善的途径。

近30年来，我国在社会经济快速发展的同时，资源约束趋紧，环境风险形势严峻，对公众健康和公共安全造成了较大影响。一方面，我国突发环境事件频发，近年来发生了多起重大突发环境事件。2015年天津滨海新区危险化学品仓库爆炸事件再次表明了我国严峻的环境安全形势尚未得到根本扭转，突发污染事故环境风险异常突出。另一方面，以$PM_{2.5}$为代表的长期慢性环境风险也日益突显。从目前到未来很长一段时间内，中国将处于经济增速换挡期、结构调整阵痛期以及工业化、城镇化、自然资源利用持续增长、社会转型等叠加阶段。这一阶段是社会经济发展与环境保护的胶着期，环境形势将更加复杂和难以预期。在这一阶段，科学谋划环境保护管理和规划，对于促进科学发展、协调发展、绿色发展具有重要意义。新修订并于2015年实施的《中华人民共和国国家安全法》明确把环境安全问题纳入国家安全体系中。而相对于环境保护的其他领域，环境风险管理在制度、政策与技术方面尚存在不足，环境风险问题已成为生态文明建设面临的巨大考验。

环境风险管理目标包括宏观层面的总体风险管理目标以及微观层面的目标体系。宏观层面目标指在战略意义上国家和区域环境风险总体需要控制到什么水平；微观层面的目标体系则是需要针对不同类型的环境风险来设定具体的、量化的风险控制目标（或标准）。目前我国尚未形成完善的环境风险管理目标体系，还需进一步明确宏观层面上的战略目标。在微观层面上，国家安全监管总局2014年发布了《危险化学品生产、储存装置个人可接受风险标准和社会可接受风险标准（试行）》，给出了不同类型区域新建、在役装置的风险管理标准。我国在微观层面环境风险管理目标（或标准）方面已经有了初步的尝试，但总体看，环境风险类型复杂多样，我国对环境风险水平现状及未来趋势认识不够充分，尚未形成完善的体系。

9.1 环境风险管理简介

9.1.1 环境风险的概念

风险本质上是一种不确定性，这种不确定性既是客观事实，同时又是人们的一种认知体验。而环境风险作为关于环境与风险的复合概念，主要强调在一定区域或环境单元内，由人为或自然等原因引起的“意外”事故对人类、社会与生态等造成的影响以及损失。

定义：环境风险是指由自然原因或人类活动引起的，通过降低环境质量及生态服务功能，从而能对人体健康、自然环境与生态系统产生损害的事件及其发生的可能性（概率），其中包括了突发性的环境风险事件和长期慢性的风险。

风险值用 R 表征，定义为事故发生概率 P 与事故造成的环境或人体健康乃至社会经济后果 C 的乘积，即 $R= P\times C$。

9.1.2 环境风险管理的概念

目前，对环境风险管理概念的认识存在两种观点。一种是相对狭义的理解，认为环境风险管理是环境风险评估的后续过程，指根据环境风险评估的结果采取相应的应对措施，以经济有效地降低环境危害。例如，美国国家科学院认为，环境风险评估与环境风险管理是两个既联系紧密又需要区分的过程，风险评估是一个基于科学研究的技术过程，其结果是风险管理的基础，风险管理中的决策需要考虑政治、经济和技术因素。另一种观点是相对广义的，将环境风险管理视为风险管理在环境保护领域的应用，环境风险评估是环境风险管理的一部分，具体指环境管理部门、企业事业单位和环境科研机构运用相关的管理工具，通过系统的环境风险分析、评估，提出决策方案，力求以较小的成本获得较多的安全保障。

环境风险管理是基于科学决策的管理模式，体现了“防患于未然”的管理理念。环境风险管理标志着环境管理由传统的污染后末端治理向污染前预防管理的战略转型，由总量管理向风险管理实现战略转变，是环境管理的高级阶段和发展趋势。

一般而言，形成环境风险必须具有以下因素：①存在诱发环境风险的因子，即环境风险源；②环境风险源具备形成污染事件的条件，即环境风险源的控制管理机制；③在环境风险因子影响范围内有人、有价值物体、自然环境等环境敏感目标，即环境风险受体。这三个因素相互作用、相互影响、相互联系，形成了一个具有一定结构、功能、特征的复杂的环境风险体系。因此，环境风险管理应从环境风险源、控制管理机制、环境风险受体三个因素入手，针对污染事件的各个环节建立起环境风险全过程管理体系。

9.1.3 环境风险评估

环境风险评估自出现以来，广为接受的基本框架是美国科学院提出的“危害识别—剂量—响应分析—暴露评估—风险表征”四步法。随后的致癌风险评估、致畸风险评估、暴露评估、场地风险评估等健康风险评估和生态风险评估，都是在“四步法”的基础上进行延伸和发展的。这套评估程序通过科学导向性的风险分析为风险管理提供关键的科学信息，但应用到环境风险事故管理决策中，仍然缺乏决策导向性的风险分析。

基于 Kasperson 等的风险解析理论，结合前述风险研究与管理领域存在的问题，对环境风险事故潜伏、发生和发展的动态过程进行解析，揭示各阶段的因果联系和可能存在的风险控制节点，构建环境风险全过程评估与管理体系模型（图 9-1）。

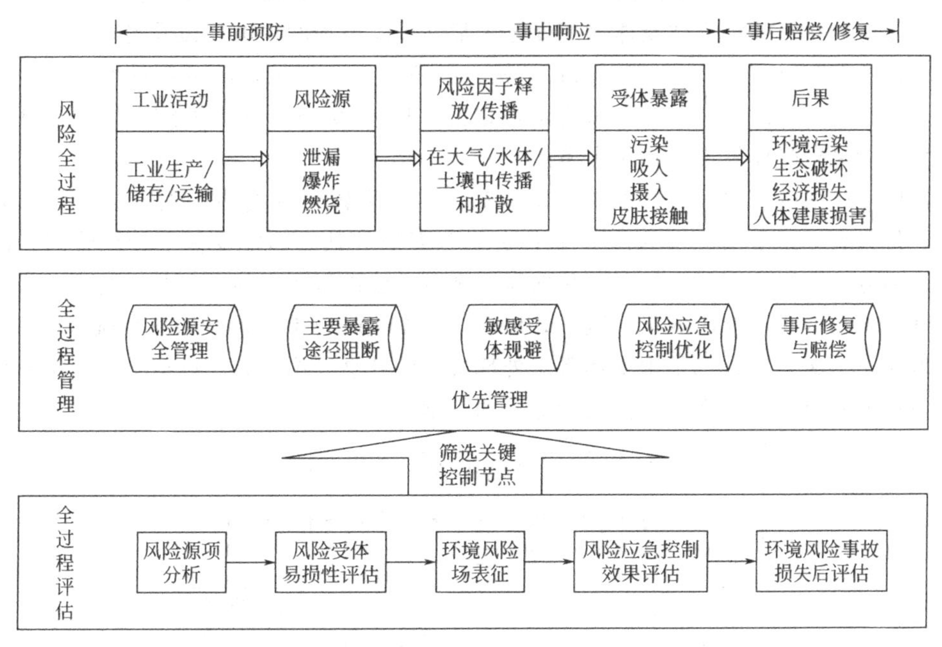

图 9-1 环境风险全过程评估与管理体系模型

环境风险全过程管理采用优先管理，即按某种优先顺序进行风险管理。各阶段的风险评估筛选出的重点风险源、敏感风险受体、高风险区、优先实施的控制措施、重点损害对象和规模等风险控制关键节点是实施环境风险“优先管理”的基石。全过程风险评估的程序包括风险源识别与评估、风险受体易损性评估、风险表征、风险应急控制的多目标决策以及风险事故损失后评估。

9.1.3.1 风险源识别与评估

风险源识别与评估的目的是识别需进行风险管理的风险物质、设备和管理节点，并评估潜在风险事故的发生概率。国外研究通常仅通过物质类型及数量或工艺固有安全性来判断危险源风险水平，评价方法简单，风险源识别结果存在较大偏差。风险源识别与评估程序包括风险物质识别、风险设备识别、风险源管理节点辨识、风险源管理有效性评估和可能的风险事故情景识别及概率评估（图 9-2）。在风险物质和设备识别的基础上，进行蝴蝶结分析，即采用故障树和事故树相结合的方法分析事故的前因和后果，构建可能的事故情景，识别出形成事故发生、演化的节点，也就是风险源管理的关键节点。

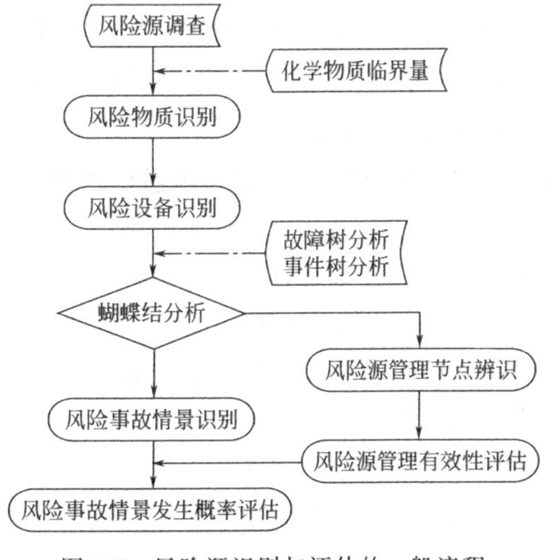

图 9-2 风险源识别与评估的一般流程

9.1.3.2 风险受体易损性评估

环境风险事故情景确定之后，为明确事故影响范围内潜在受体的可能损害和反应，需进行受体易损性分析。根据环境风险系统理论，以及自然灾害领域的受体易损性研究，将“环境风险受体易损性”界定为“受体可能暴露于某一风险因子的程度，以及受体对风险的应对能力的综合度量”。许多学者研究了人口结构、经济水平、应急资源可获得性等社会易损性影响因素，建立了层次分析法、专家咨询法以及GIS空间分析方法等研究方法，可以为研究和表征环境风险受体易损性提供参考。

易损性可以从两个层面进行剖析（图9-3）。一是受体系统内在的物理易损性，通过环境风险评价经典“四步法”中的剂量-响应分析与暴露评估，确定受体受到风险因子的胁迫强度，这部分易损性决定了是否需要采取风险规避措施以保护受体，例如在规划建设中受体只需避开对其造成不利效应的风险因子，风险事故发生时应重点针对暴露在风险场中的敏感受体采取应急救援措施；二是由受体系统外部决定的社会易损性，反映受体对风险响应能力与应急资源的不足，是加强受体抗风险能力的关键。

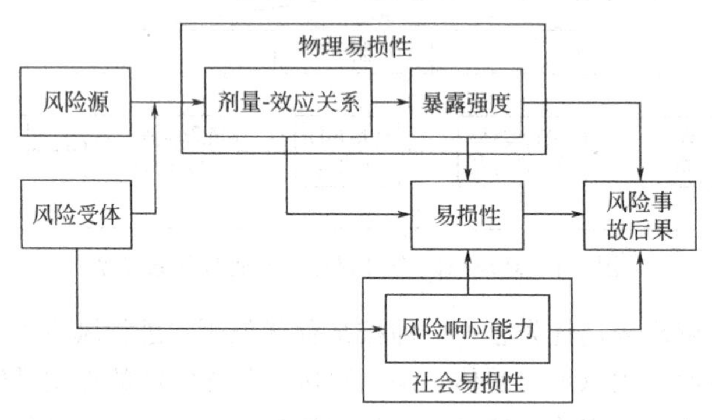

图9-3 环境风险受体易损性概念模型

9.1.3.3 环境风险表征

风险表征的要旨在于客观地向风险决策者及其他受众反馈已知的科学信息，包括风险因子引起不利效应的性质、关键暴露参数、相关的毒理数据、受体信息、模型与数据的变化和不确定性以及其他相关信息。结合风险源评估与受体易损性评估结果，构建基于风险概率-后果严重性的风险矩阵，以表征风险大小。要有效地阐释或总结风险信息，应对关键暴露参数或剂量-响应评估的内在不确定性、模型假设或者分析的缺陷以及风险评估过程存在的其他不确定性进行充分的探讨。

9.1.3.4 风险应急控制的多目标决策

风险评估的目的是根据可利用的信息为风险管理者提供决策支持，制定一定社会经济条件下适宜的风险控制对策，在满足社会、经济、技术约束及最优化目标的前提下，应尽可能降低区域内的总体环境风险水平。从风险管理的需求和风险特征看，亟须发展在不确定条件下进行风险控制方案分析的决策方法，建立统一的框架以处理和表征风险控制成本、效果、技术可行性等不同类型的数据。因此，应基于成本有效、经济技术可行等原则，建立多目标决策模型，进行科学评估和决策。

9.1.3.5 风险事故损失后评估

目前环境风险管理中经常面临事后评估法律职责不清、损失难以定量、责任认定和损失赔偿难以落实等问题，需加强环境风险损害赔偿的立法研究，包括污染损害赔偿责任的认定，明确环境污染致财产/人体健康损害的赔偿范围，并设立我国环境损害鉴定评估机构，建立环境污染事故损害评估体系。环境风险事故损失是指环境风险事故由于破坏环境、资源和财产而对企业自身以及社会、经济和环境造成的损失。对风险事故损失进行科学定量的评估，可以为环境风险损害赔偿提供科学的信息支持。常用的损失评估方法有机会成本法、影子工程法、改进的人力资本法、资源等价分析法等。

9.2 环境风险管理的方法

按照污染事件形成的因果关系，环境风险的全过程管理可分为三个基本阶段，即事前预防、事中响应和事后处置阶段。事前预防重点在于环境风险源的控制与管理，一方面要对环境风险源可能发生污染事件的各个环节进行控制，另一方面要从源头上协调环境风险源与环境风险受体的关系，进行区域环境安全规划；事中响应重点在于对环境风险因子释放之后形成的污染事件进行及时有效的处理，启动环境风险应急预案，最大限度地降低污染事件可能产生的影响；事后处置重点在于对污染事件产生后形成的影响采取相应的环境治理与修复措施，并通过总结分析，不断修订与完善环境风险应急预案体系。因此，环境风险的全过程管理重点在于四个环节：环境风险源管理，区域环境安全规划，环境风险应急管理，环境污染事后评估与环境修复。

9.2.1 环境风险源管理

环境风险源管理是做好环境风险管理工作的重要基础，是推动环境风险管理从被动、滞后的方式向全过程管理方式转变的重要手段，应通过环境风险源排查与识别、环境风险源评估、环境风险源数据库及监控系统建设、环境风险源管理制度等措施强化管理效果。

(1) 环境风险源排查与识别　积极推进环境风险源排查工作，加强企业环境风险和化学品监管的重要基础性工作，重点关注化工、石化等重点行业企业环境风险及化学品检查，逐步建立有效的环境风险防范管理机制和化学品监管政策措施。在环境风险源排查的基础上，结合城镇化进程中主要污染物形成的机制，应用区域性污染物优先排序和风险分类的定量评判系统，以反映污染物的毒性、暴露水平和环境化学性质的基本参数为评判指标，获得环境激素污染物优先排序和风险分类的定量结果，确定典型工业集中区域地表水、大气、土壤环境中优先控制的污染物。

(2) 环境风险源评估　基于安全系统工程的分析和污染事件的致因理论，在当前重大环境风险源辨识方法的基础上，综合考虑环境风险源的可能影响后果及周围环境敏感保护目标的分布，建立环境风险源危险性等级与污染事件级别的对应关系。研究制定环境风险源分级、分类标准，优先选择典型的工业类别/区域（石油化工行业、钢铁冶炼行业、大型化工区），针对固定源（燃料、原料、药物、中间体等储料罐，仓库及生产工艺过程，易燃易爆物生产线）、流动源（危险品运输车辆、轮船、飞机等）及输送管线（石油、天然气输送管线等）等不同类别的污染事件，按照危害程度、发生频率及特征污染物等指标进行分类，建立环境风险源评估制度，为环境风险源动态管理奠定数据基础。

（3）环境风险源数据库及监控系统建设　此举是加强环境风险和化学品监管的重要基础性工作，是实施环境风险全过程管理的重要支撑。从环境背景数据及区域社会环境数据、重点风险性物质的物理化学性质及应急措施、污染事件历史数据、企业环境风险源属性等方面构建基于常规申报和实时监控相结合的环境风险源动态管理系统。通过有针对性的环境监测和环境风险预警指标体系建设，构建重点环境风险源动态监测监控管理平台，实现环境风险源的实时动态预警。

（4）环境风险源管理制度　完善环境风险管理相关的法律、法规及标准，是推进环境风险源管理的重要基础，也是推进环境风险全过程管理的重要工具。针对当前的《中华人民共和国突发事件应对法》，虽然各地制定了相应的实施办法，但对环境风险的预防与管理缺乏针对性的指导。需要在环境风险源普查的基础上，通过规范重点区域（工业区）污染事件应急预案、企业污染事件应急预案，明确不同级别环境风险源的管理要求，逐步建立有效的环境风险防范管理机制和化学品监管政策措施。

9.2.2　区域环境安全规划

从区域层面来看，布局不合理会造成高的区域环境风险。虽然单一企业的环境风险普遍处于可接受状态，但由于某一区域存在多个环境风险源，其相互影响使区域的环境风险增加，污染事件发生频率及影响程度加大，使区域性环境风险处于不可接受状态。区域环境安全规划是从保护人及主要环境敏感目标的安全出发，以区域风险最小化为目标，优化区域环境风险源布局，从源头上协调环境风险源与环境风险受体的关系，建立合理的应急资源配置体系，降低重点工业集中区的环境风险水平。

（1）环境风险源布局　环境风险源分散是将某一风险源分解成多个较小风险源以减少区域总体环境风险的一种途径。一方面要针对区域中达不到安全规划目标的重大环境风险源提出风险调整与控制方案，提高区域安全水平；另一方面要对新建含有环境风险源的企业，依据区域环境敏感目标的分布、区域环境背景等因素对选址提出规划性的安排。

（2）受体保护　从保护人及主要环境敏感目标的安全出发，综合研究和确定区域发展定位、性质、规模和空间发展状态，合理确定不同工业活动或设施、场所与居民住宅、公共区以及其他重要区域的安全防护距离。安全防护距离的大小取决于工业活动的类型和危险物质的性质与数量。在风险管理中，还可以通过增强环境风险受体的抗风险能力从而降低其易损性。

（3）应急资源配置　污染事件应急方案实施的核心问题在于资源的合理使用，科学合理的资源配置能对污染事件的处置起到事半功倍的作用。应急资源配置不足、不合理是当前制约我国污染事件应急处理的关键因素。从源头上根据区域环境风险事故类型、环境风险源的分布、环境风险受体的分布，建立有效的应急资源配置体系，是保障环境风险受体安全的重要措施，应逐步建立健全应急物资储备保障制度，完善重要应急物资的监管、生产、储备、调拨和紧急配送体系。

9.2.3　环境风险应急管理

加强环境风险应急管理工作，是建设和谐社会、降低污染事件的影响后果、保障人民群众生命财产安全的必要举措。环境风险应急管理的核心任务是保障污染事件发生后可以得到及时有效的处理、环境风险受体能够得到充分的保护，重点在于开展应急预案体系建设，做好应急决策工作，构建污染事件的应急响应体系。

(1) 应急预案体系　针对各种区域、不同行业、不同污染事件级别等紧急情况制定有效的应急预案，指导应急行动按计划有序进行，帮助实现应急行动的快速、有序、高效，应从完善的应急组织管理指挥系统，强有力的应急工程救援保障体系，综合协调、应对自如的相互支持系统，充分备灾的保障供应体系，体现综合救援的应急队伍等五个方面制定应急预案。通过应急预案绩效评估，不断完善应急预案的内容及管理体系，实现不同类型、不同级别的应急预案有效对接，建立服务于应急快速响应、灾情动态跟踪、数据分析、对策生成、辅助决策、应急指挥的污染事件应急预案及指挥系统。

(2) 应急决策　建立健全分类管理、分级负责、条块结合、属地为主的应急管理体制，妥善处置各类污染事件，最大限度降低危害程度，维护人民群众生命健康和财产安全，其重要支撑是应急决策支持系统的建设。从泄漏控制与污染清除、应急救援与受体保护、风险信息沟通等方面，以信息技术为手段，应用管理科学、计算机科学及有关学科的理论和方法，建立辅助决策者通过数据、模型和知识，以人机交互方式进行半结构化或非结构化决策的计算机应急决策支持系统。重点是：建立起典型环境风险源的控制与管理技术、规避技术（调查汇总特征有毒有害物流动源、固定源应急处置技术，确定相应的规避技术，并构建固定源应急监测网络和流动源应急技术体系）及事中环境风险源应急处理技术（污染物的快速封堵、污染物高空扩散快速削减技术等）；及时让公众通过官方渠道了解事态的进展、原因和结果，避免恐慌。

9.2.4 环境污染事后评估及环境修复

清除环境污染带来的社会心理病痛，消除环境污染产生的隐患，减缓环境污染带来的影响，开展环境修复工作，是环境风险全过程管理的最后一个环节，即事后处置。目前，普遍存在重应急处理、轻环境修复的现象，往往导致污染事件的后续影响加大，进一步威胁人民群众的健康和生态系统安全。

(1) 环境污染事后评估　主要内容包括：评价重大污染事件对环境所造成的污染及危害程度，提出环境污染赔偿方案；预测污染事件造成的中长期影响，并提出相应的污染减缓措施和环境保护方案；评价污染事件发生前的预警、发生时的响应、救援行动及污染控制的措施是否得当，并依据应急响应情况改进环境应急预案；调查污染事件发生的原因，为其他污染事件责任的确认及处理提供依据，并为环境风险的防范提供借鉴。

(2) 环境修复　针对污染事件可能对生态系统造成的中长期影响，制定环境修复与生态补偿方案：对受影响的农田提出生态补偿方案，保障农产品的环境安全；对受影响的环境系统提出修复方案，保障环境质量达标。

9.3 国内外环境风险管理实践

9.3.1 国外环境风险管理的经验

美国、英国、日本、加拿大等发达国家均已建立了较为完善的环境风险评估及政策管理体系。从发展历史来看，这些国家的环境风险管理体系是经历了一系列重大环境污染事件，付出惨痛代价之后逐步建立起来的，并随着公众环境风险认识的增强、污染治理技术水平的提高，还在不断发展完善。

9.3.1.1　重大环境污染事件催生了环境风险应急管理体系

美国曾发生过多次非常严重的环境污染事件。20 世纪四五十年代在美国洛杉矶发生多次光化学烟雾事件，催生了美国的《清洁空气法》（1963 年）；伊利湖和凯霍加河危机事件后，颁布了《清洁水法》（1972 年）；拉夫运河事件（1978 年）催生了 1980 年的《综合环境反应、赔偿和责任法》，亦称《超级基金法》，该法强调“可追溯的、严格的和连带多方”责任。《超级基金法》发布后，美国还出台了一系列技术指南，形成了较为完善的污染场地治理与风险管理制度体系。

1952 年 12 月，英国伦敦烟雾事件催生了世界上第一部空气污染防治法案《清洁空气法》（1956 年），随后英国又出台了一系列的空气污染防控法案，这些法案针对各种废气排放进行了严格规定，并制定了明确的处罚措施，有效减少了烟尘和颗粒物排放。欧盟 2001 年开始运行重大事故报告信息系统，以帮助成员国在应对重大环境污染事故中做出正确的决策。

在日本，由于水俣病、骨痛病、四日市哮喘事件及米糠油事件等环境公害事件，日本政府推进了日本环境法规和风险管理体系的出台和完善，也促进了两个国际环境公约（《关于持久性有机污染物的斯德哥尔摩公约》和《关于汞的水俣公约》）的生效实施。目前，日本已形成“风险防范和削减、危机管理、国家安全”的风险管理系统。同时，日本在中央和地方层面均建立了灾害预防信息系统和应急响应系统，形成了横向和纵向整合的灾害预防和应急响应网络。

9.3.1.2　建立了累积性环境风险管理体系

不同于突发性环境风险，累积性环境污染具有潜伏性、累积性、不可逆性，可通过不同的暴露途径进入环境和人体，造成损害，形成累积性环境风险。从发达国家的情况来看，一个突出的特征是建立了累积性环境风险管理体系。

（1）建立了综合环境风险评估的法律体系　美国是最早开始累积性环境风险评估研究的国家。2003 年美国出台了《累积性风险评估框架》；2008 年出台了《多化学因子暴露的累积性健康风险评估概念、方法与数据来源》；2009 年发布了《环境污染混合物的剂量累积风险评估方法》；2016 年 6 月美国总统奥巴马签署《弗兰克·劳滕伯格 21 世纪化学品安全法案》，第一次修订实施长达 40 年的《有毒物质控制法》，对商用化学品名录进行了修订。欧盟于 2007 年发布《关于化学品注册、评估、授权与限制的法规》，对欧盟境内所有生产或进口的化学品建立了全面的注册、评估体系，旨在基于“预防原则”，确保化学品的生产商、进口商和消费者在生产、投放市场或使用中不会对人类健康或环境产生不利影响。日本建立了比较完善的化学品管理法律法规体系，如 1973 年颁布了《化学物质审查与生产控制法》（以下简称《化审法》）。2009 年，日本对《化审法》进行了比较重要的修订，将立法管理思路向风险管理进行了转变，建立了“优先评估制度”。

（2）构建了环境风险管理体系　美国国会成立风险评估及风险管理委员会，推动对相关政策的全面研究，将风险评估与风险管理运用在各种政府法律的立法过程中。美国联邦环境风险管理工作由美国环保署、农业部、食品与药物管理局、商检局四个机构主要负责开展；

各州环境风险评估管理由各相应分支机构开展。美国环保署负责全面管理，事先对潜在的、可能造成污染事故的危险废物污染源进行普查，列出污染源清单，并及时向全社会披露。企业是污染事故的第一责任人，必须制订风险预案，还要购买污染事故保险，以应对事故赔偿。

(3) 完善了风险评估技术支持体系　美国建立起健康风险评估、生态风险评估体系。1983 年，美国国家科学院提出围绕人体健康与安全的风险评估框架，提出了风险评价“四步法”，即危害识别、剂量-响应分析、暴露评估、风险表征。此后，美国环保署发布了《致癌风险评价指南》《致畸风险评价指南》《化学混合物的健康风险评价指南》《发育毒物健康风险评价指南》《暴露风险评价指南》《超级基金场地健康评价手册》等技术性文件和指南，形成了系统全面的技术支撑体系，为风险管理和政策制定奠定了坚实的基础。

(4) 定期开展了土壤污染状况调查　美国、日本、欧盟、英国、德国、意大利等开展了全国土壤状况调查、专项调查、复查和污染场地修复工作，掌握了土壤自然特性和污染状况，并建立了管理信息系统和数据库，为土壤累积性风险评估打下了扎实的基础。

9.3.2 中国环境风险管理的发展

过去 30 多年来，在我国社会经济高速发展的同时，由于环境风险管理体系有待进一步完善，各类突发环境事件时有发生。与此同时，大气 $PM_{2.5}$、污染场地、新型污染物污染等各类累积性和长期慢性的环境风险也日益凸显，对自然生态环境、人体健康、财产安全造成了严重的安全隐患。在现实情况中，环境问题往往错综复杂，存在诸多不同类型、不同发生可能性与后果的环境风险，环境风险管理者需要通过一定的方法确定环境风险的管理优先次序，运用有限资源实现不同环境风险之间的优化管理，以实现最大程度的环境安全保障。

过去 30 多年间，在各类环境事件的推动下，我国采取了各种措施应对各类环境风险，环境风险管理水平得到了不断的提升。例如 2005 年松花江水污染事故后，我国采取了一系列应对突发污染事故的措施；在一系列重金属污染事件爆发后，我国制定了《重金属污染综合防治“十二五”规划》；而 2012 年颗粒物污染引发公众广泛关注后，我国修订了《环境空气质量标准》，增加了 $PM_{2.5}$ 检测指标，出台了《大气污染防治行动计划》。

总体来看，在环境风险管理水平提升的带动下，自 20 世纪 90 年代以来，我国的环境风险水平呈现了下降趋势，而近 10 年来基本能控制在一个比较平稳的水平。例如，在突发环境污染事件风险方面，《中国环境统计年鉴》中 1996—2018 年共 22 年间的环境污染事件统计数据表明，我国环境污染事件发生频数总体呈现出波动下降的趋势：20 世纪 90 年代初期全国环境污染事件频次很高（每年 2500～3000 起）；1994—2005 年先下降后上升；在 2005 年之后明显呈现下降趋势，2007 年后我国环境污染事件频数下降至每年 500 起左右，保持平稳波动趋势。在长期慢性环境风险方面，以 $PM_{2.5}$ 为例，2010 年的全球疾病负担研究结果表明：2010 年 $PM_{2.5}$ 是我国第四大致死风险因素，导致了约 123 万的超额死亡人数，其风险概率约为 10^{-3}。基于卫星遥感反演了我国 2004—2013 年 $PM_{2.5}$ 浓度的时空分布，结果显示我国 $PM_{2.5}$ 污染在 2007—2008 年左右达到峰值，之后则呈现出平稳或缓慢下降的趋势。

社会需求是环境风险形成与存在的根源，由于社会需求会引发各类社会经济活动，进而形成各类环境风险，表征社会需求及经济活动的因子如城镇化、GDP 增长、工业化等可作为环境风险压力因子。未来一段时间内，我国仍然会处于高速城镇化时期，GDP和工业化水平也将会持续提升，在这个过程中对环境风险水平的压力也将越来越大，环境风险水平会持续升高。然而，在各类环境事件的推动下，我国环境风险管理水平实际上是处于不断提高的过程，这将会抵消我国由压力因子所带来的环境风险水平的提升，我国环境风险水平会处于缓慢波动下降趋势，这也可以从我国过去10年间环境风险水平基本稳定的事实得到验证。

与我国环境风险总体水平呈现平稳或缓慢下降趋势不同的是，当前我国环境风险形势呈现出的另一个新的特点是公众环境诉求不断增加。根据《中国环境年鉴》的统计数据，我国由环境污染问题引发的投诉逐年增多，已从20世纪90年代初的每年不足20万件上升到2018年的约120万件，环保类群体性事件也逐年增多，并对项目建设及政策制定产生了重大影响。公众凭借自身的主观印象和直觉对环境风险水平做出的响应，会因不同的社会经济特征、地域分布、教育水平等呈现出迥异的态度，从而影响其对风险水平的判断及风险接受水平。随着我国社会经济发展和国民受教育程度的提高，未来我国公众可接受风险水平会呈现持续下降趋势。

另一方面，互联网等新媒体传播手段的出现，使得信息传播速度更加快速，公众获取环境风险及污染事故信息更为便捷和迅速，从而降低了公众的环境风险接受水平。而媒体信息传播会造成不实风险信息被传播放大，使得公众主观的风险感知水平与客观风险水平之间存在着很大的偏差；甚至会出现谣言。这种偏差需要建立高效合理的风险交流体系来进行校正。可以预计未来在我国建立并实施高效的风险交流体系之前，我国公众对于环境风险感知与实际风险水平之间的偏差会一直存在。

总体来看，自20世纪90年代以来，我国环境风险总体水平呈现出下降的趋势，2005年之后比较平稳，主要得益于我国在各类环境风险事件驱动下，环境管理水平的不断提高；可以预计，如果维持我国现阶段的环境管理模式，即事件驱动型的环境管理模式，我国环境风险水平会处于缓慢波动下降趋势。然而，近年来随着我国国民收入和受教育水平的不断提高，公众可接受环境风险水平快速下降，目前公众可接受环境风险水平已经低于实际环境风险水平，并且差距越来越大，这也是近年来我国群体性环保事件增多的重要原因。可以预期未来我国公众可接受风险水平会呈现持续下降趋势，从而导致环境风险水平与公众需求的差距继续拉大，环境风险形势不容乐观。为此，我国迫切需要建立环境风险管理的目标体系，以此来促进我国环境风险管理水平的提升，减小实际环境风险与公众需求之间的差距。此外，在环境风险管理目标的制定中，不仅要考虑实际风险水平，还必须考虑公众对环境风险的感知和可接受水平。一方面，只要环境风险水平高于公众的可接受风险水平，矛盾就难以避免；另一方面，由于相关知识的匮乏，公众主观的风险感知与客观风险水平可能会存在着很大偏差，公众对环境风险水平的“误解”会使得我们无法达到环境风险管理的目的，这也是在风险管理目标中必须要考虑的问题。

9.3.3　中国环境风险管理存在的问题

我国环境风险管理仍处于起步阶段，缺乏系统的体系建设和实践经验，许多工作仍主要落实在环境应急管理阶段，而前端环境风险防控环节、后端环境污染损害责任追究并未充分发挥作用。

9.3.3.1　环境风险法规和技术体系不够健全

现有环境法律法规规定了环境风险管理的相关内容，如2015年的《环境保护法》提出了预防为主原则，对突发环境事件预警、应急和处置做出了规定，并提出建立、健全环境与健康监测、调查和风险评估制度；《水污染防治法》《固体废物污染环境防治法》等设有污染事故应对的条款；2016 年的《大气污染防治法》初步纳入了风险管理的内容。我国现有环境风险管理工作主要聚焦于突发性环境风险的应急与事后处置，与发达国家相比，环境风险法规体系，特别是重金属及化学品累积性环境风险管理立法进程比较滞后。总体来看，现有环境法律法规中环境风险防控与管理的地位有待进一步提高，相关条款仍需具体明晰，提高可操作性，加大长期慢性生态风险和健康风险防控力度。此外还需填补一些专项法律空白，例如环境责任、污染场地修复与再利用管理、突发环境事件应对、化学品全生命周期风险管理的专项法律法规等。

国外较为成熟的环境风险管理体系都有一系列技术性文件、准则或指南作为支撑。随着国家对突发环境事件风险防控的日趋重视，我国环境风险管理指南与导则体系日趋完善。《建设项目环境风险评价技术导则》（HJ/T 169—2004)(已被 HJ 169—2018 代替)，是环境影响评价的专项导则。为推进高风险行业的环境风险评估，环保部自 2010 年起先后颁布了《氯碱企业环境风险等级划分方法》《硫酸企业环境风险等级划分方法（试行)》《粗铅冶炼企业环境风险等级划分方法（试行）》三类重点行业的环境风险评估指南，但其他行业则仍缺少相应指南。环保部在 2014 年颁布了《污染场地风险评估技术导则》(HJ 25.3—2014)，表明我国开始建立基于风险的污染场地管理体系。2016 年，环保部发布《化工园区突发环境事件风险评估推荐方法（征求意见稿）》，并于 2018 年 1 月印发《行政区域突出环境事件风险评估推荐办法》。但总体上看，我国现有的指南或导则多依据现实需求制定，还需加强顶层设计，以体现出系统性、层次性与针对性，加快建立起系统完整、涵盖风险全过程的环境风险评价与管理的技术导则与指南体系。

9.3.3.2　环境风险应急能力有待提高

突发环境事件影响范围广，因此突发环境事件应急管理在今后仍是我国环境风险管理的重点之一。目前我国环境风险应急能力有待提高，突发环境事件发生后不能确保事件影响降到最低。虽然我国已经初步建成了由国家、部门、地方、企事业单位组成的环境应急预案网络，基本形成了环境应急预案管理体系，但我国绝大部分环境应急预案缺乏环境风险评估基础，可操作性较低；在突发环境事件应急中，有时会存在跨部门、跨区域应急联动不足，信息共享和披露工作不到位，应急监测、预警、处理处置技术和设备水平不高等问题。

9.3.3.3　环境风险的系统化基础研究和科技支撑能力不足

目前我国的环境风险研究尚处于起步阶段，对环境污染导致生态系统、人群健康损害的暴露途径、健康损害机理研究不足，缺乏本土化的生态毒理和人体健康暴露反应关系、公众环境风险感知，以及政策费用效益评估研究，无法为环境健康风险管理决策提供有效的理论依据和科学基础。

此外，我国环保科技和环保产业支撑能力仍处于较低水平，环境风险防控技术体系尚不完善，缺乏环境风险事前防范、事中应急、事后处置的全过程防控技术体系、关键技术和设备，相关环保产业落后，对环境风险防控和管理的科技支撑能力不足。

9.3.3.4　环境风险信息共享有待提高

美国、欧盟等国家和地区注重基础数据库的建设、完善与共享，建立了跨区域、跨国家的监测数据网络。国内环境风险相关信息分散在不同部门、组织和机构，数据整合程度较低。另外，对于面临巨大生存压力的中小型企业来说，披露企业环境信息被认为是零和博弈，将影响企业的市场竞争力，因此披露企业环境风险信息的内生动力不足。

公众对环境安全需求的不断提升使得新时期的环境风险管理需要更加重视环境风险交流与公众参与的作用，其中环境风险信息公开则是环境风险交流的重要基础。目前，我国环境质量信息公开领域得到长足改善，特别是遍布全国的空气质量监测点及地表水国控监测点能够保证大气、地表水环境信息的精确度和及时性，但诸如土壤污染信息、地下水水质和部分地方水质监测信息仍存在全面性不足和数据质量差的问题。而污染源信息公开环节则较为薄弱，企业的环境信息公开积极性不高，2014年出台的《企业事业单位环境信息公开办法》明确规定了有关单位的信息公开责任，但是企业的信息公开效果仍不够理想。

我国的环境风险交流与公众参与机制也日趋完善，但仍需考虑公众参与方式及手段的可操作性。《环境保护公众参与办法》规定了公众参与环境保护的权利和方式，但如何保证有效传达公众的意见，防止公众参与流于形式，需要更详细的思考与实践。更重要的一点是，我国暂未形成环境风险控制目标与公众需求的协调机制，对于在了解了公众对环境风险的认知情况后，如何将风险管理政策中设定的可接受风险水平与公众期望相协调，暂无相关的规定。

9.3.4　中国环境风险管理体系的完善途径

9.3.4.1　完善环境风险法律法规体系

加快我国环境风险防控与管理法律法规体系的建设。首先，对现有环境法律法规进行修编时，需要提升和细化环境风险特别是健康风险管理的条款，例如，可以通过《中华人民共和国民法典》和《中华人民共和国侵权责任法》的修订，扩大环境污染导致的人身损害赔偿范围，明确将潜在的健康损害纳入其中。其次，需要填补相应的法律空白，例如制定专门的“环境风险防范法”“突发环境事件应对法”“环境责任法”“危险化学品安全和环境风险应对法”等法律法规。

通过立法和执法，明确生态环境、安全、交通运输、公安、农业农村等部门的法律责任，建立高效的危险化学品监督和环境风险防控体系，同时明确监管机构、生产企业、使用者的法律责任，实现全过程管理，限制和淘汰涉及高毒化学品的工艺和产品。建立化学品污染监测预警机制，特别是开展化学品风险评估工作和推动风险防控与污染监管协同管理。同时，开展交流和培训，加强能力建设，提高化学品污染防治监测、监管水平。

9.3.4.2　健全环境风险评价技术标准体系

成立专门的环境风险评价机构，完善环境风险评价技术标准体系，对评价内容、程序设计及方法选择等进行明确规定；同时加快推进重点领域、重点行业环境风险评价技术导则的制定与修订，对特殊环境风险源识别、评价方法确定以及应对措施制定做出相关规定。生态环境主管部门及研究机构为环境风险评价提供专业、规范指导，从而保障环境风险评价成效全面提升。

基于环境风险评估制修订环境基准与标准。环境基准是制订环境标准的重要科学依据，我国尚未有基于人体健康风险与生态风险的环境基准文件，标准的制订多参考国外已有限值。因此，在开展环境基准研究与制修订环境标准的过程中，应充分注重环境风险评估，开展本土化的剂量-效应研究与暴露研究。例如，基于风险的土壤环境质量标准理念已得到世界普遍认可，我国在修订现行土壤环境质量标准时应切实开展符合我国土壤污染实际的暴露研究和风险评估，有针对性地制订基于风险评估的质量标准，构建可接受环境风险水平标准体系。

9.3.4.3 推进企业环境风险信息披露及环境污染损害责任追究

促进企业建立内部环境风险责任体系，强化企业环境风险信息披露，包括企业生产经营信息、污染物排放及治理信息、危化品贮存使用信息等，为风险源评估、环境风险全过程管理提供基础信息，同时借助公众监督力量，促进企业不断提升管理水平、改善环境行为。通过环保巡查、督察，推行“党政同责、一岗双责”；通过完善环境污染损害司法鉴定工作，推进环境污染损害责任追究；通过完善环境高风险领域环境污染责任保险制度，引导企业和居民提升风险管理能力，同时使污染事故承担从政府和社会转向企业，从行政处分为主转向法律制裁为主。

9.3.4.4 提升环境应急能力

需要以环境风险评价为基础，重构我国的环境应急预案体系，切实提升各类各级环境应急预案的可操作性和针对性。以应急预案为核心，构建完善的环境应急处置体系，包括人员配备、技术和设备、应急物资优化配置、区域和部门联动机制等，提高环境应急能力。

本章内容小结

[1] 环境风险是指由自然原因或人类活动引起的，通过降低环境质量及生态服务功能，从而能对人体健康、自然环境与生态系统产生损害的事件及其发生的可能性（概率），其中包括了突发性的环境风险事件和长期慢性的风险。

[2] 狭义的环境风险管理概念：环境风险管理是环境风险评估的后续过程，指根据环境风险评估的结果采取相应的应对措施，以经济有效地降低环境危害。

[3] 广义的环境风险管理概念：将环境风险管理视为风险管理在环境保护领域的应用，环境风险评估是环境风险管理的一部分，具体指环境管理部门、企业事业单位和环境科研机构运用相关的管理工具，通过系统的环境风险分析、评估，提出决策方案，力求以较小的成本获得较多的安全保障。

[4] 形成环境风险必须具有以下因素：①存在诱发环境风险的因子，即环境风险源；②环境风险源具备形成污染事件的条件，即环境风险源的控制管理机制；③在环境风险因子影响范围内有人、有价值物体、自然环境等环境敏感目标，即环境风险受体。

[5] 环境风险评估的基本框架：“危害识别—剂量-响应分析—暴露评估—风险表征”四步法。

[6] 环境风险的全过程管理重点在于四个环节：环境风险源管理，区域环境安全规划，环境风险应急管理，环境污染事后评估与环境修复。

[7] 国外环境风险管理的经验：①重大环境污染事件催生了环境风险应急管理体系；②建立了累积性环境风险管理体系。

[8] 中国环境风险管理存在的问题：①环境风险法规和技术体系不够健全；②环境风险应急能力有待提高；③环境风险的系统化基础研究和科技支撑能力不足；④环境风险信息共享有待提高。

[9]　中国环境风险管理体系的完善途径：①完善环境风险法律法规体系；②健全环境风险评价技术标准体系；③推进企业环境风险信息披露及环境污染损害责任追究；④提升环境应急能力。

思考题

[1]　什么是环境风险？
[2]　简述环境风险管理狭义和广义的概念。
[3]　简述环境风险评估和环境风险管理的关系。
[4]　环境风险管理的方法有哪些？
[5]　简述国外环境风险管理的经验。
[6]　简述中国环境风险管理存在的问题以及如何改进。

10 全球环境管理

【学习目的】

通过本章学习，了解全球环境问题的现状和特征，了解全球环境管理的行动中政府间国际组织、跨国公司和公民社会组织的角色；了解重要的国际环境保护条约及其内容；了解中国参与全球环境治理的概况、存在的问题以及改善途径；了解全球环境管理的挑战及新趋势。

环境污染和生态破坏日益全球化，使人类结成一个命运共同体。人类不仅要“共享”地球赋予的丰富自然资源和优美的环境，还要共同保护地球，为建立一个理想的生存和发展环境而努力。这既是人类的共同利益所在，也是人类面临的共同责任。然而，这样的共同利益和共同责任的维护和落实，却没有一个负责的人类社会的组织机构与其相对应。从全球层次来看，虽然有联合国环境规划署、世界自然基金会这样的全球性环保组织，但从根本上还缺乏一个超越国家主权的机构来负责全球环境保护，这使得全球环境保护的难度和复杂性大大增加。因此，缺乏明确的环境保护和管理的责任主体，而是由各个主权国家政府和相关国际组织在相互博弈，是全球环境问题区别于其他环境问题的重要特点。

本章将主要对全球环境问题的现状、特征及产生原因进行分析，介绍在全球环境保护中起着重要作用的国际组织、国际环境条约，以及中国参与国际环境活动的情况和对全球环境问题的基本原则立场。

10.1 全球环境问题的现状与特征

10.1.1 全球环境问题的现状

全球环境问题，也被称为“国际环境问题”或“地球环境问题”，是超越了主权国国界和管辖范围的环境污染和生态破坏问题。全球环境问题对整个人类社会的生存和可持续发展构成严峻的挑战，是全球环境治理的核心问题。全球层面上，政府间国际组织、跨国公司和公民社会组织等非主权机构在全球环境治理中起到了不可替代的作用，对主权国家的全球环境治理起到了补充作用。

环境污染问题往往与工业化进程相伴而生。不同的工业化发展阶段，伴随着经济发展的不同水平，旧的环境问题又会衍生出新的环境问题。通过对世界主要工业化国家在不同工业化阶段出现的环境问题进行归纳可以发现：前工业化时期，当人均年 GDP 不足 1000 美元、城市化率不足 30%时，大气污染以煤烟型污染为主，水污染以工业排放污水为主；到了工业化实现阶段，城市化发展速度急剧增长，城市中相继出现 NO_x 和 VOCs 引发的光化学烟雾污染等大气污染问题，而水体富营养化、地下水污染、土地荒漠化等问题也陆续显现；工业化后期及后工业化阶段，人们开始逐渐关注涉及人体健康、生物多样性丧失、全球气候变暖等方面的环境问题（表 10-1）。

表 10-1　全球工业化进程的不同阶段及主要环境问题

<table>
<tr><th colspan="2" rowspan="2">基本指标</th><th rowspan="2">前工业化时期</th><th colspan="3">工业化实现阶段</th><th rowspan="2">后工业化阶段</th></tr>
<tr><th>初期</th><th>中期</th><th>后期</th></tr>
<tr><td colspan="2">人均 GDP/美元</td><td><1000</td><td>1000～4000</td><td>4000～8000</td><td>8000～13000</td><td>>13000</td></tr>
<tr><td colspan="2">第一产业就业人数比例/%</td><td><60</td><td>45～60</td><td>35～45</td><td>10～35</td><td><10</td></tr>
<tr><td colspan="2">城市化率/%</td><td><30</td><td>30～50</td><td>50～60</td><td>60～75</td><td>>75</td></tr>
<tr><td rowspan="3">环境问题</td><td>大气</td><td>煤烟型污染</td><td>煤烟型污染、酸雨问题</td><td colspan="2">NO_x 和 VOCs 引发的光化学烟雾污染，颗粒物污染</td><td>臭氧、酸沉降、长距离跨界空气污染</td></tr>
<tr><td>水</td><td colspan="2">工业污染为主，重金属污染、有机氯化物污染、放射性污染等</td><td colspan="2">水体富营养化、地下水污染等</td><td>水环境质量整体提高，偶发水污染</td></tr>
<tr><td>其他</td><td>重金属污染等</td><td colspan="3">土地荒漠化、森林减少、生物多样性丧失等</td><td>全球气候变暖、危险废物跨境转移、生态系统受损等</td></tr>
</table>

本书第 1 章 1.1 节的阅读材料《联合国环境署发布第六期〈全球环境展望〉》中介绍了全球环境问题的现状。

10.1.2　全球环境问题的特征

全球环境问题主要具有四点共性特征：

（1）时滞性　新环境问题发展变化的时间尺度和人类生活的时间尺度存在不匹配现象，即上一代人造成的环境破坏，往往在后代人那里产生了危害，而新环境问题发生后与人们采取应对措施之间也存在着时间滞后性，有些甚至出现了隔代等较长的时间间隔。

（2）复杂性　如果说过去与环境问题直接相关的只是环境污染的受害者以及医疗卫生、环境保护等人员和部门的话，那么新型环境问题则往往被嵌入人类社会和经济的复合系统中，而我们对这个复杂的复合系统的认知还远远不够。

（3）全球性　早期环境问题产生的危害常只限于局部特定区域，多具点源性质，而目前气候变化、海洋污染、生态环境退化、大气污染等环境问题均具有明显的全球规模，这是由全球环境的整体性特征所决定的，无法用以往的“单方法论”来解决。要应对具有上述特点的全球新环境问题，必然要形成从上到下的多层次的全球环境治理体系。

（4）政治化　近年来，有关环境问题的谈判实际上已经成为一个政治问题，引起了国际组织的广泛关注。各种高层次、大规模的有关环境问题的国际会议的数量越来越多。在国际舞台上，各个国家竞相高举环境保护的旗帜，以使自己在国际活动中获得主动。可见，全球环境问题成了需要国家通过其根本大法、国家战略和综合决策进行处理的一件大事，成为评价政治人物、政党政绩的重要内容，因而也成为国际政治、外交、贸易活动中的重要组成部分。

10.2 全球环境管理的主体和方法

10.2.1 政府间国际组织的角色

10.2.1.1 联合国的整体制度安排

自20世纪90年代概念诞生以来，“全球治理”无论在理论层面还是政策层面都引起了国际社会普遍关注，成为影响国际社会讨论和决策的重要议题。1992年，联合国成立全球治理委员会（CGG），提出了全球治理的标准定义，即：全球治理是个人和机构、公共部门和私营部门管理其共同事务的行为方式的总和，包括正式机构和有权强制执行的制度，以及各方同意或认为符合其利益的非正式安排。

联合国是全球环境治理体系中的主要组成部分。它倡导了几次大型全球环境会议，引发了全球对人类生存问题的思考，如1972年联合国人类环境会议、1992年联合国环境与发展大会、2002年世界可持续发展峰会以及2012年联合国可持续发展大会。这些会议逐渐把环境问题演变成了世界政治议题，使得全球都认识到环境问题已和人类和平、经济社会发展一同成为全球关注的三大问题，环境保护真正成为全球性事务。此外，联合国还在建立机构和机制、推动环境条约的缔结和执行、协调和联络全球环境治理网络、增强公众环保意识等方面发挥了重要作用。联合国机构中，联合国环境规划署、联合国开发计划署、联合国工业与发展组织以及世界银行等政府间国际组织在全球环境治理中发挥的作用最为显著。

10.2.1.2 联合国环境规划署

20世纪50至60年代，全球范围内的环境污染和生态破坏最为严重，许多环境问题如酸雨、海洋污染、化学品污染等逐渐呈现国际化、全球化的趋势。1972年召开的联合国大会做出决议，成立一个新的组织，负责在联合国的框架下处理全球环境事务。次年1月环境规划署成立。2014年前，理事会是环境规划署的最高决策机构，负责向联合国大会提交环境规划署的工作报告。2014年，联合国将环境规划署理事会升级为联合国环境大会（UN-EA)。这标志着全球环境治理机制化，也开启了构建全球环境治理秩序的新篇章。

在全球环境治理进程中，联合国环境规划署至少发挥了以下几个方面的重要作用：①引领全球绿色观念；②促成各种有关环境保护的国际协定、条约、宣言、议定书的制订和实施；③促进全球环境治理中各行为主体的合作，并发挥协调作用；④协助提高各国环境与经济可持续发展；⑤通过各种渠道筹集资金资源，以技术合作信托基金和一般用途信托基金向广大发展中国家提供项目支持。基于科学证据、全球和区域论坛中核心优先事项以及对自身比较优势进行充分评估后，环境规划署确定了七个贯穿各职能部门的专题优先业务领域，分别为气候变化、灾难与冲突、生态系统管理、环境治理、化学品和废物、资源效率以及环境审查。

10.2.1.3　联合国开发计划署

联合国开发计划署是世界上最大的技术援助多边机构，其前身是技术援助扩大方案和联合国特别基金，通过合并于1966年正式成立了今天的开发计划署。开发计划署重点围绕可持续发展、民主治理与和平建设、气候与灾害恢复能力三大领域，帮助发展中国家，特别是最不发达国家制定政策、提高技能、构建伙伴关系和建立机构。目前，开发计划署已在大约170个国家和地区开展工作，帮助各国应对全球和国内面临的发展挑战。

开发计划署一直是联合国系统开发活动的核心机构，业务重点关注减贫、能源与环境、南南合作和改善治理等领域。开发计划署编制的年度《人类发展报告》，重点关注了与人类生存和发展关系最为密切的全球性环境问题，如能源使用、温室气体排放、自然资源消耗、森林面积、淡水获取量、自然灾害影响、濒危物种等，并不断改善测量方法，创新分析并提供政策建议。

10.2.1.4　联合国工业与发展组织

联合国工业与发展组织简称“工发组织”，是联合国发展系统中的一个专门机构。其前身是创立于1961年的联合国秘书处下设的工业发展中心；1966年正式更名为工发组织，但仍隶属于联合国秘书处；1985年，工发组织完成改组，正式升级为联合国专门机构。

工发组织优先业务包括推动经济竞争力、分享繁荣和环境保护三大主题。其中，环境保护主题又分为能效和低碳产业、清洁能源获取以及多边环境条约实施三个领域。工发组织希望创造新的绿色产业模式，建立国家层面的绿色供应链，构建相关基准和指标，传播和分享最佳做法，并开展各种能力建设活动，向政府、企业和其他利益相关方提供政策、技术、知识援助，从而促进全球产业的绿色就业和绿色增长。

10.2.1.5　世界银行

世界银行（World Bank）是世界银行集团的简称，由国际复兴开发银行、国际开发协会等五个成员机构组成。世界银行成立于1945年，其设立初衷是帮助欧洲国家和日本开展二战后的重建工作，1946年6月开始营业，1947年11月成为联合国下设的专门机构。

世界银行目前主要业务目标是通过提供贷款、技术援助和政策引导，帮助发展中成员国实现可持续发展和投资增长，以减少贫穷和改善生活条件。其成立的最初目标是推动发展，而不是环境保护，但是在业务开展过程中发现环境问题难以避免。世界银行逐渐认识到环境问题不是一个附加问题或附加部分，它与发展、贫困紧密联系，想要持续发展就必须保护环境。因此，应对资源短缺和环境挑战也逐渐成为世界银行的主要业务开展领域。世界银行在环境保护方面开展了一系列工作，包括机制理念创新、具体环保业务开展、伙伴关系构建等方面。

10.2.2　跨国公司的角色

跨国公司也被称为“多国公司”“跨国企业”“超国家公司”“国际化公司”。联合国经济及社会理事会将其定义为“在作为基地的国家之外拥有或控制生产或服务设施的企业，这类企业并不一定是股份化或私有的，它们也可以是合作制或国家所有制的实体”。具体来说，跨国公司需满足两个必要条件：一是在外国从事直接投资，而不限于从事出口贸易；二是自主经营管理海外资产，而不是仅以金融投资的形式拥有海外资产。

在经济全球化的进程中，跨国公司通常规模庞大，财力雄厚，遍布全球，营业额以亿计，在世界上具有较大影响力。跨国公司已成为当今国际贸易、投资和产业转移的主要承担者和国际关系的重要参与者，对全球治理体系产生的影响越来越大。

如果跨国公司为追求利润最大化而不重视环境保护，其生产经营活动可能会在全球经营范围内对环境造成破坏；相反，如果跨国公司能以对环境友好的方式从事经济活动，则可在全球范围内对环境保护产生大范围的积极影响。跨国公司会对环境产生直接和间接的影响，主要有污染转移、国家环境政策影响、国际环境规则制定、开展国际环境合作等方式。

10.2.3 公民社会组织的角色

10.2.3.1 基本介绍

公民社会组织指围绕相同利益、目标和价值形成的非强制性的行为集体。它既不属于政府部门，也不属于以营利为目标的私营部门，而是为社会特定需要以及公众利益服务的特殊组织，包括非政府组织（NGO）、社区组织、专业协会、慈善团体、工会、学术和研究机构等。公民社会组织是过去几十年国际社会出现的一支新的力量，全球治理和全球化的过程迅速扩大了它们的影响、规模、范围和能力，使其成为全球治理体系中一支不可或缺的力量。

环保公民社会组织是以环境保护为目的的集体，广泛致力于加强环境监管、增强企业社会责任和促进公众参与。近年来，环保公民社会组织的足迹已遍布全球环境问题各个领域，为解决这些问题起到了良好的推动作用。

10.2.3.2 组织特点与作用

公民社会组织由于具有非政府性、非营利性、公益性、国际性、草根性等特点，已成为构建现代社会治理体系的重要力量，可以有效弥补政府职能的缺陷，成为弥补环境问题上“政府失效”和“市场失灵”的第三部门。

公民社会组织作为监督社会环境问题的主体，在环境保护中发挥着重要作用，主要包括追踪社会环境问题、为政府建言献策，发挥辅助作用、提高企业环保认知，影响企业经营行为、宣传普及环保理念、促进公众参与环保活动，参与国际环境合作、推动国际合作机制建立等方面。

10.2.4 当前全球重要的国际环境保护条约

目前，国际上采取的重要行动主要有三个方面。一是加强国际环境合作，如召开各种形式、层次的全球环境问题的会议，制定共同宣言和章程等。二是制定、签署和履行全球环境保护公约。三是开展全球环境教育，提高公众的环境意识。

其中，全球环境保护公约受到最为广泛的重视，其行动也最为具体和最具成效。越来越多的国家不再把环境问题看作是孤立的局部现象，它们认识到只有通过国际合作，制定和签署国际环境保护条约、双边或多边环境保护条约、区域性环境保护条约等法律文件，协调各国的行动才能解决全球环境问题。下面就一些重要的国际环境保护条约进行介绍。

10.2.4.1 《蒙特利尔议定书》

《蒙特利尔议定书》又称《关于消耗臭氧层物质的蒙特利尔议定书》（以下简称《议定书》），是对消耗臭氧层的物质进行具体控制的全球性协定。《议定书》于1987年9月16日在加拿大蒙特利尔通过，向各国开放签字，1989年1月1日生效。我国于1991年6月13日签署修正后的《议定书》。

按照《议定书》的规定，各缔约国必须分阶段减少氟利昂（CFCs）的生产和消费：1990年生产量和消费量须维持在1986年的水平；1993年生产量和消费量须比1986年减少20％；1998年生产量和消费量须减少到1986年的50％。

《议定书》还规定在其生效后1年内，每个缔约国应禁止从非《议定书》缔约国的任何国家进口控制物质；从1993年1月1日起，任何缔约国都不得向非《议定书》缔约国的任何国家出口任何控制物质。《议定书》还就控制量的计算、发展中国家的特殊情况、控制措施的评估和审查、数据汇报、不遵守情形的确定、资料交流、技术援助等做出了安排。

10.2.4.2　《联合国气候变化框架公约》

1988年11月，由世界气象组织和联合国环境规划署共同发起的政府间气候变化专门委员会（IPCC）召开成立大会，IPCC的主要任务是对与气候变化有关的各种问题展开定期的科学、技术和社会经济评估，提供科学和技术咨询意见。IPCC的成立及其工作为气候变化谈判提供了一定的科学基础。IPCC到目前为止先后出版了五次气候变化的综合评估报告，对气候变化的状况、气候变化带来的影响进行了全面的评估。

在政府间气候变化专门委员会的推动下，1992年5月22日在巴西里约热内卢的联合国环境与发展大会上通过了《联合国气候变化框架公约》（United Nations Framework Convention on Climate Change，简称《框架公约》），并于1994年3月21日正式生效。截至2020年1月，公约已拥有195个缔约方。1992年6月11日，时任中国国务院总理李鹏代表中国政府在里约签署了《框架公约》。1993年1月5日中国政府批准了《框架公约》。

《框架公约》的最终目标是："将大气中温室气体的浓度稳定在防止气候系统受到危险的人为干扰的水平上。这一水平应当在足以使生态系统能够自然地适应气候变化、确保粮食生产免受威胁，并使经济发展能够可持续地进行的时间范围内实现。"《框架公约》第三条还确立了用于指导缔约方采取履约行动的五项基本原则：①共同但有区别的责任原则，指出发达国家应率先采取行动应对气候变化及其不利影响；②充分考虑发展中国家的具体需要和特殊情况原则；③预防原则，各缔约方应采取预防措施，预测、防止或尽量减少引起气候变化的原因，并缓解其不利影响的原则；④促进可持续发展原则；⑤开放经济体系原则。《框架公约》号召各个国家自愿地减排温室气体，特别是《框架公约》附件一所列的工业化国家缔约方应当带头按照《框架公约》的目标，改变温室气体排放的趋势；制定国家政策和采取相应的措施，通过限制温室气体排放以及保护和增强温室气体汇和库，减缓气候变化，定期就其采取的政策措施提供详细信息。

《框架公约》本身不足之处是其最终目标并未明确将大气中的温室气体稳定在什么浓度水平上。一旦这一浓度水平得以确定，将对全球经济活动产生重大影响。防止全球变暖引起的气候变化问题，表面上是减少温室气体排放量的环境问题，但实质上牵涉到了各缔约方能源消费总量和效率问题，具有重大的政治和经济意义。所以自《框架公约》生效以来，各缔约方，尤其是对现在温室气体增加负主要责任的工业化国家，几乎均未采取有效措施来限制二氧化碳的排放。

10.2.4.3　《京都议定书》

《联合国气候变化框架公约》只是一项框架公约，没有规定具体的减排指标，缺乏可操作性，为此于1997年12月11日于日本京都召开的《框架公约》第三次缔约方大会上，各缔约方经过异常艰苦的谈判，终于制定了《〈联合国气候变化框架公约〉京都议定书》（简称《京都议定书》），为各缔约方规定了有法律约束力的定量化减排和限排指标。《京都议定书》规定，在2008年到2012年间，发达国家温室气体排放量要在1990年的基础上平均削减5.2%，包括二氧化碳、甲烷、氮氧化物、氟利昂（氟氯碳化物）等6种气体。其中最大排放国美国削减7%，欧盟各国削减8%，日本削减6%，加拿大削减6%；新西兰、俄罗斯和乌克兰可将排放量稳定在1990年水平上，而发展中国家包括几个主要的二氧化碳排放国，如中国、印度等并不受约束。这一协议被称为人类“为防止全球变暖迈出的第一步”，也是历史上第一个为发达国家规定减少温室气体排放的法律文件。为帮助各缔约方实现它们的承诺，《京都议定书》制定了三种灵活机制，即联合履行、排放贸易和清洁发展机制。根据这些灵活机制，发达国家可在它们之间及与发展中国家之间，通过一定项目，转让或购买排放许可，以最低成本达到它们的减排目标。

《京都议定书》的生效条件是55个《框架公约》缔约方批准，且其中的附件一国家缔约方1990年温室气体排放量之和占全部附件一国家缔约方1990年温室气体排放总量的55%以上。由于美国1990年温室气体排放量占附件一国家的36.1%，在美国拒绝批准《京都议定书》的情况下，要达到生效条件，意味着几乎所有其他附件一国家都必须批准。俄罗斯因占1990年附件一国家17.4%的排放量而持有决定《京都议定书》生死的一票。在俄罗斯于2004年11月18日向联合国正式递交加入文件后，《京都议定书》于2005年2月16日生效。截至2007年12月，共有176个缔约方批准、加入、接受或核准《京都议定书》。国际社会需要立即考虑后京都议定书进程，启动新一轮谈判，考虑2012年之后各缔约方如何减排。

近二十年来，美国政府对待气候变化问题的基本立场从来没有重大变化，其基本出发点是：尽量减少或避免承担减、限排义务；要求发展中大国承担减、限排义务。克林顿政府虽然签署了《京都议定书》，但也表示不会将《京都议定书》提交参议院批准，而布什政府干脆宣布拒绝批准《京都议定书》。日本虽然对《京都议定书》有特殊感情，但也认为议定书减排指标无充足依据，强制减排机制不符合各国的情况。

发展中国家内部协调难度加大，难以统一立场。在发展中国家阵营，由于发展水平和国情的差异，发展中国家内部立场愈来愈难以协调。小岛国集团由于其可能是气候变化的直接和最大受害者，一直试图积极推动国际社会立即采取实质性减排行动应对气候变化；最不发达国家集团为了获得少量的资金和技术援助，愿意在许多关键议题的谈判中做出妥协；以沙特为首的石油输出国出于对自身利益的考虑，坚决反对在任何关键的议题谈判上达成协议；而作为发展中大国的中国、巴西和印度则非常关注有关第二承诺期谈判的问题，在许多重大议题的谈判中，既不愿意轻易做出妥协，也不希望像沙特那样放弃所有国际合作的可能性。

10.2.4.4 《多哈修正案》

《框架公约》（UNFCCC）秘书处于2020年10月2日宣布，随着牙买加和尼日利亚在当日批准《京都议定书多哈修正案》（Doha Amendment to the Kyoto Protocol）（简称《多哈修正案》），这一旨在为《京都议定书》确立第二个承诺期的历史性文件将在90天后生效。在2012年通过的《多哈修正案》生效的门槛是必须获得144个签字国的批准。《多哈修正案》即将生效，这表明国际社会愿意履行关键的气候承诺，并通过多边合作应对气候变化。

《多哈修正案》的通过旨在帮助温室气体排放量低或微不足道，但正在遭受后果的发展中国家获得财政援助，以支持适应气候变化影响所做的努力。它的生效对于《京都议定书》第二个承诺期的严格和成功执行至关重要。

该修正案加强了发达国家的量化排放限制或减排承诺，并设定了在1990年水平上减少18%温室气体排放量的目标。该修正案一旦生效，在第二个承诺期（2013—2020年）设定减排目标的国家（附件一缔约方）的减排承诺将具有法律约束力。具体而言，该修正案设定了这样一个目标，即要使参与第二个承诺期国家的温室气体排放量在1990年的水平上降低18%。这与《定都议定书》第一个承诺期（2008—2012年）的在1990年的水平上平均降低5%有所增加。《多哈修正案》的生效同时意味着《京都议定书》第二阶段的核算可以按预期进行，并且《京都议定书》遵约委员会可以充分履行其法律职能。

10.2.4.5 《巴黎协定》

《巴黎协定》是继1992年《框架公约》、1997年《京都议定书》之后，人类历史上应对气候变化的第三个里程碑式的国际法律文本，形成2020年后的全球气候治理格局。

根据2011年在南非德班召开的《框架公约》缔约方第17次会议达成的决议，国际社会要在2015年达成一项"《框架公约》之下适用于所有缔约方的议定书、另一法律文书或某种具有法律约束力的议定结果"，从2020年开始生效实施。

在2013年华沙气候会议上，法国正式承担起主办2015年《框架公约》缔约方会议的重任。鉴于全球气候变化影响的加剧以及科学界对全球气候变化问题认识的深化，巴黎气候大会甚至比2009年哥本哈根气候大会更引人关注。2015年11月29日，《框架公约》第21次缔约方会议在法国巴黎召开，在经过14天的谈判之后，12月12日最终出台了具有法律约束力的《巴黎协定》。2016年4月22日，170多个国家领导人齐聚纽约联合国总部，共同签署这一协议，这是继1992年《框架公约》、1997年《京都议定书》之后，人类历史上应对气候变化的第三个里程碑式的国际法律文本，形成了2020年后的全球气候治理格局。联合国秘书长潘基文甚至称其为"一次不朽的胜利"。从条约的完整性来看，《巴黎协定》包括了两个部分——《框架公约》第21次缔约方会议的《巴黎决议》和附属的《巴黎协定》。尽管前者并不具有法律约束力，但却是对《巴黎协定》具体实施的解释性规定。因此，在一定意义上，二者是不可分离的。毫无疑问，《巴黎协定》的出台对世界和中国应对气候变化都将产生划时代的影响。

2019年9月23日，俄罗斯总理梅德韦杰夫签署政府令，批准《巴黎协定》，俄罗斯正式加入《巴黎协定》。11月4日，美国开启退出《巴黎协定》正式流程。

10.2.4.6 《生物多样性公约》

《生物多样性公约》是生物多样性保护与持续利用进程中具有划时代意义的文件。这是因为：①它是第一份有关生物多样性保护的国际性公约；②遗传多样性第一次被包括在国际公约中；③生物多样性保护第一次受到全人类的共同关注。

自1988年开始进行《生物多样性公约》（Convention on Biological Diversity，简称CBD或《公约》）的政府间谈判，并于1992年5月达成《公约》文本，随后于1992年6月在巴西里约热内卢联合国环境与发展大会开放签署。1993年12月29日，《公约》正式生效。目前《公约》拥有191个缔约方。中国于1993年初批准加入《公约》。

《公约》是一个框架文件，为每一个缔约国履行《公约》留下了充分的余地。对于保护的承诺大多以总体目标和方针的形式表达，而不是像有些公约那样的硬性规定，也不确定具体指标。《公约》旨在将主要的决策权放在国家水平，不列全球性的清单。

通过包括遗传资源的获取和利用以及技术转让和生物安全即转基因生物释放的安全等议

题，该《公约》试图阐述生物多样性的所有细节。通过创造为发展中国家提供资助的机制，以帮助它们履行《公约》，缔约国认识到需要新的更多的资金从发达国家流向发展中国家。结果是该《公约》试图达到一种平衡，即发达国家和发展中国家之间付出与获得的平衡，从这个意义看，该《公约》与大多数其他保护公约不同，其他公约大多没有这样的意愿去平衡成员国之间的需求。

10.3　中国参与全球环境治理

改革开放以来，中国经济不断发展，目前已成为第二大经济体，在联合国中的影响力不断扩大、话语权不断增强，在环境治理中从参与者逐渐向贡献者和引领者转变。在“一带一路”倡议的引领下，中国的跨国公司和公民社会组织也逐渐“走出去”，更大范围、更深程度地参与到全球环境治理的进程中。

10.3.1　中国与政府间国际组织的合作

为扩大在联合国的影响力、增强国际话语权，中国近年来在各维度、各层面都加强了与政府间国际组织合作。首先，机构建设方面，中国牵头发起成立了亚洲基础设施投资银行，并着力培养中国进出口银行等政策出台，在国际舞台上培养中国机构。其次，在资金支持方面，中国在联合国会费已跃居第二，对联合国环境规划署等机构的支持资金也在逐年增多。再次，在人才培养方面，中国政府开始重视在政府间国际组织中培养中国人才。如2013年6月，中国政府提名候选人李勇成功当选联合国工业与发展组织总干事，向世界银行总部派遣执行董事，并成立办公室；2018年开始，中国政府出资启动初级专业官员（JPO）项目，向联合国环境规划署、联合国开发计划署、联合国工业与发展组织等机构派遣青年官员，在政府间国际组织中培养中国青年人才。最后，在人才教育方面，随着中国在海外的留学生数量的不断增加，毕业后选择在海外工作的中国人不断增多，选择在政府间国际组织中工作的中国人也越来越多，全球环境基金、绿色气候基金等机构里中国员工身影不断增加。

虽然中国越来越重视与政府间国际组织的合作，在相关领域也取得了积极进展，但由于中国经济腾飞时间较晚，相关工作的起步时间较晚于西方国家，所以，与美国、日本等国家相比，中国在政府间国际组织中的影响力仍然较弱，目前仍无法与第二大经济体的地位相匹配。

10.3.2　中国跨国公司参与全球环境治理现状

近年来，随着经济实力提升，中国对外投资不断增加。根据商务部公布的2018年中国非金融类对外直接投资统计数据，2018年，中国共有5735家企业开展非金融类对外投资业务，对161个国家非金融类直接投资1205亿美元，同比增长0.3%。

过去很多企业在海外投资过程中因未对东道国的社会和环境风险给予足够重视，导致项目启动后进展受阻或中断。如2010年，西方媒体渲染中国工商银行提供贷款的埃塞俄比亚吉贝大坝项目将导致湖区生态环境崩溃的言论；2011年，中国电力投资集团投资的缅甸密松大坝项目由于可能破坏生态环境而被迫叫停，对中国企业的声誉和经济造成了严重影响。为扭转这种状况，2013年2月18日商务部、环境保护部联合发布了《对外投资合作环境保护指南》，帮助中国跨国公司对外投资。一些企业取得了良好的业绩，如中国国电集团公司加拿大风电项目、中国建筑工程总公司新加坡地铁工程项目、中粮集团智利酒厂及葡萄园项目等，在全球环境治理中发挥了积极作用。

10.3.3　中国公民社会组织参与全球环境治理现状

中国公民社会组织在开展国内环境保护方面发挥了积极影响作用。随着中国经济实力增强，中国公民社会组织“走出去”也是大势所趋，必将在全球化舞台上发挥越来越重要的作用。

当前，中国公民社会组织仍主要在国内环境保护工作中发挥作用，缺乏“走出去”的经验和能力，在全球环境治理中的作用比较有限，与西方国家的环保公民社会组织相比，参与国际环境保护工作的程度偏低，中国公民社会组织“走出去”的路途仍然任重而道远。

10.3.4　中国参与全球环境治理的建议

（1）认清形势，转变工作思路　目前中国自身的环境问题对全球环境问题的贡献份额非常大，西方国家十分关注中国发展带来的全球环境和资源的影响，因此我国环境治理工作在全球环境治理背景下面临着严峻挑战。西方国家在20世纪五六十年代发生了严重的环境污染问题，但通过投入大量人力、物力和财力进行治理后，环境污染得到了有效控制，环境质量得到根本性改善，目前它们关注的环境治理焦点已由污染治理转向全球气候变化应对。而中国的环保工作与西方发达国家环境治理在目标上则有着显著差别。“十三五”期间列入国家生态环境保护规划的强制性指标包括地级及以上城市空气质量优良天数、细颗粒物未达标地级及以上城市浓度、地表水质量达到或好于Ⅲ类水体比例、地表水劣Ⅴ类水体比例、受污染耕地安全利用率，以及化学需氧量、氨氮、二氧化硫、氮氧化物污染物排放总量等，而目前国际社会广泛关注的气候变化、臭氧层保护、生物多样性、跨界水域污染等全球环境问题还需加强。因此，我国在参与全球环境治理的过程中，需要充分认清所处的环境阶段和定位，同时积极努力地提高我国在其他全球环境治理热点问题上的参与度。

（2）熟悉规则，参与环境治理规则制定　参与全球环境治理一般可以分为三个阶段：首先是熟悉已有规则并严格遵守；其次是能够熟练运用已有规则积极维护自身权益并争取利益；最高层次的阶段是能够为自身利益领导或参与规则的制定。目前我国仍处在第一阶段末期第二阶段初期。在2016年杭州G20峰会上，习近平总书记明确提出要落实《2030年可持续发展议程》，依靠创新驱动增长，我国要做“行动队”，让中国作为负责任的大国参与到全球环境治理这项工作中来。《“十三五”生态环境保护规划》遵循的“五大发展理念”对经济发展、社会发展和环境保护提出了明确要求，这正是《2030年可持续发展议程》最核心的三个方面，经济建设、政治建设、文化建设、社会建设和生态文明建设的“五位一体”布局也与《2030年可持续发展议程》核心内涵相一致。应从这个意义上推进国际国内两个大局，将环境保护作为贯彻落实我国走和平发展道路、构建以合作共赢为核心的新型国际关系等一系列战略思想的重要抓手。

（3）加大宣传，健全我国环境管理治理体系　在全球环境治理新趋势以及我国积极参与推动全球环境治理的客观要求下，破除现行环境保护管理体制弊端，加大生态环保职能和相关资源的整合力度，建立职能有机统一、运行协调高效的生态环境治理体系。

在完善环境保护法律制度方面，通过设计完备周密、可操作性强、适时进行调整的环境法律制度，规范人们和企业的行为，降低生产和消费活动对环境的影响。

在人才队伍建设方面，目前中国参与全球环境治理的人员数量和素质、技术支撑等方面与当前的需求相对不匹配，要在资金、技术能力和人员队伍建设上下大功夫。

在科技支撑方面，参与全球环境治理必须按照国际思维来行动，遵循全球治理和环境治理的内在规律，过去几年我国在应对气候变化方面投入较大，但在其他全球环境治理领域的投入相对有限，未来要抓紧开展专项研究，为我国积极参与全球环境治理制定科学策略。

在公众参与方面，一方面，发挥我国环境非政府组织在全球环境治理中的积极作用，利用非政府组织的话语权和影响力，将我国的国情和利益反映到全球环境治理中；另一方面，积极推动公众参与环境治理，公开环境信息，保证公众的环境知情权，为公众参与环境保护提供相应的制度安排。

10.4 全球环境管理的挑战和趋势

10.4.1 全球环境管理的挑战

《联合国气候变化框架公约》（简称《框架公约》）是世界上第一个旨在减少温室气体排放和缓解全球变暖的国际公约，在其基础上形成了很多国家间的合作条约和国际环境政策协议，但是自1992年《框架公约》达成以来，并未有效抑制气候变化的步伐。因此，评价环境政策的实际效果，必须从全球的宏观视野进行分析，充分考虑环境外部性的影响，找到其中的关键问题和主要挑战。

10.4.1.1 环境政策的“囚徒困境”

大气没有国界，当温室气体被排放后，无论其从世界上哪个地方被释放出来，对于人类整体的环境变化而言效果都是一样的。环境外部性问题难以克服，这就使得各国从自身的经济现实出发，迫切需要进行全球一致减排行动，但同时最好是除了自身以外的其他所有国家全部进行减排，这样既不会影响本国经济发展对于能源消费的需求，又能得到较好的环境治理效果。当所有国家都秉持着这种“搭便车”的想法时，环境政策就会出现最差的不合作结果，即环境政策的“囚徒困境”现象。历届联合国环境与发展大会的进程，其中充满了发达国家与发展中国家在减少温室气体排放问题上的不信任，也曾出现就一些关键承诺多轮协商后无果的状况，而对于深受诟病的“搭便车”现象，在巴厘岛会议时达到了矛盾激化的临界点。对于广大发展中国家而言，实施环境治理既要付出减缓经济增长的代价，又有可能面临污染转移等环境代价，这使得历届气候变化会议的谈判都很艰难，经常是在一片吵闹声中仓促形成了一些并不科学的会议成果。

10.4.1.2 环境政策中的“制度陷阱”

除了发展中国家和发达国家出于彼此的不信任而导致的气候变化全球合作举步维艰外，来自顶层设计的缺陷也会导致全球环境政策易于陷入“制度陷阱”。在《京都议定书》签署之后，虽然主要工业国的能源消费量并无太大的变化，有些发达国家已经越过了碳排放峰值，但是需要引起注意的是主要发展中国家的能源消费量却在1997年之后出现了持续加速上升的趋势，韩国、巴西、印度、南非、沙特阿拉伯和印度尼西亚等国家出现了相对其本国经济体量而言明显的能源消费量持续大规模上升的情况。

从表面上看，这样的结果是一种政策制定过程中的疏忽或者谈判妥协的产物，所以当《京都议定书》无法继续发挥功能而被《巴黎协定》取代后，各国寄希望于背负着签约国信用的“国家自主贡献”机制能够发挥作用，并希望成功避免以往气候谈判的不利结果。但是实际上，《巴黎协定》的前途并非就是充满光明的，暂且不论美国特朗普政府的退出，仅仅是《框架公约》本身就存在巨大的顶层设计缺陷，那就是它作为一种政治谈判的产物，具有一定的短视问题，谈判时的各国均只关注于当时的最大碳排放来源。《京都议定书》签署时的西方工业国是当时的主要排放国，因此，《京都议定书》只关注于如何限制西方工业国减排，而放过了发展中国家。未来，随着印度和东南亚国家城市化和工业化的崛起，它们又将会成为新的主要污染来源。《框架公约》对于潜在的最大温室气体排放威胁的忽视，使其虽然可以致力于解决现存的主要污染排放，却有可能会引发另外一些污染排放。或许正是因为这种顶层设计的缺陷，反而加速了全球变暖，并将导致不断签署新气候变化协议的恶性循环。

10.4.2　全球环境管理的趋势

10.4.2.1　全球环境管理的新目标

2015年9月，193个联合国会员国在联合国可持续发展峰会上正式签署的《改变我们的世界：2030年可持续发展议程》（以下简称《2030年可持续发展议程》）提出了17项可持续发展目标，其中一半与环境的可持续性有关，这代表着一种新的模式转变，即用新模式、新目标取代以往以增长为基础的经济模式，在全世界内实现公平的经济与社会。2016年5月在肯尼亚首都内罗毕召开的第二届联合国环境大会以“落实《2030年可持续发展议程》中的环境目标”为主题，提出要把环境目标整合或主流化到其他可持续发展目标中，与经济社会目标尽可能充分衔接和融合，同时鼓励各利益相关方积极参与并推动可持续发展目标的履行。作为全球各国领导人达成并通过的政治承诺，这两次大会对于推动未来全球可持续发展的重大意义不言而喻。毋庸置疑，实现其中的环境目标是未来全球环境管理的新重点。

第一，应推动生物多样性、化学品、气候变化等国际环境公约目标及行动与《2030年可持续发展议程》中环境目标和行动的衔接，确保公约与议程之间的协同增效。

第二，由于水、大气、生态保护这些环境目标与人类食物、能源等经济社会目标具有内在关联性，未来环境治理的网络化发展目标也将成为趋势，从而为人类提供可持续利用的健康环境。

第三，气候变化问题和其他环境问题将深度融合，应对气候变化和治理其他环境问题成为各国经济社会发展计划和战略的关键内容。

第四，要保护、恢复和促进陆地生态系统可持续利用，遏制生物多样性的丧失。

10.4.2.2　全球环境管理的新思路

环境治理的方式和手段在不断创新，新的政策工具也不断涌现。目前国际上有关环境治理的新模式、新思路的研究主要集中在多中心治理模式、互动式治理、源头治理、环境可持续治理等。多中心治理要求打破单中心的政府服务模式，构建政府、市场和社会“三位一体”的多中心治理模式，鼓励各利益相关方的积极参与。互动式治理则要求公民与社会群体广泛地参与到政府治理中。纵观世界多数工业化国家治理环境问题的历史，都会经历从“末端治理”“生产过程控制”到“源头防治”的过程，只有从根源上治理环境污染，对一些重点对象采取严厉措施，才能实现根除污染的目标。环境可持续治理即以资源环境承载能力为基础，把环境治理目标与经济社会目标充分衔接和融合，通过环境治理实现生态、经济、社会三者共赢的可持续发展。

10.4.2.3 全球环境管理的新规则

全球环境规则是全球环境治理的主要手段。在制定规则的过程和形式方面，过去以西方国家的推动和控制为主，但随着新兴国家的兴起，各方在全球环境治理中的利益诉求越来越多，博弈越来越复杂，几乎所有国家都可以在全球环境治理中发挥自己的影响力，全球环境治理规则制定的“权势”开始“东移”，形成新兴国家、发展中国家与西方国家共同参与、合作、竞争、对抗的新型环境治理规则。在新兴大国的倡导下，全球环境治理的公约、协议和规则，正在向着有利于发展中国家绿色经济发展和全球产业结构优化的方向发展。

本章内容小结

[1] 全球环境问题，也被称为“国际环境问题”或“地球环境问题”，是超越了主权国国界和管辖范围的环境污染和生态破坏问题。

[2] 全球环境问题的特征：①时滞性；②复杂性；③全球性；④政治化。

[3] 联合国机构中，联合国环境规划署、联合国开发计划署、联合国工业与发展组织以及世界银行等政府间国际组织在全球环境治理中发挥的作用最为显著。

[4] 在全球环境治理进程中，联合国环境规划署发挥了重要作用：第一，引领全球绿色观念；第二，促成各种有关环境保护的国际协定、条约、宣言、议定书的制订和实施；第三，促进全球环境治理中各行为主体的合作，并发挥协调作用；第四，协助提高各国环境与经济可持续发展；第五，通过各种渠道筹集资金资源，以技术合作信托基金和一般用途信托基金向广大发展中国家提供项目支持。

[5] 跨国公司会对环境产生直接和间接的影响，主要有污染转移、国家环境政策影响、国际环境规则制定、开展国际环境合作等方式。

[6] 国际上采取的重要行动主要有三个方面：一是加强国际环境合作，如召开各种形式、层次的全球环境问题的会议，制定共同宣言和章程等。二是制定、签署和履行全球环境保护公约。三是开展全球环境教育，提高公众的环境意识。

[7] 当前全球重要的国际环境保护条约有：《关于消耗臭氧层物质的蒙特利尔议定书》《联合国气候变化框架公约》《京都议定书》《巴黎协定》《生物多样性公约》。

[8] 中国参与全球环境治理的建议：①认清形势，转变工作思路；②熟悉规则，参与环境治理规则制定；③加大宣传，健全我国环境管理治理体系。

[9] 全球环境管理的挑战：①环境政策的“囚徒困境”；②环境政策中的“制度陷阱”。

[10] 全球环境管理的趋势：新目标、新思路、新规则。

思考题

[1]　简述全球工业化进程的不同阶段及其主要环境问题。

[2]　简述全球环境问题的特征。

[3]　论述国际组织、跨国公司和公民社会组织在全球环境管理中的作用。

[4]　简述中国参与全球环境治理的概况。

[5]　简述全球环境管理的挑战和趋势。

第2篇

环境规划篇

导　言

环境规划是指为在一定的时期、一定的范围内整治和保护环境，达到预定的环境目标，所做的总的布置和规定，是对不同地域和不同可见尺度的环境保护的未来行动进行规范化的系统筹划，是实现预期环境目标的一种综合性手段。制定和实施环境规划是环境管理的重要内容和手段。在环境管理中，环境规划是环境决策的具体安排，它产生于环境决策之后；预测是规划的前期准备工作，是使规划建立在科学分析基础上的前提。环境规划是环境预测与环境决策的产物，是环境管理的重要内容和主要手段。本篇介绍了环境规划的基本原理、一般程序，并对大气、水、固体废物、噪声、生态方面的专项环境规划做了介绍，最后介绍了环境规划的实施与管理。

11 环境规划概述

【学习目的】

通过本章学习，识记环境规划的定义，熟悉环境规划的内涵和与其他规划的关系。了解环境规划的原则、类型和特征。了解环境规划的理论基础。了解我国环境规划的发展历程。熟悉我国环境规划工作存在的问题。了解环境规划的基本程序和主要内容。

11.1 环境规划简介

11.1.1 环境规划的概念

11.1.1.1 环境规划的定义

环境是人类赖以生存的基本要素，是社会和经济可持续发展的基础。

环境规划是人类为使环境与经济和社会协调发展而对自身活动和环境所做的空间和时间上的合理安排。其目的是指导人们进行各项环境保护活动，按既定的目标和措施合理分配排污削减量，约束排污者的行为，改善生态环境，防止资源破坏，保障环境保护活动纳入国民经济和社会发展规划，以最小的投资获取最佳的环境效益，促进环境、经济和社会的可持续发展。环境规划担负着从整体上、战略上和统筹规划上研究和解决环境问题的任务，对于可持续发展战略的顺利实施起着十分重要的作用。

11.1.1.2 环境规划的内涵

环境规划的内涵包括以下几个方面。

① 环境规划的研究对象是“社会-经济-环境”这一大的复合生态系统，它可能指整个国家，也可能指一个区域（城市、省区、流域）。

② 环境规划的任务在于使该系统协调发展，维护系统良性循环，以谋求系统最佳发展。

③ 环境规划依据社会经济原理、生态原理、地学原理、系统理论和可持续发展理论，充分体现了这一学科的交叉性、边缘性。

④ 环境规划的主要内容是合理安排人类自身活动和环境，其中既包括对人类经济社会活动提出符合环境保护需要的约束要求，还包括对环境的保护和建设做出的安排和部署。

⑤ 环境规划是在一定条件下进行的优化，它必须符合一定历史时期的技术、经济发展水平和能力。

11.1.2　环境规划的作用

从上述环境规划的概念可见，环境规划要符合可持续发展战略的要求，即环境问题必须与经济社会问题统筹考虑，并在经济社会发展中得到解决，使经济社会与环境协调发展的重要手段就是环境规划。因此，环境规划的主要作用有：

（1）是协调经济社会发展与环境保护的重要手段　很长时间以来，人们把环境问题主要看成是一个污染问题，没有把环境污染与社会因素联系起来，因而也就找不出环境问题的根源。经过多年的具体实践，人们对环境问题的认识有了新的突破，提出了可持续发展战略。可持续发展战略思想的基本点是：环境问题必须与经济社会问题一起考虑，并在经济社会发展中求得解决，求得经济社会与环境协调发展。经济社会与环境协调发展的重要手段就是环境规划。

（2）体现了环境保护“预防为主”的基本原则　我国环境保护工作必须坚持的一个基本方针是“预防为主”的治理方针。环境规划之所以在较高层次成为最重要的手段，是因为环境规划能够在一个较长的时期和较大的范围内提出战略性的决策。

（3）为环境保护活动纳入国民经济和社会发展规划提供了保障　环境保护是我国经济生活中的重要组成部分，它与经济、社会活动有密切联系，必须将环境保护活动纳入国民经济和社会发展规划之中，进行综合平衡，才能得以顺利进行。环境规划就是环境保护的行动计划，为了便于纳入国民经济和社会发展规划，环境保护的目标、指标、项目和资金等方面都需经过科学论证和精心规划。

（4）以最小的投资获取最佳的环境效益　环境是人类赖以生存的基本要素、生活的重要指标，又是经济发展的物质源泉。在有限的资源和资金条件下，特别是对发展中的中国来讲，如何用最少的资金实现经济和环境的协调发展显得十分重要。环境规划正是运用科学的方法，保障在发展经济的同时，用最少的投资获取最佳环境效益的有效措施。

（5）是实行环境管理目标的基本依据　环境规划制定的功能区划、质量目标、控制指标和各种措施以及工程项目，给人们提供了环境保护工作的方向和要求，可以指导环境建设和环境管理活动的开展，对有效实现环境科学管理起着决定性作用。此外，环境规划具体体现了国家环境保护政策和战略，其所做的宏观战略、具体措施、政策规定，为实行环境目标管理提供了科学依据，是各级政府和生态环境部门开展环境保护工作的依据。

11.1.3　环境规划与其他规划的关系

随着环境问题在我国的发展和严重，环境问题已经渗透到国民经济和社会发展的各个领域。环境规划与国民经济和社会发展规划、城市总体规划等相互支撑，互为参照，关系紧密。

11.1.3.1　环境规划与国民经济和社会发展规划

国民经济和社会发展规划是国家或区域在较长一段历史时期内经济和社会发展的全局安排，它规定了经济和社会发展的总目标、总任务、总政策以及所要发展的重点、所要经过的阶段、所要采取的战略部署和重大政策与措施等。防治环境污染、维护生态安全，也是国民经济和社会发展规划所涉及的重点内容之一。

环境规划是国民经济和社会发展规划体系的重要组成部分，是一个多层次、多时段的有关环境方面的专项规划的总称。因此，环境规划应与国民经济和社会发展规划同步编制，并纳入其中。环境规划目标应与国民经济和社会发展规划目标相互协调，并且是其中的重要目标之一。环境规划所确定的主要任务，如重大环境污染控制工程和环境建设工程等，都应纳入国民经济和社会发展规划，参与资金综合平衡，保证同步规划和同步实施。

环境规划是经济社会发展规划的基础，它为预防和解决经济社会发展带来的环境问题提供解决方案；经济社会发展规划必须充分考虑环境资源支撑条件、环境容量和环境保护的目标要求，充分利用环境资源促进经济社会发展。

11.1.3.2 环境规划与城市总体规划

城市规划是国民经济和社会发展在空间上进行布局和安排的一种手段，生态与环境问题是城市规划必须研究和解决的重要内容之一。通过区域生态与环境状态的分析评价，找出解决区域生态与环境问题的途径、方法与措施，以便为城市设计提供原则和依据，为城乡一体化提供良好的外部环境条件，从而形成良好的区域生态环境，提供适宜发展、适宜居住的人居环境。

城市环境规划既是城市总体规划中的主要组成部分之一，又是城市建设中的独立规划。城市环境规划与城市总体规划互为参照和基础。城市环境规划目标是城市总体规划的目标之一，并参与城市总体规划目标的综合平衡。城市是人与环境的矛盾最为突出和尖锐的地方，因而城市总体规划中必须包括城市环境保护这一重要篇章。

城市环境规划与城市总体规划的差异性在于：城市环境规划主要从保护人的健康出发，以保持和创建清洁、优美、安静的适宜生存的城市环境为主要目标，是一种更深、更高层次上的经济和社会发展规划要求，并含有城市总体规划所不包括的污染源控制与污染治理设施建设和运行等内容。

城市人口与经济的规模和生产水平，决定城市对环境保护的要求，经济实力决定着环境保护投资的可能规模。城市生产力布局和产业结构，规定了环境规划的功能区划类别以及污染控制对象。城市的基础设施，如供水供能、城市废物的流向与处理等，是城市环境规划的重要内容和主要实施措施。

11.2 环境规划的原则、类型和特征

11.2.1 环境规划的原则

11.2.1.1 坚持可持续发展的原则

实现可持续发展是城市建设的最终目标，它是建立在资源的可持续利用和良好的生态环境基础上的，因此必须遵循生态学原理，体现系统性、完整性的原则。立足当前，着眼未来，坚持生态环境保护和经济社会发展相协调的原则，遵循经济规律和生态规律。应充分考虑到城市建设活动是一个长期、动态的过程，从可持续发展角度评价城市建设活动对环境的影响，通过环境规划建立起可持续改进的环境建设与环境管理体制，以保障实现区域的可持

续发展。

11.2.1.2 遵循经济规律和生态规律的原则

环境规划要正确处理环境与经济的关系，实现环境与经济协调发展，必须遵循经济规律和生态规律。在经济系统中，经济规模、增长速度、产业结构、能源结构、资源状况与配置、生产布局、技术水平、投资水平、供求关系等都有着各自及相互作用的规律。在环境系统中，污染物产生、排放、迁移转化，环境自净能力，污染物防治，生态平衡等也有自身的规律。在经济系统与环境系统之间的相互依赖、相互制约的关系中，也有着客观的规律性。要协调好环境与经济社会发展，既要遵循经济规律，又要遵循生态规律，否则会造成环境恶化、危害人类健康、制约经济正常发展的恶果。

11.2.1.3 预防为主、防治结合的原则

“防患于未然”是环境规划的根本目的之一。在环境污染和生态破坏发生之前，予以杜绝和防范，并减少其带来的危害和损失是环境保护的宗旨。同时鉴于我国环境污染和生态破坏现状已较严重，环境保护方面的欠账太多，新账不能欠，老账也要逐步地积极地偿还。因此，预防为主、防治结合是环境规划的重要原则。

11.2.1.4 系统性原则

环境规划对象是一个综合体，用系统论方法进行环境规划有更强的实用性，只有把环境规划研究作为一个子系统，与更高层次的大系统建立广泛联系和协调关系，即用系统的观点才能对子系统进行调控，才能达到保护和改善环境质量的目的。

11.2.1.5 针对性原则

环境和环境问题具有明显的区域性。不同地区在地理条件、人口密度、经济发展水平、能源资源的储量、技术水平等方面差别很大。环境规划必须根据区域环境特征科学制定环境功能区划，在环境评价的基础上，掌握自然系统的复杂关系，准确地预测其综合影响，因地制宜地采取相应的策略措施和规划方案。从实际出发，才能制定切合实际的环境保护目标，才能提出切实可行的措施和行动。

11.2.2 环境规划的类型

11.2.2.1 按规划的期限划分

环境规划按规划期限可分为长远环境规划、中期环境规划以及年度环境保护计划。

长远环境规划一般跨越时间为10年以上，中期环境规划一般跨越时间为5～10年，跨越时间为5年的环境规划一般称五年环境计划。五年环境计划便于与国民经济和社会发展规划同步，并纳入其中。年度环境保护计划实际上是五年计划的年度安排，它是五年计划的分年度实施的具体部署，也可以对五年计划进行修正和补充。

11.2.2.2 按规划的要素划分

(1) 大气污染控制规划　大气污染控制规划主要是在城市或城市中的小区进行。其主要内容是对规划区内的大气污染控制提出基本任务、规划目标和主要防治措施。

(2) 水污染控制规划　水污染控制规划包括区域、水系、城市的水污染控制。具体地讲，水域（河流、湖泊、地下水和海洋）环境保护规划的主要内容是对规划区内的水域污染控制提出基本任务、规划目标和主要防治措施。

(3) 固体废物污染控制规划 固体废物污染控制规划是省、市、区、行业和企业等的规划，主要对规划区内的固体废物处理处置、综合利用进行规划。

(4) 噪声污染控制规划 噪声污染控制规划一般指城市、小区、道路和企业的噪声污染防治规划。

11.2.2.3 按照行政区划和管理层次划分

环境规划按行政区划和管理层次可分为国家环境规划、省（区、市）市环境规划、部门环境规划、县区环境规划、农村环境规划、自然保护区环境规划、城市综合整治环境规划和重点污染源（企业）污染防治规划。其中，国家环境规划范围很大，涉及整个国家，是全国发展规划的组成部分，其目的是为了协调全国经济社会发展与环境保护之间的关系。国家环境规划对全国的环境保护工作起指导性作用，各省（区、市）、市，各级政府和生态环境部门都要依据国家环境规划提出的奋斗目标和要求，结合实际情况制定本地区的环境规划，并加以贯彻和落实。区域环境规划的“区域”，我国习惯认为是省或相当于省的经济协作区。区域环境规划的综合性和地区性很强。它是国家环境规划的基础，又是制定城市环境规划的前提。部门环境规划包括工业部门环境规划、农业部门环境规划和交通运输部门环境规划等。

以上各类规划构成一个多层次结构。各层次的环境保护规划又可根据不同情况按环境要素分为水、气、固体废物和噪声污染控制规划，以及生态环境保护规划等。层次之间既有区别，又有密切的联系。上一层次规划是下一层次规划的依据和综合，下一层次规划是上一层次规划的条件和分解，因而下一层次规划的实现是上一层次规划完成的基础。省（自治区、直辖市）、市和计划单列市环境保护规划应包括次级层次的主要内容，在制定规划中要上下联系、综合平衡，以实现整体上的一致和协调。

11.2.2.4 按照规划性质划分

环境规划从性质上分，有生态规划、污染综合防治规划、专题规划（如自然保护区规划）和环境科学技术与产业发展规划等。

(1) 生态规划 在编制国家或地区经济社会发展规划时，不能单纯考虑经济因素，应把当地的环境资源条件、生态系统和社会经济系统紧密结合在一起进行考虑，使国家或地区的经济发展能够符合生态规律，既能促进和保证经济发展，又不使当地的生态系统遭到破坏。一切经济活动都离不开土地利用，各种不同的土地利用方式对地区生态系统的影响是不一样的，在综合分析各种土地利用方式的生态适宜度的基础上制定的土地利用规划，通常称为生态规划。

(2) 污染综合防治规划 污染综合防治规划也称为污染控制规划，是当前环境规划的重点。按内容可分为工业（行业、工业区）污染控制规划、农业污染控制规划和城市污染控制规划。根据范围和性质的不同又可分为区域污染综合防治规划和部门污染综合防治规划。

(3) 自然保护规划 根据要求、保护对象的不同可以分成不同类型的规划，常有两类：自然资源开发与保护规划和自然保护区规划。自然资源开发与保护规划包括森林、草原等生物资源开发与保护规划，土地资源开发与保护规划，海洋资源开发与保护规划，矿产资源开发与保护规划，旅游资源开发与保护规划等。自然保护区规划是在充分调查的基础上，论证建立自然保护区的必要性、迫切性、可行性，确立保护区范围、拟建自然保护区等级、保护类型，提出保护、建设、管理对策。自然保护区一旦确立，便成为一个占有法定空间、具有特定自然保护任务、受法律保护的特殊环境实体。建立、变更、撤销各级各类自然保护区，必须符合法律规定的条件、要求和审批程序。

11.2.3　环境规划的特征

11.2.3.1　整体性

环境规划具有的整体性反映在环境的要素和各个组成部分之间构成一个有机整体，虽然各要素之间也有一定的联系，但各要素自身的环境问题特征和规律则十分突出，有其相对确定的分布结构和相互作用关系，从而各自形成独立的、整体性强和关联度高的体系。

环境规划的整体性还反映在规划过程各技术环节之间关系紧密、关联度高，各环节影响并制约着其他相关环节。因而规划工作应从环境规划的整体出发全面考察研究，单独从某一环节着手并进行简单的串联叠加难以获得有价值的系统结果。

11.2.3.2　综合性

环境规划的综合性反映在其涉及的领域广泛、影响因素众多、对策措施综合和部门协调复杂。随着人类对环境保护认识的提高和实践经验的积累，环境规划的综合性和集成性的加强越来越显著。21 世纪的环境规划将是自然、工程、技术、经济和社会相结合的综合体，也是多部门的集成产物。

环境规划的综合性也明显反映在其方法学方面，环境规划对环境、经济、社会以及科学与工程的多学科相结合要求也相当突出，需要发挥多学科技术的综合优势。环境规划的各个环节，包括环境信息的收集、储存、识别、核定，功能区的划分，评价指标体系的建立，环境问题的识别，环境变化趋势的预测，环境规划方案的制定，多目标方案的评选等，均涉及大量的定性、定量因素，这些因素往往相互交织在一起，需要进行系统的、综合的分析。

11.2.3.3　区域性

环境问题的区域性特征十分明显，因此环境规划必须注重“因地制宜”。由于不同区域的环境及其污染控制系统的结构不同，主要污染物的特征不同，社会经济发展方向和发展速度不同，因此环境规划方案的评价指标体系也不同，各类模型中参数、系数也应根据不同区域的情况进行适当的修正。环境规划的基本原则、规律、程序和方法必须充分客观地体现地方特征才能够有效地发挥其作用。

鉴于环境的行政管理是解决环境问题的主要手段，行政区域管理层次和地域范围就成为环境规划区域划分的主要依据。从规划范围的角度，环境规划可以分为全国环境规划、省域环境规划、流域环境规划、城市环境规划等。环境系统是一种开放系统，各层次和地域之间必然相互联系、相互影响，这决定了各层次和地域之间的环境规划也存在相应的内在联系。

11.2.3.4　动态性

环境规划具有较强的时效性。它的影响因素在不断变化，无论是环境问题（包括现存的和潜在的）还是社会经济条件等都在随时间发生着难以预料的变动。基于一定条件（现状或预测水平）制定的环境规划，随着社会经济发展方向、发展政策、发展速度以及实际环境状况的变化，势必要求环境规划工作具有快速响应和更新的能力。因此，应从理论、方法、原则、工作程序、支撑手段和工具等方面逐步建立起一套动态环境规划管理系统，以适应环境规划不断更新调整、修订的需求。

11.2.3.5　信息密集

环境规划过程覆盖了不同类型、来自不同部门、存储于不同介质之上、表现出不同形式的信息，是一项信息高度密集的智能活动。环境规划自始至终需要收集、消化、吸收、参考和处理这些相关的综合信息。规划的成功与否在很大程度上取决于搜集的信息是否较为完全，取决于能否识别、提取准确可靠的信息，以及能否有效地组织和利用这些信息。正是由于环境规划信息密集，只凭人脑是难以胜任的，因此，计算机成为环境规划必备的重要工具，用来集中储存、处理环境信息（例如地理信息系统等），在环境规划中发挥着越来越重要的作用。

11.2.3.6　政策性强

政策性强也是环境规划的一个特征，从环境规划的最初立题、课题总体设计至最后的决策分析，制定实施计划的每个技术环节中，经常会面临从各种可能性中进行选择的问题。完成选择的重要依据和准绳，是现行的有关环境政策、法规、制度、条例和标准。目前，我国在环境政策、法规、制度、条例和标准方面的国家级总体系框架已形成，地方性的工作正在逐步进行和完善中，在国家级的框架结构中要为地方的工作留有一定的余地和发展空间。因此，在进行区域环境规划时，既有较为固定、必须遵守的一面，也有需要根据地方实际、灵活掌握的一面，这就要求规划决策人员具有较高的政策水平和政策分析能力。环境规划的过程也是环境政策的分析和应用过程。

11.3　环境规划的理论基础

11.3.1　环境承载力

11.3.1.1　环境容量

环境容量是一个复杂的反映环境净化能力的量，其数值应能表征污染物在环境中的物理、化学变化及空间机械运动性质。由于仅依靠浓度控制不能有效限制某一地区污染物排放总量，于是便引入了利用环境容量进行区域环境污染物排放总量控制。总量控制是环境容量的具体应用。污染物总量控制制度是我国环境保护的重要制度，是以保持、恢复或改善区域环境质量，实现环境质量达标为目的，以控制一定时间一定区域内所有污染源污染物排放总量为核心的环境管理方法体系。全国人大于 1996 年通过《国民经济和社会发展“九五”计划和 2010 年远景目标纲要》，明确提出“创造条件实施污染物排放总量控制”，把污染物排放总量控制正式定为中国环境保护的一项重大举措，确定了对 12 种污染物实行全国总量控制。2003 年 1 月印发的《中国 21 世纪初可持续发展行动纲要》明确指出在环境保护方面要实施污染物排放总量控制。

11.3.1.2　环境承载力

（1）环境承载力概念的提出　环境容量这一概念在环境规划的实际应用中起到了应有的历史作用。但是，它是为解决日益严重的环境问题而出现的，随着人们逐步认识到环境问题不仅是一个污染问题，还与人类的政策行为、经济行为和道德意识等密切相关，传统的环境容量概念已不能很好地适应迅猛发展的环境科学的需要。首先，环境容量理论将环境这样一个复杂的维持自组织的系统视为一个容纳废弃物的“容器”显然是不合适的，表明其对环境系统的理解不够全面。其次，环境容量仅反映了环境的纳污能力这一个方面，不足以涵盖环境对人类发展的支持能力。最后，在以环境容量为基础的环境规划中，环境容量是根据环境质量预测值和环境目标值的结果计算出来的，而各污染物的削减量是根据费用-效益分析，以最小费用为目标来进行分配，因此不能很好地解决未来经济与环境的协调发展问题。为此，提出了环境承载力。

环境承载量就是某一时刻环境系统所承受的人类系统的作用量。环境承载力指某一时刻环境系统所能承受的人类社会经济活动能力的阈值。

(2) 环境承载力的内涵　从哲学层次上来看，环境承载力是一个表征环境系统属性的客观的量，是环境系统活力的表现，是环境系统产出能力和自我调节能力的表现。当人类活动对环境的索取超过一定的限度时，环境系统的结构和功能就会发生质的变化，将反过来危及人类的生存与持续发展。

从技术层次上讲，由于在一定时期内，区域环境系统在结构、功能方面不会发生质的变化，而环境承载力是环境系统结构特征的反映，故其“量”和“质”两个方面的规定性是客观的、可以把握的，并能定量和定性表达。但环境承载力的客观性不等于它一成不变；相反，它可因人类对环境的改造而发生变化。

从技术层次上把握环境承载力，还应该掌握它的“多向性”和“多层次性”，即环境承载力将因人类社会经济发展活动的层次、内容不同而具备不同的表现形式，并可能得到不同的结论值。因此，正确表述和理解人类经济发展行为是进行环境承载力研究的前提。一般认为可在一个特殊的四维空间中表现人类活动：第一个坐标用以确定人类经济发展所处的层次，包括战略层次、宏观布局层次、微观技术层次等；第二个坐标用以确定人类经济活动的性质，即对资源的经济部门的分配或再分配及产业结构的构建等；第三个坐标是确立人类活动范围（边界辨识），包括大、中、小三个尺度；第四个坐标用以确立人类经济发展行为所处的“时序”，根据时序过程可分为筹划阶段、规划阶段、实施阶段、运行阶段、反馈阶段等。以上四维空间坐标的组合可以完整地表现出人类社会经济行为的主要内容和基本特点。这种高维矢量矩阵形态充分地显示出人类社会经济活动的复杂性和多样性。由此可见，不能简单地去追求一种一成不变、固定的环境承载力的量化指标和计算模式。

以上分析表明，提高环境承载力和调整人类社会经济发展行为是协调环境与发展的两条基本途径，其中降低环境阻力的作用程度、强化环境管理、优化环境规划方案等是提高环境承载力可行的途径和手段，而调整人类社会经济发展行为则比较复杂并具有相当的难度。

(3) 环境承载力的量化方法　环境承载力是环境系统固有功能的表现，它不仅与环境系统本身的结构有关，还与外界（人类社会经济活动）的输入、输出有关。若将环境承载力(EBC) 看成一个函数，则它至少包含三个自变量，即时间 (T)、空间 (S)、人类经济行为的规模与方向 (B)：

$$\mathrm{EBC}=f(T,S,B)$$

在一定时刻、一定的区域范围内，可以将环境系统自身的固有特征视为定值，则环境承载力随人类经济行为规模与方向的变化而变化。

上述环境承载力的概念模型还不能解决其量化问题，这也成为其在应用中面临的最大问题。目前，关于环境承载力量化方法的研究还只能在某些环境要素水平上进行，其中关于水环境承载力的量化方法的研究较多。Rijiberman等用水资源承载力作为城市水资源安全保障的衡量标准；Joardor等从供水角度对城市水资源进行相关研究，并将其纳入城市发展规划当中；Harris着重研究了农业生产区域的水资源承载力；美国的URS公司对佛罗里达州Keys流域的承载力进行了研究，内容包括承载力的概念、研究方法和模型量化手段等方面；此外，Falkenmark等学者的一些研究已经涉及水资源的承载限度。目前分析方法主要有模糊综合评判法、多目标决策分析法、系统综合分析法、神经网络评价法、主成分分析法、系统动力学方法、常规趋势法以及投影寻踪法等。这些方法各有优劣，在不同的研究目标和背景下具有不同的作用。但是目前水资源承载力研究方面还存在很多问题，在很多方面有待进一步加强。

11.3.2 可持续发展与人地系统

11.3.2.1 可持续发展理论

（1）可持续发展的定义和特点 关于可持续发展的定义，不同学科的学者从自然属性、社会属性、经济属性、科技属性和伦理等方面可能提出了近百种，但《我们共同的未来》中提出的可持续发展的概念，即“既满足当代人的需求，又不对后代人满足其自身需求的能力构成危害的发展”，在最一般的意义上得到了广泛的接受和认可，并在1992年联合国环境与发展大会上得到共识。目前，尽管在理论上，政治家、哲学家、经济学家、生态学家和环境学家还没有形成一个公认的理论模式，但以1992年联合国环境与发展大会通过《21世纪议程》为标志，人类已跨出理论探索的范畴，把实现“可持续发展”作为人类共同追求的美好目标。

可持续发展与传统的发展模式截然不同，具有鲜明的特点：①可持续发展强调持续性，要求人类经济和社会发展必须控制在资源和环境的承载力范围之内。因此，人类必须约束污染和浪费行为，对可再生资源的使用率应限制在其自我更新频率范围之内，对不可再生资源的耗竭速度不应超过寻求可再生资源作为代用品的速度，废弃物的排放量不应超过环境容量，使自然生态过程保持完整的秩序和良性的循环。②可持续发展体现公平性。主要包括两个方面：一是代际公平，它要求当代人在追求发展与消费的同时，不应剥夺后代人本应享有的同等的发展和消费的权利；二是代内公平，即同一代人之间，一部分人的发展不应损害另一部分人的利益。③可持续发展追求的是社会、经济和环境的协同发展，而不是把经济指标作为衡量发展的唯一标准。④可持续发展推崇人与自然的和谐，倡导人类在谋求自身发展的同时，也要促进生物圈的稳定和繁荣。

（2）可持续发展的目标 可持续发展是当今社会的目标，同时可持续发展也有其自身的目标，可包括以下几方面内容：

① 是集经济、文化等方面持续发展于一体的总体目标，社会格局合理，社会生活稳定和连续，这也是人类所追求的最终目标。

② 环境状况良好和稳定，没有环境赤字，且物种数量不减少，即环境稳定性和物种多样性。

③ 地区发展平衡，而且总体发展水平有一定提高，这一目标实现的途径是人类活动空间的重新分配和全人类的共同努力。

④ 个体发展的相对独立性。缺乏独立性的发展会受制于外界力量，从而也是不稳定、

不连续的发展，其他如社会、经济、文化、技术等的发展均是如此。

⑤ 物质生活水平的真实提高，即实际收入水平的提高和物质财富的增加。

可持续发展理论的提出，为区域环境规划提供了全面的指导思想，突破了经济制约型环境规划的框架，使环境规划的内容不再局限于大气、水、固体废物等环境单元的质量控制和污染的防治，而是将与环境单元有关联的资源、经济和社会等子系统一并纳入规划的研究范围内，最终实现区域资源、环境、经济、社会大系统诸要素的和谐、合理，并使总效益达到最佳。可持续发展既要作为环境规划的指导思想，又要成为环境规划的最终目标，对可持续发展的追求应贯穿环境规划的始终。

11.3.2.2　人地系统理论

（1）人地系统的内涵及特征　人地系统由人类社会系统和地球自然物质系统构成。其中，人类社会系统是人地系统的调控中心，决定人地系统的发展方向和具体面貌；地球自然物质系统是人地系统存在和发展的物质基础和保障。两个系统之间存在双向反馈的耦合关系。人类社会系统以其主动的作用力施加于地球自然物质系统，并引起它发生相应变化，变化了的地球自然物质系统又把这些作用的结果反馈给人类社会系统，从而在两个系统之间形成了能动作用和受动作用的辩证统一。人地系统在人类社会系统和地球自然物质系统的非线性相互作用下处于一种远离平衡态的动态演变之中。该系统的特征体现在其是一个开放的、复杂的、远离平衡态的，具有协同作用、时空特性和耗散结构的自组织系统。用系统理论研究人地系统，涉及人类活动和自然资源、生态环境的相互关系，把人地关系上升到人地系统和其空间分异需要多学科的支撑和综合研究，特别是近年来综合学科、边缘学科、横断学科的出现，如强调系统学、协同学、耗散理论、自组织理论等的应用，形成了新的人地系统理论与方法，为解决区域发展过程中一些急迫、重大、长远性的问题指明了前景。

（2）人地系统协调共生的耗散结构理论原理　耗散结构理论认为，人地系统作为远离平衡态的开放系统，形成耗散结构的过程正是靠开放性，不断向其中输入低熵能量和信息，产生负熵流而得以维持。根据热力学第二定律，人地系统遵循熵方程：$dS=dS_i+dS_e$。式中，dS_i 表示人地关系的熵产生，$dS_i \geqslant 0$；dS_e 表示人地系统与环境之间的熵交换引起的熵流，其值可正，可负，可为零；dS 表示人地系统的熵变，可以衡量人地关系状态的变化。当 $dS<0$ 时，人地系统协调共生的有序度增加；当 $dS=0$ 时，人地系统协调共生的有序度不变；当 $dS>0$ 时，人地系统协调共生的有序度降低，人地关系朝失调方向发展；当 dS 不确定时，人地关系属于混沌型。

（3）人地协调共生的机制响应　城市环境规划的区域是由人类活动系统和地理环境系统组成的人地协调共生系统，维持二者协调共生关系的充要条件是从其外部环境不断获取负熵流。复杂系统的因果反馈关系，主要是自我强化的正反馈关系和自我调节维持稳定的负反馈关系之间的相互耦合，决定着人地关系的行为和区域发展的前途。

可持续发展战略的目的在于以人地关系协调共生为核心，注重建立人类活动系统内部和地理环境系统内部，以及二者之间的因果反馈关系网，力求把人类活动系统的熵产生降至最低，把地理环境系统为人类活动系统可持续发展提供负熵的能力提高到最高；力求通过熵变规律，创造一个自然、资源、人口、经济与环境诸要素相互依存、相互作用和复杂有序的区域人地关系协调共生系统。创造这种系统的一项重要手段就是编制区域性环境规划。这就要求规划内容、任务、目标和原则的确定必须紧紧围绕人地关系协调共生理论进行，必须同时遵循区域自然规律、经济发展规律和人地关系的熵变规律，对不同类型、不同发展阶段的区域人地关系，因地制宜、因势利导地制定出切合实际的区域发展服务的环境规划，促进区域保持经常性的持续、稳定、和谐发展状态。唯有这样，区域性的环境规划才能真正成功地调控区域人地关系系统。

11.3.3 复合生态系统

11.3.3.1 复合生态系统理论

由于人类活动的深刻影响，当代环境污染、生态失调和自然灾害加重等环境问题不断涌现和加剧。并且，越来越多的实践和经验告诉我们，环境问题的解决必须注重预防为主，防患于未然。因此，具有促进环境与经济、社会可持续发展功能的环境规划越来越受到世界各国的重视。

复合生态系统理论是由我国著名生态学家马世骏教授于1981年提出的，他简明扼要地指出：当今人类赖以生存的社会、经济、自然是一个复合大系统的整体。社会是经济的上层建筑；经济是社会的基础，又是社会联系自然的中介；自然则是整个社会、经济的基础，是整个复合生态系统的基础。但其各自的生存和发展都受其他系统结构和功能的制约，必须当成一个复合系统来考虑。

11.3.3.2 复合生态系统的结构与功能

(1) 复合生态系统的结构　社会、经济、自然三个相互作用、相互依赖的子系统共同构成一个庞大的复合生态系统。自然子系统以生物结构及物理结构为主线，以生物环境的协同共生及环境对人类生活的支持、缓冲及净化为特征，它是复合生态系统的自然物质基础；社会子系统以人口为中心，包括年龄结构、智力结构和职业结构等，通过产业系统组成高效的社会组织；经济子系统包括物质的输入输出、产品的供需平衡以及资金积累速率与利润，是促进社会进步和环境保护的必要条件。这种子系统之间相互联系、相互制约的关系，即构成了复合生态系统的结构，它决定着复合生态系统的运行机构和发展规律。

另一方面，复合生态系统作为一个生态系统，也是由环境、生产者、消费者和分解者四大部分组成的综合体。各组成部分之间通过物质循环和能量转化密切地联系在一起，且相互作用，互为条件，互相依存。

(2) 复合生态系统的功能　系统的结构与功能是相辅相成的，复合生态系统的功能可归纳为：

① 生产，即为社会提供丰富的物质和信息产品。自然为社会提供原始的物质和物质生产条件，而人类则利用越来越发达的科学技术来丰富和改善它们，提高自然的生产力。但值得注意的是，在这个过程中也生产出了许多对社会、对自然无用甚至有害的物质，排入已经十分拥挤和脆弱的环境。

② 生活，即为人类提供方便的生活条件和舒适的栖息环境。人类在生存过程中不断地改善着自己的生活水平，从洞穴到豪华住宅，从步行到汽车、飞机等，都说明了系统生活功能的提高。但由生产而产生的空气污染、生态破坏、资源耗竭等环境问题也给人类生活带来了负面作用。

③ 还原，即保证城乡自然资源的永续利用和社会、经济、环境的协调持续发展。复合生态系统的这一功能保证了生产和生活这两个功能的持续，防止了地球“一次性利用”式的灭亡。但是，随着人类社会的发展，系统的这一功能受到了很大的挑战。例如，难降解物质

的大量生产和使用、生态环境的破坏等，都给系统的还原功能带来了不利因素。

④ 信息传递。人类一方面利用生物与生物、生物与环境的信息传递来为人类服务；另一方面，人类还可以应用现代科学技术，操纵生态系统中生物的活动，使其按照人类社会需要的方向发展。

11.3.4　空间结构理论

空间结构理论是研究人类活动空间分布及组织优化的科学。它是一门应用理论学科，为区域规划提供理论基础和方法支持。区域性环境规划是区域规划的重要组成部分，它从环境保护的目的出发，科学合理地安排生产规模、生产结构和布局，调控人类自身活动，是一项涉及自然、社会和经济巨系统的复杂的系统工程，因而需要环境科学、经济学、生态学和地理学等多学科知识共同来完成。与以往的区域规划不同的是，区域性环境规划在进行区位选择时，在考虑经济因素的同时，要以不破坏生态环境为前提，即将环境和生态因子放在同等重要的地位予以考虑。

（1）城市空间结构理论　城市的形态纷繁复杂，但有一定的规律可循。城市内部由于土地利用形态存在差异，因而形成了不同的功能区和地域结构。随着城市规模的不断扩大，内部地域结构越来越复杂，各功能区之间的联系也趋向紧密。当旧的结构无法承担人口膨胀带来的压力，产生交通拥塞、环境污染、住宅拥挤、电力和水供应紧张等问题时，城市便会以一定的方式向外围扩展，形成新的空间结构。因此，处于不同发展阶段的城市具有不同的空间结构。世界各国已提出了多种城市空间结构理论模式，如西方的同心带理论、扇形理论和多核理论等，苏联、东欧和中国提出的分散集团模式、多层向心城镇体系模式等。认识城市空间结构的演化规律，才能因势利导地进行城市规划。城市的演化过程可分为城市膨胀阶段、市区蔓生阶段、城市向心体系和城市连绵带四个阶段。正确认识城市发展的四个阶段，对于科学地规划和预测具有重要意义。团块状的中小城市如果盲目地进行分散规划，将造成经济上的巨大浪费；而星状的大城市应进行多中心集团式布局，不能片面地强调单一中心的集聚。

（2）环境功能区划　环境功能区划是从环境与人类活动相和谐的角度来规划城市或城镇的功能区，它与城市或城镇的总体规划相匹配。环境功能区是根据自然条件与土地利用现状和未来发展方向划分的，各功能区具有不同的环境承载力，因而对区域内城市或城镇的发展规模、产业结构和生产力布局产生一定限制和影响。

城市或区域各功能区之间是通过许多网络相互联系的，例如城市具有经济、能源、交通、市政、商业、文教、卫生和信息网络等，它们各自构成区域大系统的子系统。如果把功能区比作人类的肢体或器官，那么贯穿其间的各种网络就是神经和血脉，它们的相互联系和制约维系着系统生产和生活的正常运转，充分发挥其总体功能。城市功能区的分布虽然千差万别，但基本上遵循距离衰减规律，大体上呈向心环带分布。但自然条件的差异，如山脉走向、河流和地下水流向、盛行风向，有时会使这种地带性分布出现变形。

11.3.5　生态经济学理论

生态经济学是从经济学角度来研究由经济系统和生态系统复合而成的生态经济系统的结构及其运行规律。其理论体系的核心，是综合研究使人类社会物质资料生产得以进行的经济系统和包括人类在内的生态系统之间如何协调发展的辩证关系。生态经济学理论包括生态经济结构理论、生态经济功能理论、生态经济效益理论等。

生态经济结构理论要求全面反映经济再生产和自然再生产相交织的生产特点，并把握其内在的复杂联系。合理的生态经济结构有利于区域内各生态经济要素在区域空间中的优化布局和安排，实现生态效益、经济效益和社会效益的同步提高。生态经济功能理论赋予区域这个有机整体物质循环、能量流动、价值增值和信息流动四大基本功能，这也是生态学基本观点在经济学领域的应用和扩展。通过对各种功能的分析综合，使人们正确利用系统内的生产要素做出决策，进一步控制和协调再生产过程成为可能。社会物质资料生产的经济效益和生态效益相统一的生态经济效益理论是生态经济学最基本的理论。人类在生产过程中的劳动不仅会创造出有用的成果，继而产生一定的经济效益，而且通过劳动在人和自然间进行的物质交换过程能产生一定的生态效益。经济效益与生态效益是共生的，实际工作中为避免出现偏颇一方的局限性，在运用生态经济学指导区域生态环境建设的过程中，应强调坚持经济效益与生态效益相统一的生态经济效益观。生产规模的日益扩大和废物排放的不良积累对自然环境和生态平衡造成了巨大的威胁，正确处理经济效益与生态效益之间的矛盾对立问题，要求按照经济规律和自然规律办事，克服和避免经济效益和生态效益相对立的情况。生态效益是经济效益的基础，只有讲求生态效益，保护自然生产力，才能为产生较高的劳动生产力提供较好的自然基础，也才能使经济效益长久。

11.4　环境规划的发展和完善

11.4.1　我国环境规划的发展历程

环境规划的制定和实施历史并不长，但随着环境问题的日益突出以及人们对环境认识的不断深化，作为协调人类环境和发展工具的环境规划已越来越被世界各国所接受。

我国的环境规划工作是伴随着整个环境保护事业产生和发展起来的。近40年来，环境规划工作经历了从无到有、从简单到复杂、从局部进行到全面开展的发展历程，可大致分为四个阶段。

（1）孕育阶段——第一阶段（1973—1980年）　在1973年召开的第一次全国环境保护会议上，提出了环境保护工作的32字方针，提出对环境保护和经济建设要实行“全面规划、合理布局”，从此，我国的环境规划开始发展起来。在这一时期，由于环境保护事业刚刚起步，在理论和实践上都缺乏足够的经验，因此环境规划也处于零散、局部、不系统的状态。除了一些地区开展了环境状况调查、环境质量评价等工作外，大规模和较深入的环境规划工作尚未开展。

（2）探索阶段——第二阶段（1981—1985年）　在这一阶段，环境规划的显著特征是环境保护计划开始纳入国民经济和社会发展计划，并提出了计划要求达到的具体指标。一些地区和部门把环境规划的理论和方法作为科研课题进行研究，取得了一些有价值的成果。此外，作为环境规划的重要基础工作，环境影响评价和环境容量研究在全国普遍开展起来。与前一阶段相比，环境规划的理论和方法都有了很大的进步。

（3）发展阶段——第三阶段（1986—1991年）　在这一阶段，环境规划工作结合国民经济和社会发展第七个五年计划，在理论和实践上都有很大发展。“七五”环境保护计划规模较大，普及较广，对环境保护计划工作起到了重要的指导作用。从1989年起，编制“八五”环境保护计划的准备工作全面展开。从国情分析出发，以总量控制为技术路线，以纳入国民经济和社会发展计划为支持保证手段，“八五”环境保护计划无论在科学性还是可操作性上都有较大发展。

（4）成熟阶段——第四阶段（1992年至今）　1992年，联合国在巴西里约热内卢召开了环境与发展大会，世界环保事业进入一个新纪元，我国的环境规划也进入一个新的时期。在这一阶段，我国的环境规划在可持续发展理论的指导下，逐步形成了较为完善的科学体系。在理论基础、规划程序、编制内容、规划模式等方面进行了深刻的研究和探讨，形成了以环境质量评价、环境信息统计等基础工作为基础条件，以功能区划分和总量控制的方法为技术路线，以环境规划与国民经济和社会发展规划的紧密结合为实施的根本保证，以环境规划与环境政策协调统一为发挥作用的重要途径，构建了较为成熟的环境规划理论和实践系统。

11.4.2　我国环境规划工作取得的进展

（1）确立了可持续发展的战略思想　从《中国21世纪议程》和《全国生态环境建设规划》等政策方案可以看出，我国的环境规划是以达到经济、社会和环境的协调发展为目的，既保证资源的永续利用，又促进社会经济的稳步快速增长，实现经济效益、社会效益和环境效益的统一。

（2）规划的编制体系正逐步规范化　规划的编制除主导思想外，还有较为完整的指标体系，并且环境规划的内容也日臻完善。

① 比较完善的指标体系。近40年的环境规划工作使规划指标经历了一个由少到多、由次要到主要、由粗疏到精要、由局部到整体的完善过程。

② 初步形成的方法论。我国环境规划经过9个五年（生态）环境规划（计划）及《2000年的中国》等规划的编制实践，已初步形成了包括评价方法、预测方法、区划方法、决策方法、优化方法及总量控制方法许多内容在内的方法体系。目前来看，总量控制规划方法和污染综合防治规划方法应用较多。

③ 环境规划的内容日趋完善。目前，我国环境规划的主要内容包括7个方面：制定环境规划目标，建立环境规划指标体系，环境调查与评价，环境预测，环境功能区划，环境规划方案设计与方案优化和方案实施与管理。其中，方案优化是环境规划的核心内容。

（3）环境规划正逐步纳入国民经济和社会发展规划中　我国环保工作开展多年，取得了很多成就，但仍有一些方面需要完善优化。可持续发展理论的提出强化了经济与环境协调的必要性，从而将环境规划纳入国民经济和社会发展规划中，这是环境规划发展的必然。我国在此方面的工作正逐步展开并深入。

11.4.3　我国环境规划工作存在的问题

从我国环境规划的发展过程可以看出，我国的环境规划发展历程不长，特别是对规划的重视也是从最近开始的。因此，环境规划在我国的实施尚存在一些问题，如果得不到妥善解决将导致环境规划无法达到预计的良好效果。环境规划在环境保护工作中可以起到重要的作用，努力解决上述问题，是保证环境规划在建设资源节约型和环境友好型社会中充分发挥其作用的必要条件。

11.4.3.1 环境规划局部研究多于整体

一个完整的规划应包括从制定到实施的全过程。现在有些环境规划的研究范围局限于规划的制定，关于规划实施的研究较少。对规划制定过程的研究也多是偏重于局部内容的研究，如探讨环境规划中如何有效实施公众参与和应用冲突分析机制，如何将环境规划纳入国民经济和社会发展规划中，等等，对规划系统性的研究较少，在规划的理论基础研究、规划方法和规划内容的有机结合等方面的研究尤其不足。

《环境保护法》中确定了环境规划的法律地位，但具体实施过程仍缺乏环境规划管理条例及其实施细则。针对环境规划的报批、实施和检查方面的规范有待制定。

11.4.3.2 技术方法研究多于理论研究

当前，环境规划技术方法研究是环境规划研究领域最活跃的部分，涉及数学模型、计算机技术开发等方面，但对于理论体系的研究较少。目前虽然有不少专家从不同领域提出不同的理论，但仍缺乏统一的理论框架，各种环境规划的理论之间、方法之间、理论与方法之间的衔接性与兼容性较差，缺乏对环境规划全过程的认知、分析和解释。

11.4.3.3 缺乏一支素质好、技术力量强的环境规划队伍

我国地域广大，加之环境规划是一个动态过程，因而，环境规划工作任务十分繁重，没有一支素质好、技术力量强、人数众多的规划队伍是难以胜任的。我国已初步形成了一些规划力量，但队伍尚不稳定，总体素质仍有待提高。因而，应大力加强我国环境规划队伍的建设。

11.4.3.4 环境决策支持系统的研制工作亟待加强

基于GIS的规划决策支持系统在环境规划资料库的建立，各类数据的分析、表征和管理方面功能强大，在环境规划领域具有明显的优越性。目前，我国已建立了省级环境决策支持系统，但其实用性有待加强，环境统计的广度和深度都不能尽如人意，制约了环境规划的发展，而且决策系统尚缺乏统一的标准，加大了选择的难度。

11.4.3.5 环境规划缺乏足够的可行性和可操作性

虽然我国的环境规划在方法及理论体系方面的规范化工作已经取得了很大进步，但我国采用的环境规划理论大都是欧美发展的环境目标规划法，因此得出的污染物削减量及投资费用都比较大，难以为决策机构制定相应的年度执行计划和条例提供参考，实施起来比较困难。

11.4.4 我国环境规划工作的完善

随着我国经济社会的发展和政府职能的转换以及环境建设和环境管理的加强，环境规划的重要意义愈加显著，环境规划将会得到更多的发展。今后，我国的环境规划工作需要在以下方面不断加以完善。

11.4.4.1 加强环境规划理论研究

长期以来，我国对环境规划的理论研究相对薄弱，对一些新出现的环境问题考虑不够，例如农村城镇化过程中城乡接合部的规划、近岸海域的环境保护规划等。规划中所用的方法

有时比较落后，对规划中所包含的大量不确定因素未能进行系统分析。因此，我国的环境规划理论研究不能很好地指导实践，是目前环境规划体系中的薄弱环节，亟待加强环境规划理论研究。

11.4.4.2　加强环境规划的管理和实施

环境规划是环境管理的首要职能，担负着从战略上、整体上和统筹规划上研究和解决环境问题的任务。但环境问题的最终解决还是要依靠环境规划管理，依靠环境规划的具体实施。我国目前在环境规划编制工作方面已经取得了很好的进展，但在环境规划的管理和实施环节还需要加强。由于改革开放四十多年来经济快速发展的惯性，部分地方对环境规划的实施还存在重视不够、执行不到位等现象，因此亟待加强环境规划的管理和实施。

11.4.4.3　完善环境规划法制建设

国家法律及各项相关法规、制度、条例、标准等是制定、实施环境规划的依据。但我国还需进一步加强环境规划法制化建设，出台具体的“环境规划法”。国家级的环境规划法规体系刚成雏形，地方性的环境规划法制建设也还未全面开展，因此在环境规划的编制实施过程中缺乏一定的依据和约束。在法治社会，一切都要以法律为准绳。我们应将环境规划真正纳入法治化轨道，并使其运作规范化、程序化。环境规划的法制建设不仅要对环境规划从编制到实施的各个环节中规划管理部门及相关行政机构的职权内容和范围进行设定，还要制定各个环节中所必须遵守的程序规定。为此，我国应尽快出台“环境规划法”，同时制定各种地方性法规条例，把规划申请、授权许可、公众参与、规划上诉等各个过程以法律的形式固定化，形成全面的环境规划法规体系，做到依法编制、依法行政。

11.4.4.4　进一步完善环境规划决策支持系统

环境规划决策支持系统具有快速、灵活、人机对话和图形显示等特点和功能，特别是对解决半结构化和非结构化问题更为适宜，是环境规划的一种现代化工具。

环境规划决策有不确定性、风险性等特性，所以政府在宏观决策中发挥重要作用。为此完善以科研为基础的环境规划决策支持系统可降低决策风险，也可以使政府决策者及时了解信息，创造更好的投资发展环境。

11.5　环境规划的基本程序和主要内容

环境规划是协调环境资源的利用与经济社会发展的科学决策过程。因对象、目标、任务、内容和范围等不同，编制环境规划的侧重点各不相同，但规划编制的基本程序大致相同(图 11-1)，主要包括以下七个步骤：编制环境规划的工作计划；环境、经济和社会现状调查和评价；环境预测分析；确定环境规划目标；提出环境规划方案；环境规划方案的申报与审批；环境规划方案的实施。

11.5.1　编制环境规划的工作计划

在开展规划工作前，有关人员要根据环境规划目的和要求，对整个规划工作进行组织和安排，提出规划编写提纲，明确任务，制订详实的工作计划。

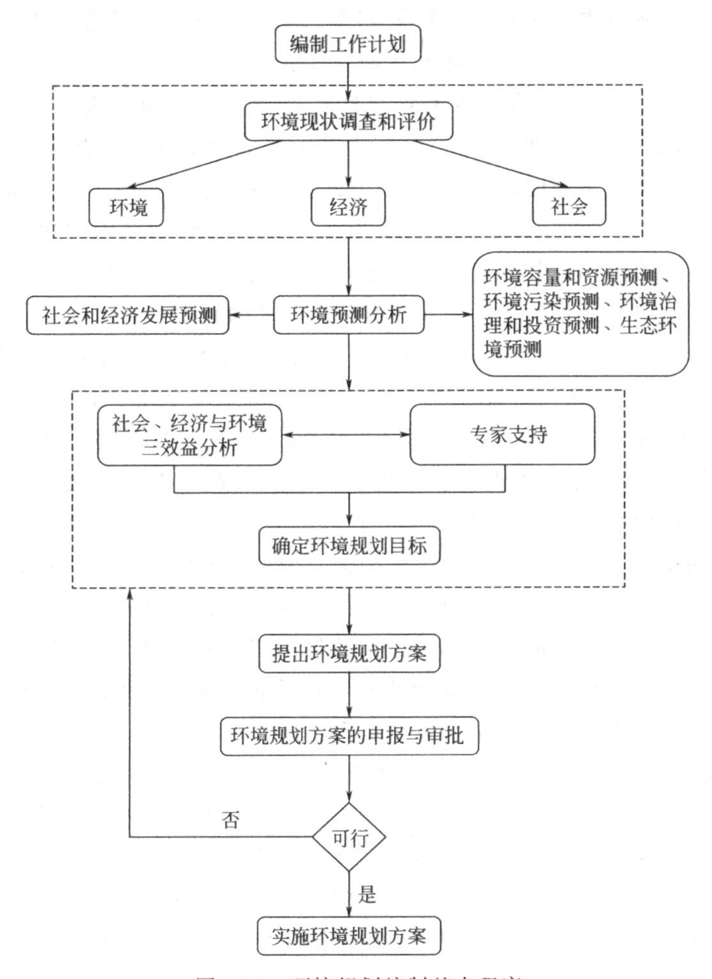

图 11-1 环境规划编制基本程序

11.5.2 环境、经济和社会现状调查与评价

调查和评价的内容包括规划区域内环境质量现状、自然资源现状及相关的社会和经济现状，目的是明确存在的主要环境问题，并做出科学分析和评价。

通过环境调查和评价，认识环境现状，发现主要环境问题，确定造成环境污染的主要污染源。环境评价包括自然环境评价、经济和社会评价、污染评价。环境调查和评价要特别重视污染源的调查与评价，对污染物排放总量、“三废”超标排放情况进行排序，决定本区域污染总量控制的主要污染物和主要污染源。对区域环境的功能、特点、结构及变化规律进行分析，并建立环境信息数据库，为合理利用环境资源、制定切实可行的环境规划奠定基础。

(1) 经济和社会发展概况调查　环境与经济、社会相互依赖，相互制约。随着工业化进程加快，尤其是科技进步、经济和社会发展在人地系统中的主导作用越来越明显。经济和社会发展规划是制定环境规划的前提和依据；但经济和社会发展又受到环境因素的制约，经济和社会发展要充分考虑环境因素，满足环境保护要求。因此，区域经济和社会发展规模、速度、结构、布局应在环境规划中给以概要说明，以阐述经济发展对资源需求量的增大和伴生的环境问题，以及人口、技术和社会变化带来的消费需求增长及其环境影响。

（2）环境调查　基本内容包括环境特征调查、生态调查、污染源调查、环境质量调查、环境保护措施的效果调查以及环境管理现状调查等。

① 环境特征调查。调查内容主要有：自然环境特征（地质地貌、气象和水文、土壤、土地利用、生物资源、生态习性等）；社会环境特征（人口数量、密度分布，产业结构和布局，产品种类和产量，经济密度，建筑密度，交通公共设施，产值，农田面积，作物品种和种植面积，灌溉设施，渔牧业等）；经济社会发展规划（如规划区内的短、中、长期发展目标，包括国民生产总值、国民收入、工农业生产布局及人口发展规划、居民住宅建设规划、工农业产品产量、原材料品种及使用量、能源结构、水资源利用等）。

② 生态调查。生态调查内容主要有环境自净能力、土地开发利用、气象、绿地覆盖率、人口密度、经济密度、建设密度、能耗密度等。调查步骤首先是选定生态因子，按要求进行生态登记；然后进行生态特征分析，包括自然生态子系统、社会生态子系统和经济生态子系统。

③ 污染源调查。污染源调查内容主要包括工业、农业、生活、交通运输、噪声、放射性和电磁辐射等污染源。在分类调查时，要与另外的分类（大气污染源、水污染源、土壤污染源、固体废物污染源、噪声源等）结合起来汇总分析。对海域进行污染源调查时，主要按陆上污染源、海上污染源、大气污染源（扩散污染源）分类进行调查。污染源调查主要需获得以下几方面的资料或数据：向污染水域排污的排污口分布（要求绘图）；各污染源的主要污染物年排污量及污染负荷量；按行业计算的工业污染源排污系数；各污染源的排污分担率及污染分担率；本区域内的主要污染物及重点污染源。

④ 环境质量调查。环境质量调查主要调查区域大气、水及生态等环境质量，大多可从生态环境部门及工厂企业历年的监测资料获得。环境污染现状调查分为江河湖泊、地下水、海域、大气环境、土壤等污染现状及分布。另外，还应对城镇污染现状做专项调查（包括大气污染、水污染特别是饮用水水源的污染、固体废物污染、噪声及电磁污染）以及生态破坏现状调查。当前主要调查土地荒漠化现状，水土流失状况，沙尘暴出现的频率及影响，土地退化的状况，森林、草原破坏现状，生物多样性的锐减以及海洋生态破坏现状等。

⑤ 环境保护措施的效果调查。环境保护措施的效果调查主要是对环境保护工程措施的削减效果及其综合效益进行分析评价。根据“三同步”方针，城乡建设与环境建设要同步规划、综合平衡。所以，在制定区域环境规划时，要对城乡建设的现状及发展趋势进行调查并做概况分析，参照城乡建设总体规划和实地调查，搞清建设过程中可能出现的问题及对土地和水资源等的需求。

⑥ 环境管理现状调查。环境管理现状调查主要包括环境管理机构、环境保护工作人员业务素质、环境政策法规和标准的实施情况、环境监督的实施情况等。

（3）环境质量评价　环境质量评价即按一定的评价标准和评价方法，对一定区域范围内的环境质量进行定量的描述，以便查明规划区环境质量的历史和现状，确定影响环境质量的主要污染物和主要污染源，掌握规划区环境质量变化规律，预测未来的发展趋势，为规划区的环境规划提供科学依据。主要内容如下。

① 污染源评价。通过调查、监测和分析研究，找出主要污染源和主要污染物及污染物的排放方式、途径、特点、排放规律和治理措施等。

② 环境污染现状评价。根据污染源评价结果和环境监测数据的分析，评价环境污染的程度。

③ 环境自净能力的确定。根据环境监测数据的分析，评价环境自净能力。

④ 对人体健康和生态系统的影响评价。主要包括环境污染与生态破坏导致的人体效应（对人体健康损害的状况）、经济效应（直接及间接的经济损失）及生态效应。

⑤ 费用效益分析。调查由污染造成的环境质量下降带来的直接、间接的经济损失，分析治理污染的费用和所得经济效益的关系。

11.5.3 环境预测分析

在区域现状调查和掌握资料的基础上，根据区域社会经济发展规划，预测区域社会经济发展对环境的影响及其变化趋势。环境预测是根据所掌握的区域环境信息资料，结合国民经济和社会的发展状况，对区域未来的环境变化（包括环境污染和质量变化）的发展趋势做出的科学、系统的分析，预测未来可能出现的环境问题，包括预测这些环境问题出现的时间、分布范围及可能产生的危害，并针对性地提出防治可能出现的环境问题的技术措施及对策。环境预测是环境决策的重要依据，没有科学的环境预测就不会有科学的环境决策，当然也就不会有科学的环境规划。环境预测通常需要建立各种环境预测模型。环境预测的主要内容如下。

（1）社会和经济发展预测　社会和经济发展预测是环境预测的基本依据。社会发展预测重点是人口预测，包括人口总数、人口密度及分布等；经济发展预测包括能源消耗预测、国民生产总值预测、工业部门产值预测及产业结构和布局预测等内容。

（2）环境容量和资源预测　根据区域环境功能区划、环境污染状况和环境质量标准来预测区域环境容量的变化，预测区域内各类资源的开采量、储备量以及资源的开发利用效果。

（3）环境污染预测　预测各类污染物在大气、水体、土壤等环境要素中的总量、浓度以及分布的变化，预测可能出现的新污染物种类和数量。预测规划期内可能由环境污染造成的各种社会经济损失。污染物宏观总量预测的要点是确定合理的排污系数（如单位产品和万元工业产值排污量）和弹性系数（如工业废水排放量与工业产值的弹性系数），环境质量预测的要点是确定排放源与汇之间的输入响应关系。

（4）环境治理和投资预测　各类污染物的治理技术、装置、措施、方案及污染治理的投资和效果预测；预测规划期内的环境保护总投资、投资比例、投资重点、投资期限和投资效益等。

（5）生态环境预测　城市生态环境，包括水资源的储量、消耗量、地下水位等，城市绿地面积、土地利用状况和城市化趋势等；农业生态环境，包括农业耕地数量和质量，盐碱地的面积和分布，水土流失的面积和分布；此外还包括区域内的森林、草原、沙漠等的面积、分布以及区域内的物种、自然保护区和旅游风景区内的变化趋势。

11.5.4 确定环境规划目标

环境规划目标是环境规划的核心内容，是对规划对象（如国家、城市和工业区等）未来某一阶段环境质量状况的发展方向和发展水平所作的规定。它既体现了环境规划的战略意图，也为环境管理活动指明了方向，提供了管理依据。在进行社会、经济与环境三效益分析的基础上，结合专家意见，制定科学合理的环境规划目标。

（1）环境规划目标的分类　环境规划目标一般分为总目标、单项目标、环境指标三个层次。

总目标是指区域环境质量所要达到的要求或状态。

单项目标是依据规划区环境要素和环境特征以及不同环境功能所确定的环境目标。环境规划目标可用精练而明确的文字概括地阐明，在确定总目标的基础上，针对最突出的环境问题和规划期的工作焦点，将必须实施的规划目标和措施作为纲领或总任务确定下来，充分体现规划的重点。

环境指标是体现环境目标的指标体系，是目标的具体内容和环境要素特征和数量的表述。环境规划指标体系是由一系列相互联系、相互独立、互为补充的指标所构成的有机整体。在实际规划工作中，应根据规划区域对象、规划层次、目的要求、范围、内容选择适当的指标。指标选取的基本原则是科学性原则、规范化原则、适应性原则、针对性原则、超前性原则和可操作性原则。指标类型主要包括环境质量指标、污染物总量控制指标、环境管理与环境建设指标、环境投入以及相关的社会经济发展指标等。

需要特别强调的是，环境规划目标必须科学、切实、可行。确定恰当的环境目标，即明确所要解决的问题及所达到的程度，是制定环境规划的关键。规划目标要与该区域的经济和社会发展目标进行综合平衡，针对当地的环境状况与经济实力、技术水平和管理能力，制定出切合实际的规划目标及相应的措施。目标太高，环境保护投资多，超过经济负担能力，环境目标会无法实现；目标太低，就不能满足人们对环境质量的要求，造成严重的环境问题。因此，在制定环境规划时，确定恰当的环境保护目标是十分重要的。环境规划目标是否切实可行是评价规划好坏的重要标志。

（2）确定环境目标的原则　确定环境目标，需要遵循的原则有：①要考虑规划区域的环境特征、性质和功能要求；②所确定的环境目标要有利于环境质量的改善；③要体现人们生存和发展的基本要求；④要掌握好“度”，使环境目标和经济发展目标能够同步协调，能够同时实现经济、社会和环境效益的统一。

（3）环境功能区划与环境目标的确定　功能区是指对经济和社会发展起特定作用的地域或环境单元。环境功能区划是依据社会发展需要和不同区域在环境结构、环境状态和使用功能上的差异，对区域进行合理划分。进行环境功能分区是为了合理进行经济布局，并确定具体环境目标，也便于进行环境管理与环境政策执行。环境功能区实际上是社会、经济与环境的综合性功能区。

环境功能区划可分为综合环境功能区划和分项（专项）环境功能区划两个层次，后者包括大气环境功能区划、水环境功能区划、声环境功能区划、近海海域环境功能区划等。环境功能区划中应考虑以下原则。

① 环境功能与区域总体规划相匹配，保证区域或城市总体功能的发挥。

② 根据地理、气候、生态特点或环境单元的自然条件划分功能区，如自然保护区、风景旅游区、水源区或河流及其岸线、海域及其岸线等。

③ 根据环境的开发利用潜力划分功能区，如新经济开发区、生态绿地等。

④ 根据社会经济的现状、特点和未来发展趋势划分功能区，如工业区、居民区、科技开发区、教育文化区、开放经济区等。

⑤ 根据行政辖区划分功能区，按一定层次的行政辖区划分功能区，往往不仅反映环境的地理特点，而且也反映某些经济社会特点，有其合理性，也便于管理。

⑥ 根据环境保护的重点和特点划分功能区，特别是一些敏感区域，可分为重点保护区、一般保护区、污染控制区和重点整治区等。

根据规划区内各区域环境功能不同分别采取不同对策确定并控制其环境质量。确定环境保护目标时，至少应包括环境总体目标（战略目标）、污染物总量控制目标和各环境功能区的环境质量目标三项内容。

在区域环境规划的综合环境功能区划中，常划分出以下几类区域。

① 特殊（重点）保护区：包括自然保护区、重要文物古迹保护区、风景名胜区、重要文教区、特殊保护水域或水源地、绿色食品基地等。

② 一般保护区：主要包括生活居住区、商业区等。

③ 污染控制区：往往是环境质量现状尚好，但需严格控制污染的工业区。

④ 重点治理区：通常是受污染较严重或受特殊污染物污染的区域。

⑤ 新建经济技术开发区：根据环境管理水平确定，一般应该从严要求。

⑥ 生态农业区：应满足生态农业的相关要求。

11.5.5 提出环境规划方案

规划方案是实现规划目标的具体途径。编制规划方案需要针对环境调查筛选主要环境问题，根据所确定的环境目标和环境目标指标体系，提出环境对策措施，包括具体的污染防治和自然保护措施和对策。

（1）拟订环境规划草案　根据国家或地区有关政策和规定，根据区域环境保护战略和环境目标以及区域技术政策、法规、标准，在环境目标及环境预测结果分析的基础上，结合区域或部门的财力、物力和管理能力的实际情况，为实现规划目标拟订出切实可行的规划方案。在进行某个区域环境规划时，通常可以从各种角度出发拟订若干种满足环境规划目标的规划草案，提供多个可供选择的方案。

（2）优选环境规划草案　环境规划工作人员在对各种草案进行系统分析和专家论证的基础上，筛选出最佳的环境规划草案。环境规划草案的选择是对各种草案权衡利弊，选择环境、经济和社会综合效益高的方案，以便推荐其中的优选方案供决策。

（3）形成环境规划方案　根据环境规划目标和规划任务的要求，对优选出的环境规划草案进行修正、补充和调整，形成最后的环境规划方案。

11.5.6 环境规划方案的申报与审批

环境规划方案的申报与审批，是把规划方案变成实施方案的基本途径，也是环境管理中一项重要工作制度。环境规划方案必须按照一定的程序上报有关决策机关，等待审核批准。

11.5.7 环境规划方案的实施

环境规划的实用价值主要取决于它的实施程度。环境规划的实施既与编制规划的质量有关，又取决于规划实施所采取的具体步骤、方法和组织。实施环境规划要比编制环境规划复杂和困难。环境规划按照法定程序审批下达后，在生态环境部门的监督管理下，各级政府和有关部门应根据规划提出的任务要求强化规划执行。实施环境规划的具体要求和措施，归纳起来有如下几点。

（1）切实把环境规划纳入国民经济和社会发展规划中　保护环境是发展经济的前提和条件，发展经济是保护环境的基础和保证。要切实把环境规划的指标、环境技术政策、环境保护投入以及环境污染防治和生态环境建设项目纳入国民经济和社会发展规划，这是协调环境与社会经济关系不可缺少的手段。同时，以环境规划为依据，编制环境保护年度计划，对规划中所确定的环境保护任务、目标进行分解、落实，使之成为可实施的年度计划。

（2）强化环境规划实施的政策与法律的保证　政策与法律是保证规划实施的重要方面，尤其是在一些经济政策中，逐步体现环境保护的思想和具体规定，将规划结合到经济发展建设中是推进规划实施的重要保证。

（3）多方面筹集环境保护资金　把环境保护作为全社会的共同责任。一方面，政府要积极推动落实“污染者负担”原则，工厂、企业等排污者要积极承担污染治理的责任；另一方面政府要加大对公共环境建设的投入，鼓励社会资金投入环境保护基础设施建设。通过多方面筹集环境保护建设资金，确保环境保护的必要资金投入。

（4）实行环境保护的目标管理　环境规划是环境管理制度的先导和依据，而管理制度又是环境规划的实施措施与手段。要把环境规划目标与政府和企业领导人的责任制紧密结合起来。

（5）强化环境规划的组织实施，进行定期检查和总结　组织管理是对规划实施过程的全面监督、检查、考核、协调与调整，环境规划管理的手段主要是行政管理、协调管理和监督管理，通过建立与完善组织机构，建立目标责任制，实行目标管理，实行目标的定量考核，保证规划目标的实现。

本章内容小结

[1]　环境规划是人类为使环境与经济和社会协调发展而对自身活动和环境所做的空间和时间上的合理安排。

[2]　环境规划的原则：①坚持可持续发展的原则；②遵循经济规律和生态规律的原则；③预防为主、防治结合的原则；④系统性原则；⑤针对性原则。

[3]　环境规划具有整体性、综合性、区域性、动态性、信息密集和政策性强的特征。

[4]　我国环境规划工作取得的进展：①确立了可持续发展的战略思想；②规划的编制体系正逐步规范化；③环境规划正逐步纳入国民经济和社会发展规划中。

[5]　我国目前环境规划工作存在的问题：①环境规划局部研究多于整体；②技术方法研究多于理论研究；③缺乏一支素质好、技术力量强的环境规划队伍；④环境决策支持系统的研制工作亟待加强；⑤环境规划缺乏足够的可行性和可操作性。

[6]　环境规划的主要步骤和内容：①编制环境规划的工作计划；②环境、经济和社会现状调查和评价；③环境预测分析；④确定环境规划目标；⑤提出环境规划方案；⑥环境规划方案的申报与审批；⑦环境规划方案的实施。

思考题

[1]　环境规划的定义及内涵。

[2]　环境规划的作用及与其他规划的关系。

[3]　环境规划的基本原则有哪些？

[4]　环境规划的类型和特征有哪些？

[5]　环境规划的理论基础有哪些？

[6]　环境规划的发展和前景。

[7]　详述环境规划的基本程序和主要内容。

12 环境规划的技术方法

【学习目的】

通过本章学习，了解环境特征调查与生态登记方法，了解污染源调查与登记方法，熟悉环境质量评价方法。了解环境预测的主要内容，熟悉人口预测、国内生产总值预测和能耗预测的计算方法。

12.1 环境调查与评价方法

12.1.1 环境特征调查与生态登记方法

12.1.1.1 环境特征调查方法

环境特征的调查方法主要有三种，即收集资料法、现场调查法和遥感调查法。

收集资料法是环境特征调查中普遍应用的方法，这种方法应用范围广，收效较大，比较节省人力、物力和时间。应用于环境特征调查时，应首先通过此种方法，由有关权威部门获得能够描述环境特征的现有的各种有关资料。但这种方法调查所得的资料往往与调查的主观不符，或者资料的质量不符合要求。在这种情况下，需要用其他调查方法加以完善和补充，以获得满意的调查结果。

现场调查法可以针对调查者的主观要求，在调查的时间和空间范围内直接获得第一手的数据和资料，以弥补收集资料法的不足。但这种调查方法工作量大，需要占用较多的人力、物力、财力和时间，且调查组织工作异常复杂。除了这些困难外，现场调查法有时还受季节、仪器设备等客观条件的制约。虽然这种调查方法存在这些缺点和困难，但它所获得的数据和资料是第一手的，可作为收集资料调查方法的补充和验证，所以这种调查方法也经常使用。

遥感调查法可以从整体上发现一个地区的环境特征，特别是可以查清人们无法或不易到达地区的环境特征，比如大面积的森林、草原、荒漠、海洋等的特征，以及大面积山地的地形、地貌特征等。但这种调查方法所获得的数据和资料不像前两种调查方法那样准确。因此，这种调查法不适用于微观环境特征的调查，一般只用于大范围的宏观环境特征的调查，是一种辅助性的调查方法。使用此种方法进行环境特征调查时，绝大多数情况下不使用直接飞行拍摄的方法，而只是判读和分析已有的航片和卫星照片。

在环境特征调查工作中，以上三种调查方法互为补充，在实际调查工作中根据情况加以选择和应用。

12.1.1.2　生态登记法

(1) 根据规划目标的要求选定需要调查登记的生态因子　选定生态因子的原则，一是根据需要，二是根据客观可能性，三是根据人力、物力、经费条件。

(2) 划分网格　将规划范围内的整个地区划分为若干网格，以一个网格为单位逐个进行生态因子调查。网格的大小根据具体情况确定，一般边长为 1～2km。整个区域划分为几十个到上百个网格，根据调查范围的大小，网格数量还可增加。

(3) 对网格进行编号，以网格为单位进行调查　调查方法有：收集现有资料，从农、林、牧、渔业资源管理部门及专业研究机构收集生态和资源方面的资料，包括生物物种清单和动物群落、植物区系及土壤类型地图等形式的资料；从地区生态环境部门收集有关污染源及生态系统污染水平的调查资料和数据；收集各级政府部门有关自然资源、自然保护区、珍稀和濒危物种保护的规定；收集国内、国际确定的有特殊意义的栖息地和珍稀、濒危物种等资料。现场调查过程中，在调查范围内，通过现场实地踏勘考察获得第一手的资料和数据，作为资料调查方法的补充和验证。整个调查工作应尽量采用先进技术和先进手段，如利用卫星图片、遥感图片和地理信息系统。

(4) 对获得的数据资料进行核实、分析　一般进行分级处理，以网格为单位填入图中，绘出各种生态因子的生态图。

12.1.2　污染源调查与评价方法

12.1.2.1　污染源调查方法

(1) 社会调查　社会调查法通常是指深入工厂、企业、机关、学校进行访问，召开各种类型座谈会的调查方法。社会调查是进行污染源调查的基本方法，也是必备方法。它可以使调查者获得许多关于污染源的活资料，这对于认识并分析污染源的特点、动态和评价污染源都具有重要作用。为了做好社会调查工作，往往将被调查的污染源分为详查单位和普查单位。

重点污染源的调查称为详查。重点污染源是在对区域环境整体分析的基础上，选择的有代表性的污染源。各类污染源都应有自己的侧重点。同类污染源中，应选择污染物排放量大、影响范围广泛、危害程度大的污染源作为重点污染源进行详查。重点污染源的调查，应从基础状况调查做起直到最后建立一整套污染源档案，无论从调查内容还是调查广度和深度上，都应超出普查单位。

对区域内所有污染源进行的全面调查称为普查。普查工作应有统一的领导，统一的普查时间、项目和标准，并做好普查人员的培训，以统一的调查方法、步骤和进度开展调查工作。普查工作一般多由主管部门发放调查表，以被调查对象填表的方式进行。

(2) 理论计算　理论计算法可以得到污染源所排放污染物的确切量值，这种调查方法主要有两种，即物料衡算法和经验计算法。

① 物料衡算法。物料衡算法是比较流行和广泛采用的方法。它把工业污染源排污和资源综合利用、排污和生产管理、环境保护和发展结合起来，全面、系统地研究污染物产生和

排放与生产发展的关系，是一种比较科学、合理的计算方法。物料衡算法的基本原理是物质不灭定律（物质守恒定律）。在生产过程中，投入的物料量应等于产品中所含这种物料的量与这种物料流失量的总和。如果物料的流失量全部排入外环境，则污染物排放量就等于这种物料的流失量。

② 经验计算法。经验计算法是指根据生产过程中单位产品（或万元产值）的排污系数进行计算，求得污染物排放量的计算方法。经验公式为：

$$Q=KW$$

式中 K——单位产品经验排放系数，kg/t；

W——单位时间的产品产量，t/h；

Q——单位时间污染源的排污量，kg/h。

国内外文献中有各种污染物的排放系数，它们都是在特定条件下产生的。由于各地区、各单位的生产技术条件不同，污染物排放系数和实际排放系数可能有很大差距。因此，在选择排放系数时，应该选择有权威性、代表性的排放系数，或根据实际情况加以修正，不能盲目选用。

（3）实地监测　实地监测法是通过对某个污染源的现场测定，得到污染物的排放浓度和介质流量（烟气或废水），然后计算出排放量的计算方法。计算公式为：

$$Q=CL$$

式中 C——实测的污染物平均排放浓度，g/m^3；

L——介质（烟气或废水）流量，m^3/h；

Q——测量的排污量，g/h。

这种方法是实地监测污染源的排污量或排放浓度，因此结果比较准确，但所用人力、物力、财力较多。所以进行污染源调查时，应根据不同要求选用不同方法，或几种方法综合使用。

12.1.2.2 污染源评价

污染源评价是在查明污染物排放地点、形式、数量和规律的基础上，综合考虑污染物毒性、危害和环境功能等因素，以潜在污染能力表达区域内主要环境污染问题的方法。

（1）类别评价　类别评价是根据各类不同的污染源中某一种污染物的相对含量（浓度）、绝对含量（质量），以及一些统计指标评价污染源的污染程度的方法。

① 浓度指标。以某污染源排放某种污染物的浓度值来表达污染源的污染能力大小。这种评价指标考虑问题不全面，往往将污染物排放绝对量大而排放浓度偏低的污染源对环境的污染影响掩盖了。

② 排放强度指标。排放强度指标的表达式为：

$$W_i=c_iQ_i$$

式中 W_i——某种污染物的排放强度指标，g/d；

c_i——实测某种污染物的平均排放浓度，g/m^3；

Q_i——含某种污染物的介质排放量，m^3/d。

排放强度指标考虑到单位时间内污染源排放某种污染物的绝对数量，所以较浓度指标更能反映污染源对环境的污染程度。

③ 统计指标。可分为检出率和超标率两种。

a. 检出率。指某污染源的某种污染物的检出样品数占样品总数的比例，表达式为：

$$B_i=\frac{n_i}{A_i}$$

式中　B_i——某种污染物的检出率，%；

n_i——某种污染物的检出样品数；

A_i——某种污染物样品总数。

b. 超标率。指某污染源的某种污染物超过排放标准的样品数占该种污染物检出样品总数的比例，表达式为：

$$D_i=\frac{f_i}{n_i}$$

式中　D_i——某种污染物的超标率，%；

f_i——某种污染物超过排放标准的样品数；

n_i——某种污染物检出样品总数。

以上这些评价方法简单易行、直观，是经常应用的评价方法。但这些评价方法只适用于同种污染物的相互比较，而不能综合反映一个污染源的潜在污染能力，不便于污染源之间和地区之间的相互比较，为此提出了污染源的综合评价。

（2）综合评价　综合评价是较全面、系统地衡量污染源污染能力的评价方法，该方法考虑了污染物的种类、浓度、绝对排放量和累积排放量等，因而能得出对污染源的综合评价结果。

① 污染源污染参数的选择。对于一个排放污染物十分复杂的污染源来说，评价时需对污染物进行筛选，程序如下：首先仔细研究工艺流程，找出工艺内可能存在的排放源；对进料和伴随介质做尽可能全面的元素分析，再结合理论计算，对所有可能的排放源做出估计，确定可能出现的排放物及其数量；根据各种排放物对人体健康和环境的影响，列出可能有的污染物；对这些可能排出的污染物再与有关排放标准相比，按超标倍数大小排序，确定重点考虑的污染物。

② 评价标准的选择。评价标准的选择是衡量污染源评价结果是否合理和科学的关键问题之一。在选择评价标准时，首先要确定环境的功能要求，要选择与环境功能相对应的评价标准。在国家标准与地方标准并存的地区，首先要选用地方标准。所选标准应尽量包括确定的评价污染物，否则所选标准没有意义。

③ 评价方法。主要的评价方法有等标指数、排毒系数和经济技术评价指数。

a. 等标指数。等标指数是把污染物的排放标准作为评价标准的一种评价方法，属于这种评价方法的有等标指数、等标污染负荷、等标污染负荷比等方法。

（a）等标指数。指某种排出污染物的浓度超过排放标准浓度的倍数，它反映了排出污染物浓度与排放标准浓度之间的关系，其表达式为：

$$N_i=\frac{c_i}{c_{oi}}$$

式中　N_i——等标指数；

c_i——某种污染物的实测排放浓度，mg/m^3；

c_{oi}——某种污染物的排放标准浓度，mg/m^3。

（b）等标污染负荷。指某种污染物的绝对排放量与排放标准的比值，表达式为：

$$P_i=\frac{c_i}{c_{oi}}\times Q_i$$

式中 P_i——某种污染物的等标污染负荷，标准状况下测得，mg/d，经量纲转化后为 kg/d；

c_i——某种污染物的实测排放浓度，mg/m^3（大气污染物）或 mg/L（水污染物）；

c_{oi}——某种污染物的标准排放浓度，mg/m^3（大气污染物）或 mg/L（水污染物），评价时只作为标准化系数（无量纲）；

Q_i——含某种污染物的介质排放量，mg/d。

某污染源排放 n 种污染物，则该污染源的等标污染负荷为：

$$P_n=\sum_{i=1}^{n}P_i=\sum_{i=1}^{n}\frac{c_i}{c_{oi}}Q_i$$

某地区或某流域有 m 个污染源，则该地区或流域的等标污染负荷为：

$$P_m=\sum_{j=1}^{m}P_{nj}=\sum_{j=1}^{m}\sum_{i=1}^{n}\frac{c_i}{c_{oi}}Q_i$$

(c) 等标污染负荷比。某种污染物的等标污染负荷（P_i）占该污染源等标污染负荷（P_n）的比例，称为该污染物的等标污染负荷比（K_i），表达式为：

$$K_i=\frac{P_i}{P_n}$$

式中 K_i——某污染物的等标污染负荷比；

P_i——某污染物的等标污染负荷；

P_n——某污染源的等标污染负荷。

某污染源的等标污染负荷（P_n）占该地区或该流域等标污染负荷（P_m）的比值，称为该污染源的等标污染负荷比（K_n），表达式为：

$$K_n=\frac{P_n}{P_m}$$

式中 K_n——某污染源的等标污染负荷比；

P_n——某污染源的等标污染负荷；

P_m——某地区或流域等标污染负荷。

b. 排毒系数。排毒系数指污染物的实测排放浓度与污染物的毒性标准浓度的比值，表达式为：

$$I_i=\frac{c_i}{c_{ni}}$$

式中 I_i——某污染物的排毒系数；

c_i——某污染物的实测排放浓度，mg/m^3；

c_{ni}——某污染物的毒性标准浓度，mg/m^3。

c. 经济技术评价指数。污染源排放污染物的主要原因是资源利用率低、企业管理不善、技术条件落后、设备陈旧等。在评价污染源时，采用经济技术评价方法，可使人们对污染源的认识有进一步的提高。污染物的排放量取决于单位产品消耗的水、能源和原材料的量。因此，利用经济技术指标可以从另一个侧面反映污染源的潜在污染能力。主要包括消耗指数和流失量指数。

(a) 消耗指数。指生产单位产品所耗用的水、能量、原材料的数量与定额消耗量之比，表达式为：

$$E_i=\frac{a_i}{a_{oi}}$$

式中 E_i——某种产品的消耗指数；

a_i——某种产品的水（或能量、原材料）的单耗，t/t；

a_{oi}——某种产品的水（或能量、原材料）的定额消耗量，t/t。

(b) 流失量指数。指某一污染源的水、能量和原材料的流失量与定额流失量之比，它反映出生产技术、生产工艺和生产管理的总水平，表达式为：

$$F_i=\frac{q_i}{q_{oi}}$$

式中 F_i——流失量指数；

q_i——水（或能量、原材料）的日平均流失量，kg/d；

q_{oi}——水（或能量、原材料）的定额日平均流失量，kg/d。

12.1.2.3 确定重点污染源及主要污染物

在进行环境规划时，确定规划区域内重要污染源和主要污染物是一项十分重要的工作。因为只有了解了重要污染源和主要污染物，才能有针对性地提出改善环境质量状况的对策措施，才能有效控制和改善环境质量状况。确定重点污染源和主要污染物，一般采用前述的等标污染负荷和等标污染负荷比的方法，具体做法如下：

(1) 确定评价范围 首先要根据评价工作的空间范围，在确定的空间范围内确定参加评价的所有污染源及每个污染源所排污染物的种类。

(2) 计算等标污染负荷 对参加评价的所有污染源排放的所有污染物，逐个计算其等标污染负荷。

(3) 以污染源为单位计算等标污染负荷比 以污染源为单位，计算每个污染源各种污染物的污染负荷之和，这个和就是每个污染源的等标污染负荷。然后再计算每个污染源的等标污染负荷占总（全规划区域）等标污染负荷的比例，这个比例即为每个污染源的等标污染负荷比。凡等标污染负荷比大的污染源就是重点污染源。

(4) 以污染物为单位计算等标污染负荷比 打破污染源界限，在规划区域范围内以每种污染物为单位，计算每种污染物的等标污染负荷的和，这个和为区域范围内这种污染物的等标污染负荷。然后再计算每种污染物等标污染负荷占总（全规划区域）等标污染负荷的比例，这个比例即为每种污染物的等标污染负荷比。凡等标污染负荷比大的污染物就是主要污染物。

12.1.3 环境质量评价方法

12.1.3.1 环境质量评价方法

从大气、水、土壤等环境要素角度看，对某一环境要素单一质量因子进行的环境质量评价，称为单因子评价；就多个环境质量因子进行的环境质量评价，称为综合质量评价。采取环境质量指数方式，对一定区域范围的环境要素状态进行表征评定，是环境质量评价广泛使用的最基本的方法。

(1) 单因子评价指数　对单一环境要素的单因子进行评价的指数方法如下：

$$I_i=\frac{\rho_i}{S_i}$$

式中　I_i——i 种污染物评价指数；

ρ_i——i 种污染物在环境介质中的浓度；

S_i——i 污染物的评价标准。

这种对单一环境要素进行评价的指数 I 是一量纲为 1 的量，它表示某种污染物在环境介质中的浓度超过环境质量标准的程度，即超标倍数。

(2) 综合质量评价指数　单因子环境质量指数只能以一种污染物代表环境质量状况，难以反映环境质量的全貌。这时，可在单因子指数基础上，通过建立综合指数进行环境质量的整体评价。常见的综合指数有均值型综合质量指数和加权型综合质量指数，也有根据因子数据的分布，进一步结合幂指数、向量模方法建立的环境质量指数。在此基础上，依所给定的综合指数分级标准，即可进行环境质量的综合评价。

① 均值型综合质量指数。均值型综合质量指数的表达式为：

$$I_{均}=\frac{1}{n}\sum_{i=1}^{n}I_i$$

式中　$I_{均}$——均值型综合质量指数；

I_i——单因子质量指数；

n——参与评价的环境质量因子数目。

均值型综合质量指数意味着，参与评价的各环境因子对环境质量的影响作用是相同的，即权重相同。

② 加权型综合质量指数。如果考虑各种环境因子对环境质量具有并不完全相同的影响作用，可采用加权方式建立综合评价指数，表达式为：

$$I=\sum_{i=1}^{n}W_iI_i$$

式中　W_i——第 i 个环境因子的权重系数，$\sum_{i=1}^{n}W_i=1$。

加权型综合质量指数评价方法的关键在于合理地确定环境评价因子的权重。一般权重系数的确定多采用专家调查方法给出。

若考虑某些污染严重的因子对环境质量的突出影响，为体现这类因子指数的极值作用，在环境评价实践中就产生了兼顾极值作用的加权型综合评价指数方法，如内梅罗指数及其改进形式。

③ 环境质量指数分级。通常环境质量指数的建立，并不能直接描述环境质量的优劣，需要进一步建立环境质量的分级标准，以将所计算的环境质量指数值（或评分值）通过分级标准进行环境质量的评价。对评价指数的分级，可结合环境质量标准或基准等进行。

12.1.3.2 生态环境现状评价方法

(1) 生态环境现状评价一般要求　生态环境现状评价一般需阐明生态系统的类型、基本结构和特点，评价区域内居优势的生态系统及其环境功能；自然资源赋存和优势资源及其利用状况；阐明不同生态系统间的关系及连通情况，各生态因子间的关系；明确生态系统主要约束条件，以及所研究的生态系统的特殊性。另外，现状评价还需阐明待评价的生态环境目前所受到的主要压力、威胁和存在的主要问题等。

（2）生态环境评价方法　生态环境评价方法大致可分为两种类型。

一种是作为生态系统质量的评价方法，主要考虑的是生态系统属性的信息，较少考虑其他方面的意义。例如早期的生态系统评价就是着眼于某些野生生物物种或自然区的保护价值，指出某个地区野生动植物的种类、数量、现状，有哪些外界压力，根据这些信息提出保护措施建议。关于自然保护区的选址、管理也属于这种类型。

另一种评价方法是用社会经济的观点评价生态系统，估计人类社会对自然环境的影响，评价人类社会经济活动所引起的生态系统结构、功能的改变及其改变程度，提出保护生态系统和补救生态系统损失的措施。目的在于保证社会经济持续发展的同时保护生态系统免受或少受有害影响。

两类评价方法的基本原理相同，但由于影响因子和评价目的不同，评价的内容和侧重点不同，方法的复杂程度也不尽相同。

（3）群落评价　群落评价的目的是确定需要特别保护的种群及其生境。为便于规划者使用，群落评价一般采用定性或半定量的优化排序的方法。普遍的做法是给各个生态特征因子打分，并按其在生态系统的结构、功能中的相对重要性确定权重因子，最后计算总分，作为评价范围内群落评价相对价值的判定依据。

例如，根据评价范围内不同栖息地主要动物的丰度，可分为以下四类：丰富类，当人们于适当季节来栖息地观察时，每次看到的数量都很多；普遍类，人们于适当季节来访时，几乎每次都可以看到中等数量；非普遍类，偶尔看到；特殊关心类，珍稀的或者可能被管理部门列为濒危类的物种。

根据评价范围内动物处境的危险程度可分为以下几类：濒灭类，有成为灭绝物种可能的；濒危类，物种的种群已经衰退，要求保护以防物种遭受危险；特殊类，局限在极不平常的栖息地的物种，要求特殊的管理以维持栖息地的完整和栖息地上的物种；由特别法律监督控制和保护的皮毛动物。

此外，对评价范围内植物群落、环境功能等也要分为若干级。对每一种分类，按其相对重要性依次确定权重因子。综合各个评价因子可得到评价范围内不同评价对象的总评价得分。据此可以得出评价范围内需要特别保护的种群及其生境。

（4）栖息地评价　栖息地评价主要是根据栖息地的特征，评价各种不同栖息地的自然保护价值，评价方法有以下几种。

① 分类法。对评价区各种生境按自然保护区标准分类方法进行归类，列表表达。例如，英国自然保护委员会将不同栖息地按自然保护价值分为三类：第一类为野生生物物种最主要的栖息地；第二类为对野生生物有中等意义的栖息地；第三类为对野生生物意义不大的栖息地。

② 相对生态评价图法。对规划区进行生态分域，确定各类栖息地的保护价值，评分并分级，将有关信息综合并绘制成相对生态评价图。

③ 生态价值评价图法。根据栖息地面积、稀有性、存在物种数和植被构造等特征进行客观评价，将最后结果按网格绘出生境的生态价值评价图。

④ 扩展的生态价值评价法。除生态因子外，还综合考虑了社会、经济等因子，如科研、教育、美学意义等，对每个栖息地的自然保护价值打分，根据每个栖息地的分值进行分级。

⑤ 生态系统质量评价。生态系统质量分析评价考虑植被覆盖率、群落退化程度特征，

按100分制给各特征赋值。生态系统质量按下式计算：

$$E_Q=\sum_{i=1}^{n}\frac{A_i}{N}$$

式中 E_Q——生态系统质量；

A_i——第 i 个生态特征的赋值；

N——参与评价的特征数。

按 E_Q 值将生态系统分为5级，各级对应分值分别为：Ⅰ级100～70，Ⅱ级69～50，Ⅲ级49～30，Ⅳ级29～10，Ⅴ级9～0。

以上几种半定量评价方法的共同点是按各生态因子的优劣程度分级给分，按其相对重要性确定权重因子，最后以“保护价值”或“生态系统质量”形式给出半定量评价结果。这种方法具有简明、直观和易操作的优点，但它们之间由于侧重的因子不同、精度要求不同和对现场实测数据的要求不同，因此在评价参数给分和权重确定方面有不同程度的主观倾向性，造成互相之间缺乏“兼容性”，评价结果难以互相比较。

12.2 环境预测方法

环境预测是通过已取得的资料和监测统计数据，对未来或未知的环境进行估计和推测，对环境的发展趋势做出科学的分析和判断。环境预测是进行环境决策和环境科学管理的依据，也是制定环境规划的基础。环境预测在环境影响的分析评价中起着重要的作用。环境规划中，为实现协调环境与经济发展所能达到的目标，环境预测是不可缺少的环节，这也是环境规划决策的基础。实际工作中，环境影响一般考虑环境质量的一个或多个度量值的具体变化，对于这类变化的分析把握是环境预测的核心内容。

12.2.1 环境预测

12.2.1.1 环境预测的主要内容

(1) 环境质量与污染预测 环境污染防治规划是环境规划的基本问题，与之相关的环境质量与污染源的预测活动构成了环境预测的重要内容。例如污染物总量预测的重点是确定合理的排污系数（如单位产品排污量）和弹性系数（如工业废水排放量与工业产值的弹性系数）；环境质量预测的主要问题是确定排放源、汇与受纳环境介质之间的输入响应关系。

水、气、声、固废等环境要素的预测方法，将放在相关专项规划中进行介绍。

(2) 社会发展预测 重点是人口预测，也包括一些其他社会因素的分析确定。

(3) 经济发展预测 重点是能源消耗预测、国内生产总值预测和工业总产值预测等，同时也包括对经济布局与结构、交通和其他重大经济建设项目的预测与分析。

(4) 其他预测 根据规划对象具体情况和规划目标需要，选定其他预测，如重大工程建设的环境效益或影响，土地利用、自然保护和区域生态环境趋势分析，科技进步及环保效益等。

12.2.1.2 环境预测的原则

(1) 经济社会发展是环境预测的基本依据 要注意经济社会与环境各系统之间和系统整

体的相互联系和变化规律。

（2）重视科技进步的作用　科学技术对经济社会发展的推动作用与对环境保护的贡献是影响环境预测的重要因素。

（3）突出重点　抓住那些对未来环境发展动态具有最重要影响的因素，这不仅可大大减少工作量，而且可提高预测的准确性。

（4）具体问题具体分析　环境预测涉及面十分广泛，一般分为宏观和中观两个层次，要注意不同层次的特点和要求。

12.2.1.3　环境预测的方法选择与结果分析

（1）基本思路　环境预测是在环境调查和现状评价的基础上，结合经济发展规划或预测，通过综合分析或一定的数学模拟手段，推求未来的环境状况，其技术关键是：

① 把握影响环境的主要社会经济因素并获取充足的信息。

② 寻求合适的表征环境变化规律的数理模式和（或）了解预测对象的专家系统。

③ 对预测结果进行科学分析，得出正确的结论。这一点取决于规划人员的素质和综合分析问题的能力与水平。

（2）预测方法选择　与一般预测的技术方法相同，有关环境预测的技术方法也大致分为两类：

① 定性预测技术。如专家调查法（召开会议、征询意见等）、历史回顾法、列表定性直观预测法等。这类方法以逻辑思维为基础，综合运用这些方法对分析复杂、交叉和宏观问题十分有效。

② 定量预测技术。这类方法多种多样，常用的有外推法、回归分析法和环境系统的数学模型等。这类方法以运筹学、系统论、控制论、系统动态仿真和统计学为基础，其中环境系统的数学模型对定量分析环境演变、描述经济社会与环境相关关系比较有效。用于环境系统的数学模型，是综合代数方程或微分方程建立的。通常，它们依据科学定律，或者依据数据的统计分析，或者二者兼而有之。例如，物质不灭定律是用来预测环境质量（水、空气）影响的多数数学模型的基础。

环境预测方法的选择应力求简便和适用。由于目前所发展的预测模型大多还不完善，均有各自的不足与弱点，因而实际预测时，亦可采用几种模型同时对某一环境对象进行预测，然后通过比较、分析和判断，得出可以接受的结果。

（3）预测结果的综合分析　预测结果的综合分析评价，目的在于找出主要环境问题及其主要原因，并由此进一步确定规划的对象、任务和指标。预测结果的综合分析主要包括下述内容：

① 资源态势和经济发展趋势分析。分析规划区的经济发展趋势和资源供求矛盾，同时分析经济发展的主要制约因素，以此作为制定发展战略、确定规划方案等问题的重要依据。

② 环境发展趋势分析。在环境问题中，两种类型的问题在预测分析时应特别值得注意。一类是指某些重大的环境问题，例如全球气候变化、臭氧层破坏或严重的环境污染问题等。这些问题一旦发生会造成全球或区域性危害甚至灾难。另一类是指偶然或意外发生而对环境或人群安全和健康具有重大危害的事故，如核电站泄漏事故、化工厂爆炸、采油井喷、海上溢油、水库溃坝、交通运输中有毒物质的溢出和尾矿库等。对这类环境风险的预测和评价，有助于采取针对性措施，或者制定应急措施防患于未然，从而在事故发生时可减少损失。

（4）其他重要问题分析　对规划区域中某些重要问题进行分析，如特别需要保护的对象、重大工程的环境影响或效益等。

12.2.2 社会经济发展预测

社会经济发展预测主要包括对人口、国内生产总值、能耗的预测。

12.2.2.1 人口预测

人口预测就是从现实人口状况出发，依据人口发展规律，考虑地区资源、经济发展水平、国家政策等因素对人口发展的影响，按照科学方法对未来一个时期的人口发展状况做出科学的推算。人口总数的预测是人口预测最重要和基本的内容之一。

预测未来人口发展状态的方法较多，其依据主要有：①根据现有人口的数量、性别、年龄结构、出生率、死亡率、迁移率等预测未来人口数量的变动；②根据过去某一时期内人口增长的速度或绝对数，预测未来人口发展状况；③根据影响人口总数变动的因素进行人口预测。具体方法有两大类，即数学方法和人口学方法。例如，通过大量数据的回归分析，我国人口预测常用的一种经验模型的基本形式为：

$$N_t = N_{t_0} e^{k(t-t_0)}$$

式中 N_t——t 年的人口总数；

N_{t_0}——$t=t_0$ 年时，即预测起始年时的人口基数；

k——人口增长系数或人口自然增长率。

上述预测的关键是求算 k 值。人口自然增长率（k）是人口出生率与死亡率之差，常表示为人口每年净增的千分数。其计算方法是：在一定时空范围内，人口自然增长数（出生人数减死亡人数）与同期平均人口数之比，并用千分比表示。而平均人口数是指计算期（如年）初人口总数和期末人口总数之和的 1/2。k 值的选取除与时间 t 有关外，还与预测的约束条件有关，即与社会的平均物质生产水平、文化水平、战争与和平状态、人口政策和人口年龄结构有密切关系。

12.2.2.2 国内生产总值预测

国内生产总值（gross domestic product，GDP）是指在一定时期内（一个季度或一年），一个国家或地区的经济中所生产出的全部最终产品和劳务的价值，常被公认为衡量国家经济状况的最佳指标。许多国家在实现经济发展、国内生产总值快速增加的过程中都遇到过环境破坏的问题，因此必须处理好经济发展与环境保护的关系。规划期国内生产总值的平均年增长率是国民经济发展规划的主要指标，环境预测可直接用它来预测有关的参数。传统的 GDP 预测方法有灰色预测模型、线性回归分析法、曲线拟合法、指数平滑法、时间序列 Box-jenkins 法等。

通过大量数据的回归分析，我国国内生产总值预测的常用经验模型的形式是：

$$Z_{GDPt} = Z_{GDP0}(1+a)^{t-t_0}$$

式中 Z_{GDPt}——t 年 GDP；

Z_{GDP0}——t_0 年即预测起始年的 GDP；

a——GDP 年增长速率，%。

12.2.2.3 能耗预测

环境规划中进行的能耗计算主要包括原煤、原油、天然气三项，按规定折算成每千克发热量 7000kcal（1cal=4.1868J）(或 $7000\times4.1868\times10^3J=2.93\times10^7J$) 的标准煤，折算系数是：原煤 0.714，原油 1.43，天然气每立方米折算为 1.33kg。

（1）能耗指标

① 产品综合能耗：有单位产值综合能耗和单位产量综合能耗两种指标。

单位产值综合能耗=总耗能量(以标准煤计，吨)/产品总产值(万元)

单位产量综合能耗=总耗能量(以标准煤计，吨)/产品总产量(吨或万元等)

② 能源利用率：有效利用的能量与供给的能量之比。

③ 能源消费弹性系数：规划期内能源消费量增长速度与经济增长速度之间的对比关系。

能源消费弹性系数=年平均能源消费量增长速度/年平均经济增长速度

其中，经济增长速度可采用工业总产值、工农业总产值、社会总产值或国民收入增长速度等表示。

（2）能耗预测方法

目前常用的能耗预测方法主要是人均能量消费法和能源消费弹性系数法两种类型。具体方法如下：

① 人均能量消费法。按人民生活中衣食住行对能源的需求来估算生活用能的方法。美国对 84 个发展中国家进行的调查表明：当每人每年的消费量为 0.4t 标准煤时只能维持生存；为 1.2～1.4t 时可以满足基本的生活需要。在一个现代化社会里，为了满足衣食住行和其他需要，每人每年的能源消耗量不低于 1.6t 标准煤。我国上海市为 0.7t 标准煤。

② 能源消费弹性系数法。这种方法是根据能源消费与国民经济增长之间的关系，求出能源消费弹性系数 e，再由已决定的国民经济增长速度，粗略地预测能耗的增长速度。计算公式为：

$$\beta=e\alpha$$

式中　β——能耗增长速度；

e——能源消费弹性系数；

α——工业产值增长速度。

能源消费弹性系数 e 受经济结构的影响。一般来说，在工业化初期或国民经济高速发展时期，能源消耗的年平均增长速度超过国内生产总值年平均增长速度，e 大于 1，甚至超过 2。此后，随着工业生产的发展和技术水平的提高，人口增长率的降低，国民经济结构的改变，能源消费弹性系数 e 将下降，大都低于 1，一般为 0.4～1.1。若已知能耗增长速度，则规划期能耗预测计算公式如下：

$$E_t=E_0(1+\beta)^{t-t_0}$$

式中　E_t——规划期 t 年的能耗量；

E_0——规划期起始年 t_0 的能耗量。

12.3 环境决策方法

12.3.1 环境规划的决策分析

（1）环境规划的决策过程　决策是指为了解决某一行动选择问题对拟采取的行动所做出

的决定。由于决策的内容直接来源于所要解决的问题并受其制约，因此，这个待解决的问题就构成决策问题。针对一个决策问题做出决定时，总要包括决策者对要解决的问题所抱有的目的。因此一个合理的决策问题，首先是确定决策的目标或决策者所希望达到的行动结果或状态。这种有目的的行动，一般由三种活动组成，即设计备选方案、选择行动方案和实施行动方案。

依照系统工程的原理，一般环境规划的决策过程从广义来看包含四个基本程序环节：找出问题并确定目标；拟定备选行动方案；比较和选择最佳行动方案；方案的实施即规划的执行。

（2）环境规划的决策分析　决策分析是进行决策方案选择的一套系统分析方法。它通常是关于决策过程中具体的程序、规则和推算的组合。决策分析并不意味着为决策者制定决策，它仅仅是试图通过一定适当的处理或分析方法帮助决策者有效地组织信息，改进决策过程，辅助决策。

① 环境规划决策分析的方式。按照决策问题的内容和信息的数量化特性，决策分析的方式可以分为两种：定性决策分析和定量决策分析。如果决策分析的内容、方法及信息以定性形式为特征，则称其为定性决策分析。这种决策分析方式主要依靠人的经验判断进行。如果数量化是决策分析内容、方法及信息的主要特征，则称其为定量决策分析。定量决策分析由于可以得出明确的数量结果，便于应用数学方法和计算机技术，也便于揭示一些直观难以表达的关系，因而可以更为有效地识别行动方案的效果，有利于对决策方案进行比较选择。

② 环境规划决策分析的基本框架。针对环境规划具有多方案、多目标决策问题的特征，可采用决策树的结构框架进行分析，即将这种多方案、多目标的决策过程，按因果关系、隶属层次和复杂程度分成若干有序的方案和若干等级的目标，形成由对策-目标组成的递阶展开的“树枝状”决策分析系统。

③ 环境系统规划的决策分析模式。根据环境规划决策分析基本框架，在实际应用中，系统规划的决策分析可归纳为两种类型：一是基于最优化技术构造的环境系统规划决策分析模型，可称之为“最优化决策分析模型”；另一种是基于各种备选方案进行系统目标的模拟分析，从而选择满意方案，可称之为“模拟优化决策分析模型”。

环境系统规划的“最优化决策分析模型”，通常是利用数学规划方法，建立数学模型并一次求解行动方案的决策分析过程。其定量化程度和计算机化程度高，但需要在一定条件下进行简化以建立模型，因而存在局限性，这使得实际应用中，许多环境系统规划的范围、条件和因素往往不能满足构成（已经简化了的）“最优化”规划模型的要求，从而无法将对决策问题的多种考虑直接容纳到最优规划的目标和约束之中，加之社会影响的目标更无法直接在最优模型中表达。因此，在许多情况下这种最优化决策分析模型难以适应复杂环境系统规划决策分析的实际需求。虽然在某些相当简化的条件下，研究开发了几种有关的水、气环境“最优化”规划模型，可在一定场合或简单决策问题中作为规划决策分析应用，但对复杂的系统规划决策分析而言，则很少实际应用。

“模拟优化决策分析模型”是直接基于环境规划决策分析的对策——目标树框架，就各个备选组合方案，分别进行多种目标和综合指标的模拟（包括环境质量、费用及社会影响等）和评估的决策分析过程。这一决策分析过程基于多目标决策的基本思维方式，如既考虑环境质量的功能需求，也考虑污染源控制等问题，从而可以提供综合目标对应的协调方案的决策分析信息。由于这种决策分析的过程便于决策者、分析者、受影响者以及有关专家的交流和参与，从而有利于对各种方案的相对优劣程度得出较为统一和适当的认识，因此“模拟优化决策分析模型”往往成为复杂系统规划决策分析常采纳的方式。

12.3.2　环境规划的决策分析技术方法

现代决策科学已经产生建立了许多有效的决策分析技术方法，特别是通过将决策论、系统分析和心理学等多领域研究成果融合起来，朝着定量化和计算机化方向发展起来的决策分析技术方法及其计算工具，正在广泛地渗透到各种决策问题及其决策过程中。在环境规划中，目前使用较为普遍的决策分析技术方法大体包括费用效益（效果）分析、数学规划方法和多目标决策分析技术三种基本类型。

（1）费用效益分析　实施环境规划管理措施和技术方案，一方面需要投入和代价，另一方面可以直接获得环境功能的恢复和改善，从而减少环境污染、资源破坏所带来的损失。对于这种环境效益和相应的投入代价的分析，在环境规划中选择不同方案时，最直接的思想是类似一般活动的经济分析，通过费用效益分析评价方法进行。

传统上，费用效益分析是用于识别和度量一项活动或规划的经济效益和费用的系统方法，其基本任务就是分析计算规划活动方案的费用和效益，然后通过比较评价从中选择净效益最大的方案以供决策。它是一种典型的经济决策分析框架。将其引入环境规划中，可作为一项工具手段用以进行环境规划的决策分析。

（2）数学规划方法　数学规划方法是指利用数学规划最优化技术进行环境规划决策分析的一类技术方法。从决策分析的角度看，这类决策分析方法的使用需要根据规划系统的具体特征，结合数学规划方法的基本要求，将环境系统规划决策问题概化成在预定的目标函数和约束条件下，对由若干决策变量代表的规划方案进行优化选择的数学规划模型。

目前，用于环境规划的数学规划决策分析方法主要有线性规划、非线性规划及动态规划等。

（3）多目标决策分析技术　客观世界的多维性或多元化使得人们的需求具有多重性，因而绝大多数决策问题都具有不同程度的多目标特征。环境规划的某些决策问题虽然可经概括、简化，在一定程度上处理为单一目标的数学规划问题，并以相应的优化方法求解，进行规划方案的选择确定，但基于多目标决策的概念方法能更好地体现环境系统规划决策问题多目标的本质特征，支持环境规划决策问题的分析过程。

从决策的基本内容看，多目标决策分析应用中涉及最主要的概念是确定所要解决问题的目标体系和实现这些目标方案的评价选择问题。所谓多目标决策分析，就是运用各种数学（包括计算机）支持技术处理两个问题：根据所建立的多个目标，找出全部或部分非劣解；设计一些程序识别决策者对目标函数的意愿偏好，从非劣解集中选择满意解。

在解决上述两方面问题的实践中，多目标决策分析技术并非全都将其处理为两个独立顺序的求解过程，许多方法是将两部分内容结合起来，即在非劣解求解过程中已注入反映决策者意愿偏好的因素。

鉴于处理多目标问题的难度，降维——即化多目标为单目标的方法有时也会采用，由于简化思路不同，也形成了不同的多目标决策分析方法。各种多目标决策分析技术，可依有限方案与无限方案分为两类。有限方案条件下的决策分析技术，在实际问题包括环境规划中的使用更为常见普通。

本章内容小结

[1] 环境特征的调查方法主要有三种，即收集资料法、现场调查法和遥感调查法。

[2] 污染源调查方法主要有社会调查、理论计算和实地监测。

[3] 污染源评价是在查明污染物排放地点、形式、数量和规律的基础上，综合考虑污染物毒性、危害和环境功能等因素，以潜在污染能力表达区域内主要环境污染问题的方法。

[4] 在进行环境规划时，确定规划区域内重要污染源和主要污染物是一项十分重要的工作。因为只有了解了重要污染源和主要污染物，才能有针对性地提出改善环境质量状况的对策措施，才能有效控制和改善环境质量状况。

[5] 从大气、水、土壤等环境要素角度看，对某一环境要素单一质量因子进行的环境质量评价，称为单因子评价；就多个环境质量因子进行的环境质量评价，称为综合质量评价。采取环境质量指数方式，对一定区域范围的环境要素状态进行表征评定，是环境质量评价广泛使用的最基本的方法。

思考题

[1] 环境特征的调查方法有哪些?

[2] 污染源调查的方法有哪些?如何确定重点污染源及主要污染物?

[3] 环境质量评价方法有哪些?单因子评价方法和综合质量评价方法有什么区别?

[4] 环境预测的主要内容有哪些?

[5] 简述能耗预测方法中人均能量消费法和能源消费弹性系数法的计算方法。

[6] 简述环境规划中目前使用较为普遍的决策分析技术方法。

13 大气环境规划

【学习目的】

通过本章学习，了解大气污染的概念及大气污染物。熟悉大气环境规划的主要内容。了解大气环境现状调查与分析的内容，熟悉大气环境功能区划。熟悉大气污染源源强预测方法和大气环境质量预测方法。熟悉大气污染物总量控制方法。

13.1 大气污染概述

13.1.1 大气污染

按照国际标准化组织（ISO）的定义，大气污染通常系指由于人类活动和自然过程引起某种物质进入大气中，呈现足够的浓度，达到了足够的时间并因此对人体的舒适、健康和福利或环境造成危害的现象。

所谓人类活动不仅包括生产活动，而且包括生活活动（做饭、取暖、交通等）。自然过程包括火山活动、山林火灾、海啸、土壤和岩石的风化及大气团中的空气运动等。一般说来，自然环境所具有的物理、化学和生物机能（即自然环境的自净作用）会使自然过程造成的大气污染经过一定时间后自动消除（使生态平衡自动恢复）。所以可以说，大气污染主要由人类活动造成。

大气污染对人体的舒适、健康的危害，包括对人体的正常生活环境和生理机能的影响，引起急性病、慢性病以致死亡，而福利指与人类协调并存的生物、自然资源以及财产、器物等。

根据影响范围，大气污染可分为四类：①局部地区污染，如工厂或单位烟囱排气引起的污染；②地区性污染，如工业区及其附近地区或整个城市大气受到污染；③广域污染，是指跨越行政区划的广大地域的大气污染；④全球性大气污染，某些超越国界具有全球性影响的大气污染，例如人类活动造成的空气中 CO_2 含量的增加引起了全球的气候异常，人类大量使用制冷剂导致臭氧层的破坏，直接危及人类和动植物。

13.1.2 大气污染源与污染物

大气污染物的发生源简称大气污染源。大气污染物产生于人类活动或自然过程，因此大气污染源可以概括为人为污染源和自然污染源两类。大气污染控制工程的主要研究对象是人为污染源。根据对主要污染物的分类统计，主要来源为燃料燃烧、工业生产过程和交通运输。前两类污染源统称为固定源，交通运输工具（机动车、火车、飞机等）则称为流动源。在污染源分类中，根据一次污染物和二次污染物的特征，可将人为污染源分为一级污染源和二级污染源（即继发性污染源）。

大气污染物是指由人类活动或自然过程排入大气，并对人类或环境产生有害影响的物质。大气污染物的种类很多，根据其存在的特征可分为气溶胶状污染物和气体状态污染物两类。

① 气溶胶状污染物：气溶胶是指空气中的固体粒子和液体粒子，或固体和液体粒子在气体介质中的悬浮体。按照气溶胶的来源和物理性质，可将其分为粉尘、烟、飞灰、黑烟、雾等。在大气污染控制工程中，根据大气中颗粒物的大小又将其分为可吸入颗粒物 PM_{10}、降尘和总悬浮颗粒 TSP。

② 气体状态污染物：大气中的气体状态污染物以分子状态存在，又称为气态污染物。气态污染物的种类很多，大部分为无机气体。常见的有五类：以 SO_2 为主的含硫化合物；以 NO 和 NO_2 为主的含氮化合物；碳氧化物（CO、CO_2）；碳氢化合物（如烷烃 C_nH_{2n+2}、烯烃 C_nH_{2n} 和芳香烃类）；卤族化合物（如 HF、HCl 等）。气态污染物也可分为一次污染物和二次污染物。

13.2 大气环境规划的内容

13.2.1 大气环境现状调查与分析

（1）污染源调查和评价　污染源调查的目的是弄清规划区域污染的来源。根据污染源的类型、性质、排放量、排放特征及相对位置和当地的风向、风速等气象资料，分析和估计它们对该规划区域的影响程度，并通过污染源评价确定该规划区域的主要污染源和主要污染物。

（2）大气环境现状评价　大气环境质量的现状评价是弄清大气污染物来源、性质、数量和分布的重要手段。依据此评价结果，可以了解大气环境质量现状的优劣，为确定大气环境的控制目标提供依据；也可通过大气污染物浓度的时空分布特征，了解当地烟气扩散的特征和污染物来源，进行大气污染趋势分析，并可为建立污染源和大气环境质量的响应关系提供基础数据。

在进行大气污染源调查与分析时，能流分析是一种重要的方法。

（3）能流分析　能源是经济、社会发展的重要支柱，但是能源在生产、运输、转换消费中的一个或几个阶段都会产生环境影响，需要付出代价。在复合生态系统中，存在以下反映关系：经济和生活水平提高—能源消费增加—大气污染物产生量增加—大气污染物排放量增加—大气环境质量恶化。

能流分析是大气环境规划的基本方法之一。能流分析按照能源利用现状与规划用能的实际情况，以用能部门为终端，采用网络图的方法加以直接和抽象的表征，构成宏观能流网络图。能流分析对能源的输入、转换、分配和使用的全过程进行系统分析，以剖析大气污染物的产生、治理、排放规律，找出主要环境问题，找出解决问题的最佳方案，以达到减少能量流失、降低能源消耗、降低大气污染的目的。能流分析框架如图 13-1 所示。

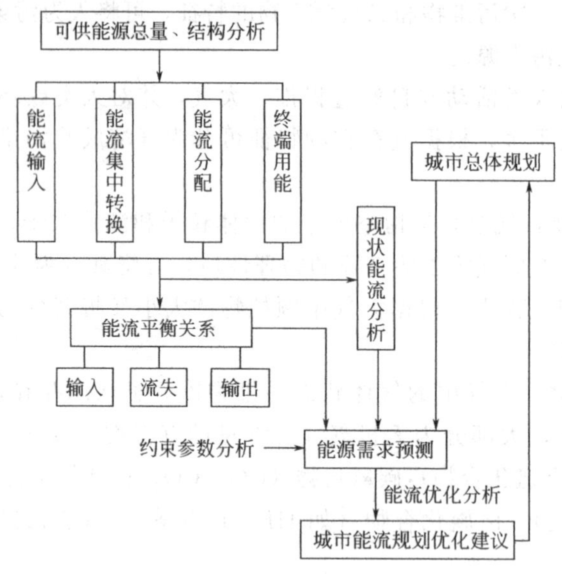

图 13-1　能流分析框架

13.2.2　大气环境功能区划

大气环境功能区划是按功能区对大气污染物实行总量控制和进行大气环境管理的依据。大气环境功能区是因区域社会功能不同而对环境保护提出不同要求的地区，功能区数目不限，但应由当地人民政府根据国家有关规定及城市发展总体规划划分为一、二类大气环境功能区。

具有不同社会功能的区域（如居民区、商业区、工业区、文化区和旅游区等），根据国家有关规定要分别划分为一、二类功能区。各功能区分别采用不同的大气质量标准，以保证这些区域社会功能正常发挥（表 13-1）。

表 13-1　大气环境功能区划

功能区类别	范　围	执行大气质量标准
一类功能区	自然保护区、风景名胜区和其他需要特殊保护的区域	一级
二类功能区	居住区、商业交通居民混合区、文化区、工业区和农村地区	二级

一方面要充分利用自然环境的界线（如山脉、丘陵、河流及道路等），作为相邻功能区的边界线，尽量减少边界的处理。另一方面应特别注意风向的影响，如一类功能区应放在最大风频的上风向，通过最大限度地开发利用环境空气的自净能力，达到既扩大区域污染物的允许排放总量，又减少治理费用的目的。划分大气环境功能区，对不同的功能区实行不同大气环境目标的控制对策，有利于实行新的环境管理机制。

13.2.3　大气影响预测

在进行大气污染预测时，首先应确定主要大气污染物，以及影响排污量增长的主要因素，然后预测排污量增长对大气环境质量的影响。这就需要确定描述环境质量的指标体系，并建立或选择能够表达这种关系的数学模型。大气污染预测主要包括两个部分，一是污染物排放量（源强）预测，二是大气环境质量变化预测。

13.2.3.1　大气污染源源强预测

源强是研究大气污染的基础数据，其定义就是污染物的排放速率。对瞬时点源，源强就是点源一次排放的总量；对连续点源，源强就是点源在单位时间内的排放量。

（1）源强预测的一般模型　预测源强的一般模型为：

$$Q_i = K_i W_i (1-\eta_i)$$

式中　Q_i——源强，对瞬时排放源以 kg 或 t 计；对连续稳定排放源以 kg/h 或 t/d 计；

K_i——某种污染物的排放因子；

W_i——燃料的消耗量，对固体燃料以 kg 或 t 计，对液体燃料以 L 计，对气体燃料以 $100m^3$ 计，时间单位以 h 或 d 计；

η_i——净化设备对污染物的去除效率；

i——污染物的编号。

（2）耗煤量预测　分为工业耗煤量和民用耗煤量。

① 工业耗煤量预测。工业耗煤量的预测方法有弹性系数法、回归分析法、灰色预测等几种常用的方法。以弹性系数法为例，其预测方法如下：

$$E = E_0 (1+\alpha)^{(t-t_0)}$$

$$M = M_0 (1+\beta)^{(t-t_0)}$$

式中　E——预测年工业耗煤量，10^4 t/a；

E_0——基准年工业耗煤量，10^4 t/a；

M——预测年工业总产值，万元/a；

M_0——基准年工业总产量，万元/a；

t——预测年；

t_0——基准年；

α，β——弹性系数。

② 民用耗煤量预测。预测方法如下：

$$E_s = A_s S$$

式中　E_s——预测年取暖耗煤量，10^4 t/a；

S——预测年取暖面积，m^2；

A_s——取暖耗煤系数，t/m^2。

（3）污染物排放量预测　根据污染物种类，可分为二氧化硫、烟尘、氮氧化物和一氧化碳排放量预测等。

① 二氧化硫排放量预测。若将燃烧量记为 W，煤中的全硫分含量记为 S，根据硫燃烧的化学反应方程式，可用下式计算煤燃烧后二氧化硫的排放量：

$$G_{SO_2} = 1.6WS$$

式中　G_{SO_2}——二氧化硫排放量，t/a；

W——燃煤量，t/a；

S——煤中的全硫分含量，%。

② 烟尘排放量预测。预测方法如下：

$$G_{尘}=WAB(1-\eta)$$

式中　$G_{尘}$——烟尘排放量，t/a；

W——燃煤量，t/a；

A——煤的灰分，%；

B——烟气中烟尘的质量分数，%；

η——除尘效率，%。

若安装二级除尘器，则 $\eta=\eta_1-(1-\eta_1)(1-\eta_2)$，其中，$\eta_1$ 为一级除尘效率，η_2 为二级除尘效率。

③ 氮氧化物与一氧化碳排放量预测。燃煤过程中氮氧化物与一氧化碳的排放量，可以根据锅炉类型和用途以及排放系数进行预测。

13.2.3.2　大气环境质量预测

大气环境质量预测的目的是了解未来一定时期的经济、社会活动对大气环境造成的影响，以便采取改善大气环境质量的措施。因此，大气环境质量预测的主要内容是预测大气环境中污染物的含量。目前大气环境质量的预测方法较多，常用方法如下。

（1）箱式模型　箱式模型是研究大气污染物排放量与大气环境质量之间关系的一种最简单的模式。利用箱式模型预测大气环境质量主要适用于城市家庭炉灶和低矮烟囱等分布不均匀的面源。一般对一个城市可以划分为若干个小区，把每个小区看作是一个箱子，通过各箱的输入-输出关系，即可预测大气中污染物的浓度。用箱式方法预测大气污染物浓度的模型为：

$$\rho_{B}=\frac{Q}{uLH}+\rho_{B_0}$$

式中　ρ_B——大气污染物浓度预测值（标准状况，下同），mg/m^3；

Q——面源源强，t/a；

u——进入箱内的平均风速，m/s；

L——箱的边长，m；

H——箱高，即大气混合层高度，m；

ρ_{B_0}——预测区大气环境背景浓度值，mg/m^3。

在应用箱式模型时，模型中的大气混合层高度 H 有两种确定方法：一种是从预测地区气象部门直接获得；另一种是利用有关气象资料，通过绝热曲线法求解大气混合层高度，具体过程可参考有关资料。

（2）高斯扩散模式　高斯扩散模式认为仅是由于风使烟向下风方向移动，且在这一方向上没有扩散，仅在与烟轴成直角的方向上才有扩散。该模型假定烟流截面上的浓度分布为二维高斯分布。高斯扩散模式由于计算简单、形式简明，因此是目前常用的预测模型之一。若烟的有效排放高度为 H_e，排放的是气体或气溶胶（粒子直径约 20μm），假设地面对烟全部反射，即没有沉降和化学反应发生时，在空间任一点（x,y,z）处的某污染物的浓度 C 可以用下式求出：

$$C(x,y,z)=\frac{q}{2\pi\bar{u}\sigma_y\sigma_z}F(y)F(z)$$

$$F(y)=\exp\left(-\frac{y^2}{2\sigma_y^2}\right)$$

$$F(z)=\exp\left[-\frac{(z-H_e)^2}{2\sigma_z^2}\right]+\exp\left[-\frac{(z+H_e)^2}{2\sigma_z^2}\right]$$

式中 C——污染物的浓度，mg/m^3；

q——污染物排放源强，g/s；

$\overline{u}$——平均风速，m/s；

σ_y——用浓度标准偏差表示的 y 轴上的扩散参数，m；

σ_z——用浓度标准偏差表示的 z 轴上的扩散参数，m；

H_e——烟流中心线距地面的高度，即烟囱的有效高度，m。

上式适用于假定在烟流移动方向上忽略扩散的情况。若排放是连续的，或排放时间不小于从源到计算位置的运动时间时，这种假设条件就可以成立，即可以忽略输送方向上的扩散。

13.2.4 大气环境目标与指标体系

(1) 大气环境规划目标　大气环境规划的最终目的是要实现设定的环境目标。大气环境规划目标的制定要根据国家的要求和本规划区域（省域、市域、城镇等）的性质功能，从实际出发，既不能超出本规划区域的经济技术发展水平，又要满足人民生活和生产所必需的大气环境质量。可以采用费用效益分析等方法确定最佳控制水平。

大气环境规划目标的决策过程一般是初步拟定大气环境目标，编制达到大气环境目标的方案，论证环境目标方案的可行性，当可行性出现问题时，反馈回去重新修改大气环境目标和实现目标的方案，再进行综合平衡，经过多次反复论证后，比较科学地确定出大气环境目标。

(2) 大气环境规划指标体系

① 气候气象指标。大气环境质量跟气候、气象因素具有很大的相关性，因此进行大气环境规划时需要首先了解基础大气资料。气候气象指标主要包括气温、气压、风向、风速、风频、日照、大气稳定度和混合层高度等。

② 大气环境质量指标。主要指标包括总悬浮颗粒物、飘尘、二氧化硫、降尘、氮氧化物、一氧化碳、光化学氧化剂、臭氧、氟化物、苯并［a］芘和细菌总数等。

③ 大气污染控制指标。主要指标包括废气排放总量、二氧化硫排放量及回收率、烟尘排放量、工业粉尘排放量及回收率、烟尘及粉尘的去除率、一氧化碳排放量、氮氧化物排放量、光化学氧化剂排放量、烟尘控制区覆盖率、工艺尾气达标率和汽车尾气达标率等。

④ 城市环境建设指标。主要指标包括城市气化率、城市集中供热率、城市型煤普及率、城市绿地覆盖率和人均公共绿地面积等。

⑤ 城市社会经济指标。主要指标包括国内生产总值、人均国内生产总值、工业总产值、各行业产值、能耗、各行业能耗、生活耗煤量、万元工业产值能耗、城市人口总量、分区人口数、人口密度及分布和人口自然增长率等。

13.2.5 大气污染物总量控制

总量控制是一种比较科学的污染控制制度，它是在浓度控制对经济的增长和变化缺乏灵活性、执行标准忽视经济效益的现实中应运而生的。大气浓度控制解决不了排放浓度达标而环境质量难以达到预期要求的矛盾。

大气污染物总量控制是通过控制给定区域污染源排放总量，并优化分配到源，以此确保控制区大气环境质量满足相应的环境目标值的一种方法。大气污染物总量控制绝不仅仅是一种将总量削减指标简单地分配到污染源的技术方法，而是将区域定量管理和经济学的观点引入环境保护中的综合考虑。大气污染物排放总量控制是改善大气环境质量的重要措施，是大气环境管理的另一种手段。本部分内容介绍三种常见的大气污染物总量控制方法。

（1）*A-P* 值法　《制定地方大气污染物排放标准的技术方法》(GB/T 3840—91) 中规定了 *A-P* 值法，是用 *A* 值法计算控制区域中允许排放总量，并用修正的 *P* 值法将允许排放总量分配到每个污染源的一种方法。它直接将 *P* 值控制方法结合到总量控制方法中，这样做不仅使未来的总量控制吸收了 *P* 值控制法的优点，而且直接用国家原来正式颁布的标准对污染源加以评价，起到了基础平权作用。

① *A* 值法。*A* 值法属于地区系数法，只要给出控制区总面积或几个功能分区的面积，再根据当地总量控制系数 *A* 值，就能很快地算出该面积上的总允许排放量。

$$Q_{\mathrm{a}}=\sum_{i=1}^{n}Q_{\mathrm{a}i}$$

$$Q_{\mathrm{a}i}=A_i\frac{S_i}{\sqrt{S}}$$

$$A_i=AC_{\mathrm{s}i}$$

式中　Q_{a}——区域内某种污染物年允许排放总量限值，也是城市理想大气容量，$10^4\,\mathrm{t/a}$；

$Q_{\mathrm{a}i}$——第 i 个分区内某种污染物年允许排放总量限值，$10^4\,\mathrm{t/a}$；

A——地理区域性总量控制系数，$10^4\,\mathrm{km^2/a}$；

A_i——第 i 个分区内某种污染物总量控制系数，$10^4\,\mathrm{t/(km\cdot a)}$；

S——控制区域总面积，$\mathrm{km^2}$；

S_i——第 i 个分区的面积，$\mathrm{km^2}$；

$C_{\mathrm{s}i}$——第 i 个区域某种污染物的年平均浓度限值，计算时减去本底浓度，$\mathrm{mg/m^3}$。

② *P* 值法。*P* 值法是一种烟囱排放标准的地区系数法，给定烟囱有效高度 h_{e} (m) 和当地点源排放系数 P ($\mathrm{m^2/h}$)，便可得出该烟囱允许排放率 $Q_{\mathrm{p}i}$ (t/h)，烟囱有效高度为 h_{e} 的点源允许排放率为：

$$Q_{\mathrm{p}i}=P\times C_{\mathrm{s}i}\times10^{-6}h_{\mathrm{e}}^2$$

式中　$C_{\mathrm{s}i}$——污染物排放的质量浓度，$\mathrm{mg/m^3}$。

（2）平权分配法　平权分配法是基于城市多源模式的一种总量控制方法。它是根据多源模式模拟各污染源对控制区域中筛选出来的控制点的污染物浓度贡献率，若控制点处的污染物浓度超标，根据各源贡献率进行削减，使控制点处的污染物浓度符合相应环境标准限值的要求。控制点是标志整个控制区域大气污染物浓度是否达到环境目标值的一些代表点，这些点处的浓度达标情况应能很好地反映整个控制区域的大气环境质量状况。

（3）优化方法　优化方法是将大气污染控制对策的环境效益和经济费用结合起来的一种方法，它将大气污染总量控制落实到防治对策和防治经费上，运用系统工程的理论和原则，制定出大气环境质量达标，而污染物总排放量最大、治理费用较小的大气污染总量控制方案。优化方法同样利用城市多源模式模拟污染物的扩散过程，建立数学模型，设定目标函数，在控制点浓度达标的约束条件下，求使目标函数最大（或最小）的最优解。

13.2.6 大气污染综合防治措施

大气污染综合防治措施的内容非常丰富。由于各地区或城镇大气污染的特征、条件以及大气污染综合防治的方向和重点不尽相同，因此，大气污染综合防治措施的确定具有很强的区域性，很难找到适合一切情况的通用措施。下面仅简要介绍我国大气污染综合防治的一般性措施。

13.2.6.1 减少大气污染物的产生量和排放量

（1）实施清洁生产　很多污染是由生产工艺不能充分利用资源引起的。改进生产工艺是减少污染物产生量的最经济有效的措施。生产中应从清洁生产工艺方面考虑，尽量采用无害或少害的原材料、清洁燃料，革新生产工艺，采用闭路循环工艺，提高原材料的利用率。加强生产管理，减少跑、冒、滴、漏等，容易产生扬尘的生产过程要尽量采用湿式作业、密闭运转。粉状物料的加工应尽量减少高差跌落和气流扰动。液体和粉状物料要采用管道输送，并防止泄漏。有条件的地方可以建立综合性工业基地，开展综合利用和“三废”资源化，减少污染物排放总量。

（2）提高能源利用效率，改善能源结构　目前，我国能源利用效率较低，单位产品能耗高，因此节能潜力很大，提高能源利用效率、改善能源结构是减轻污染的有效措施。因此，在规划区域要采取有力措施，提高广大群众的节能意识，认真落实国家鼓励发展的通用节能技术：①推广热电联产、集中供热，提高热电机组的利用率，发展热能梯级利用技术，热、电、冷联产技术和热、电、煤气三联供技术，提高热能综合利用效率；②发展和推广适合国内煤种的流化床燃烧、无烟燃烧和气化、液化等洁净煤技术，改进燃烧装置和燃烧技术，提高煤炭利用效率。

另外，可以逐步改变以煤为主的能源结构，因地制宜建设水电和核电，开发和推广无污染或者少污染的能源，如太阳能、风能、水力能及天然气、沼气等。

（3）对污染源进行治理　集中的污染源，如大型锅炉、窑炉、反应器等，排气量大，污染物浓度高，设备封闭程度较高，废气便于集中处理后进行有组织排放，比较容易将污染物对近地面的影响控制在允许范围内。

大量存在于生产过程中的分散污染源，污染物一般首先散发到室内或某一局部进而扩散到周围大气中，形成无组织排放。无组织排放一般难以控制，且排放高度低，直接污染近地面大气。

另一类污染源是开放源，通常指农田、道路、工地、矿场、散料堆场和裸露地面等，开放源虽然也产生气态污染物（如垃圾堆场或填埋场），但主要是产生颗粒物。

工业污染源的主要治理方法有：

① 利用除尘装置去除废气中的烟尘和各种工业粉尘。

② 采用气体吸收法处理有害气体，如利用氨水、氢氧化钠、碳酸钠等碱性溶液吸收废气中的二氧化硫等。

③ 应用冷凝、催化转化、分子筛、活性炭吸附和膜分离等物理、化学和物理化学方法治理废气中的主要污染物。

对于交通污染源，目前采取的污染控制措施主要有：

① 以清洁燃料代替汽油，在城市交通运输中大力推广清洁燃料，如电能驱动、天然气等。

② 改进发动机结构和运行条件。减少燃油系统的燃油蒸发和曲轴箱漏气，改进发动机本身的结构和运行条件是减少污染物产生的重要途径。

③ 净化排气。采用催化转化装置，使排气中的不完全燃烧产物、氮氧化物等污染物氧化或还原，也是减少污染的重要技术措施。

对开放源的污染控制存在一定困难，需要因地制宜：对于地面扬尘，铺砌和绿化是有效的控制措施；对于散料堆场，对物料表面增湿或喷洒抑尘剂有很好的防尘效果，而对于大规模的物料堆场，特别是不宜加湿的物料，可采取减风防尘的办法加以控制；构建挡风网能对散料堆场起到有效的减风防尘作用。

13.2.6.2　合理利用大气自净能力

有些城市大气环境容量的利用很不合理，一方面局部地区“超载”严重，另一方面相当一部分地区环境容量没有得到合理利用，这种现象是造成城市大气污染的重要根源。合理利用大气环境容量要做到两点：

（1）科学利用大气环境容量　根据大气自净规律（如稀释扩散、降水洗涤、氧化、还原等），定量（总量）、定点（地点）、定时（时间）向大气中排放污染物，在保证大气中污染物浓度不超过要求值的前提下，合理利用大气环境资源。在制定大气污染综合防治措施时，应首先考虑这一措施的可行性。

（2）结合工业布局调整，合理开发大气环境容量　工业布局不合理是造成大气环境容量使用不合理的直接因素。例如大气污染源分布在城市上风向，导致上风向的大气环境容量过度使用，而城郊及广大农村上空的大气环境容量未被利用。再如污染源在某一小的区域内密集，必然造成局部污染严重，并可能导致污染事故的发生。因此应该从调整工业布局入手，合理开发大气环境容量。

13.2.6.3　完善绿地系统，发展植物净化

（1）植物的大气净化作用　植物是改造自然、保护生态环境的主力，具有多方面的功能，如净化空气、净化水体、改良土壤、降低噪声等生态功能。植物在净化空气方面的作用主要体现在以下几个方面。

① 吸收二氧化碳，制造氧气。空气是人类赖以生存和生活不可缺少的物质，是重要的外环境因素之一。1个成年人每天平均吸入10～12立方米的空气，同时释放出相应量的二氧化碳。为了保持平衡，需要不断消耗二氧化碳和放出氧气，生态系统的这个循环主要靠植物来补偿。植物的光合作用能吸收大量的二氧化碳并放出氧气。其呼吸作用虽也放出二氧化碳，但是植物通过白天的光合作用所制造的氧气比呼吸作用所消耗的氧气多20倍。1个城市居民只要有10平方米的森林绿地就可以吸收其呼出的全部二氧化碳。事实上，加上城市生产建设所产生的二氧化碳，城市中每人必须有30～40平方米的绿地面积。

② 吸收大气污染物。绿色植物被称为“生物过滤器”，在一定的浓度范围内，有许多植物种类对空气中最主要的污染物如二氧化硫、氯气、氟化氢以及汞、铅蒸气等具有吸收和净化作用。研究表明，当植物处于含二氧化硫的空气中时，其含硫量可为正常含量的5～10倍。煤尘经过绿地后，其中60%的二氧化硫被阻挡，松林每天可从1立方米空气中吸收20毫克二氧化硫。另外女贞、泡桐等有较强的吸氟能力，紫荆、木槿等有较强的吸氯能力，夹

竹桃、桑树等能在含汞蒸气的空气中生长良好。一些植物的挥发性油类，如百里香油、丁香酚、柠檬油、天竺葵油等，可以分泌如乙醇、有机酸等具有强大杀菌能力的挥发性物质，大大减少了空气中的含菌量。

③ 吸滞烟灰和粉尘。植物，尤其是树木，对烟灰和粉尘有明显的阻挡、过滤和吸附作用。一方面茂密的枝冠能够降低风速使大尘粒下降，另一方面有一些树叶的叶面不平，有茸毛或可分泌黏性的油脂或汁浆，因此可以吸附烟尘，如女贞、广玉兰、雪松等都具有较强的滞尘能力。国外的研究资料表明，公园能过滤掉80%的污染物，林荫道的树木能过滤掉70%的污染物，树木的叶面、枝干能拦截空气中的颗粒，即使在冬天，落叶树也仍然能保持60%的过滤效果。

(2) 加强绿地系统建设

① 建设和保护大块绿地，保证足够的绿地面积。相关研究表明，面积大、分布均匀的绿地空间结构能更有效地发挥绿地的生态功能。绿地系统规划中，要考虑功能区、人口密度、绿地服务半径、城市环境状况等需求进行布局，大气污染比较严重的地段和区域应建设大面积绿地，发挥绿地的规模效应，降低人为干扰强度和边缘效应，形成大面积绿地占优势地位的景观格局，同时应该防止大面积绿地的减少，严禁绿地蚕食。

一般认为绿地覆盖率必须达到30%以上，才能起到改善大气环境质量的作用。世界上许多国家的城市都比较重视城市绿化，公共绿地面积保持较高的指标。因此，要发挥绿地改善环境的作用，就必须保证城市拥有足够的绿地面积。在大气污染物影响范围广、浓度比较低的情况下，保证城市拥有足够的绿地面积，进行植物净化是行之有效的方法。

② 选择合适的树种，注重植被配置形式。树种的选择应该考虑适地适树，根据大气污染物种类、污染状况进行选择，以增加绿化、净化环境效果。因此要特别注意选择修复能力强、生长旺盛、繁殖迅速、耐贫瘠、抗病虫害、适应性强的树种。

如果植物层次单调、配置简单，植物净化环境效果就会较差。因此要建立多层次的林分结构，增加绿量，植物配置应乔灌藤草结合，以多层种植为主，尤其要增加垂直结构绿量，如墙面、斜坡可考虑栽植藤本植物，更有效地发挥植被的生态效益，也会增加景观的变化。

③ 加强绿带建设。工业区与居民区间绿带建设：在工业区和居民区之间布置绿化隔离带，可以减少工业区对居民区的大气污染。绿化隔离带的距离应根据当地的气象、地形条件、环境质量要求、有害物质的危害程度、污染源排放的强度及治理的状况，通过扩散公式或风洞实验来确定。一般情况下污染源为高烟囱排放时，强污染带主要位于烟囱有效高度的10～20倍的地区，在此设置绿化隔离带，阻挡、滞留和吸附污染物的作用相当明显。在工业区内部，工厂车间周围不宜种植密集的树木，应种低矮的植被，有利于有害气体的迅速扩散，不至于因大量聚集而危害工人身体健康。

道路绿带建设：行道树、公路两旁的防护林带能有机联络各类绿地，使其组合成一个整体的绿地系统，对交通污染能起到有效的净化作用。为解决道路绿地用地紧张的矛盾，可采取多种措施，如垂直绿化、增加分布带面积等，以增加道路植物生物量，达到较好的改善环境质量效果。

本章内容小结

[1] 大气污染通常系指由于人类活动和自然过程引起某种物质进入大气中，呈现足够的浓度，达到了足够的时间并因此对人体的舒适、健康和福利或环境造成危害的现象。

[2]　大气环境功能区划是按功能区对大气污染物实行总量控制和进行大气环境管理的依据。大气环境功能区是因区域社会功能不同而对环境保护提出不同要求的地区，功能区数目不限，但应由当地人民政府根据国家有关规定及城市发展总体规划划分为一、二类大气环境功能区。

[3]　大气环境功能区划的目的：①保证区域社会功能正常发挥；②充分考虑规划区的地理、气候条件，科学合理地划分大气环境功能区；③有利于因地制宜采取对策。

[4]　大气环境功能区划分可采取以下步骤：①确定评价因子；②单因子分级评分标准的确定；③单因子权重的确定；④单因子综合分级评分标准的确定；⑤评价结果的最终确定。

[5]　大气环境质量预测的目的是了解未来一定时期的经济、社会活动对大气环境造成的影响，以便采取改善大气环境质量的措施。因此，大气环境质量预测的主要内容是预测大气环境中污染物的含量。目前大气环境质量的预测方法较多，常用方法有箱式模型和高斯扩散模式等。

[6]　大气污染物总量控制是通过控制给定区域污染源排放总量，并优化分配到源，以此确保控制区大气环境质量满足相应的环境目标值的一种方法。大气污染物总量控制绝不仅仅是一种将总量削减指标简单地分配到污染源的技术方法，而是将区域定量管理和经济学的观点引入环境保护中的综合考虑。大气污染物排放总量控制是改善大气环境质量的重要措施，是大气环境管理的另一种手段。

思考题

[1]　大气环境规划的主要内容。

[2]　大气环境现状调查与分析的内容。

[3]　大气环境功能区划分的步骤有哪些？

[4]　大气污染源源强预测的一般模型如何表述？

[5]　简述大气环境质量预测的箱式模型和高斯扩散模式。

14 水环境规划

【学习目的】

通过本章学习，了解水资源、水污染的概念及水环境规划的类型。熟悉水环境调查与评价的内容。了解水环境功能区划的原则，熟悉水环境功能区划的方法与步骤。熟悉水资源预测、水污染物预测及水质预测的方法和内容。了解水环境指标体系和水环境规划的措施。

14.1 水环境规划概述

人类习惯把水看作是取之不尽、用之不竭的最廉价的自然资源，但随着人口的膨胀和经济的发展，水资源短缺的现象在很多地区相继出现，水污染及其所带来的危害更加剧了水资源的紧张，并对人类的生命健康形成威胁。保护水资源、防治水污染已成了当今人类的迫切任务。水环境规划是解决水资源短缺、水污染的重要途径。

14.1.1 水资源

水资源是发展国民经济不可缺少的重要自然资源。水资源不同于土地资源和矿产资源，有其独特的性质，只有充分认识它的特性，才能合理、有效地利用水资源。水资源的特征包括：循环性和有限性；时空分布不均匀性；用途广泛性；经济上的两重性；等等。

世界的水资源分布十分不均。除了欧洲因地理环境优越，水资源较为丰富以外，其他各洲都不同程度地存在一些严重缺水地区，最为明显的是非洲撒哈拉以南的内陆国家，那里几乎没有一个国家不存在严重缺水的问题，亚洲部分地区也存在类似问题。

中国在水资源开发利用方面取得了重大进展，但仍然存在以下问题，有待通过相关措施加以解决。

(1) 开发利用滞后于经济发展　根据《2019年中国水资源公报》，2019年全国供水总量6021.2亿m^3，占当年水资源总量的20.7%，总体水平不高，低于条件类似的巴基斯坦、墨西哥等国。当前，我国经济飞速发展，但全国平均供水增长率较低，局部地区的供需矛盾突出。

(2) 北方地区缺水形势加剧　我国北方，尤其是黄淮海流域缺水形势十分严峻。20世纪80年代以来，海滦河、黄河、淮河流域先后进入持续干旱枯水期，河川径流量衰减十分明显。地表水源不足，导致平原地区大量开采地下水。不少地区地下水位大幅度下降，河湖干涸，生态环境恶化。

（3）用水浪费和缺水现象并存，节水和挖潜还有较大潜力　工农业用水紧张，同时浪费也很严重。全国农业灌溉水利用系数平均在0.45左右，和先进国家的0.7～0.8相比，我国灌区用水效率相对落后。全国万元工业增加值用水量、工业用水的重复利用率等数值与发达国家相比有明显差距。全国多数城市自来水管网仅跑、冒、滴、漏的损失率至少为20%。节水、污水处理回用及雨水利用还没有得到很好的推广。此外，由于长期以来工程维修费用不足，一些地区供水工程老化失修，严重影响了工程供水效益的发挥。

（4）干旱缺水地区水资源开发利用程度过高，生态环境恶化　在西北内陆河流域，灌溉农业的不断扩大、绿洲农业耗水量的增大及水资源利用程度提高引起了下游生态环境恶化，突出表现为天然绿洲萎缩、终端湖泊消亡、荒漠化现象加剧。黄、淮、海流域因过度取水，造成河道季节性断流，河道淤积，泄洪能力下降。

（5）地下水开采过量　由于地下水具有水质好、温差小、提取易、费用低等特点，以及用水增加等原因，人们常会超量抽取地下水，以致抽取的水量远大于地下水的自然补给量，造成地下含水层衰竭、地面沉降以及海水入侵、地下水污染等恶果。如我国苏州市区近30年内最大沉降量达到1.02米，上海、天津等城市也都发生了地面下沉问题，有些地方还造成了建筑物的严重损毁。地下水过度开采往往形成恶性循环，最终引起严重的生态退化。

14.1.2　水污染

在水的循环过程中，由于环境污染进入水中的杂质，称为污染物。当进入水体中的污染物量超过了水体自净能力而使水体丧失规定的使用价值时，称为水体污染或水污染。

（1）水污染源　水环境可受到多方面的污染，其中主要污染源有：大气降水及地面径流；农业面源污染；向自然水体排放的各类污、废水；垃圾、固体废物及其渗滤液；船舶废水、固体废物及船舶漏油。其中最普遍的污染源为降雨及农业面源污染和排放的各类污、废水。

水环境的污染源虽包括以上许多方面，但由污、废水排放引起的水体污染有需氧有机物污染、水体富营养化、毒物污染、放射性污染等基本类型。

（2）水污染物　水污染物是指使水质恶化的污染物质，是指浓度超出临界值后，使水体的物理、化学性质或生物群落组成发生变化的盐分、微量元素或放射性物质等。影响水体的污染物种类繁多，大致可以从物理、化学、生物等方面将其划分为几类。

物理方面主要是影响水体的颜色、浊度、温度、悬浮物含量和放射性水平等的污染物；化学方面主要是排入水体的各种化学物质，包括无机无毒物质（酸、碱、无机盐类等）、无机有毒物质（重金属、氰化物、氟化物等）、耗氧有机物及有机有毒物质（酚类化合物、有机农药、多环芳烃、多氯联苯、洗涤剂等）；生物方面主要包括污水中的细菌、病毒、原生动物、寄生蠕虫及大量繁殖的藻类等。

（3）水域功能和分类标准　依据地表水水域环境功能和保护目标，按功能高低依次划分为五类：

① Ⅰ类，主要适用于源头水、国家自然保护区；

② Ⅱ类，主要适用于集中式生活饮用水地表水源地一级保护区、珍稀水生生物栖息地、鱼虾类产卵场、仔稚幼鱼的索饵场等；

③ Ⅲ类，主要适用于集中式生活饮用水地表水源地二级保护区、鱼虾类越冬场、洄游通道、水产养殖区等渔业水域及游泳区；

④ Ⅳ类，主要适用于一般工业用水区及人体非直接接触的娱乐用水区；

⑤ Ⅴ类，主要适用于农业用水区及一般景观要求水域。

对应地表水上述五类水域功能，将地表水环境质量标准基本项目标准值分为五类，不同功能类别分别执行相应类别的标准值。水域功能类别高的标准值严于水域功能类别低的标准值。同一水域兼有多类使用功能的，执行最高功能类别对应的标准值。实现水域功能与达功能类别标准为同一含义。

14.1.3　水环境规划类型

（1）水环境规划的内涵与步骤　水环境规划是对某一时期内的水环境保护目标和措施所做出的统筹安排和设计，目的是在发展经济的同时保护好水质，合理地开发和利用水资源，充分发挥水体的多功能用途，在达到水环境目标的基础上，寻求最小（或较小）的经济代价或最大（或较大）的经济和生态效益。

进行水环境规划时，首先应对水环境系统进行综合分析，摸清水量水质的供需情况，明确城市水环境出现的问题；合理确定水体功能和水质目标；对水的开采、供给、使用、处理和排放等各个环节做出统筹安排和决策，拟定规划措施，提出供选方案。总而言之，水环境规划需要经过一个反复协调决策的过程，以寻求一个最佳的统筹兼顾方案。因此，在规划中，要特别处理好近期与远期、需要与可能、经济与环境等的相互关系，以确保规划方案的科学性和实用性。

（2）水环境规划的原则　水环境规划是区域规划的重要组成部分，在规划中必须贯彻可持续发展和科学发展观的原则，并根据规划类型和内容的不同而体现一些基本原则：前瞻性和可操作性的原则；突出重点和分期实施的原则；以人为本、生态优先、尊重自然的原则；坚持预防为主、防治结合的原则；水环境保护与水资源开发利用并重、社会经济发展与水环境保护协调发展的原则。

（3）水环境规划的类型　根据水环境规划研究的对象，可将其大体分为两大类型，即水污染控制系统规划（或称水质控制规划）和水资源系统规划（或称水资源利用规划）。前者以实现水体功能要求为目标，是水环境规划的基础；后者强调水资源的合理开发利用和水环境保护，以满足国民经济和社会发展的需要为宗旨，是水环境规划的落脚点。

① 水污染控制系统规划。水污染控制系统是由从污染物的产生、排出、输送、处理到水体中的迁移转化等各种过程和影响因素所组成的系统。从广义上讲，它可以涉及人类的资源开发、人口规划、经济发展与水环境保护之间的协调问题。从地域上看，可在一条河流的整个流域进行水资源的开发、利用和水污染的综合整治规划，也可在一个相对较小的区域（城市或工业区）内进行水质与污水处理系统，乃至一个具体的污水处理设施的规划、设计和运行。因此，水污染控制系统可因研究问题的范围和性质的不同而异。

水污染控制系统规划是以国家颁布的法规和标准为基本依据，以环境保护科学技术和地区经济发展规划为指导，以区域水污染控制系统的最佳综合效益为总目标，以最佳适用防治技术为对策措施群，统筹考虑污染发生-防治-排污体制-污水处理-水体质量及其与经济发展、技术改进和加强管理之间的关系，进行系统的调查、监测、评价、预测、模拟和优化决策，寻求整体优化的近、远期污染控制规划方案。

根据水污染控制系统的特点，一般可将其分为三个层次：流域系统、城市（或区域）系统和单个企业系统（如废水处理厂系统）。因此，亦可将水污染控制系统规划分成三个相互联系的规划层次，即流域水污染控制规划、城市（区域）水污染控制规划和水污染控制设施规划。

② 水资源系统规划。水资源系统是以水为主体构成的一种特定的系统，是一个由相互联系、相互制约及相互作用的若干水资源工程单元和管理技术单元所组成的有机体。水资源系统规划是指应用系统分析的方法和原理，在某区域内为水资源的开发利用和水患的防治所制定的总体措施、计划与安排。它的基本任务是：根据国家或地区的经济发展计划，改善生态环境要求，以及各行业对水资源的需求，结合区域内水资源的条件和特点，选定规划目标，拟定合理开发利用方案，提出工程规模和开发程序方案。它将作为区域内各项水工程设计的基础和编制国家水利建设长远计划的依据。根据水资源系统规划的不同范围，可分为流域水资源规划、地区水资源规划和专业水资源规划三个层次。

14.2　水环境规划的内容

14.2.1　水环境现状调查与评价

（1）水环境特征调查

① 地表水。地表水常常是工农业用水及饮用水水源地，同时也是废水排放的场所。所以，对环境规划来说，调查地表水状况显得格外重要，地表水环境调查内容如下。

a. 河流。主要调查内容包括：丰水期、平水期、枯水期的划分；河流平直及弯曲；横断面、纵断面（坡面）、水位、水深、水温、河宽、流量、流速及其分布等；丰水期有无分流漫滩，枯水期有无浅滩、沙洲和断流；北方河流还应了解结冰、封冻、解冻等现象；河网地区还应了解各河段流向、流速、流量的关系及变化特点。

b. 湖泊、水库。主要调查内容包括：湖泊、水库的面积和形状；丰水期、平水期、枯水期的划分；流入、流出的水量，停留时间；水量的调度和贮量；水深；水温分层情况及水流状况（湖流的流向、流速，环流的流向、流速及稳定时间）等。

c. 感潮河口。调查内容中除了与河流相同的内容外，还有：感潮河段的范围，涨潮、落潮及平潮时的水位、水深、流向、流速及其分布；横断面、水面坡度的河潮间隙，潮差和历时等。

d. 海湾。调查内容包括：海岸形状；海底地形；潮位及水深变化，潮流状况（小潮和大潮循环期间的水流变化，平行于海岸线流动的落潮和涨潮）；流入河水的流量、盐度和温度造成的分层情况；水温、波浪的情况，以及内海水与外海水的交换周期等。

e. 降水。地表水流域范围内的降水特征对地表水的水文影响很大，为此需调查流域范围内的降水情况。主要调查内容包括常年平均降水量、降水日数、暴雨次数、暴雨程度等。调查时将这些要素的时空分布画成图，配合水文调查资料一起分析地表水环境特征。

② 地下水。主要调查内容包括：水文地质条件，主要是含水层埋藏条件（埋藏深度、含水层厚度、渗透性等）和水动力特征（流向、流速、水位、补径排关系、与地表水的联系

等)；水文地球化学特征，主要是地下水类型、pH、溶解气体成分及含量等；地层分布及岩性，土壤特征，包括土壤的类型、分布、物理性质和化学组分、植被情况等；土地和水资源的利用情况等。

(2) 主要污染物和污染源调查分析　进行水污染源调查评价后，要求获得下列数据资料：水污染物排污量及等标污染负荷；排污系数（万元工业产值排污量、吨产品排污量）；排污分担率，污染源分布图；主要水污染物；主要水污染物的重点污染源。另外还需调查：

① 耗水量：水资源紧缺，水质与水量互相影响，所以在调查排污系数时，要调查万元工业产值耗水量（t/万元），吨产品耗水量（t/t，以产品质量计），万元 GDP 耗水量（t/万元，以 GDP 计），城镇（或农村）居民生活耗水量［L/(d・人)］。

② 绘制水污染源分布图：按水系画出排污口分布，并标明废水排放量及排污量。

③ 重视非点源调查：实践证明，仅控制点源污染不能从根本上改善水环境质量，这是由于除点源外还有大量非点源无组织排放的污染物进入各类水体。如总氮（TN）、总磷（TP）在有些地区面源的排污量（进入水体）占这类污染物总排放量的 50%以上。所以，要重视非点源的调查。非点源污染一般由两部分组成，一是城区（或旅游景点区）降水径流污染，二是农业非点源污染。

(3) 水环境质量评价　现状评价是水质调查的继续，通过对水质调查结果进行统计和评价，可以说明水污染的程度。在水质评价时要首先确定水体（或水域）的功能，并进行水环境特征及背景值和污染源调查，取得必要的监测数据，然后进行下列工作：选择评价参数；选择或建立评价标准；选择评价方法。可以选择的水质评价模型，见“环境规划的技术方法”一章。

(4) 水流分析　在进行水体污染源调查与分析时，水流分析是一种重要的方法。水流分析是对环境系统从水资源开发到废水排入受纳水体进行的全过程系统分析。水流分析通过建立水流网络图，按照水资源的开发、使用，污水的产生及排放的流程，通过供水分析和规划所需用水分析，确定污水控制目标。技术路线如图 14-1 所示。

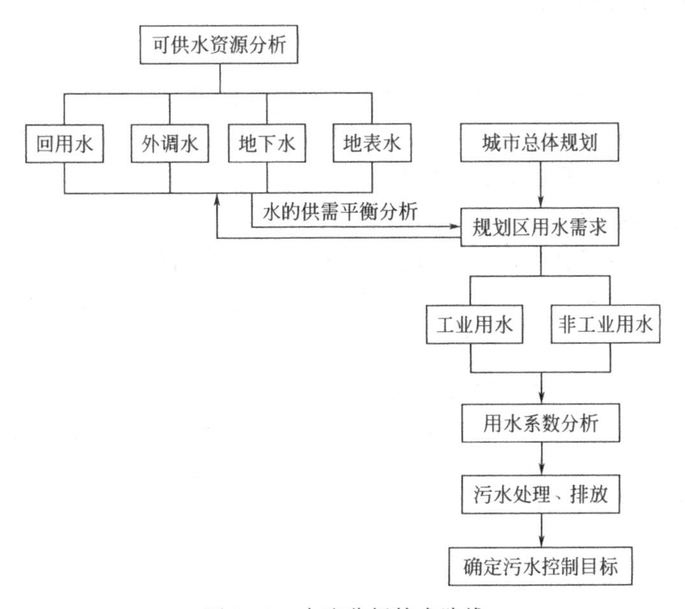

图 14-1　水流分析技术路线

14.2.2 水环境功能区划

水环境功能区划是实现水资源综合开发、合理利用、积极保护、科学管理的基础；是根据保护目标、水环境的承受能力，确定重点保护功能区、强化目标管理的体现。

14.2.2.1 水环境功能分区原则

地表水环境功能区划分的原则可归纳为以下几点：

(1) 集中式饮用水水源地优先保护 在规定的五类功能区中，以饮用水水源地为优先保护对象。在保护重点功能区的前提下，可兼顾其他功能区的划分。

(2) 不得降低现状使用功能，应兼顾规划功能 对于一些水资源丰富、水质较好的地区，在开发经济工业、制定规划功能时，应经过严格的经济技术论证，并报上级批准。

(3) 统筹考虑专业用水标准要求 对于专业用水区，如卫生部门划定的集中式饮用水取水口及其卫生防护区，渔业部门划定的渔业水域，排污河渠的农灌用水，均执行专业用水标准。

(4) 上下游、区域间互相兼顾，适当考虑潜在功能要求 划分功能区不应影响潜在功能的开发和下游功能的保障。在功能区划分中，要对可被生物富集的或在环境中累积的有毒有害物质所造成的环境影响给予充分的考虑。

(5) 合理利用水体自净能力和环境承载力 在功能区划分中，要从不同水域的水文特点出发，充分利用水体的自净能力和水环境容量。

(6) 与陆上工业合理布局相结合 划分功能区要层次分明，突出污染源的合理布局，使水域功能区划分与陆上工业合理布局、城市发展规划相结合。

(7) 对地下饮用水水源地污染的影响 如属地下饮用水水源地的补给水，或地质结构造成明显渗漏时，应考虑对地下饮用水水源地的影响。

(8) 实用可行，便于管理 功能区划分方案应实用可行，有利于强化目标管理，解决实际问题。

14.2.2.2 水环境功能区划的方法与步骤

水环境功能区划的全部内容分为七个步骤：

① 系统分析的开始与终结。从拟定的环境保护目标出发，到确定最终的环境目标，这是一个反复论证和考核的过程。因为初定的环境目标往往不是一个，而且经济、技术可行性也有多个约束条件，所以环境目标必须经过多次重复才能确定。

② 将环境目标具体化为环境质量标准中的数值。

③ 对功能可达性进行分析，确定引起污染的主要人为污染源。

④ 建立污染源与水质目标之间的定量关系及影响评价模型，将各种污染源排放的污染物输入各类水质模型，以评价污染源对水质目标的影响。

⑤ 分析实现环境目标的各种可能的途径和措施，为定量优化选择可行方案做准备。

⑥ 通过对多个可行方案的优化决策，确定技术、经济最优的方案组合。

⑦ 为政策协调和管理决策，最终确定环境保护目标和水环境功能区划分方案。如果第⑥步所提方案不合适，则返回到第①步，再重复后面的过程。

14.2.3 水环境影响预测

水环境影响预测主要包括三部分：水资源预测；水污染源预测；水质预测。

14.2.3.1 水资源预测

水资源的使用直接关系着污（废）水的产生和排放，影响着水资源与水环境的可持续性。环境规划中对各类用水量的预测方法有多种，如时间序列法、投入产出分析法、根据用水器具进行预测等。

（1）用水总量预测　对一个区域用水总量的供需平衡预测，可采用以下表达式：

$$Q_t = K_t Z_{GDPt}$$

式中　Q_t——规划期 t 年用水总量，10^4 t/a；

K_t——用水系数，t/万元；

Z_{GDPt}——规划期 t 年国内生产总值，万元/a。

其中，K_t 值需要在调查、统计分析基础上，通过综合分析确定，既要考虑以往的用水水平，又要注意技术进步、节水措施等作用。

（2）生活用水量预测　一般，生活用水包括城镇综合生活用水和农村生活用水两种类型。其中，城镇综合生活用水由生活用水和公共市政用水组成。生活用水主要指城镇居民家庭、工矿企业、机关、学校、宾馆、餐厅的饮用、洗涤、烹调和清洁卫生等用水等；公共市政用水主要指公共建筑用水、浇洒道路和绿化用水、消防用水等。生活用水中的农村生活用水指农村居民的日常生活用水。

对于生活用水量，可通过人均生活用水定额来预测：

$$Q = Nqk$$

式中　Q——生活用水量，m^3；

N——规划年的人口数，人；

q——用水定额，包括城镇综合生活用水定额，m^3/人；

k——规划年用水普及率，%。

（3）工业用水量预测　利用万元工业增加值用水定额，可对工业用水量进行预测：

$$Q = \sum_{i=1}^{n} W_i A_i$$

式中　Q——工业用水量，m^3；

W_i——行业 i 在规划年的万元工业增加值取水量，m^3/万元；

A_i——行业 i 在规划年的工业增加值，万元。

（4）农业灌溉用水量预测　农业灌溉用水，可按作物分别进行用水预测，然后求其总和，表达式如下：

$$Q = \sum_{i=1}^{n} K_i S_i$$

式中　Q——预测年农业灌溉用水总量，10^4 t/a；

S_i——预测年某种作物 i 灌溉面积，hm^2/a；

K_i——预测年某种作物 i 灌溉系数，10^4 t/hm^2。

14.2.3.2 水污染源预测

（1）工业废水排放量预测　工业废水排放量预测通常采用如下公式：

$$W_t = W_0 (1 + r_W)^t$$

式中　W_t——预测年工业废水排放量，m^3；

W_0——基准年工业废水排放量，m^3；

r_W——工业废水排放量年平均增长率,%；

t——基准年至某水平年的时间间隔，a。

在上式中，预测工业废水排放量的关键是求出 r_W。如果资料比较充足，可采用统计回归方法求出 r_W；如果资料不太完善，则可结合经验判断方法估计。为了使预测结果比较准确，一般常采用滚动预测的方式进行。

（2）工业污染物排放量预测　工业污染物排放量预测可采用下式进行：

$$W_i=(q_i-q_0)\rho_{B_0}\times10^{-2}+W_0$$

式中　W_i——预测年份某污染物排放量，t；

q_i——预测年份工业废水排放量，10^4m^3；

q_0——基准年工业废水排放量，10^4m^3；

ρ_{B_0}——含某污染物废水工业排放标准或废水中污染物浓度，mg/m^3；

W_0——基准年某污染物排放量，t。

污染物的排放量与厂矿的生产规模以及工业的生产类型有直接关系，同时又必须看到污染防治技术的进步也可以使污染物的排放量减少。基于污染防治技术进步对污染物排放量的作用，可考虑一特定的指标，即技术进步减污率，它表示由于污染防治技术的进步，可使污染物减少的程度。各行业技术水平不同，减污率是不一样的。

（3）生活污水量预测　对于生活污水量的排放预测可据下式进行：

$$Q=0.365AF$$

式中　Q——生活污水量，$10^4m^3/a$；

A——预测年份人口数，万人；

F——人均生活污水量，L/(人·d)；

0.365——单位换算系数。

通常，预测年份人均生活污水量可用人均生活用水量代替，这可根据国家有关标准换算。预测年份人口可采用地方人口规划数据。无地方人口规划数据时，可根据基准年人口增长率计算获得。其计算式为：

$$A=A_0(1-P)n$$

式中　A——预测年人口，万人；

A_0——基准年人口，万人；

P——人口增长率；

n——预测年与基准年的年数差值。

14.2.3.3 水质预测

一般水质预测的目的主要有建设工程的影响评价，进行流域治理、制定水质管理规划，进行水质预测的基本理论研究等。由于预测的目的不同，所需的信息和模式计算的精度也不尽相同。

水质、水文、气象和污染源等信息的收集与分析是水质预测的基础工作。水体水质预测目前尚处于发展、形成阶段，其方法可分为水质相关法和水质模型法两类。

（1）水质相关法　水质相关法是指将水质参数与影响该水质参数的主要因素建立相关关系，以此作为进行水质参数预测的方法。由于所建立的相关关系中必须忽略一些次要的因素，这会使预测精度受到一定限制。

(2) 水质模型法 水环境污染预测最基本的问题就是要找出污染排放变化与水体控制点处主要污染物含量水平的相关关系，以此预测区域（或城市）内由于实施经济、社会发展规划而产生的环境影响。为达到此目的，可选用或建立水质模型进行预测，现有的各类水体水质模型，如河流模型，河口、湖泊水库模型等都是进行水质预测最常采用的方法。如已知污染负荷量，一般可用这种方法预测水质参数。这种水体水质模型方法不仅适用于短期预测，也适用于长期预测。

应用水质模型法预测水质通常要根据水质模型条件和要求，将水域划分为若干预测单元，如在一维水体条件下可把水质、水量变化处作为节点划分区段，并使区段内的水质参数一致；进一步利用一套实测资料推求模型的参数，以建立确定的水质模型。此外，还应利用另一套实测资料进行模型验证，分析其误差。若误差在允许范围内，即可在水质预测中应用。

14.2.4 水环境目标与指标体系

14.2.4.1 水环境目标

水环境目标包括水资源保护目标和水污染综合防治目标。规划目标是经济与水环境协调发展的综合体现，是水环境规划的出发点和归宿。制定水环境目标的依据包括：

(1) 国家的法规、标准 2018 年 1 月 1 日起实施的《中华人民共和国水污染防治法》(2017 年修正)，为防治水污染提供了更为完善的法律依据。该法规定，防治水污染应当按流域或者按区域进行统一规划。国家确定的重要江河、湖泊的流域水污染防治规划，由国务院环境保护主管部门会同国务院经济综合宏观调控、水行政等部门和有关省、自治区、直辖市人民政府编制，报国务院批准。其他跨省、自治区、直辖市江河、湖泊的流域水污染防治规划，根据国家确定的重要江河、湖泊的流域水污染防治规划和本地实际情况，由有关省、自治区、直辖市人民政府环境保护主管部门会同同级水行政等部门和有关市、县人民政府编制，经有关省、自治区、直辖市人民政府审核，报国务院批准。这些内容都是建立水环境目标指标体系的依据。而各类水环境质量标准则是确定具体环境目标的依据。

(2) 国家重点流域的水污染防治规划 自“九五”国家环境保护计划开始，国家确定了水污染防治的重点区域，之后的环保计划中，陆续在“三河、三湖”、三峡库区及其上游、南水北调东线的基础上，增加了黄河流域、松花江流域、珠江流域三个流域等。2017 年 10 月，国务院批准的《重点流域水污染防治规划（2016—2020 年）》，包括长江、黄河、珠江、松花江、淮河、海河、辽河等七大流域，以及浙闽片河流、西南诸河、西北诸河都纳入了规划范围。2020 年重点流域水生态环保“十四五”规划编制工作正式启动。总体上，我国重点流域水污染得到了有效控制，全国的水环境质量明显改善。

(3) 规划区域的区位及生态特征 规划区域是否处于国家重点流域与重点保护区域的范围之内，水环境的性质功能及生态特征也是确定水环境目标的依据。

(4) 经济、社会发展的需求及经济技术发展的实际水平 确定环境目标要根据需要与可能，既要满足经济和社会发展及人民生活质量提高对水质、水量的要求，又要考虑到经济技术发展的现实水平。

14.2.4.2 水环境指标体系

兼顾水质与水量，根据污染防治与生态保护并重的方针，水环境指标体系应包括下列几部分：

（1）水环境质量指标　这是指标体系的主体。主要有：饮用水水源水质达标率，地表水COD平均值，地表水NH_3-N平均值等。

（2）水资源保护及管理指标　主要有：万元GDP用水量，万元GDP用水量年均递减率，万元工业产值用水量年均递减率，农田节水灌溉工程的比重（已建节水工程的农田占农田灌溉总面积的比例,%），水资源循环利用率（%），水资源重复利用率（%），水资源过度开发率，地下水超采率（%）等。

（3）水污染控制指标　主要有：工业废水排放量，主要水污染物排放量（如COD、NH_3-N、TP、石油类等的排放量），工业废水处理率（%），工业废水排放达标率（%）等。

（4）环境建设及环境管理指标　主要有：城镇供水能力（t/d），城镇排水管网普及率（%），城镇污水处理率（%），水源涵养林系统完善度，水资源管理体系完善度，水资源保护投资占GDP的百分比（%），水污染防治投资占GDP的百分比（%），水环境保护法规标准执行率（%），公众对环境的满意率，环境保护宣传教育普及率等。

14.2.5 水污染总量控制

14.2.5.1 分配观点与实践

国内外曾经提出过或采用过的水污染物总量分配原则和方法可以分为最优化分配和公平性分配两大类。

最优化分配是以城市区域水污染控制总费用最小（或是以水环境质量-污染控制费用-社会效应综合最佳）为目标来分配各排污源的允许排污量及其污染物的应削减量。我国在很长时间内的环境规划与管理中，一直强调最优化规划和最小费用的分配。这种分配规划追求的是城市区域整体的治理费用最小，而并不考虑谁得益和谁损失的大小问题。于是，不可避免地起着一种“鞭打快牛、奖坏惩好”的作用。例如治理效率越高者，将负担起更高的削减任务；等量的排污量向水质目标要求高低不同的水域排放，却有相同的削减要求等，即存在不公平性。同时，由于实际的区域水污染控制的管理系统是一种复杂、多变的系统，在推行最小费用总量分配方案时，既会因不公平性产生许多矛盾，而且也难以做到系统内各环节都能按照规划者最小费用分配方案的统一要求行动；相反，过分的集中，不仅在管理实施上有很大的难度，而且使控制污染的设施僵滞，失去灵活机动性，结果是系统预想的高效率也不能实现。因此，由管理部门自上而下地集中对一个区域进行最小费用总量分配管理的机制，难以与现代化市场经济体制相协调。

14.2.5.2 排污总量分配方法

曾经提出过或采用过的排污总量分配方法有：等比例分配法（包括均摊水体允许负荷量、等比例削减实际排污量、等比例削减超污水排放标准的总量）；按水质影响率削减排污量分配法；综合因素加权分配法；按公平分配规则和模型分配总量法等。

14.2.5.3 排污总量公平分配模型建立及分析

排污总量公平分配模型是以“公平原则”指令性分配污染物排污量，以“最小费用原则”引导提高削减率两者相结合的管理政策，即在城市环境承载力的约束条件下，根据排污源对水质影响的贡献率大小，公平分配排污削减量。作为法定性指标，它是一种指令性和有计划的管理。同时，管理机构还应当积极组织制定城市水污染控制费用最小规划，引导和促进排污者之间进行排污权的交易转让，提高控制污染的效率。区分和协调两种不同性质的管理，并加以协调，使集中和分散、计划性和灵活性得以较好的配合，这种“公平分配总量”与“引导提高治理效率”相结合的总量控制管理体制是比较合理而又便于操作的。

（1）关于公平的原则假设　地理位置的差异、费用负担的不均、历史责任的承担是造成总量控制中污染物允许排放量分配不公平的主要因素。已有的分配规则由于未能对这三种因素全面考虑，顾此失彼，造成分配过程中隐含着潜在的不公平。因此必须建立一套关于公平的原则假设，以消除上述三种因素对分配中公平性的影响，才能在此基础上推导出公平分配规则。

① 污染物允许排放量分配基准应体现“人人平等”的原则。由于自然资源的公有性，根据普遍接受的人权观念，每个人都具有同等利用自然资源的权利。《中华人民共和国水法》第三条第一款规定：“水资源属于国家所有。”水污染物总量分配实际上是水环境容量资源的分配，所以应体现出“人人平等”的原则。

② 各污染源分配的削减率应体现“费用平等”的原则。该原则适用于不同的行业污染源间削减率的分配。由于各种行业间技术差异或污染物处理边际费用差异，使得处理相同数量污染物所需费用相差很大或生产单位产品排放污染物的数量相差甚远，因此应在污染物允许排放量分配中消除这种因行业不同导致的费用差异。

③ 各污染源分配削减率应与其传输率成正相关；各源分配到的环境容量（在目标点的允许传输量）应与其传输率成正相关；允许排放量与现状（基准）排放量成正比，即一个大源分配到的允许排放量应该等于将大源拆分成若干小源后，各个小源分配得到的几个允许排放量之和。

（2）满足公理的公平分配规则　满足公理的分配规则应为：

$$\begin{cases} m_i = F(a_i, m_{i0}, l) = \dfrac{\gamma_i \times (\alpha_1 P_i + \alpha_2 q_i) \times e}{1 + a_i^p \times l} \\ \sum a_i m_i = \sum \dfrac{a_i \gamma_i \times (\alpha_1 P_i + \alpha_2 q_i) \times e}{1 + a_i^p \times l} = \mathrm{CP}, p \in (0,1) \end{cases}$$

$$\alpha_1 = \sum P_i / P;$$

$$\alpha_2 = 1 - \alpha_1;$$

$$q_i = Q_i / \sum Q_i;$$

$$e = \sum m_{i0} / P;$$

式中　m_{i0}——第 i 个污染源的排放量，kg/d；

m_i——第 i 个污染源的允许排放量，kg/d；

P_i——第 i 个污染源的就业人数；

P——该地区总人口数；

Q_i——第 i 个污染源利用水资源创造的社会效益，以该污染上缴利税衡量；

a_i——第 i 个污染源的污染传输率，即传输到目标点处的污染量与排放量的比值；

CP——目标点处的环境承载力，即本底值以上允许增加的污染物通量，kg/d；

γ_i——各污染源所属的行业排污权值，以《污水综合排放标准》所列各行业污水排放标准为依据确定各行业排污权值；

p，l——常数，其中 l 表示削减程度。

(3) 分配规则中有关公平问题的探讨　首先，为解决污染源地理位置差异造成的不公平问题，清华大学林巍曾提出并证明满足原则三的分配规则：

$$\begin{cases} m_i = F(a_i, m_{i0}, l) = \dfrac{m_{i0}}{1+a_i^p l} \\ \sum a_i m_i = \sum \dfrac{a_i m_{i0}}{1+a_i^p l} = \mathrm{CP}, p \in (0,1) \end{cases}$$

但式中第 i 个污染源基准排放量是其现状排放量 m_{i0}，显然未能消除各污染源因排污现状不同造成的分配中的不公平。为了体现每个人都具有同等利用自然资源的权利的观点，使排污总量分配过程中各污染源具有一个较为公平的起始点，排污总量分配中应体现出“人人平等”原则，这反映在污染物允许排放量分配上，就要求每个人的环境容量占有量相同，劳动力多的污染源占有的环境容量也多。此外，由于各污染源利用水环境资源创造的价值不同，给该地区带来的社会效益不同，该地区其他居民从中享受到污染源利用水环境资源所带来的效益也因此不同。基于此，污染物允许排放量分配中各污染源所得排污量应以此为基准，则第 i 个污染源的基准排放量：

$$\overline{m_{i0}}(\mathrm{kg/d}) = (\alpha_1 P_i + \alpha_2 q_i)e$$

式中　$\alpha_1 = \sum P_i / P$；

$\alpha_2 = 1 - \alpha_1$；

$q_i = Q_i / \sum Q_i$；

$e = \sum m_{i0} / P$。

其次，为解决由于各种行业污染源间因技术差异造成污染物处理边际费用差异导致的分配过程中费用负担不公平，该规则中引入权值系数 γ_i。鉴于我国《污水综合排放标准》制定时考虑到技术经济的合理性、可行性，针对不同行业技术差异和污染治理费用差异分别采用不同的标准，因此以《污水综合排放标准》所列各行业污水排放标准为依据，在此基础上确定各污染源所属的行业排污权值 γ_i 不仅简单易行，而且较为合理，能在一定程度上体现“费用平等”的原则。

14.2.6　水环境规划的措施

水环境规划措施包括水污染控制措施和水资源开发利用措施两类。其中水污染控制措施主要有两种：一是减少水污染物产生量与排放量，如推行清洁生产、进行污水处理、减少面源污染等；二是合理利用水体自净能力，如河流流量调控、河内人工复氧和污水调节等。

14.2.6.1　减少水污染物产生量与排放量

(1) 调整工业结构，推行清洁生产工艺　调整工业结构，进行源头控制。根据国家产业政策调整行业结构、产品结构、原料结构、规模结构，逐步淘汰或限制发展耗水量大、水污染物排放量大的行业和产品，积极发展对水环境危害小、耗水量小的高新技术产业；不使用有毒原料，以无毒无害原料代替有毒有害原料。

改革生产工艺，推行清洁生产。这是减少废水排放量的重要手段。主要措施包括：更换和改善原材料，改进装置的结构和性能，提高工艺的控制水平，加强装置设备的维修管理等。若能使某一工段的废水不经处理或经过简单处理就用于其他工段，会有效地减少废水量。

(2) 优选水污染治理技术，进行污水处理 预防为主、源头控制在水污染防治中应作为主体优先考虑。但是仅凭积极推行清洁生产，采取一切可能防止污染物产生的措施难以实现污染物的零排放，所以要防治结合。综合治理的要求是对水污染进行系统分析，优化治理方案，优选治理技术。

对于大量的中、小工业企业的工业废水大多倾向于采取综合治理方案，即与城市污水共同处理的方式，由市政部门分设统一的城市污水处理厂。各工业企业的工业废水，在厂内经过必要的预处理并达到排放标准后，排入城市排水管道，与生活污水一起进入污水处理厂。建立污水处理厂是水环境规划方案中常考虑采用的重要措施，一般污水处理程度可分为一级、二级和三级处理。其中一级和二级处理技术已基本成熟，三级处理不仅技术上要求严格而且费用昂贵，目前大部分不宜采用。

有毒有害污水应单独处理。重金属废水、放射性废水和一些含有不能生物降解或难以生物降解的有毒有机化合物废水，如果进入城市或区域集中污水处理厂，其中的污染物会因不能降解而转入污泥中。因此，这些含有不能和难以生物降解污染物的废水，不宜与生活污水和普通工业废水混合在一起进行处理，而应在其起源处就地处理。鉴于重金属和放射性废水对环境和生态系统的潜在危害很大，应尽量避免其排放。为此应建立闭路循环处理系统，将废水经适当处理后，使水和分离回收的污染物都得以循环使用。

(3) 加强节水农业灌溉工程建设，减少面源污染 防治水污染不能仅着眼于城镇和工业污染源，而忽视农业生产造成的问题。农业是用水大户，根据《2019 年中国水资源公报》公布的资料，农业用水占全国总用水量的 61.2%。喷灌等节水灌溉工程在农田灌溉工程中所占的比重仍然较小，亟待开发建设适合国情的节水灌溉示范工程，总结经验尽快推广。

一些地区调查研究表明，农田排水等面源污染是造成水体富营养化的重要来源；化肥、农药的流失已普遍引起重视；科学合理施肥、减少农药用量并合理使用，控制农田排水等面源污染已成为水污染防治的重要措施。

14.2.6.2 合理利用水体自净能力

(1) 人工复氧 河内人工复氧是改善河流水质的重要措施之一。它是借助于安装增氧器来提高河水中的溶解氧浓度。在溶解氧浓度很低的河段使用这项措施尤为有效。人工复氧的费用可表示为增氧机功率的函数。我国对开展河内人工复氧的研究和实践还处于起步阶段。

(2) 污水调节 在河流同化容量低的时期（枯水期）用蓄污池把污水暂时蓄存起来，待河流的纳污容量高时释放，由于更合理地利用了河流的同化存量，从而提高了河流的枯水水质，这项措施称为污水调节。污水在蓄存期间，其中的有机物还可降解一部分。污水调节费用主要是建池费用，如能利用原有的坑塘则更为经济。该方法的缺点是占地面积大、有可能污染地下水等，如果是原污水还可能会产生恶臭并有碍观瞻。国外蓄存用于调节的污水大都是经过处理的处理厂出水，这就避免或减少了恶臭现象的发生。

(3) 河流流量调控 实行流量调控可利用现有的水利设施，也可新建水利工程。利用现有水利工程提高河流枯水流量造成的损失主要包括由于减少了可用于其他有益用途的水量，而使来自这些用途的收益减少。新建流量调控工程除了控制水质方面的效益外，还同时具有防洪、发电、灌溉和娱乐等效益。由于水利工程具有多目标性，建立其费用函数具有很大的困难。同时，由于流量调控效益的多重性，自 Eckstein (1965) 首次提出水资源工程费用分担问题以来，目前仍未找到把费用公平合理地分配给每种用途的方法。目前把流量调控费用引入水质规划最优化模型常用的方法有两种：第一，分别把不同比例的流量调控费用武断地分配给水污染控制，研究与各比值对应的水质规划最优解下的流量调控量；第二，研究不同调控流量下系统的边际费用，控制经济效益。就目前情况而言，如何把水利工程的多重效益和损失定量化并引入水质模型中的问题尚未真正解决，这方面的研究需要加强。

14.2.6.3　水资源保护与开发利用

（1）建立多途径的水资源供给体系　实行水资源的可持续利用，最根本的是要解决水资源的供给问题。首先要从源头抓起，通过科学合理地开发、调配和保护水源，建立起多途径的、有足够数量和可靠质量的、可适时适地调节的水资源供给体系，以满足各地区、各产业长期发展的需要。

① 广开水源。这是实现水资源可持续利用的基本保障。措施包括：科学利用河川径流水；合理开采地下水；积极开发海洋水；重视污水废水。

② 调配水源。我国水资源分布不平衡，存在着较大的季节性差异和区域性差异，造成水资源供求的时空矛盾，这是当前我国水资源可持续利用面临的现实问题，必须通过水源的合理调配来解决。尤其是大的规划区域，可以考虑增建蓄水调节工程，对水资源进行季节性的调配，或者兴建跨流域调水工程，对水资源进行区域性调配。

③ 涵养水源。涵养水源是指通过改善生态环境、改良区域小气候，减少水分蒸发，控制水土流失，从而提高土壤的蓄水、保水能力，使现有水资源得到最大化利用，这是实现水资源可持续利用的必要条件。对此，可以采取生物措施、工程措施和耕作措施相结合的办法。

（2）形成节约型的水资源利用方式　随着人口的急剧增长、城市化和工业化以及农业生产的持续发展，水资源的需求将不断增加且消耗巨大。要实现水资源的可持续利用，必须做到开源与节流并举，在充分挖掘可供利用的水资源潜力的同时，要尽快改变现存的不合理、粗放型、高耗型的水资源利用方式，走节水型的经济和社会发展道路。目前，我国的水资源节约潜力主要包括农业节水、工业节水和生活节水三个方面。

① 农业节水。我国是农业大国，农业是第一用水大户。只有发展节水型农业，才能使有限的水资源更好地满足农业生产的需要。农业节水措施主要可分为工程节水和农艺节水。主要措施包括：加强灌溉工程建设，提高输配水效率；改进灌溉技术和制度，提高用水效率；调整农作物布局和农业结构，发展节水旱作农业。

② 工业节水。我国工业用水集中，要求保证率高，浪费现象比较突出，万元产值取水量很大，重复利用率低，常对局部地区的水资源开发利用形成很大压力，从而加剧了水资源供需矛盾。因此，工业生产要大力推行节约用水，主要可以采取以下措施：调整产业结构和工业布局，避开水资源约束；改进工艺，更新设备，降低水消耗，提高重复利用率。

③ 生活节水。虽然城乡居民生活用水比重不大，但随着人口的快速增加和生活条件的不断改善，用水量增长较快，而且生活用水对水质和保证程度都有很高的要求，因此，在生活用水领域厉行节约也是十分重要的。目前，城市用水存在普遍的浪费现象，特别是公共用水尤为严重，在当前我国部分城市用水紧张的情况下，必须采取措施节约用水，如：加强用水管理和实行计划用水；加快节水型用水器具和计量仪表的研制和推广；重视生活污水处理和回收利用。

（3）加强水污染的治理　当前，我国水污染问题仍然严峻，不仅对人民的身体健康造成了很大的威胁，而且加剧了水资源短缺的矛盾。因此，必须加强对水污染的治理。

本章内容小结

[1]　根据水环境规划研究的对象，可将其大体分为两大类型，即水污染控制系统规划（或称水质控制规划）和水资源系统规划（或称水资源利用规划）。前者以实现水体功能要求为目标，是水环境规划的基础；后者强调水资源的合理开发利用和水环境保护，以满足国民经济和社会发展的需要为宗旨，是水环境规划的落脚点。

[2]　水环境现状调查主要进行地表水和地下水环境特征调查。

[3]　水环境质量评价是水质调查的继续，通过对水质调查结果进行统计和评价，可以说明水污染的程度。

[4]　水环境功能区划是实现水资源综合开发、合理利用、积极保护、科学管理的基础；是根据保护目标、水环境的承受能力，确定重点保护功能区、强化目标管理的体现。

[5]　水环境影响预测主要包括三部分：水资源预测；水污染源预测；水质预测。

[6]　水环境目标包括水资源保护目标和水污染综合防治目标。规划目标是经济与水环境协调发展的综合体现，是水环境规划的出发点和归宿。

思考题

[1]　地表水环境特征调查主要包括哪些内容？

[2]　简述水环境功能区划的步骤。

[3]　水资源预测包括哪些方面，具体如何预测？

[4]　水污染源预测包括哪些方面，具体如何预测？

15 固体废物污染防治规划

【学习目的】

通过本章学习，了解固体废物的定义和分类，熟悉固体废物的危害。了解固体废物现状调查的内容。熟悉生活垃圾、工业固体废物和危险废物的产生量预测方法。了解并思考固体废物污染的防治对策。

15.1 固体废物概述

固体废物是污染环境的重要污染源之一，同时也有很大的回收利用价值。本章综述了固体废物的基本概念、分类及危害，探讨了固体废物污染防治规划的主要内容，包括固体废物的现状调查与分析、产生量预测、目标与指标体系、防治对策等。

15.1.1 固体废物的定义与分类

固体废物是指在生产、生活和其他活动中产生的，丧失原有利用价值或者虽未丧失利用价值但被抛弃或者放弃的固态、半固态和置于容器中的气态的物品、物质以及法律、行政法规规定纳入固体废物管理的物品、物质。固体废物是相对某一过程或某一方面没有使用价值，而并非在一切过程或一切方面都没有使用价值。另外，由于各种产品本身具有使用寿命，超过了寿命期限，也会成为废物。因此，固体废物的概念具有时间性和空间性。一种过程的废物随着时空条件的变化，往往可以成为另一过程的原料，所以废物又有“放在错误地点的原料”之称。

固体废物按化学组成可分为有机废物和无机废物；按物理形态可分为固态废物、半固态废物和液态（气态）废物；按危险程度可分为危险废物和一般废物等。

根据 2020 年 9 月 1 日起施行的《固体废物污染环境防治法》，固体废物分为工业固体废物、生活垃圾、建筑垃圾、农业固体废物、危险废物五种主要类型。

(1) 工业固体废物　工业固体废物是指在工业生产活动中产生的固体废物，又称工业废渣或工业垃圾，主要包括冶金工业固体废物、能源工业固体废物、石油化学工业固体废物、矿业固体废物、轻工业固体废物，以及其他工业固体废物。不同工业类型所产生的固体废物，其种类和性质是迥然相异的。

（2）生活垃圾　生活垃圾是指在日常生活中或者为日常生活提供服务的活动中产生的固体废物，以及法律、行政法规规定视为生活垃圾的固体废物。它的主要特点是成分复杂，有机物含量高，所含化学元素大部分为碳，其次为氧、氢、氮、硫等。

（3）建筑垃圾　建筑垃圾是指建设单位、施工单位新建、改建、扩建和拆除各类建筑物、构筑物、管网等，以及居民装饰装修房屋过程中产生的弃土、弃料和其他固体废物。

（4）农业固体废物　农业固体废物是指在农业生产活动中产生的固体废物。

（5）危险废物　危险废物是指列入国家危险废物名录或者根据国家规定的危险废物鉴别标准和鉴别方法认定的具有危险特性的固体废物。危险废物的特性包括急性毒性、易燃性、反应性、腐蚀性、浸出毒性和疾病传染性。国务院生态环境主管部门应当会同国务院有关部门制定国家危险废物名录，规定统一的危险废物鉴别标准、鉴别方法、识别标志和鉴别单位管理要求。国家危险废物名录应当动态调整。医疗废物按照国家危险废物名录管理。

联合国环境规划署《控制危险废物越境转移及其处置巴塞尔公约》列出了“应加控制的废物类别”共45类，“须加特别考虑的废物类别”共2类，同时列出了危险废物“危险特性的清单”共14种特性。

15.1.2 固体废物污染的危害

（1）固体废物对自然环境的影响　露天存放或者填埋处置的固体废物，其中的化学有害成分可通过不同途径释放到环境中，对生物以及人类产生危害。

固体废物污染对自然环境的影响，主要表现在以下三个方面：

① 对大气环境的影响：堆放的固体废物中的细微颗粒、粉尘等可随风飞扬，从而对大气环境造成污染。其中某些物质的分解和化学反应，还可以不同程度地产生毒气或恶臭，造成地区性空气污染。此外，废物填埋场中逸出的沼气在一定程度上会消耗其上层空间的氧，从而使种植物衰败。当废物中含有重金属时，可以抑制植物生长和发育；若在缺少植物的地区，则将通过侵蚀作用使土层的表面剥离。

② 对水环境的影响：固体废物随天然降水和地表径流进入江河湖泊或随风飘落入水体，会使地表水受到污染；随渗滤液进入土壤，则使地下水受到污染；直接排入河流、湖泊或海洋，又会造成更大范围的水体污染。另外，向水体倾倒固体废物还将缩减江河湖面有效面积，降低其排洪和灌溉能力。

③ 对土壤环境的影响：固体废物是在生产和生活过程中产生的，它们的堆放必然会占用大量的良田沃土，使堆渣和农业争地的矛盾日益尖锐。大量的有毒废渣在自然界的风化作用下，还会到处流失，对土壤造成严重的污染。工业固体废物对土壤的危害，以矿业固体废物最为严重。大量采矿废石的堆积毁坏了大片农田和森林。长期堆放尾矿石也容易导致事故的发生。国外曾发生一起煤矸石堆滑坡事故，以致埋没了山谷中的一所小学，造成了人员伤亡。

（2）固体废物对土地资源的影响　大量固体废物的堆积会占用土地资源。随着我国经济的发展和人们生活水平的提高，固体废物的产生量会越来越大，如不进行有效的处理与利用，固体废物侵占土地的问题会变得更加严重。我国过去对固体废物的处理和利用不够重视，导致固体废物的大量堆积。我国许多城市近郊处在以前也常常是城市生活垃圾的堆放场所，垃圾的堆放占用了大量的生产用地，从而进一步加剧了我国人多地少的矛盾。

（3）固体废物对人体健康的影响　固体废物中的有害物质可通过环境介质——大气、土壤、地表或地下水体等直接或间接传递至人体，造成健康威胁。当某些不相容物相混时，可能发生不良反应，包括热反应（燃烧或爆炸）、产生有毒气体（砷化氢、氰化氢、氯气等）和可燃性气体（氢气、乙炔等）。若人体皮肤与废强酸或废强碱接触，将发生烧灼性腐蚀作用。若误吸收一定量农药，能引起急性中毒，出现呕吐、头晕等症状。贮存化学物品的空容器，若未经适当处理或管理不善，能引起严重中毒事件。化学废物长期暴露会产生对人类健康有不良影响的有毒有害物质。

15.2　固体废物污染防治规划的内容

为了加强固体废物的环境监督管理，优化固体废物处置设施的结构与布局，提高固体废物减量化和资源化水平，确保无害化效果，切实防止固体废物污染环境，保护和改善环境质量，保障人民身体健康，有必要根据相关法律法规的要求以及规划区域固体废物处理处置的实际情况，制定固体废物污染防治规划。

15.2.1　固体废物现状调查与分析

（1）生活垃圾现状调查　生活垃圾主要包括居民生活垃圾、街道保洁垃圾和集团（机关、学校、工厂和服务业）垃圾三大类。具体的调查内容包括城市概况、生活垃圾产生特征、垃圾收集方式、环境卫生体系建设概况、无害处理设施建设概况、回收体系建设概况、垃圾无害化处理量（率）和回收利用量（率）等。

（2）工业固体废物调查　工业固体废物包括工业废渣、工业废材、工业废料等，主要工业固废为煤矸石、尾矿、粉煤灰、炉渣、冶炼废渣等。具体的调查内容包括工业固体废物中有害物质的种类，工业固体废物的种类、产生量、利用量、流向、贮存情况、处理与处置情况等。

（3）危险废物调查　具体调查内容包括危险废物种类与产生量，危险废物的收集、运输、综合利用、贮存和处理处置情况，危险废物安全处置率等。

15.2.2　固体废物产生量预测

（1）生活垃圾产生量预测　生活垃圾产生量主要与经济发展水平和人口增长率有关，随着经济的发展、人口的不断增长，生活垃圾产生量也在不断增加，可以根据经济发展水平与人口增长率预测生活垃圾产生量。生活垃圾产生量预测方法采用的数学模型如下：

$$W=GK_0(1+\alpha)^{\Delta t}$$

式中　W——预测年垃圾产生量；

G——预测年人口数；

K_0——基准年年人均垃圾产生量；

α——人均垃圾产生量的增长率；

Δt——预测年与基准年时间差。

（2）工业固体废物产生量预测　主要是根据工业经济发展和数量统计方法预测，具体采用工业产值排污系数、产品排污系数等方法。

① 工业产值排污系数预测法。预测方法如下：

$$DW_t = W_t S_t$$

$$W_t = W_0 e^{\lambda \Delta t}$$

$$S_t = S_D e^{-k \Delta t}$$

式中　DW_t——预测年工业固体废物产生量，10^4t/a；

W_t——预测年工业总产值，万元/a；

W_0——基准年工业总产值，万元/a；

S_t——预测年工业固废产生当量，10^4t/万元；

S_D——基准年工业固废产生当量，10^4t/万元；

λ——工业总产值平均增长率，%；

k——工业固废产生当量衰减系数。

② 产品排污系数预测法。预测中排污系数需考虑到科学技术进步对废物产生量的影响，引入衰减系数；主要行业产品预测出的固废产生量除以基准年该类废物在主要行业中的产生系数，即为规划年该类废物产生量。

(3) 危险废物产生量预测　常用的方法包括应用数理统计方法建立线性或者非线性回归方程，或采用单位产品产污（危险废物）系数或万元产值系数进行预测等。按照工业总产值、危险废物的排污系数，可以采用危险废物年产生量预测数学模型进行预测，表达式如下：

$$Q_{固} = AW_t$$

$$W_t = W_0 e^{\lambda \Delta t}$$

式中　$Q_{固}$——预测年危险废物年产生量，t/a；

A——万元产值危险废物产生量，t/万元；

W_t——预测年工业总产值，万元/a；

W_0——基准年工业总产值，万元/a；

λ——工业总产值平均增长率，%。

15.2.3　固体废物污染防治规划的目标与指标体系

(1) 提出规划原则与目标　固体废物污染防治规划的原则与目标主要包括以下内容：

① 源头控制优先，促进清洁生产。从源头更新工艺，提高原料利用效率，推广清洁能源使用，引导控制固体废物产生，促进清洁生产。

② 因地制宜，因废制宜。立足于规划区域的实际情况，科学客观分析固体废物处理处置现状和存在的问题，合理选用处理处置技术方法。

③ 开展多种途径资源化利用，实施产业化发展。在努力实现固体废物减量化目标的同时，切实开展固体废物利用的产业化工作，逐步将固体废物污染防治重心前移，进行源头削减和产业化利用。

④ 全过程控制管理，禁止污染转嫁。对固体废物进行全过程管理，将生产排放的固体废物处理纳入整个生产生命周期中，严格控制固体废物转移。

⑤ 集中治理与点源治理相结合原则。

（2）规划指标　主要指标包括：

① 生活垃圾无害化处理率、生活垃圾资源化率、生活垃圾分类收集率；

② 工业固体废物减量率、工业固体废物综合利用率、工业固体废物处置利用率；

③ 危险废物处置利用率、城镇医疗垃圾处理率。

15.2.4　固体废物污染的防治对策

（1）城市生活垃圾的防治对策

① 控制城市生活垃圾的源头产生量。逐步改革城市燃料结构（包括民用与工业用），控制工厂原材料的消耗定额，提高产品的使用寿命等。

② 统筹安排建设城乡生活垃圾收集、运输、处置设施，开展综合利用。要解决生活垃圾污染环境问题，首先要有完善的收集、运输和处置设施。由于生活垃圾是日常生活中产生的，散布于居民区周围，要进行处置或回收利用，关键的一点是要通过适当的方法（如垃圾的分类收集），建设科学的分类收集设施，将生活垃圾聚集在一起，然后通过运输设施，运送到与该垃圾种类、数量、危害性相适应的集中处置场所或者予以回收利用。要把城乡生活垃圾作为资源和能源来对待，让生活垃圾回到物质循环圈内，打破不文明的大规模生产、大规模消费、大规模产生废物的生活方式，尽量建设一个资源的闭合循环系统。

③ 提出处置方案。在开展了源头减量和资源循环利用之后，对实在不能利用的生活垃圾则经压缩和无害化处理之后，进行符合环境要求的最终处置，如卫生填埋。

（2）工业固体废物的防治对策

① 制定并执行防治工业固体废物污染环境的技术政策。要防治工业固体废物污染环境，制定并执行相关技术政策（如危险废物污染防治技术政策、废电池污染防治技术政策）等是一项重要的内容。从实际执行情况看，技术政策作为行政指导的一种方式，在促进和支持工业固体废物污染环境防治工作、加强管理和技术选择应用、引导相关产业发展等方面发挥了积极的作用。

② 从源头控制，减少工业固体废物产生量。调整产业结构，减少高资源消耗、高污染排放的企业，减少固废的产生。

组织推广先进的防治工业固体废物污染环境的生产工艺和设备，积极推进企业清洁生产。通过改进工艺、提高原料利用效率、加强生产环节的环境质量管理，减少废物的产生，促进各类废物在企业内部的循环使用和综合利用。

③ 提高工业固体废物的利用率。工业固体废物的综合利用是资源化的重要环节。建立起原料和能源循环利用系统，使各种资源能够最大限度地得到利用。建设大规模消纳、利用工业固废的产业，如建材产业、冶金产业和环保产业。

④ 加强安全处置。对于目前无法开发利用的工业固体废物，要建设最终安全处置中心进行处理。处置中心建设要尽可能考虑区域联合建设原则，同时充分考虑地区已初选的固体废物处置设施选点以及各区域产生量重心的分布密度和需处置量。

（3）危险废物的防治对策

① 确定危险废物的名称与种类。经过调查分析，确定规划区域的危险废物名称与种类，制定危险废物重点监管单位名单，加强对重点监管单位的管理。

② 危险废物的减量化与资源化。通过经济和其他政策措施促进企业清洁生产，重视任何产生危险废物的工艺过程，防止和减少危险废物的产生。对已产生的危险废物应首先考虑

回收利用，减少后续处理处置的负荷。回收利用过程应达到国家和地方有关规定的要求，避免二次污染。

③ 危险废物的收集、运输与贮存。危险废物要根据其成分选用合适的方法，并用符合国家标准的专门容器分类收集。鼓励发展安全高效的危险废物运输系统。对已产生的危险废物，若暂时不能回收利用或进行处理处置，其产生单位须建设专门的危险废物贮存设施进行贮存，并设立危险废物标志，或委托具有专门危险废物贮存设施的单位进行贮存，贮存期限不得超过国家规定。贮存危险废物的单位需拥有相应的许可证。禁止将危险废物以任何形式转移给无许可证的单位，或转移到非危险废物贮存设施中。危险废物贮存设施应有相应的配套设施并按有关规定进行管理。

④ 危险废物的最终处置。危险废物的最终处置主要采用焚烧和安全填埋的方法。危险废物焚烧可实现危险废物的减量化和无害化，并可回收利用其余热。危险废物安全填埋处置适用于不能回收利用其组分和能量的危险废物。

本章内容小结

[1] 固体废物是指在生产、生活和其他活动中产生的，丧失原有利用价值或者虽未丧失利用价值但被抛弃或者放弃的固态、半固态和置于容器中的气态的物品、物质以及法律、行政法规规定纳入固体废物管理的物品、物质。固体废物是相对某一过程或某一方面没有使用价值，而并非在一切过程或一切方面都没有使用价值。

[2] 固体废物按化学组成可分为有机废物和无机废物；按物理形态可分为固态废物、半固态废物和液态（气态）废物；按危险程度可分为危险废物和一般废物等。

[3] 固体废物污染对自然环境的影响，主要表现在大气、水和土壤环境方面。固体废物还会对土地资源和人体健康产生影响。

[4] 固体废物现状调查和产生量预测主要包括对生活垃圾、工业固体废物和危险废物的调查和预测，是固体废物污染防治规划的核心内容。

思考题

[1] 简述固体废物的定义和分类。

[2] 固体废物的危害有哪些？

[3] 如何进行工业固体废物产生量的预测？

[4] 谈谈你对我国目前固体废物污染治理方面的看法。

16 噪声污染控制规划

【学习目的】

通过本章学习，了解噪声的概念、分类和特征。了解声的度量方法。熟悉噪声现状调查与评价的内容。熟悉交通噪声预测的方法。了解噪声污染控制措施。

16.1 噪声概述与声的度量

噪声可以干扰周围生活环境，干扰人们的正常生活、工作和学习，给人类带来危害。制定噪声污染控制规划有利于控制噪声污染和提高声环境质量，改善人们的生活环境，保障人体健康，促进经济和社会发展。本章概述了噪声的概念、分类与特征及声的度量，探讨了噪声污染控制规划的主要内容。

16.1.1 噪声的概念、分类与特征

(1) 噪声的概念　人们的工作、生活都离不开声音。在所有的声音中，有人们需要的、想听的，也有不需要、不想听的。心理学的观点认为噪声和乐声是很难区分的，它们会随着人们主观判断的差异而改变，因此噪声与好听的声音是没有绝对界限的。在环境领域中，凡是人们不需要的，使人厌烦的，干扰人正常休息、学习和工作，对人类生活和生产有妨害的声音统称为噪声。

按照《中华人民共和国环境噪声污染防治法》的定义，环境噪声是指在工业生产、建筑施工、交通运输和社会生活中所产生的干扰周围生活环境的声音，而环境噪声污染是指所产生的环境噪声超过国家规定的环境噪声排放标准，并干扰他人正常生活、工作和学习的现象。

(2) 噪声的分类　根据噪声来源，可以分为工业生产噪声、建筑施工噪声、交通运输噪声、社会生活噪声等四类。工业生产噪声是指在工业生产活动中使用固定的设备时产生的干扰周围生活环境的声音。建筑施工噪声是指在建筑施工过程中产生的干扰周围生活环境的声音。交通运输噪声是指机动车辆、铁路机车、机动船舶、航空器等交通运输工具在运行时所产生的干扰周围生活环境的声音。社会生活噪声是指人为活动所产生的除工业生产噪声、建筑施工噪声和交通运输噪声之外的干扰周围生活环境的声音。

（3）噪声的特征　噪声的特征包括：

① 噪声属于感觉性公害，与主观意愿有关。噪声对环境的污染与“三废”一样，是一种危害人类的公害，但就公害性质来说，噪声属于感觉性公害。通常，噪声是由不同振幅和不同频率的声音组成的无调杂声。但有调或好听的音乐声在影响人们的工作和休息、使人感到厌烦时，也被认为是噪声。因此，对噪声的判断也与个人所处的环境和主观愿望有关。噪声的显著特点，是其与受害人的生理与心理因素有关。环境噪声标准也要根据不同的时间、不同的地区和人所处的不同行为状态来制定。

② 噪声是能量流污染，其影响范围有限。环境噪声是能量的污染，它不具备物质的累积性。噪声是由发声物体的振动向外界辐射的一种声能。若声源停止振动发声，声能就失去补充，噪声污染随之终止，危害即消除。而其他污染源排放的污染物，即使停止排放，污染物在长时间内还会有残留，污染是持久的。噪声的能量转化系数很低，约为 10^{-6}，即百万分之一。换句话说，1kW 的动力机械，大约只有 1mW 变为噪声能量。

③ 噪声具有局限性与分散性，难以集中处理。局限性是指一般的噪声源只能影响它周围的一定区域，而不会像大气污染能飘散到很远的地方。环境噪声扩散影响的范围具有局限性。分散性主要是指环境噪声源分布的分散性，噪声源在工作、生活中处处存在，因此难以集中处理。

④ 振动一旦停止，噪声即会消失，但危害未必消除。有人认为，噪声污染不会危害人体健康，因而不需要重视噪声的防治。大多数暴露在 90dB（A）左右噪声条件下的职工，也认为能够忍受，但实际上这种“忍受”是以听力偏移为代价的。噪声的危害不可低估。

16.1.2 声的度量

（1）声压级　噪声的单位为分贝（dB），无量纲。

对 1000Hz 的纯音，正常人的听阈声压约为 2×10^{-5}Pa，痛阈声压为 20Pa。从听阈到痛阈，声压相差 100 万倍，由此可见，用声压的绝对值来衡量声音的强弱是很不方便的。另外，人耳对声音强弱的感觉并不与强度的绝对值成正比，而更接近于与其对数值成正比。

声压级就是声压的平方与一个基准声压平方比值的对数值，计算公式如下：

$$L_P = 20\lg\frac{P_e}{P_0}$$

式中　L_P——声压级，dB；

P_e——声压的有效值，Pa；

P_0——参考声压，即正常人耳对 1000Hz 声音刚刚能够察觉到的最低声压值，2×10^{-5}Pa。

（2）计权声级　为了能用仪器直接反映人的主观感觉，在噪声测量仪器中设计了一种对频率计权的特殊滤波器，叫作计权网络。通过计权网络测得的声压级称为“计权声压级”，分为 A、B、C、D 四个声级，表示为 L_P(A)、L_P(B)、L_P(C)、L_P(D)，单位分别为 dB(A)、dB(B)、dB(C)、dB(D)，其中 A 声级与人耳对噪声强度和频率的感觉最相近，因此 A 声级是应用最广的评价量。

（3）等效连续 A 声级　A 声级适用于评价一个连续的稳态噪声。如果在某一受声点观测到的 A 声级是随时间变化的，此时用某一瞬时的 A 声级评价一段时间的 A 声级是不确切的。因此对于起伏或不连续噪声，人们提出用噪声量按时间平均的方法来评价其对人的影响，即等效连续 A 声级。等效连续 A 声级计算公式如下：

$$L_{eq}=10\lg\left(\frac{1}{n}\sum_{i=1}^{n}10^{L_i/10}\right)$$

式中　L_{eq}——等效连续 A 声级，dB；

L_i——间隔时间 t 读取的噪声级；

n——噪声级 L_i 的总个数。

16.2　噪声污染控制规划

16.2.1　噪声现状调查与分析

16.2.1.1　噪声现状调查与评价

(1) 噪声现状调查　噪声现状调查的方法主要有收集资料法、现场调查法、现场测量法。主要调查内容包括：规划区域噪声现状值及超标情况；噪声敏感目标的名称、规模；主要噪声源的名称、数量、位置，影响的噪声级等相关情况。

(2) 噪声现状评价内容　噪声现状评价内容包括：现有噪声敏感区、保护目标的分布情况，现有噪声源种类、数量及相应的噪声级，主要噪声源分析，受噪声影响的人口分布等。

16.2.1.2　噪声污染控制规划的重点

社会生活噪声的控制：应着重建设噪声达标生活小区和控制商贸娱乐场所的噪声。

交通噪声的控制：加强城市道路建设改造，优化行车路线，加强交通管理。

工业生产噪声的控制：对噪声污染严重的企业进行搬迁，对工业噪声源进行控制。

建筑施工噪声的控制：加强对建筑施工的管理，优化施工布局，采用低噪声设备。

16.2.2　声环境功能区划

(1) 声环境功能区划的意义　声环境功能区划可以确定各类功能区执行的声环境质量标准和噪声污染源限值标准，其意义为：

① 有效控制噪声污染的程度和范围，提高声环境质量，保障城市居民正常生活、学习和工作场所的安静；

② 便于城市环境噪声管理和促进噪声治理；

③ 有利于城乡规划的实施和城乡改造，做到区划科学合理，促进环境、经济、社会协调一致发展。

(2) 声环境功能区划的程序　声环境功能区划的程序主要包括：

① 准备噪声控制功能区划基础资料；

② 确立噪声控制功能区划单元；

③ 合并多个区域类型相同且相邻的单元，充分利用自然地形作为区域边界；

④ 对初步划定的区划方案进行分析、调整；

⑤ 征求规划、城建、公安、基层政府等部门的意见；

⑥ 确定噪声控制功能区划方案，绘制噪声控制功能区划图；

⑦ 系统整理区划工作报告、区划方案、区划图等资料，报上级生态环境行政主管部门验收；

⑧ 地方生态环境行政主管部门将区划方案报当地人民政府审批、公布实施。

16.2.3 噪声污染预测

16.2.3.1 交通噪声预测

（1）交通流量预测　交通流量预测有多种方法，如灰色预测法、神经网络预测法、卡尔曼滤波预测法、回归分析法和聚类分析法等，在此只介绍回归分析法。

回归分析法是一种统计学方法，根据对因变量与一个或多个自变量的统计分析，建立自变量和因变量之间的相互关系，最简单的情况是一元回归分析，其一般关系式为：

$$Y=\alpha+\beta X$$

式中　Y——因变量；

X——自变量；

α，β——回归系数。

如果用上述方程预测小区的交通发生，则以下标 i 标记所有变量；如果用其研究分区的交通吸引，则以下标 j 标记所有变量。

模型标定方法是数学上的最小二乘法。

（2）交通噪声预测　公路噪声预测可以采用美国联邦公路管理局（FHWA）公路噪声预测模式：

$$L_{\mathrm{eq}}(h)_i=(\overline{L_0})_{\mathrm{E}i}+10\lg\left(\frac{N_i\pi D_0}{S_iT}\right)+10\lg\left(\frac{D_0}{D}\right)^{1+a}+10\lg\left[\frac{\Phi_a(\Psi_1,\Psi_2)}{\pi}\right]+\Delta S-30$$

式中　$L_{\mathrm{eq}}(h)_i$——第 i 类车的小时等效声级，dB(A)；

$(\overline{L_0})_{\mathrm{E}i}$——第 i 类车的参考能量平均辐射声级，dB(A)；

N_i——在指定的时间 T（1h）内通过某预测点的第 i 类车流量；

D_0——测量车辆辐射声级的参考位置距离，$D_0=15\mathrm{m}$；

D——从车道中心到预测点的垂直距离，m；

S_i——第 i 类车的平均车速，km/h；

T——计算等效声级的时间，$T=1\mathrm{h}$；

a——地面覆盖系数，取决于现场地面条件，$a=0$ 或 $a=0.5$；

Φ_a——有限长路段的修正函数，$\Phi_a(\Psi_1,\Psi_2)=\int_{\Psi_1}^{\Psi_2}(\cos\Psi)^a\,\mathrm{d}\Psi$，其中 $-\frac{\pi}{2}\leqslant\Psi\leqslant\frac{\pi}{2}$，$\Psi_1$、$\Psi_2$ 为预测点到有限长路段两端的张角，单位 rad；

ΔS——由遮挡物引起的衰减量，dB(A)。

混合车流模式的等效声级是将各类车流等效声级叠加求得，如果将车流分成大、中、小三类车，则总车流等效声级为：

$$L_{\mathrm{eq}}(T)=10\lg[10^{0.1L_{\mathrm{eq}}(h)_1}+10^{0.1L_{\mathrm{eq}}(h)_2}+10^{0.1L_{\mathrm{eq}}(h)_3}]$$

16.2.3.2　环境噪声预测

常见的环境噪声预测方法有两种：第一种是多元回归预测方法，通过车流量、固定噪声源、本底噪声与噪声等效声级之间的关系，建立多元回归预测模型；第二种为灰色预测方法，根据历年环境噪声值建立灰色预测模型。

16.2.4　噪声污染控制规划目标

根据噪声污染的预测结果和各噪声污染控制功能区的要求，确定规划期间噪声削减控制目标。根据国家相关声环境标准（《声环境质量标准》等）、规划区域现状条件及发展的要求，结合环境功能分区及主要道路规划，确定噪声环境功能适用区域划分，各噪声功能区执行相应的环境噪声标准。

主要的指标包括环境噪声达标区覆盖率、噪声平均值等。

16.2.5　噪声污染控制措施

16.2.5.1　城乡规划布局应合理

城市旧城改造区域和新建区域的规划要充分考虑布局和建设项目对城市区域环境噪声的影响，合理安排城市功能区。

合理使用土地和划分区域是减少交通噪声干扰的有效方法。在编制城乡建设规划时，应该考虑环境噪声问题，用科学合理的布局避免噪声干扰。特别应重视对噪声敏感区如学校、医院和住宅等的影响。

在城乡道路改造及建设方案中，充分考虑道路交通噪声对人居环境的影响，建设中要尽可能与居民住宅楼、小区保持合理的距离，临街建筑应以商店、餐馆或娱乐场所等非居住性建筑为主，使其成为人居建筑前的防噪屏障，对不得不在道路两侧建造的居民住宅，建筑设计时要合理布局，通过设计临街公共走廊、封闭阳台、安装隔声门窗等措施来扩大道路与人居建筑之间缓冲区的距离，以此最大限度地降低道路交通噪声的影响。

16.2.5.2　技术防治措施

（1）声源上降低噪声的措施　主要包括：

① 改进机械设计，如在设计和制造过程中选用发声小的材料制造机件，改进设备结构和形状，改进传动装置以及选用已有的低噪声设备等。

② 采取声学控制措施，如对声源采取消声、隔声、隔振和减振等措施。

③ 定期维护，使设备处于良好的运转状态。

④ 改革工艺、设施结构和操作方法等。

（2）噪声传播途径上降低噪声措施　主要包括：

① 在噪声传播途径上增设吸声设施、声屏障等。

② 利用自然地形物（如利用位于声源和噪声敏感区之间的山丘、土坡、地堑、围墙等）降低噪声。

③ 将声源设置于地下或半地下的室内等。

④ 合理布局声源，使声源远离敏感目标等。

（3）噪声敏感目标自身防护措施　主要包括：

① 受声者自身增设吸声、隔声等设施。

② 合理布局噪声敏感区中的建筑物功能，合理调整建筑物平面布局。

16.2.5.3 管理措施

主要包括提出环境噪声管理方案（如制定合理的施工方案、优化飞行程序等），制定噪声监测方案，提出降噪减噪设施的使用运行、维护保养等方面的管理要求等。

本章内容小结

[1] 在环境领域中，凡是人们不需要的，使人厌烦的，干扰人正常休息、学习和工作，对人类生活和生产有妨害的声音统称为噪声。

[2] 根据噪声来源，可以分为工业生产噪声、建筑施工噪声、交通运输噪声、社会生活噪声等四类。

[3] 噪声的特征包括：①噪声属于感觉性公害，与主观意愿有关；②噪声是能量流污染，其影响范围有限；③噪声具有局限性与分散性，难以集中处理；④振动一旦停止，噪声即会消失，但危害未必消除。

[4] 噪声污染控制规划的步骤包括：①噪声现状调查与分析；②声环境功能区划；③噪声污染预测；④确定噪声污染控制规划目标；⑤提出噪声污染控制措施。

思考题

[1] 噪声有哪些类型，其特征包括哪些？

[2] 噪声污染控制规划的步骤包括哪些？你认为哪个步骤是最重要的？

[3] 你觉得我国目前噪声污染控制最急需改善的是什么？

17 生态保护与建设规划

【学习目的】

通过本章学习，了解生态保护与建设规划的内涵。了解生态现状调查与评价的内容和方法。熟悉生态功能区划和生态影响预测的内容。了解生态保护与建设规划的措施内容。

17.1 生态保护与建设规划的内涵

随着生态环境问题的加剧、人类生态环境意识的提高，协调发展与自然环境的关系、寻求社会经济持续发展已成为当今科学界关注的重要课题。通过生态规划协调人与自然及资源利用的关系，是实现持续发展的一个重要途径。生态规划有广义和狭义之分，本章所指的是狭义的生态规划，规划内容侧重于植被、水体、景观等要素，属于环境规划的重要组成部分。本章阐述了生态规划的内涵，主要介绍了生态规划的各主要组成部分。

目前各种环境问题以及环境与发展的问题正困扰着人类社会，通过生态规划协调人与自然环境之间关系的方式受到了广泛的关注和重视。生态规划强调运用生态系统整体优化观点，重视规划区域内城乡生态系统的人工生态因子和自然生态因子（气候、水系、地形地貌、生物多样性、资源状况等）的动态变化过程和相互作用特征，进而提出资源合理开发利用、生态保护和建设的规划对策。生态规划的建立要以生态学为根本，以生态学的基本原理为依据，其目的在于实现区域与城市生态系统的良性循环，以最大限度实现生态规划的目的，进而保持人与自然、人与环境持续共生、协调发展，实现社会的文明、经济的高效和生态的和谐。

生态规划的内涵主要体现在以下几点：

① 以人为本。生态规划强调从人的生活、生产活动与自然环境和生态过程的关系出发，追求人与自然的和谐。

② 以资源环境承载力为前提。生态规划要求充分了解系统内部资源与自然环境特征，在此基础上确定科学合理的资源开发利用规模。

③ 规划目标从优到适。生态规划是基于一种生态思维方式，采用进化式的动态规划，引导实现可持续发展的过程。

17.2　生态保护与建设规划的内容

17.2.1　生态现状调查与评价

生态现状调查是进行生态规划的基础性工作，生态系统的地域性特征决定了细致周详的现场调查是必不可少的工作步骤。生态现状调查也应尽可能了解历史变迁情况。生态现状调查的主要内容和指标应满足生态系统结构和功能分析的要求，一般应包括生态系统的主要生物要素和非生物要素，能分析区域自然资源优势和资源利用情况，在有敏感生态保护目标或有特别保护要求的对象时，要进行专门的调查。

生态现状评价是在现状调查的基础上，运用相关原理进行综合研究，用可持续发展观点评价资源现状、发展趋势和承受干扰的能力，评价植被破坏、珍稀濒危动植物物种消失、自然灾害、土地生产能力下降等生态问题及其产生的历史、现状和发展趋势等。

生态现状调查与评价的主要内容可分为水域、陆域和河岸带三部分，见表17-1。

表17-1　生态现状调查与评价的主要内容

项目		主要指标	评价作用
水域	水资源	地表水入境量、出境量；地下水量	分析水生生态、水源保护目标等
	径流量与需水量	不同水位径流量；断流；需水量组成	确定生态类型，分析蓄水滞洪情况
	水质	污染物、污染指数	分析水生生态，确定保护目标
	水生动植物	类型、分布、珍稀濒危物种、外来种	分析生态结构、类型，确定生态问题
	湿地	分布、面积、物种	确定保护目标与主要生态问题
陆域	地形地貌	类型、分布、比例、相对关系	分析生态系统特点、稳定性，主要生态问题、物质流等
	土壤	成土母质、演化类型、性状、理化性质、厚度，物质循环、肥分、有机质、土壤生物特点、外力影响	分析生产力、生态环境功能(如持水性、保肥力、生产潜力)等
	土地资源	类型、面积、分布、生产力、土地利用	分析生态类型与特点、相互关系，生产力与生态承载力等
	植被	类型、分布、面积、盖度、建群种与优势种，生长情况，生物量、利用情况、历史演化，组成情况	分析生态结构、类型，计算环境功能。分析生态因子相关关系，明确主要生态问题
	植物资源	种类、生产力、利用情况、历史演变与发展趋势	计算社会经济损失，明确保护目标与措施
	动物	类型、分布、种群量、食性与习性，生殖与栖居地历史演化	分析生物多样性影响，明确敏感保护目标
	动物资源	类型、分布、生消规律、历史演变、利用情况	分析资源保护途径与措施
	景观	景观类型、特点、区位等	确定保护目标，资源分析
	人文资源	古迹与文物	确定保护目标，资源分析
河岸带	植被	类型、分布、面积、盖度、建群种与优势种，生长情况，生物量、利用情况、历史演化，组成情况	分析生态结构、类型，计算环境功能。分析生态因子相关关系，明确主要生态问题
	堤岸	类型、功能	分析主要生态问题

17.2.2　生态功能区划

（1）生态功能区划的概念与意义　生态功能区划是根据区域生态环境要素、生态环境敏感性与生态服务功能空间分异规律，将特定区域划分成不同生态功能区的过程。

生态功能区划的目的是为制定区域生态环境保护与建设规划，维护区域生态安全、资源合理利用与工农业生产布局、保育区域生态环境提供科学依据。生态功能区的划分有助于明确重要生态功能保护区的空间分布，自然资源开发利用的合理规模和产业布局的宏观方向。

（2）生态功能区划的方法　自然地域分异和相似性是生态区划的理论基础，生态区划是相对区域整体进行区域划分，其区划方法必然要借鉴其他自然区划方法。归纳起来，生态功能区划方法大致可分为两大类：基于主导标志的顺序划分合并法，基于要素叠置的类型制图法。

① 基于主导标志的顺序划分合并法。利用该方法进行生态区划时，首先根据对象区域的性质和特征，选取反映生态环境地域分异主导因素的指标，作为确定生态环境区界的主要依据，并强调同一级分区须采用统一的指标。选定主导指标后，按区域的相对一致性，在大的地域单位内从大到小逐级揭示其存在的差异性，并逐级进行划分；或根据地域单位的相对一致性，按区域的相似性，通过组合、聚类，把基层的生态区划单元合并为较高级单元。

② 基于要素叠置的类型制图法。该方法是根据生态系统及人类活动影响的类型图，利用它们组合的不同类型分布差异来进行生态区划，与生态系统类型的同一性原则相对应。由于城市生态系统是一个复杂的社会、经济、自然复合生态系统，自然要素上叠加了人类活动的深刻影响，单一要素的生态区划无法反映生态系统的全貌，因而利用 GIS 的多要素叠加功能进行多种类型图的相互匹配校验，才能反映生态环境系统的综合状况。

17.2.3　生态影响预测

生态影响预测是在生态现状调查与分析的基础上，有选择有重点地对某些生态因子的变化和生态功能变化进行评价，可以定性描述，也可定量或半定量评价。预测内容可以侧重生态系统中的生物因子或物理因子，可以侧重生态系统效应，还可以侧重生态系统污染水平变化。

生态影响包括正面影响和负面影响，主要的生态影响包括：

（1）规划期内的资源利用情况的变化　包括土地资源、土地使用功能的调整与改变，绿地和水资源开发、利用与保护情况及其他资源情况的变化。

（2）规划期内的植被改变　包括园林绿化、特殊生境及特有物种栖息地、自然保护区与国家森林公园、水域生态与湿地、开阔地、水陆交错带中的植被改变等。

（3）规划期内的自然生态与影响、污染及二次污染　如酸雨与酸沉降、水土流失与水体中的悬浮物等。

17.2.4　生态规划目标与指标体系

根据生态规划的特点和目标、相关规定对生态保护工作的要求、生态影响识别等内容，生态规划的目标主要包括以下几点：①河流的可持续发展；②绿地资源的保护；③生物多样性的保护；④人文景观的保护；⑤合理利用土地。

根据生态规划的要求及目标，可选择生态规划的指标并建立指标体系，这是整个生态规划工作的一个重要环节，生态规划指标体系见表17-2。

表17-2 生态规划指标体系

项目	目标	指标	单位
土地利用	控制规划实施可能造成的负面效应，健全生态系统的结构，优化生态系统的功能，引导系统的各种关系协调发展，提高系统的自我调节能力	绿化覆盖率	%
		绿地率	%
		人均绿地、人均公共绿地面积的比例	%
		城市森林面积及占总面积的比例	km^2，%
		土地利用结构	%
		自然保护区及其他具有特殊科学与环境价值的受保护区面积占区域面积的比例	%
生物	保护生物多样性	生物多样性指数	
		植物物种数目	
		受威胁的物种数目占物种总数的比例	%
水域	控制水污染，保护水域生态系统	水环境污染物年平均浓度	mg/L
		水域面积占区域面积的比例	%
		河流长度	km
		湿地系统滨岸范围(指面积)及保护情况	km^2
景观	保护具有生态价值的自然景观及动植物栖息地	景观破碎化程度	
		特色风景线长度	km

17.2.5 生态保护与建设规划的措施

17.2.5.1 生态保护

在开发建设活动中注意保护生态环境的原质原貌，尽量减少干扰与破坏，即贯彻“预防为主”的思想和政策。

(1) 自然保留地保护 城市自然保留地是指城市地区范围内具有一定面积的自然或近自然区域，具有生物多样性保持、乡土物种和景观保护、复杂基因库保存等重要生态功能。自然保留地划分为三个层次：城区保留地—近郊保留地—远郊保留地。

① 城区保留地。即城区内的自然保留地。由于城市的发展，完全的自然生态系统已经很少，目前在我国的城市中主要是废弃地或多年未开发的闲置地，经过多年的荒废，已经自然恢复为具有自我维持、自我调控功能的近自然生态系统。还有一些人工建设的绿地，由于缺乏人工的修整变得杂草丛生，这恰恰是我们所追求的自然。

② 近郊保留地。近郊保留地是城市自然保留地的重点部分，城市的扩展需要一个过程，而城市近郊是城市中最接近自然的地区，这里的乡土植物和自然植被经过多年的自然选择，形成了相对稳定的植物群落。

③ 远郊保留地。城市远郊是城市地区自然生态系统保留最好的地方，而这部分自然保留地会对城市环境起到重要的改善作用，包括自然形成的群落、重要的生境保护区和原始景观等。

(2) 水域生态系统的保护 水是生命之源。但当前水域生态系统受到人类活动的影响，众多水域成为排污管道，天然湿地大量丧失，许多适宜生物生存的栖息地大量缩小，有的甚至发生食物链中断，致使许多生物多样性极其丰富的生态系统逐渐退化，众多水域成为不适于生物生存之地。因此必须重视水域生态保护的问题。

① 保护水域面积。随着城乡建设的发展，很多水面被侵占，而一定面积的水面是进行生态建设的宝贵资源：可以为区域内丰富的鸟类资源提供栖息地，有利于生态和生物多样性的保护；可以体现本地自然环境特色，与周边河道、自然植被特征相协调；可以创造丰富的自然景观；可以储蓄洪水，有利于保护本区域安全等。应该制定河湖水面保护相关规划，规定任何单位和个人不得随意填占水面，因城市建设需要确需调整规划占用水面的，要报请人民政府审批，从而尽可能地保留原有水面，控制水域面积减少趋势。

② 改善水质。目前一些水体的水质正逐渐恶化，主要是受到工业、农业和生活废水、污水的影响，特别是农业和生活非点源污染相当严重。应该加强水环境保护的宣传和管理工作，逐步实现雨污分流，保证水源水质，有效地保护水环境质量。

③ 重视生态驳岸建设。生态驳岸是指恢复后的自然河岸或具有自然河岸“可渗透性”的人工驳岸，可以充分保证河岸与河流水体之间的水分交换和调节功能，同时具有一定抗洪强度。传统的石砌驳岸河岸垂直陡峭，落差大，加之水流快，带来了一些安全问题，市民走在河边容易产生畏惧感，不能获得良好的“亲水性”。而且，硬质“U”形河道完全忽略了河流两岸及河岸水边是与人类生存息息相关的动物（如鱼类、两栖类、昆虫和鸟类等）栖息、繁衍和避难的生境和迁徙廊道，是各类水生植物生长的天然生境这一事实。而生态驳岸则克服了这些负面作用。

④ 改善湿地生态景观。通过亲水堤岸的设计、植被的合理配置、水生动植物的保护等，能给鸟类、鱼类、浮游动植物以及其他水生植物营造出良好的生存环境和迁徙走廊，使鱼虾成群、鸟语花香，生物多样性趋向丰富，使湿地成为意趣盎然、风光迷人之地，成为观光、旅游、娱乐、休闲的胜地。

17.2.5.2　生态恢复与重建

由于人类对资源的过度利用，许多类型的生态系统出现严重退化，引发了一系列的生态环境问题。生态恢复与重建是改善生态环境、提高区域生产力、实现可持续发展的关键。按照国际生态恢复学会1995年的详细定义，生态恢复是帮助研究恢复和管理原生生态系统的完整性的过程，这种生态整体包括生物多样性的临界变化范围、生态系统结构和过程、区域和历史内容以及可持续的社会实践等。

不同的生态系统类型，其退化的表现是不一样的。生态恢复是针对不同的退化生态系统进行的，因此决定了生态恢复类型繁多，生态规划中应该关注的主要类型如下：

（1）森林生态恢复　森林是陆地生态系统的主体和重要的可再生资源，在人类发展的历史中起着极为重要的作用。但人类的过度砍伐使森林生态系统退化，严重的则变成裸地。世界各地已开始通过封山育林、退耕还林、林分改造等措施进行林地生态恢复。

（2）水域生态恢复　水域生态系统的恢复是指重建干扰前的功能及相应的物理、化学和生物特性，水体生态恢复过程中常常要求重建干扰前的物理条件，调整水和土壤中的化学条件，再植水体中的植物、动物和微生物群落。

湿地是陆地和水生生态系统的过渡带，具有“地球之肾”之称。随着社会和经济的发展，全球约80%的湿地资源丧失或退化。湿地生态恢复是指通过生物技术或生态工程对退化或消失的湿地进行修复或重建，再现干扰前的结构和功能，使其发挥原有的作用。

(3) 草地生态恢复　草地退化是指草地在不合理人为因素干扰下，在其背离顶极的逆向演替过程中表现出的植物生产力下降、质量降级，土壤理化和生物性状恶化，以及动物产品的产量下降等现象。全世界草地有半数已经退化或正在退化。草地生态恢复通过改进现存的退化草地和建立新草地两种方式来完成。

(4) 海洋与海岸带生态恢复　在全球经济迅速发展和人口激增的情况下，海洋对人类实现可持续发展起到了重要的作用。但随着海洋资源的开发和利用，海洋也受到了严重的污染。海岸带是陆地与海洋相互作用的交接地区，是人类社会繁荣发展最具潜力和活力的地区，但由于人口不断地向海岸带地区集聚，海岸带面临的压力越来越大，资源和环境问题越来越严重。

对海洋和海岸带进行生态恢复，可以恢复海洋和海岸带环境，防止资源破坏和避免生态进一步恶化，促进海洋与经济和社会的持续发展。

(5) 废弃地生态恢复　自然资源的大量开采不仅造成土壤和植被的破坏，而且导致水土流失，形成巨大的污染源。因此废弃地的整治在生态系统的恢复与重建中具有重要的地位。

17.2.5.3　景观生态建设

为实现可持续发展的目标和建设生态城市，不仅应保护、恢复生态系统及其环境功能，而且需要采取改善生态环境、建设具有更高环境功能的生态系统的措施，这就要求进行景观生态建设。

(1) 城郊一体化绿地系统建设　国内外城市绿地建设的实践和有关研究已经表明，城市绿地在改善环境质量方面的作用固然重要，但就一个城市整体而言，相对封闭而又有限的以人工为主的城区绿地还不足以形成改善城市整体环境质量的最佳效益，而以自然绿地为主的广大郊区（甚至包括远郊区）是植被生态效益的巨大生产基地和城市环境质量改善的重要依托。城市绿地规划既要包括规划城区，也要包括城郊，结合城郊旅游业、农业的发展，建设郊区的公园绿地、风景区和生态林区，实现以整个市域为载体、城郊一体化的绿地系统，实现生物的多样性、空间的异质性和景观的多样性，形成结构优化、布局合理、功能完善的城市绿地系统，以利于整个城市环境质量的改善。与此同时，还可充分利用市郊的风景资源、森林资源等开发各种类型的旅游区，为城市的发展和提高城市居民的生活质量服务。

城郊一体化绿地系统规划应从两个层面进行。第一个层面是建设用地范围内，这是建设生态绿地的重点，需认真研究规划区域的性质，自然地理、历史文化、经济状况，卫生状况，形态布局、道路交通、环境质量以及各类用地的分布状况。在掌握各类建设用地情况的基础上，确定规划标准，探索各类生态绿地的分布与相应的实施办法和措施，以保障生态绿地起到相应的作用。第二个层面为规划区范围，其范围面积比建设用地面积大得多，甚至超过好几倍，在这一范围内分布着大量的农田、菜地、山地、丘陵、河湖、森林、自然保护地、农居点、风景旅游地等。这个范围属于自然生态区，人工环境较少，但包围着城市建设区，能起到对城市生态环境的补偿和代偿作用。为此，应加强人工化的自然生态建设，根据生态的要求搞好不同功能用地的生态绿地建设，形成城区周边生态良性循环的冷源区。

(2) 绿色廊道建设　景观生态学认为，景观由斑块、基质和廊道组成。廊道（corridor）简单地说，是指不同于两侧基质的狭长地带。几乎所有的景观都为廊道所分割，同时，又被廊道所连接，这种双重而相反的特性证明了廊道在景观中具有重要的作用。城市绿色廊道(urban green corridor）是城市绿地系统中呈线状或带状分布的部分，是能够沟通连接空间分布上较为孤立和分散的生态景观单元的景观生态系统空间类型，既具有生态廊道系统的一些基本特征，又是城市生态文明和绿色文化的象征。城市绿色廊道不仅是道路、河流或绿带系统，更主要指由纵横交错的绿带和绿色节点有机构建起来的城市生态网络系统，它能使城市生态系统基本空间格局具有整体性和系统内部的高度关联性。

城市中绿色廊道的首要功能是其生态功能，它不仅形成了城市中的自然系统，而且对维持生物多样性有重要作用，并为野生动植物的迁移提供了保障。其次是廊道的游憩功能，尤其是沿着小径、河流分布或以水为背景的绿色廊道。最后是绿色廊道的文化、教育、经济功能，绿色廊道在形成优美风景的同时，还能促进经济发展，提供高质量居住环境。

城市绿色廊道的设置除了游憩、文化、教育功能外，其主要的出发点是提高环境质量和生物多样性保护的功能。因此，在研究廊道的规划设计原则时，以能满足保护生物多样性和提高环境质量的要求为主要参考标准，这涉及廊道的规模（宽度）、廊道的数量、廊道的结构和设计模式等。

（3）绿化树种选择　按照适地适树的原则，应该对绿地系统建设中主要应用的植物品种做出科学规划和特色设计，营造具有地方特色的绿地系统，改善生态环境，促进生态环境的可持续发展。绿化树种规划有助于培育良好的植物景观，满足市民文化娱乐、休闲、亲近自然的要求；优化城市树种结构，提高绿化植物改善城市环境的机能；引导城市绿化苗木生产从无序竞争进入有序发展；构建城乡一体化的生态绿地系统。

树种选择的原则为：

① 适地适树和生态性原则。树种规划要根据当地的气候与土壤条件，切实做到“因地制宜，适地适树”。要根据各树种的生物习性和不同立地条件类型进行比较选择，充分发挥树种特性，既保证规划的树种能生长良好，又能实现良好的生态效益。

② 乡土树种为主的原则。乡土树种适应性强，易于栽培繁殖，并具有浓郁地方特色，应当充分应用。

③ 生物多样性原则。城市绿地植物群落的培育不仅要充分考虑自然植物群落的共生互补，而且还应考虑城市野生动物生存、栖息的需要。城市生物多样性的丰度是城市生态环境稳定性的重要表现。

④ 节水型绿化原则。坚持节约用水的原则，因地制宜，科学调整植物配置结构，发展节水型绿化，积极发展和推广耐旱、耐碱、涵养水分能力强的阔叶植物。

⑤ 城乡兼顾。树种规划不仅要考虑城区绿地建设的要求，而且要考虑城乡接合部地区和外围农村地区的林果生产、河道绿化、四旁绿化的特殊要求，兼顾利用植物的观赏价值、环保价值和经济价值。

⑥ 突出季相。对于季相明显的地方，在公共绿地植物配置和专用绿地建设及风景林的营造中，要有意识地突出植被的季相特征，丰富绿地的色彩和植物景观演替。

本章内容小结

［1］ 生态现状调查是进行生态规划的基础性工作，生态系统的地域性特征决定了细致周详的现场调查是必不可少的工作步骤。

［2］ 生态现状调查也应尽可能了解历史变迁情况。生态现状调查的主要内容和指标应满足生态系统结构和功能分析的要求，一般应包括生态系统的主要生物要素和非生物要素。

［3］ 生态现状评价是在现状调查的基础上，运用相关原理进行综合研究，用可持续发展观点评价资源现状、发展趋势和承受干扰的能力，评价植被破坏、珍稀濒危动植物物种

消失、自然灾害、土地生产能力下降等生态问题及其产生的历史、现状和发展趋势等。

[4] 生态功能区划的目的是为制定区域生态环境保护与建设规划，维护区域生态安全、资源合理利用与工农业生产布局、保育区域生态环境提供科学依据。生态功能区的划分有助于明确重要生态功能保护区的空间分布，自然资源开发利用的合理规模和产业布局的宏观方向。

[5] 生态影响预测是在生态现状调查与分析的基础上，有选择有重点地对某些生态因子的变化和生态功能变化进行评价，可以定性描述，也可定量或半定量评价。预测内容可以侧重生态系统中的生物因子或物理因子，可以侧重生态系统效应，还可以侧重生态系统污染水平变化。

思考题

[1] 请简述生态现状调查的主要内容。

[2] 结合所学知识，对自己所生活的区域进行生态调查，并评价其质量。

[3] 请结合自己所在城市，讨论应该采取的生态保护与建设措施。

18 环境规划的实施与管理

【学习目的】

通过本章学习，了解国内环境规划方案的实施情况和存在的问题，了解国外环境规划的实施情况和值得借鉴的经验。对比了解国内与国外环境规划评估与考核的区别。

18.1 环境规划的实施

18.1.1 国内环境规划的实施

18.1.1.1 国内环境规划的组织和编制

我国的环境规划由各级政府生态环境部门组织，具体内容由专业机构编制。在编制规划过程中，生态环境部门主要起辅助、协调作用，如协助专业机构收集资料，对地区进行现状调查，并与其他政府部门合作，保证环境规划与总体规划和其他各单项规划之间有效衔接。

组织编制环境规划的主体根据规划的范围大小和重要性不同有所区分。重要区域、敏感区域以及可能产生重大影响的项目或区域需要由该地区最高政府机构组织组织编制；次级行政区域环境规划由该区域生态环境部门组织。编制过程中要保证上下级部门制订的环境规划协调一致。

18.1.1.2 国内环境规划的实施

国内环境规划的实施可大致分为四个部分。

（1）环境规划纳入总体规划　在制订总体规划时需要首先编制环境规划，指导经济和社会发展目标以及产业布局和结构的制订，增加环境规划对城市经济和社会发展规划的反馈和制约。

环境规划纳入国民经济和社会发展规划的各项指标需要满足具体性强、可操作性强、针对性强等特点。国家指标少而精，具有一定概括性；地方指标要细化，保证顺利实施。下级指标应包括上一级指标。

环境规划的编制要与国民经济和社会发展规划等同步进行，采用相同的程序，同时批准下达。

（2）环境规划的分解　环境规划具有战略性、指导性和概括性的特点，这就需要在实施过程中对规划进行分解，保证各项环境指标的可操作性和可实施性，可以从时间、空间和行业三个方面对环境规划进行分解。

首先，编制年度环境保护规划。中长期环境规划的实施，必须靠年度环境规划层层分解具体落实到各地区、各部门和各单位逐步实施。年度规划是中长期规划的基础，应考虑其指标、任务、措施、资金、考核目标和责任承担等因素，以保证定量化和具体化。

其次，环境规划的空间分解。各级政府需要将环境规划按本地区不同行政区或功能区进行空间划分，结合本地区不同区域的功能特点保证经济发展与环境保护相协调。对于宏观质量指标，区域面积越小，行政级别越低，各项宏观指标越需要分解清楚，界限越需要明显，越需要具体化。

最后，环境污染治理任务的分解。环境污染和破坏主要由工业生产和居民生活造成。不同工业企业污染的治理任务根据污染程度不同在环境规划中区别对待；针对居民生活污染，需要在环境规划中加入对居民生活的正确引导、鼓励使用绿色产品、加强环保宣传教育等措施。

（3）全面落实环境保护资金　环境保护资金是解决环境问题的重要保证，是实现规划目标全部措施中最根本的一环，同时又是制约规划目标的主要因素之一，资金多少与规划目标有关。目前，我国环境保护资金的来源主要有四个方面：①各级政府的环保投资；②根据“污染者负担，受益者分摊”的原则，由各污染企业负责的相应投资；③非直接环保投资项目中的资金；④国际合作争取到的援助和贷款。

（4）实行环境保护目标管理　将城市环境保护目标责任制和城市环境综合整治定量考核制度融合到环境保护目标管理当中。前者与各级政府领导政绩考核挂钩，可以提高领导的环保意识和决心，保证环境规划实施的效果和目标的完成。后者是城市环境保护的重要保证，该制度的指标是环境规划的具体体现，城市环境综合整治定量考核的指标可以作为环境规划实施的效果评价指标。

18.1.1.3　国内环境规划实施过程中存在的问题

我国环境规划实施过程中有时会存在“重视编制，轻视实施，无视考核和评估”的问题。个别地方投入巨大的人力、物力编制了环境规划，却没有认真实施，更谈不上考核和评估。存在的问题主要有：由于部门间的利益冲突，个别规划的实施过程中未得到其他部门的辅助；环境规划的法律效力有待提高，执行依据仍有待完善；实施主体权力不足，无法对环境规划进行有效监督；对规划实施后产生的问题缺乏有效评估，相应的责任追究机制有待健全。

18.1.1.4　国内环境规划的实施案例

环境规划是国民经济和社会发展的有机组成部分。重庆市自1974年编制第一份环境保护专项计划以来，经历了从无到有、从简单到完善的过程，40余年共编制了9个五年环境规划，每个时期确定的目标任务，均对重庆市生态环境保护工作发挥了重要的基础性和统领性作用，逐步形成了较为完整的生态环境规划体系。“十四五”生态环境规划，是新时代全面贯彻落实习近平总书记生态文明思想、开启第二个百年目标的首个五年规划，也是贯彻落实习近平总书记对重庆提出系列重要指示要求的首个五年规划。面向2035年生态环境质量全面改善的战略目标，重庆市“十四五”生态环境规划应当立足当前，着眼于未来，抢抓新机遇、展现大作为，进一步发挥基础性和统领性作用，为协同推进重庆市高质量发展和高水平保护贡献力量。

(1) 主要经验　历经40余年发展，重庆市环境规划有效推动了重庆市生态环境保护事业的全面发展。总的来看，取得的主要经验有三个方面：一是规划体系逐步完善，构建起以不同行政级别规划形成纵向规划层次、以环境要素规划形成横向规划层次的规划体系，呈现纵向＋横向的二维结构，逐步形成以五年环境规划为综合统领，以生态环境空间规划为空间指引，以水、气、土、固废、辐射、噪声等专项规划和达标规划为支撑，以生态创建规划、环境保护专项行动计划、实施方案等为补充的生态环境规划体系。二是环境规划地位显著提升，主要反映在不同时期党和政府执政理念的变化。自“十一五”以来，环境规划逐步成为重庆市国民经济和社会发展规划的重要专项规划，是重庆市党委、政府审议的重大事项之一。三是环境规划的引领作用逐步增强，不同时期规划确定的环境保护目标、任务的推进实施，均有效促进了重庆市环境质量的持续改善，环境与经济社会协同关系逐渐趋好，从而引领生态环境保护事业的全面发展。

(2) 存在问题　目前仍主要存在两方面的不足。

① 规划编制科学性不足。国家和重庆市虽制定了环境规划编制技术指南及标准规范等指导文件，但对规划编制的依据、内容、边界等规定仍有待进一步明确，以为规划编制工作提供更系统的技术规范。其次，环境规划内容偏虚，环境保护工作涉及面广，但大多为统筹协调，涉及的工作任务和重点工程往往由企业和其他部门负责实施，反映到规划编制上，就是宏观愿景多，具体事项少。最后，个别规划内容不切实际，个别规划的质量目标、污染物削减目标缺乏科学研究依据，无法在规划空间予以反映，规划编制中需要用到的一些社会-经济-环境发展数据分散在多个部门的统计表中，统计口径不一致，或数据缺失，规划的任务及工程缺乏准确统计数据支撑，导致某些规划目标、任务科学性容易受到质疑。

② 规划实施效果不明显。环境规划编制与实施衔接不够，部分实施效果不佳。一是规划的项目投资偏大，且主要靠争取上级财政支持，但若本级财力不足，一旦上级财政支持低于预期水平，就必然出现规划执行难的问题。二是环保部门年度工作计划与规划脱节，年度资金安排计划也与规划联系不够紧密。三是规划提出的部分目标、任务难以进一步细化、分解。四是考核机制不完善，缺乏成果运用机制，虽然建立了环境规划中期评估和总结评估机制，但中期评估后，对未完成时序进度的规划目标没有反馈机制，提前完成的规划目标也没有动态调整机制，而规划总结评估尚未纳入领导干部考核评价体系，规划实施考核结果与被考核责任主体绩效关联度不够，规划目标完成与否对规划编制、实施单位没有太多直接影响。

18.1.2 国外环境规划的实施

随着理论研究和技术手段的不断发展，包括环境规划在内的各类规划中都逐渐融入生态理念和可持续发展的思想。世界各国和地区在制订规划目标时，将规划目标对象从传统的单一考虑国民经济发展扩大到包括生态、可持续发展在内的更多方面。在规划理论方面，国外提出不少能充分反映生态要求的先进规划方法与技术。而环境规划并不局限于规划层次，从法律、法规、各种考虑环境保护因素的专项规划和总体规划到相关规划制订后的评估和考核都属于环境规划的范畴。国外环境规划的特点是范围广、内容多、立体式，具有综合性和开放性。正是由于国外环境规划的“无规则性，不拘一格”，许多国家并未提出具体的环境规划方案或政策，而是在城市建设、城市规划、总体规划、单项规划等各个方面都体现了与环境规划相同的理念，其实施的方式也是多种多样。

(1) 城市建设中体现的环境规划理念　在城市发展水平从低到高的进化过程中，随着城市的扩展和经济的迅速增长，城市规模不断扩大，逐步出现了城市拥挤、交通堵塞、环境污染、空间狭小、生态质量下降等一系列城市问题。同时，生活在城市中的居民对生活环境、生活质量和生存状态的要求也在不断提高，更加趋向于人居环境的改善和生活状态的舒适。正是基于此理念，城市建设与人居环境建设协调发展的宜居城市日益受到国外关注，而宜居城市建设正是城市与生态环境和谐发展并融合可持续发展思想理念的一种具体体现。

西雅图全面贯彻以可持续发展为指导思想的建设模式，确立了弹性生长的规划框架，提出了独创新颖的规划模式——“都市集合”，制定了完善可行的规划策略，并建立了规划的法律和财政保障机制。其中“都市集合”的用地模式，主要是将西雅图都市区按建设密度从大到小分为“都市中心集合”“核心型都市集合”“居住型都市集合”“社区中心点”四大类，每类按照各自的特点分别进行规划；在交通规划中，鼓励公交、自行车、步行等多种出行方式，并为其规划和设计完善的设施和环境；社区规划中充分考虑了自上而下、协调合作等原则。这些规划都充分体现了可持续发展的思想。

（2）总体规划体现的环境规划理念　在总体规划制订初期，许多国家将经济发展作为唯一目标，无视生态环境的保护。当出现严重环境问题后，开始在总体规划中融入环境保护的思想。

日本在二战后制订总体规划——《全国综合开发计划》时以经济增长为中心，在经历了20世纪60年代末70年代初的公害事件频发期后，日本政府的观念转变为重视环境保护，促进自然、生态环境与经济协调发展。在1970年的国会上，修改了《公害对策基本法》，制订和修改了《大气污染控制法》《水质污染防治法》等14部公害关联法规，1971年成立“环境厅”，1972年又颁布《自然环境保护法》。日本开始健全有关环境保护的法律、法规和组织机构。日本国民的环境意识也普遍提高，对破坏环境的行为进行有效监督。

同样，巴黎大区总体规划也经历了与日本类似的情况，1965年和1976年的巴黎地区整治规划管理纲要强调的是工业分散和新城建设，而1994年的总体规划则更加强调区域协调和均衡发展，将环境保护列为首要目标。尊重自然环境与自然景观，保护历史文化古迹，保留城镇周围的森林，保留大区内的绿色山谷，保留农村景色，保护具有生态作用的自然环境等都被列为必要的措施。而在制定土地利用原则时，也将保护自然环境和文化遗产，取得大区内自然环境与人文环境的平衡作为三条最基本原则之首提出。

国内外环境规划的差别较大，不仅表现在对概念的理解上，而且表现在执行力与方法上。从范围上讲，国外环境规划不是指单纯的环境规划，而是一个环境规划体系，既包括环境规划，也包括与环境相关的法律、法规，政策，各种规划中的环境部分。我国的环境规划则仅指环境规划。从程序上讲，国外环境规划从编制、实施再到评估与考核都得到有效执行，而我国则将资源集中在规划的编制上，实施方面有待加强，考核与评估机制有待完善。从方法上讲，国外逐步采用以GIS为基础的规划决策支持系统，以保证政府决策的科学性，而我国在相关领域的研究和实践的进展则相对缓慢。

18.2 环境规划的评估与考核

国内外环境规划的实施程序基本类似：以政府为实施主体，相关部门分解规划目标，制订本部门详尽的实施计划，根据实施计划进行适度宣传，对各部门工作人员进行培训以保证计划顺利实施；各部门公开信息便于公众监督；针对规划实施情况进行评估和考核，对出现的问题及时调整。

尽管在实施程序上国内与国外差别不大，但在我国环境规划实施过程中存在“重编制，轻评估”的情况。环境规划的实施是一个受多因素影响的过程，实施结果的扩散性和影响的广泛性也会造成难以客观、有效地评估环境规划的实施情况等困难。国外对规划的评估与考核则有比较具体的措施，可以借鉴。

18.2.1　国内环境规划评估与考核

目前我国环境规划的评估与考核在理论层面上的研究与国外差别不大，各种环境规划中浸透着可持续发展的思想，相关法律法规比较完善，评估与考核的指标体系也逐步完善，以总量控制和污染综合防治为主的规划方法也初步形成，这些都为科学合理地实施环境规划提供了理论和技术支持。但我国的环境规划还存在规划刚性约束不强、规划编制科学性不足、规划实施效果不明显、规划技术支撑薄弱等需要完善的内容，建议从以下几个方面对今后的生态环境规划加以完善：

（1）进一步健全规划体系　积极争取将生态环境保护规划纳入规划编制目录清单，加强与发展改革部门的沟通衔接，将生态环境保护规划纳入发展改革部门负责制定的规划编制目录清单或审批计划之中，作为重点专项规划与经济社会发展规划同步部署、同步研究、同步编制。依法依规开展生态环境规划编制工作，凡法律法规规定或上级要求组织编制的规划，生态环境主管部门应当履职到位，没有规划编制依据的或任务实施期少于 3 年的单项工作，原则上不编制实施规划。

（2）提高编制环境规划的公众参与度　坚持开门编制规划，提高生态环境规划编制的透明度和社会参与度。健全公众参与机制，广泛听取人民群众的意见建议。扩大生态环境规划征求意见范围，适时公布规划草案或征求意见稿，充分征求各方面意见建议。综合运用大数据、云计算等现代信息技术，创新生态环境规划编制手段。充分发挥科研机构、智库等对生态环境规划编制的重要支撑作用。

（3）强化规划衔接协调　建立健全规划衔接协调机制，明确衔接原则和重点，规范衔接程序，确保各级各类规划协调一致。生态环境规划的衔接对象主要包括发展规划、区域规划与空间规划。衔接重点包括规划目标特别是约束性指标、发展方向、总体布局、重大政策、重大工程、风险防控等，确保规划落地。

（4）健全规划实施监督考核机制　生态环境规划编制部门要组织开展规划实施年度监测分析、中期评估和总结评估，鼓励开展第三方评估，强化监测评估结果应用。中期评估要结合新变化新要求，重点评估实施进展情况及存在问题，提出推进规划实施的建议。规划编制部门要将规划实施情况作为政务信息公开的重要内容，及时公布实施进展，自觉接受监督。探索将规划实施情况纳入各有关部门和地方各级领导班子、领导干部考核评价体系，实行规划实施考核结果与被考核责任主体绩效相挂钩。

18.2.2　国外环境规划评估与考核

在欧美、日本等发达国家都有一套有效、具体、操作性强的环境规划评估与考核的指标体系，按照分析角度和研究对象的不同，可以分为对规划实施结果和实施过程的评估。对实施结果的评估主要集中于规划实施结果是否得到落实。通过规划目标与实施结果的对比获取规划实施的情况。在实证研究的基础上，对比规划实施前后，规划编制成果中制定的控制要素与引导标准的关系。而对实施过程的评估是在意识到规划实施过程中存在不确定性和实施环境的复杂性后逐步开始的。针对实施过程中的不确定性和实施环境的复杂性，对实施过程的评估主要集中在规划制订的背景和环境、实施机制和程序以及产生结果的要素和条件等方面。

尽管不同国家的环境规划各不相同，但有许多共同特点值得我们借鉴：首先，环境规划综合了经济、社会、民众各方面的因素；其次，将政府官员视为规划实施与评估的主体，公众作为监督主体；最后，不断完善相关法律，保证规划有效实施。

本章内容小结

[1]　国内环境规划的实施可大致分为四个部分：①环境规划纳入总体规划；②环境规划的分解；③全面落实环境保护资金；④实行环境保护目标管理。

[2]　我国的环境规划还存在规划刚性约束不强、规划编制科学性不足、规划实施效果不明显、规划技术支撑薄弱等需要完善的内容。

[3]　我国的环境规划今后应从以下几方面加以完善：①进一步健全规划体系；②提高编制环境规划的公众参与度；③强化规划衔接协调；④健全规划实施监督考核机制。

思考题

[1]　目前我国环境规划实施过程中存在的问题。

[2]　我国的环境规划目前还存在哪些问题?

[3]　我国的环境规划还需要从哪些方面完善和提高?

主要参考文献

[1] 齐珊娜，鞠美庭，张荣.以改进环境管理政策助力减碳 [J].环境保护，2010 (1)：45-47.
[2] 贺萍.21世纪我国的环境保护政策漫谈 [J].大同职业技术学院学报，2005，19 (3)：88-89.
[3] 郭薇.中国环境政策思路的演变与发展 [J].环境保护，2009 (23)：8-10.
[4] 陈曦.浅谈我国排污收费制度的现状及建议 [J].大众商务，2009 (24)：228.
[5] 李杰，杨文选.我国排污收费制度的缺陷及对策探析 [J].中国物价，2009 (10)：34-36.
[6] 环境保护部环境监察局.中国排污收费制度30年回顾及经验启示 [J].环境保护，2009 (20)：13-16.
[7] 杨兴，胡烨.限期治理制度探析 [J].湖南工业大学学报，2009，14 (4)：16-19.
[8] 韩立钊，王同林，姚燕.浅析我国限期治理制度的完善 [J].中国人口·资源与环境，2010 (S1)：432-435.
[9] 郑荷花.中美水污染物排放许可证制度的比较研究 [J].江苏环境科技，2006，19 (3)：60-62.
[10] 罗吉.完善我国排污许可证制度的探讨 [J].河海大学学报 (哲学社会科学版)，2008，10 (3)：32-36.
[11] 王克稳.论我国环境管制制度的革新 [J].政治与法律，2006 (6)：15-21.
[12] 孟静.国外环境影响评价制度和排污许可证制度 [J].改革与开放，2010 (4)：46-47.
[13] 唐珍妮.排污许可证制度存在的问题及对策 [J].长沙大学学报，2008，22 (5)：59-61.
[14] 吴云，王子彦.环境管理理论基础的思考 [J].环境保护科学，2007，33 (2)：49-51.
[15] 何燕.完善限期治理的新思路 [J].环境保护，2010 (2)：35-37.
[16] 王静，张继贤，何挺，等.基于3S技术的耕地退化监测与评价技术方法探讨 [J].测绘科学，2002 (4)：45-49.
[17] 王娜，许传刚.论土地资源管理 [J].辽宁经济，2009 (1)：53-56.
[18] 王辉，李艳，刘刚."3S"技术及其在土地资源管理中的应用 [J].现代农业科技，2009 (21)：257-259.
[19] 屈少科.3S技术在土地资源管理中的应用 [J].大众商务，2010 (111)：112-113.
[20] 张小平，李海，李怀忠，等.关于加强草原资源管理与保护工作的几点看法 [J].内蒙古草业，2003，15 (4)：58-60.
[21] 易丽琦.我国城市土地资源管理的现状和对策 [J].管理观察，2009 (3)：35-36.
[22] 章力建.关于加强我国草原资源保护的思考 [J].中国草地学报，2009，31 (6)：1-7.
[23] 李秀平，李新文.中国草原资源可持续利用问题初探 [J].四川草原，2005 (1)：48-51.
[24] 李新文.我国草原资源的功能，属性及其利用战略转变的政策建议 [J].草原与草坪，2008 (5)：77-84.
[25] 关文，赵颖.针对我国的森林资源管理的探讨 [J].林区教学，2009 (2)：124-126.
[26] 奚海鹰，黄君盈，张敬彬.对国有林区森林资源管理体制改革的思考 [J].黑龙江生态工程职业学院学报，2009，22 (5)：90-91.
[27] 王砚峰.加强森林资源管理的几个问题 [J].林区教学，2010 (1)：121-122.
[28] 付晓忠，薛清川.加强森林资源管理工作的措施与对策 [J].黑龙江生态工程职业学院学报，2010，23 (3)：75-77.
[29] 叶文虎，张勇.环境管理学 [M].北京：高等教育出版社，2013.
[30] 白志鹏，王珺.环境管理学 [M].北京：化学工业出版社，2007.
[31] 朱庚申.环境管理学 [M].北京：中国环境科学出版社，2002.
[32] 丁忠浩.环境规划与管理 [M].北京：机械工业出版社，2006.
[33] 刘利.环境规划与管理 [M].北京：化学工业出版社，2006.
[34] 于格，张军岩，鲁春霞，等.围海造地的生态环境影响分析 [J].资源科学，2009，31 (2)：265-270.
[35] 孙丽.中外围海造地管理的比较研究 [D].青岛：中国海洋大学，2009.

[36] 赵永亮.中国生物多样性现状与保护 [J].周口师范高等专科学校学报，2000，17 (2)：69-71.

[37] 刘新平，付水广，余明泉.中国生物多样性及其保护的综述 [J].南昌高专学报，2006 (2)：97-100.

[38] 杨仁帆.浅析生物多样性的保护 [J].科技信息，2009 (2)：599.

[39] 李民胜，唐乾利，林日辉，等.中国生物多样性保护现状及其应对措施 [J].大众科技，2008 (9)：123-125.

[40] 葛家文.中国生物多样性现状及保护对策 [J].安徽农业科学，2009，37 (11)：5066-5067.

[41] 李亚军.从美国环境管理看中国环境管理体制的创新 [J].兰州学刊，2004 (2)：162-163.

[42] 邵亦慧.美国环境管理的发展动向 [J].上海环境科学，2003 (S2)：13-19，190-191.

[43] 张戈跃.美国环境管理体制的启示 [J].长沙大学学报，2009，23 (4)：49-50.

[44] 邵素娟.浅谈美国的环境管理 [J].中国科技信息，2005 (13)：26-27.

[45] 龚亦慧.完善我国环境管理体制若干问题研究——以美国环境管理体制为借鉴 [D].上海：华东师范大学，2008.

[46] 秦虎，张建宇.以《清洁空气法》为例简析美国环境管理体系 [J].环境科学研究，2005，18 (4)：55-64.

[47] 林可也.完善我国环境管理体制的法律思考——以欧盟环境管理体制为参照 [D].上海：华东师范大学，2008.

[48] 刘方.欧盟环境管理与审计计划 [J].环境经济杂志，2004 (12)：59-60.

[49] 刘方，柴妍丽，杨艳.欧盟环境管理与审计计划 (EMAS) [J].中国环保产业，2004 (1)：36-38.

[50] 付蓉.日本的环境管理体系 [J].国际电力，2003，17 (4)：20-22.

[51] 余晓泓.日本环境管理中的公众参与机制 [J].现代日本经济，2002 (6)：11-14.

[52] Ryokichi Hirono.日本环境管理咨询体系研究 [J].环境科学研究，2006，19 (S1)：121-125.

[53] 张秀丽.我国环境规划的回顾与展望 [J].黑龙江科技信息，2008 (29)：26-27.

[54] 陈友超，张红兵，陈健，等.环境规划在建设资源节约型环境友好型社会中的作用 [J].化学工程与装备，2009 (7)：186-188.

[55] 刘慧，郭怀成，詹歆晔.荷兰环境规划及其对中国的借鉴 [J].环境保护，2008 (20)：73-76.

[56] 国家环保局计划司《环境规划指南》编写组.环境规划指南 [M].北京：清华大学出版社，1994：28-35.

[57] 郭怀成，尚金城，张天柱.环境规划学 [M].第2版.北京：高等教育出版社，2009：109-153.

[58] 刘天齐，黄小林，宫学栋，等.区域环境规划方法 [M].北京：化学工业出版社，2001：117-136.

[59] 刘刚，傅岳峰.利用远程卫星遥感技术对城市环境进行分析的方法 [J].建筑学，2010 (S1)：10-13.

[60] 梅林.人口地理学 [M].哈尔滨：哈尔滨地图出版社，2005：138-145.

[61] 祖恩三，罗平.云南GDP的灰色预测和分析 [J].经济师，2006 (6)：272.

[62] 王艳明，许启发.时间序列分析在经济预测中的应用 [J].统计与预测，2001 (5)：32-34.

[63] 张恒茂，乔建国，史建红.国内生产总值的预测模型 [J].山西师范大学学报 (自然科学版)，2008，22 (1)：37-39.

[64] 赵蕾，陈美英.ARIMA模型在福建省GDP预测中的应用 [J].科技和产业，2007，7 (1)：45-48.

[65] 王继斌.大气污染控制技术 [M].大连：大连理工大学出版社，2006：5-18.

[66] 刘天齐，黄小林，宫学栋，等.区域环境规划方法 [M].北京：化学工业出版社，2001：141-162.

[67] 蒋文举.大气污染控制工程 [M].北京：高等教育出版社，2006：3-10.

[68] 郭怀成，尚金城，张天柱.环境规划学 [M].第2版.北京：高等教育出版社，2009：203-225.

[69] 丁菡，胡海波.城市大气污染与植物修复 [J].南京林业大学学报 (人文社会科学版)，2005，5 (2)：84-88.

[70] 邵天一，周志翔，王鹏程，等.宜昌城区绿地景观格局与大气污染的关系 [J].应用生态学报，2004，15 (4)：691-695.

[71] 梁月娥，何德文，柴立元，等.大气污染物总量控制方法研究进展 [J].工业安全与环保，2008，34 (5)：45-47.

[72]　李海晶. 大气环境容量估算及总量控制方法的研究进展 [J]. 四川环境，2007，26 (1)：67-71.
[73]　柴发合，陈义珍，文毅，等. 区域大气污染物总量控制技术与示范研究 [J]. 环境科学研究，2006，19 (4)：163-171.
[74]　胡亨魁. 水污染控制工程 [M]. 武汉：武汉理工大学出版社，2003：1-10.
[75]　何俊仕. 水资源概论 [M]. 北京：中国农业大学出版社，2006：2-16.
[76]　罗固源. 水污染控制工程 [M]. 北京：高等教育出版社，2006：2-19.
[77]　郭怀成，尚金城，张天柱. 环境规划学 [M]. 第 2 版. 北京：高等教育出版社，2009：162-183.
[78]　刘天齐，黄小林，宫学栋，等. 区域环境规划方法 [M]. 北京：化学工业出版社，2001：163-184.
[79]　汪俊启，张颖. 总量控制中水污染物允许排放量公平分配研究 [J]. 安庆师范学院学报（自然科学版），2000，6 (3)：37-40.
[80]　娄山崇，王立萍，刘祥栋，等. 山东省水功能区纳污能力及污染物总量控制分析 [J]，2006 (4)：25-27.
[81]　傅国伟. 水污染物排放总量的分配原则与方法：环境背景值及环境容量研究 [M]. 北京：科学出版社，1993，444-450.
[82]　国家环境保护总局环境规划院. 重点流域水污染防治"十一五"规划编制技术细则 [S]. 2005.
[83]　中华人民共和国固体废物污染环境防治法 [Z]. 2020.
[84]　庄伟强. 固体废物处理与利用 [M]. 北京：化学工业出版社，2001：2-15.
[85]　郭怀成，尚金城，张天柱. 环境规划学 [M]. 第 2 版. 北京：高等教育出版社，2009：266-271.
[86]　张美玉. 城市生活垃圾无害化综合处理 [J]. 建筑与环境，1999 (8)：58-60.
[87]　周富春. 固体废物的处理现状及研究进展 [J]. 山西建筑，2009，35 (10)：352-353.
[88]　高红武. 噪声控制工程 [M]. 武汉：武汉理工大学出版社，2003：2-10.
[89]　刘惠玲. 环境噪声控制 [M]. 哈尔滨：哈尔滨工业大学出版社，2002：2-15.
[90]　中华人民共和国环境噪声污染防治法 [Z]. 1997.
[91]　环境保护部. 环境影响评价技术导则　声环境 [S]. HJ 2.4—2009.
[92]　傅伯杰，陈利顶，刘国华. 中国生态区划的目的、任务及特点 [J]. 生态学报，1999，19 (5)：591-595.
[93]　巩文. 略论生态区划与规划 [J]. 甘肃林业科技，2002，27 (3)：27-31.
[94]　车生泉. 城市绿色廊道研究 [J]. 城市规划，2001，25 (11)：44-48.
[95]　李洪远. 生态恢复的原理与实践 [M]. 北京：化学工业出版社，2005：10-36.
[96]　鞠美庭，王勇，孟伟庆，等. 生态城市建设的理论与实践 [M]. 北京：化学工业出版社，2007：38-64.
[97]　蔡佳亮，殷贺，黄艺. 生态功能区划理论研究进展 [J]. 生态学报，2010，30 (11)：3018-3027.
[98]　Top 15 Most Polluted Cities in the World [EB/OL]. (2017-10-23) [2020-12-21]. https：//www. worldblaze. in/top-12-most-polluted-cities-in-the-world/.
[99]　国家数据，国家统计局. 污水排放 [EB/OL]. (2020-12-01) [2020-12-21]. https：//data. stats. gov. cn/search. htm？s=%E5%BA%9F%E6%B0%B4%E6%8E%92%E6%94%BE.
[100]　Top 20 largest countries by population (live). [EB/OL]. (2020-10-01) [2020-12-21]. https：//www. worldometers. info/world-population/.
[101]　吕忠梅. 环境法回归 路在何方？——关于环境法与传统部门法关系的再思考 [J]. 清华法学，2018，12 (5)：6-23.
[102]　李志强，刘立忠. 经济新常态下我国环境管理手段变化的经济因素体现 [J]. 环境保护与循环经济，2017 (4)：4-8.
[103]　刘贲熊. 中国环境管理主要手段浅析 [J]. 化学工程与装备，2012 (8)：198-200.
[104]　韩子叻，邓杰，彭岩波，等. 生态文明视角下政府环境管理手段应用研究 [J]. 水利水电技术，2019，50 (S1)：197-201.
[105]　包存宽，王金南. 面向生态文明的中国环境管理学：历史使命与学术话语 [J]. 中国环境管理，

2019，11（1）：5-10.
[106] 解振华.中国改革开放40年生态环境保护的历史变革——从“三废”治理走向生态文明建设［J］.中国环境管理，2019，11（4）：5-10.
[107] 曲向荣.环境规划与管理［M］.北京：清华大学出版社，2013.
[108] 孙翔.环境管理与规划［M］.南京：南京大学出版社，2018.
[109] 中国科学院可持续发展战略研究组.2015中国可持续发展报告［M］.北京：科学出版社，2015.
[110] 毛科，秦鹏.环境管理大部制改革的难点、策略设计与路径选择［J］.中国行政管理，2017（3）：21-24.
[111] 汪自书，胡迪.我国环境管理新进展及环境大数据技术应用展望［J］.中国环境管理，2018，10（5）：90-96.
[112] 王少剑，高爽，陈静.基于GWR模型的中国城市雾霾污染影响因素的空间异质性研究［J］.地理研究，2020，39（3）：651-668.
[113] 宋国君，钱文涛，马本，等.中国酸雨控制政策初步评估研究［J］.中国人口·资源与环境，2013，23（1）：6-12.
[114] 康爱彬，李燕凌，张滨.国外大气污染治理的经验与启示［J］.产业与科技论坛，2015，14（19）：9-10.
[115] 王迪，向欣，聂锐.改革开放四十年大气污染防控的国际经验及其对中国的启示［J］.中国矿业大学学报（社会科学版），2018（6）：57-69.
[116] 徐大海，王郁，朱蓉.中国大陆地区大气环境容量及城市大气环境荷载［J］.中国科学：地球科学，2018，48（7）：924-937.
[117] 蒋洪强，张静，卢亚灵，等.基于主体功能区约束的大气污染物总量控制目标分配研究［J］.地域研究与开发，2015，34（3）：137-142.
[118] 王文兴，柴发合，任阵海，等.新中国成立70年来我国大气污染防治历程、成就与经验［J］.环境科学研究，2019，32（10）：1621-1635.
[119] 徐敏，张涛，王东，等.中国水污染防治40年回顾与展望［J］.中国环境管理，2019，11（3）：65-71.
[120] 李义松，刘金雁.论中国水污染物排放标准体系与完善建议［J］.环境保护，2016（21）：48-50.
[121] 国务院发展研究中心“我国环境污染形势分析与治理对策研究”课题组.中国水环境监管体制现状、问题与改进方向［J］.发展研究，2015（2）：4-9.
[122] 尹炜，裴中平，辛小康.现行水污染物总量控制制度存在的问题及对策研究［J］.人民长江，2019，50（8）：1-5.
[123] 杨帆，林忠胜，张哲，等.浅析我国地表水与海水环境质量标准存在的问题［J］.海洋开发与管理，2018，35（7）：38-43.
[124] 黎敏.协同治理视域下企业环境管理机制创新研究［J］.中南林业科技大学学报（社会科学版），2016，10（4）：13-16.
[125] 解振华.高度重视环境标志制度作用加快推动生产和消费方式绿色转型［J］.环境与可持续发展，2018，43（1）：5-10.
[126] 王曦，谢海波.美国政府环境保护公众参与政策的经验及建议［J］.环境保护，2014（9）：61-64.
[127] 张金阁，彭勃.我国环境领域的公众参与模式——一个整体性分析框架［J］.华中科技大学学报（社会科学版），2018，32（4）：131-140.
[128] 黄琨.公众参与环境保护的理论与实践研究［J］.人民论坛，2015，（11）：35-37.
[129] 周冯琦，程进.公众参与环境保护的绩效评价［J］.上海经济研究，2016（11）：59-67.
[130] 杨蕾，马宗伟，毕军.比较风险评价在环境风险管理中的应用［J］.中国环境管理，2019，11（3）：94-99.
[131] 邵超峰，鞠美庭.环境风险全过程管理机制研究［J］.环境污染与防治，2011（10）：111-114.
[132] 李凤英，毕军，曲常胜，等.环境风险全过程评估与管理模式研究及应用［J］.中国环境科学，2010

(6)：140-146.

[133]　戴婧，马宗伟，毕军，等. 环评与环境风险全过程管理协同发展对策探析 [J]. 环境影响评价，2017，39 (1)：1-4.

[134]　张剑智，李淑媛，李玲玲，等. 关于我国环境风险全过程管理的几点思考 [J]. 环境保护，2018 (1)：41-43.

[135]　毕军，马宗伟，刘苗苗，等. 我国环境风险管理的现状与重点 [J]. 环境保护，2017，45 (5)：13-19.

[136]　刘海鸥，潘寻，薛达元. 非主权机构在全球环境治理中的作用及对中国的启示 [J]. 中央民族大学学报 (自然科学版)，2019，28 (4)：47-52.

[137]　刘冬，徐梦佳. 全球环境治理新动态与我国应对策略 [J]. 环境保护，2017，45 (6)：60-63.

[138]　李程宇. 美国退出《巴黎协定》后的地球还有救吗？——一个回归经济学思考的全球环境政策分析 [J]. 上海商学院学报，2017，18 (3)：1-10.

[139]　郭红燕. 我国环境保护公众参与现状、问题及对策 [J]. 团结，2018 (5)：22-27.

[140]　邓伟，李剑，唐燕秋，等. 重庆市环境规划：四十年回顾与展望 [J]. 环境影响评价，2020 (6)：30-36.